北京理工大学“双一流”建设精品出版工程

Simulation and Application of Vehicle Fluid Systems

车辆流体系统仿真与应用

吴 维 周俊杰 ◎ 编著

北京理工大学出版社
BEIJING INSTITUTE OF TECHNOLOGY PRESS

内 容 简 介

本书共12章，分为上、下两篇内容，上篇包括第1章至第5章，介绍基于AMESim的车辆流体系统仿真与应用，包含液压流体力学基础、液压系统仿真与AMESim介绍、液压元件仿真、液压回路与系统仿真和车辆液压系统仿真与应用；下篇包括第6章至第12章，介绍基于计算流体力学的车辆流体系统仿真与应用，包含计算流体力学理论、润滑系统流动分析、湿式离合器流场分析、滚动轴承流场分析、减速器搅油流场分析、驱动电机冷却流场分析和前处理—抽取流场域。

本书取材全面、理论研究实际，可作为高等教育学校机械工程类、车辆工程类有关学科和专业的本科生和研究生教材，同时可供从事车辆设计、车辆液压系统和流体润滑散热系统研究的工程技术人员、研究人员和高等工程院校、研究所等有关专业人员学习和参考。

图书在版编目（CIP）数据

车辆流体系统仿真与应用/吴维，周俊杰编著. --北京：北京理工大学出版社，2022.4

ISBN 978-7-5763-1203-4

Ⅰ. ①车… Ⅱ. ①吴… ②周… Ⅲ. ①车辆-液压传动系统-系统仿真 Ⅳ. ①TH137

中国版本图书馆CIP数据核字（2022）第055382号

出版发行 / 北京理工大学出版社有限责任公司
社　　址 / 北京市海淀区中关村南大街5号
邮　　编 / 100081
电　　话 / （010）68914775（总编室）
（010）82562903（教材售后服务热线）
（010）68944723（其他图书服务热线）
网　　址 / http://www.bitpress.com.cn
经　　销 / 全国各地新华书店
印　　刷 / 保定市中画美凯印刷有限公司
开　　本 / 787毫米×1092毫米　1/16
印　　张 / 20.25
彩　　插 / 7
字　　数 / 493千字
版　　次 / 2022年4月第1版　2022年4月第1次印刷
定　　价 / 79.00元

责任编辑 / 多海鹏
文案编辑 / 闫小惠
责任校对 / 周瑞红
责任印制 / 李志强

前言

PREFACE

车辆工程是机械工程学科的一个重要研究领域。广义上讲，凡是在陆地上行驶的交通工具均可称为“车辆”。英文中 vehicle 一词的含义还包括陆、海、空等多域的交通工具。现代车辆随着技术的不断发展，越来越成为多学科集成交叉的平台。流体作为物质的常见形态，广泛存在于车辆里，流体传动和控制技术也在车辆领域有广泛应用。虽然介绍流体力学、流体传动和控制、液压和气压传动基本知识与仿真的教材屡见不鲜，但编者却没有发现专门介绍车辆流体系统及其仿真的书籍，而相关知识对于车辆领域的研究人员又是亟须，以上便是本书的编写动机。

本书包括基于 AMESim 的车辆流体系统仿真与应用和基于计算流体力学的车辆流体系统仿真与应用两大部分。其中基于 AMESim 的车辆流体系统仿真与应用主要用一维仿真（集中参数建模）实现，而基于计算流体力学的车辆流体系统仿真与应用主要用二维仿真和三维仿真（分布参数建模）实现。在内容上，本书特色主要有下列几点。

(1) 内容全面。本书尽量囊括各类车辆中的流体系统，包括车辆液压系统中的车辆驱动、操纵、制动、辅助等系统和车辆润滑系统、离合器、轴承、减速器、电机等流场，可以说涉及车辆里面包含流体的各种场景。

(2) 结合实际。本书选取的仿真案例多是来源于编者的自身科研经历，有很强的工程背景和问题导向，旨在培养学生分析问题、解决问题的能力。

(3) 实操性强。本书压缩了基础知识方面的内容，旨在让学生从案例出发，熟悉仿真工具的应用和建模的方法与流程，以便更好地服务于自身工作需要。

本书由北京理工大学周俊杰、吴维主编。周俊杰编写上篇，吴维编写下篇。荆崇波为本书主审，对本书原稿进行了细致的审阅，提出了许多宝贵的意见。特别感谢北京理工大学的赵慧鹏、王苗苗、韦春辉、刘印、高鑫等研究生为本书的编写花费大量时间和精力。

由于编者水平有限，书中难免存在缺点和疏误，恳请广大读者批评指正。

编　者

目　录
CONTENTS

上篇　基于 AMESim 的车辆流体系统仿真与应用

下篇 基于计算流体力学的车辆流体系统仿真与应用

上篇　基于 AMESim 的车辆流体系统仿真与应用

第 1 章

液压流体力学基础

1.1 流体属性

易于流动的物体通常统称为流体，它包括气体和液体。流体区别于固体的最大特点是它只能承受压力，不能承受拉力，即使在很小的剪切力作用下也会表现出流动性。液体和气体虽然都属于流体，但两者在流动性和压缩性方面又有显著不同，其本质差别在于液体和气体分子间距离相差很大。液压系统的工作介质是液体，一般是液压油。液体的属性主要包括密度、可压缩性、黏度等。

1.1.1 密度

单位体积流体的质量称为密度，用 ρ 表示。即

$$\rho = \lim_{\Delta V \to 0} \frac{\Delta m}{\Delta V} = \frac{\mathrm{d}m}{\mathrm{d}V} \tag{1.1}$$

式中，m 为流体质量；V 为流体体积。

液体的密度一般是压力和温度的函数，即

$$\rho = f(p, T) \tag{1.2}$$

式中，p 为压力；T 为温度。

1.1.2 可压缩性

每增加单位压力，液体体积所产生的相对压缩量称为压缩系数，以 β 表示，即

$$\beta = -\frac{1}{V}\frac{\Delta V}{\Delta p} \tag{1.3}$$

式中，Δp、ΔV 分别为压力和体积的改变量。注意，由于压力增加时液体体积减小，所以式（1.3）的右边加一负号，保证 β 为正值。

流体的体积弹性模量为压缩系数的导数，即

$$E = \frac{1}{\beta} = -V\frac{\Delta p}{\Delta V} \tag{1.4}$$

体积弹性模量表示液压油抵抗压缩的能力。常见液压油的体积模量 $K = (1.4 \sim 2) \times 10^9$ Pa，是钢的体积弹性模量的 0.67% ~1%。液压油抵抗压缩的能力很强，因而在通常情况下可认为液压油是不可压缩的。正是液体的可压缩性，才使得它能用来储存压力能，液体的建压过程也就是液体的储能过程。因此，体积弹性模量对液体的建压有重要影响。

需要说明的是，油液中通常会混有一定量的空气，并以直径（diameter）为 0.25 ~0.5 mm

的气泡状态悬浮在油液中，使油液的体积弹性模量及黏度下降，从而影响液压系统的工作性能。此外，还会有一部分空气溶解在油液内，此时空气对油液的影响很小，但当压力降低或温度升高时，溶解气体可以分离出来，这不仅是导致液压系统产生气蚀的重要原因，气体还将极大地改变液体的可压缩性。

1.1.3 黏度

液体受外力作用而流动或有流动的趋势时，分子间的内聚力会阻碍其分子间的相对运动而产生一种内摩擦力，液压油的这种特性称为黏性。度量黏性大小的物理量称为黏度。目前常用的黏度表示方法有两种：动力黏度、运动黏度，与黏度相关的还有两种重要特性：黏温特性、黏压特性。

1. 动力黏度

如图 1.1 所示，两平行平板间充满液体，下板不动，上板以速度 u_0 运动。由于黏性的作用，液体内部各液层间的速度不等。紧贴下板的液层速度为 0，紧贴上板的液层速度为 u_0，中间各液层的速度按线性分布。

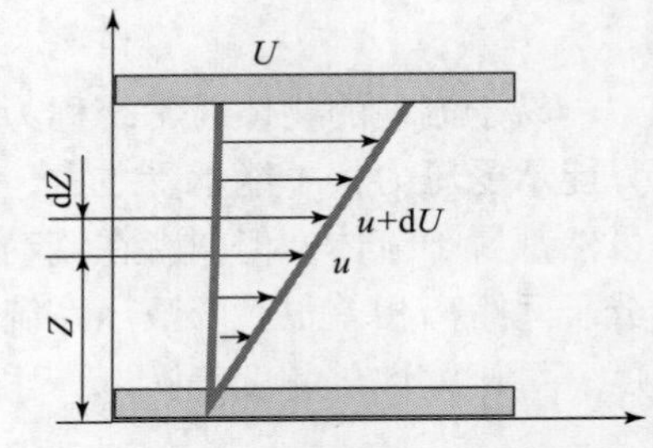

图 1.1 液体的黏性示意图

根据牛顿内摩擦力定律，液体流动时产生的内摩擦力 F 与液体运动时的速度梯度 $\frac{du}{dy}$、接触面积 A 成正比，即

$$F = \mu A \frac{du}{dz} \tag{1.5}$$

式中，μ 为液体黏度系数，称为动力黏度（或绝对黏度），其单位为 $N \cdot s/m^2$，即 $Pa \cdot s$，$1\ Pa \cdot s = 1\ kg/(m \cdot s)$。动力黏度的物理意义是：液体在以单位速度梯度流动时，单位面积上的摩擦力。A 为液层间的接触面积。$\frac{du}{dy}$ 为速度梯度，即液层间相对速度对液层距离的变化率。

如果某液体的动力黏度只与其种类有关而与速度梯度无关，即其黏度系数 μ 为常数，则称这种液体为牛顿流体，否则为非牛顿流体。

2. 运动黏度

液体的动力黏度与其密度的比值，称为运动黏度，用 ν 表示，即

$$\nu = \frac{\mu}{\rho} \tag{1.6}$$

运动黏度的单位是 m^2/s。由于单位 m^2/s 太大，工程中常用 mm^2/s 作为运动黏度的单位，称为厘斯（cSt），$1\ m^2/s = 10^6\ mm^2/s$。

ISO（国际标准化组织）规定统一采用运动黏度来表示油液的黏度。我国生产的液压油采用 40 ℃时运动黏度（mm^2/s）的平均值为其标号（例如 L－HL32 中，数字 32 表示 40 ℃时油液的平均运动黏度为 32 mm^2/s）。

3. 黏温特性

温度对液压油黏度的影响很大，当温度升高时，液压油黏度显著下降，这可用温度升高使液体分子内聚力减小来解释。液压油的黏度随温度变化的特性叫黏温特性。

常用液压介质的黏温特性曲线如图 1.2 所示。

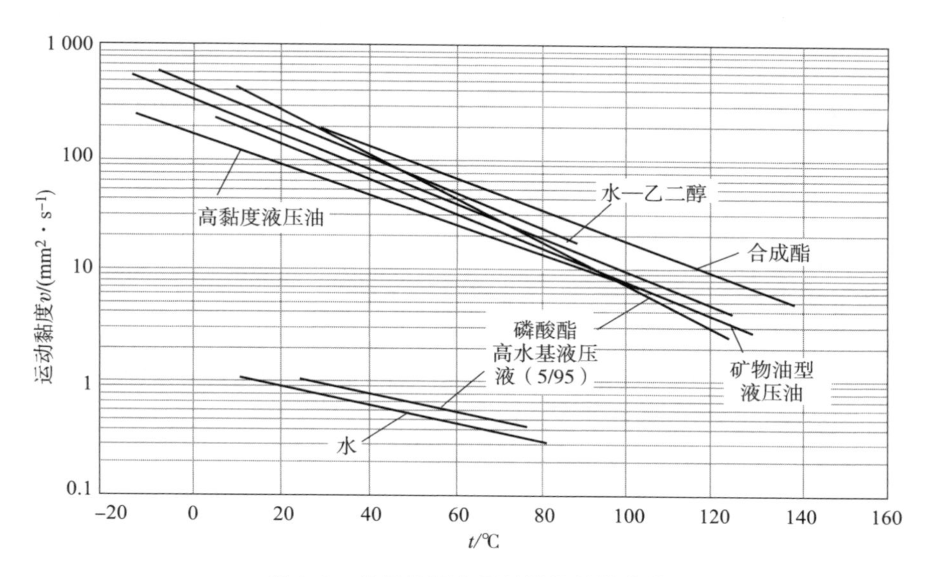

图 1.2　常用液压介质的黏温特性曲线

液压油黏度的大小直接影响液压系统的性能和泄漏量，因此希望液压油的黏度随温度的变化越小越好，即黏温特性曲线越平缓越好。

液压油黏度与温度的关系可以用式（1.7）表示：

$$\mu_t = \mu_0 e^{\lambda(t-t_0)} \approx \mu_0(1 - \lambda\Delta t) \tag{1.7}$$

4. 黏压特性

压力对液压油的黏度也有一定的影响。当压力升高时，液压油分子间的距离减少，内摩擦力增大，黏度也随之变大。一般情况下，特别是压力较低时（<20 MPa），可以不考虑黏度。但当压力较高或压力变化较大时，黏度的变化不容忽视。石油型液压油的黏度与压力的关系可以用式（1.8）表示：

$$\nu_p = \nu_0(1 + 0.003p) \tag{1.8}$$

式中，ν_p、ν_0 分别为油液在相对压力为 p 和 0 时的运动黏度。

1.1.4　润滑性能

液压系统中的工作介质同时作为所有运动部件的润滑剂，为了减少摩擦磨损，液压油也要具有良好的润滑性能，使对偶摩擦副长期工作在稳定的润滑状态。

1.2　流体静力学

所谓流体静力学，主要是研究“流体是静止的”状态，即流体内部质点没有相对运动，至于流体所在的容器，无论是静止还是运动，都不会影响流体的平衡规律。

1.2.1　静压力及其性质

静力学研究液体处于相对平衡状态下的力学规律和应用。相对平衡是指液体内部各质点之间没有相对运动，此时液体不显示黏性。液体内部无剪切应力，而只有法向应力，即静压力。

静压力（简称压力）：指液体处于相对静止时，单位面积上所受的法向作用力。

如果静止液体中某一微小面积 ΔA 上作用有法向力 ΔF，则该点的压力定义为

$$p = \lim_{\Delta A \to 0} \frac{\Delta F}{\Delta A} \tag{1.9}$$

静压力具有如下两个重要性质。

(1) 液体静压力垂直于作用面，其方向和该面的内法线方向一致。这是因为液体只能受压，而不能受拉。

(2) 静止液体中任意点受到各个方向的压力都相等。如果液体中某点受到的压力不相等，那么液体就要运动，静止条件就要破坏。

1.2.2 液体静力学基本方程

在重力作用下的静止液体，其受力情况如图 1.3 所示。

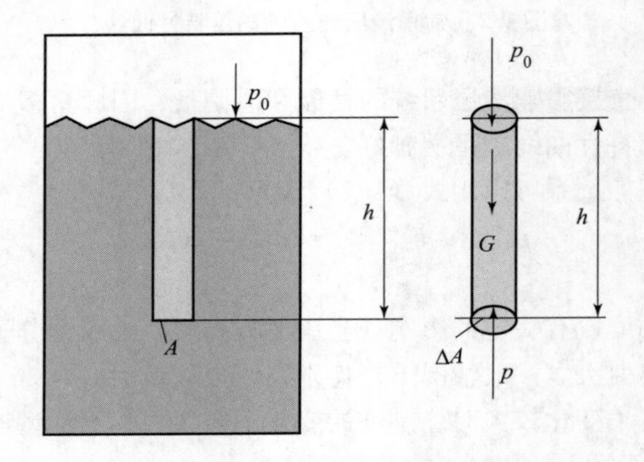

图 1.3　重力作用下的静止流体

作用在液面上的压力为 p_0，现要求得液面下深 h 处 A 点的压力。可以从液体内取出一个包含 A 点的垂直小液柱，其上顶与液面重合，设小液柱底面积为 ΔA，高为 h。这个小液柱在重力及周围液体压力作用下，处于平衡状态。垂直方向的力平衡方程为

$$p\Delta A = p_0\Delta A + \rho g h \Delta A \tag{1.10}$$

即

$$p = p_0 + \rho g h \tag{1.11}$$

式 (1.11) 为静力学基本方程。它说明液体静压力分布有如下特征。

(1) 静止液体内任一点处的压力为液面压力和液柱重力所产生的压力之和。

(2) 静止液体内的压力随着深度 h 呈直线规律分布。

(3) 深度相同处各点的压力都相等。

此外，压力相等的所有点组成的面叫作等压面。在重力作用下静止液体中的等压面是水平面。

如果进一步将静压力基本方程写作如下形式：

$$\frac{p}{\rho g}=\frac{p_0}{\rho g}+h \tag{1.12}$$

式中，$\frac{p_0}{\rho g}$ 为单位重力液体的压力能，故可称为压力水头；h 为由于液面位置而引起的单位重力液体的位能，也常称作静水头或者位置水头。因此，静压力基本方程的物理意义是：静止液体内任何一点具有压力能和位能两种能量形式，且其总和保持不变，即能量守恒。

1.2.3　帕斯卡原理

在密闭容器内，施加于静止液体上的压力将以相等的数值传递到液体各点，这就是静压传递原理，即帕斯卡原理。帕斯卡原理可以用静力学基本方程解释。液压千斤顶的工作原理即帕斯卡原理，如图 1.4 所示。

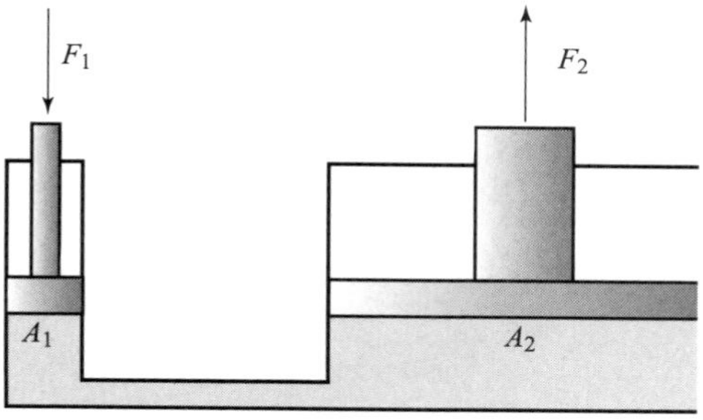

图 1.4　帕斯卡原理

1.2.4　压力的表示方法及单位

绝对压力：以绝对真空为基准进行度量。

相对压力：以大气压力为基准进行度量。绝大多数测压仪表所测得的压力都是相对压力，也称表压力。

当液体中某点绝对压力小于大气压时，就会产生真空，压力的大小可用真空度表示。

真空度：大气压力与真空区的绝对压力之差。

相对压力 = 绝对压力 − 大气压力

真空度 = 大气压力 − 真空区绝对压力

绝对压力、相对压力、真空度之间的关系如图 1.5 所示。

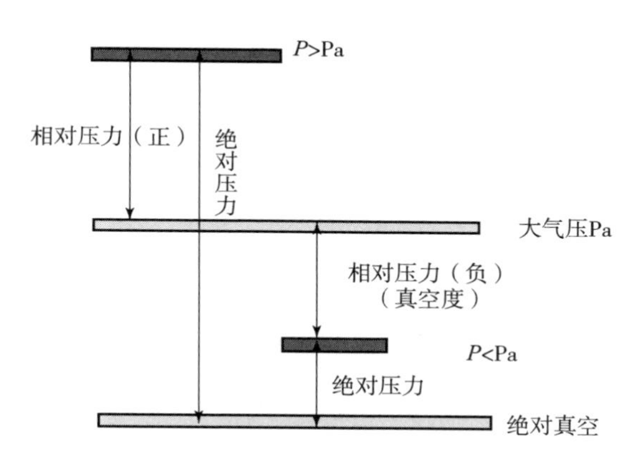

图 1.5　绝对压力、相对压力、真空度之间的关系

压力的常用计量单位为 Pa（N/m^2，帕）或 MPa（兆帕）。

1.2.5　静压力对固体壁面的作用力

静止液体和固体壁面相接触时，固体壁面上各点在某一方向上所受静压作用力的总和，便是液体在该方向上作用于固体壁面上的总作用力。

如果忽略液体自重所产生的压力，则认为静止液体内各处的压力大小相等。

1. 固体壁面为平面

作用在平面上压力的方向互相平行，总作用力 F 等于静压力 p 与承压面积 A 的乘积，即

$$F = pA$$

2. 固体壁面为曲面

作用在曲面上的压力的方向均垂直于曲面，将曲面分成若干微小面积 $\mathrm{d}A$，作用在微小面积上的力为 $\mathrm{d}F = p\mathrm{d}A$，如图 1.6 所示，将 $\mathrm{d}F$ 分解为 x、y 两个方向的力，即

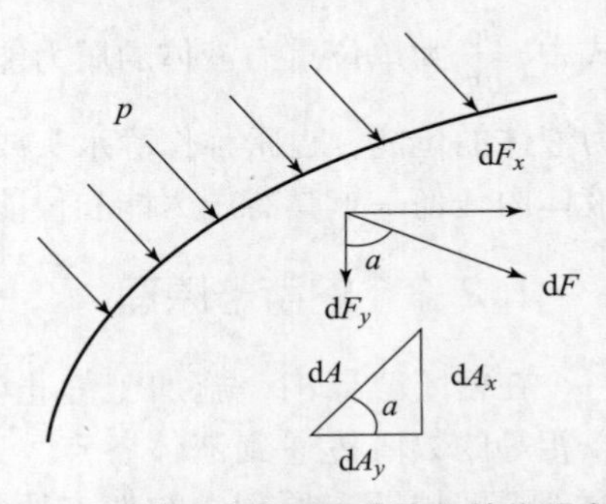

图 1.6　静压力作用在曲面上的作用力

$$\mathrm{d}F_x = p\mathrm{d}A\sin\theta = p\mathrm{d}A_x \quad \mathrm{d}F_y = p\mathrm{d}A\cos\theta = p\mathrm{d}A_y$$

积分后得

$$F_x = pA_x, \qquad F_y = pA_y$$

总作用力 F 为

$$F = \sqrt{F_x^2 + F_y^2} \tag{1.13}$$

另外，静压力作用在曲面上的力在某一方向上的分力等于压力与曲面在该方向投影面积的乘积。

1.3　流体动力学

流体动力学研究液体在外力作用下的运动规律，即研究作用于液体上的力与液体运动间的关系，本节具体要介绍三个基本方程——连续性方程、能量方程和动量方程。

1.3.1　基本概念

1. 理想液体和实际液体

理想液体：既无黏性又无压缩性的假想液体。

实际液体：既有黏性又有压缩性的真实液体。

2. 稳定流动和非稳定流动

在流场中，由于液体是连续介质，所以液体质点的运动参数（如速度、压力等）可以看成是空间坐标和时间的连续函数。

稳定流动：液体的运动参数只随位置变化，与时间无关，也称恒定流动或定常流动。

非稳定流动：液体的运动参数不仅随位置变化，而且与时间有关，也称非恒定流动或非定常流动。

稳定流动与非稳定流动举例如图 1.7 所示。

3. 流线、流束、通流截面

流线：某一瞬时液流中标志其各处质点运动状态的曲线，在流线上各点的瞬时速度方向与该点的切线方向重合。

流线的性质如下。

（1）稳定流动时，流线形状不随时间变化。

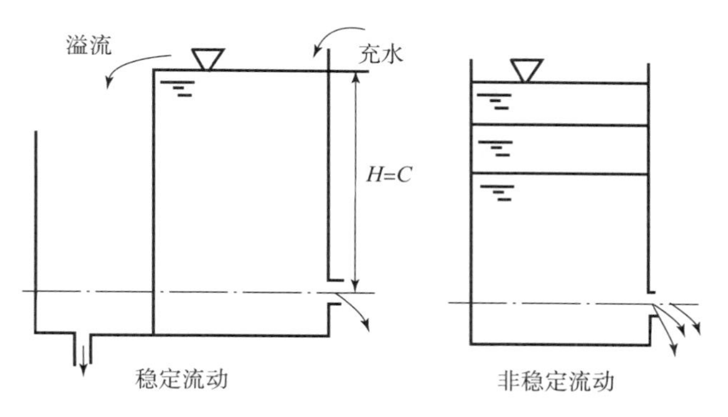

图 1.7　稳定流动与非稳定流动举例

（2）流线不能相交，也不能转折。

（3）流线是连续光滑的曲线。

流束：在流场中画不属于流线的封闭曲线，沿该曲线上每一点做流线，由这些流线组成的表面称为流管，流管内流线群称为流束，如图 1.8 所示。

（1）流束内外流线均不能穿越流束表面。

（2）面积 A 无限小时的流束，称为微小流束。

通流截面：流束中与所有流线正交的截面。

（1）流线彼此平行的流动称为平行流动。

（2）流线间的夹角很小或流线的曲率半径很大的流动称为缓变流动（相反情况便是急变流动）。

（3）二者的通流截面均认为是平面，急变流动的通流截面是曲面。

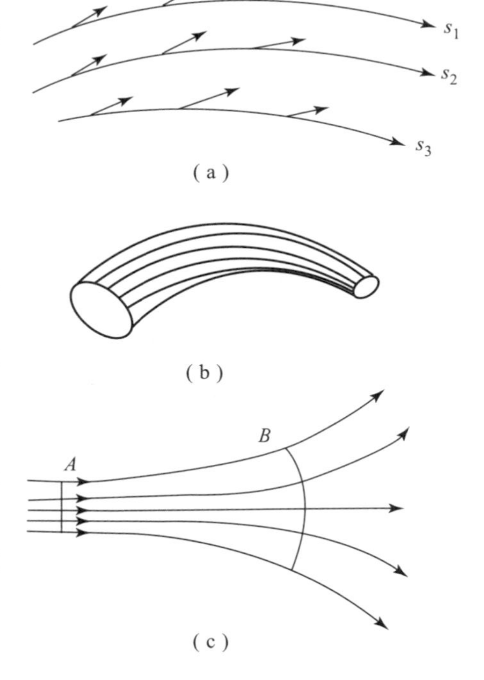

图 1.8　流线、流管、流束和通流截面

（a）流线；（b）流管；（c）流束和通流截面

4. 流量和平均流速

流量：单位时间内通过流束通流截面的液体体积。

设液流中某一微小流束通流截面 $\mathrm{d}A$ 上的流速为 u，则通过 $\mathrm{d}A$ 的微小流量为 $\mathrm{d}Q = u\mathrm{d}A$，积分后，可得流经通流截面 A 的流量 Q：

$$Q = \int_A u\mathrm{d}A \tag{1.14}$$

平均流速：流量与通流截面之比。

由于液体具有黏性，所以在通流截面上流速分布不均匀。在液压传动中，常用一个假想的平均流速 v 代替真实流速 u，使得以平均流速流经通流截面的流量与实际通过的流量相等。

$$v = \frac{\int_A u\mathrm{d}A}{A} = \frac{Q}{A} \tag{1.15}$$

1.3.2 连续性方程

连续性方程是质量守恒定律在流体力学中的应用。在流动的液体中取一控制体积 V，其内部质量为 m。

单位时间内流入控制体积的流量：

$$Q_{m1} = \rho_1 Q_1$$

单位时间内流出控制体积的流量：

$$Q_{m2} = \rho_2 Q_2$$

根据质量守恒定律，$Q_{m1} - Q_{m2}$ 应等于该时间内体积 V 中液体质量的变化率 $\mathrm{d}m/\mathrm{d}t$，又由于 $m = \rho V$，因此

$$\rho_1 Q_1 - \rho_2 Q_2 = \frac{\mathrm{d}(\rho V)}{\mathrm{d}t} = V\frac{\mathrm{d}\rho}{\mathrm{d}t} + \rho\frac{\mathrm{d}V}{\mathrm{d}t} \tag{1.16}$$

假设液体沿轴向运动（一维流动），如图 1.9 所示。取截面 1 和截面 2 之间的管道为控制体，通流截面积为 A_1、A_2，平均流速分别为 v_1、v_2。对于稳定流动，不可压缩液体，$V =$ 常数，$\rho =$ 常数，式（1.16）变为

$$Q = v_1 A_1 = v_2 A_2 \tag{1.17}$$

说明：在稳定流动中，流过各截面的不可压缩液体的流量是相等的，而且液体的平均流速与管道的通流截面积成反比。

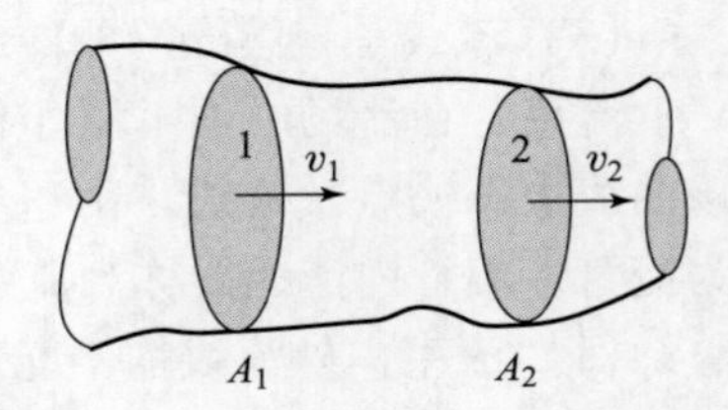

图 1.9　连续性方程

1.3.3 能量方程

能量方程也常称作伯努利方程，表示的是流动液体的能量守恒定律。

1. 理想液体的运动微分方程

某一瞬时 t，在液流的微小流束中取一微元体积 $\mathrm{d}V$（$\mathrm{d}V = \mathrm{d}A\mathrm{d}s$），$\mathrm{d}A$ 为微元体积的通流截面，$\mathrm{d}s$ 为微元体积的长度（length），如图 1.10 所示。

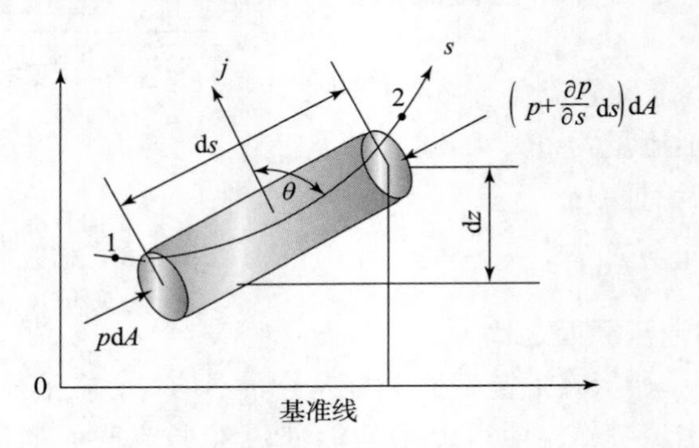

图 1.10　连续性方程

在一维流动的情况下，$u = f(s, t)$，$p = g(s, t)$，对理想液体，作用在微元体积上的外力有以下几种。

1）压力产生的作用力

$$p\mathrm{d}A-\left(p+\frac{\partial p}{\partial s}\mathrm{d}s\right)\mathrm{d}A=-\frac{\partial p}{\partial s}\mathrm{d}s\mathrm{d}A \tag{1.18}$$

2）质量力即重力

$$\rho\mathrm{d}s\mathrm{d}Aj\cos\theta$$

j 为单位质量力，质量力仅有重力时，$j=-g$；θ 为单位质量力与流线 s 间的夹角，$\cos\theta=\frac{\partial z}{\partial s}$。

3）惯性力

$$ma=\rho\mathrm{d}A\mathrm{d}s\frac{\mathrm{d}u}{\mathrm{d}t}=\rho\mathrm{d}A\mathrm{d}s\left(u\frac{\partial u}{\partial s}+\frac{\partial u}{\partial t}\right) \tag{1.19}$$

根据牛顿第二定律，可得液体运动的微分方程式

$$-\frac{\partial p}{\partial s}\mathrm{d}s\mathrm{d}A-\rho\mathrm{d}s\mathrm{d}Ag\frac{\partial z}{\partial s}=\rho\mathrm{d}A\mathrm{d}s\left(u\frac{\partial u}{\partial s}+\frac{\partial u}{\partial t}\right) \tag{1.20}$$

整理得

$$-g\frac{\partial z}{\partial s}-\frac{1}{\rho}\frac{\partial p}{\partial s}=u\frac{\partial u}{\partial s}+\frac{\partial u}{\partial t} \tag{1.21}$$

式（1.21）为理想液体的运动微分方程，也叫欧拉方程。欧拉方程本质上是液体的力平衡方程。

2. 理想液体的伯努利方程

将欧拉方程两边同乘以 ds，并从截面 1 积分到截面 2：

$$\int_1^2\left(-g\frac{\partial z}{\partial s}-\frac{1}{\rho}\frac{\partial p}{\partial s}\right)\mathrm{d}s=\int_1^2\frac{\partial}{\partial s}\left(\frac{u^2}{2}\right)\mathrm{d}s+\int_1^2\frac{\partial u}{\partial t}\mathrm{d}s \tag{1.22}$$

两边同除以 g，移项整理得

$$z_1+\frac{p_1}{\rho g}+\frac{u_1^2}{2g}=z_2+\frac{p_2}{\rho g}+\frac{u_2^2}{2g}+\frac{1}{g}\int_1^2\frac{\partial u}{\partial t}\mathrm{d}s \tag{1.23}$$

对于稳定流动，$\frac{\partial u}{\partial t}=0$，故式（1.23）变为

$$z_1+\frac{p_1}{\rho g}+\frac{u_1^2}{2g}=z_2+\frac{p_2}{\rho g}+\frac{u_2^2}{2g} \tag{1.24}$$

式（1.24）为理想液体微小流束的伯努利方程。

由于截面 1、2 是任意取的，因此式（1.24）也可写成

$$\frac{p}{\rho g}+\frac{u^2}{2g}+z=\text{常数} \tag{1.25}$$

方程的物理（能量）意义如下。

$\frac{p}{\rho g}$：单位重量液体所具有的压力能，称为比压能（压力水头）。

$\frac{u^2}{2g}$：单位重量液体所具有的动能，称为比动能（速度水头）。

Z：单位重量液体所具有的位能，称为比位能（位置水头）。

$Z+\frac{p}{\rho g}+\frac{u^2}{2g}$：单位重量液体所具有的总能量，称为总比能（总水头）。

管内稳定流动的理想液体，在任意截面上，液体的总比能保持不变，但比位能、比压能、比动能可以相互转换。

3. 实际液体的伯努利方程

实际液体具有黏性，在流动时会产生摩擦损失和能量损耗。如果单位重量实际液体在微小流束中从截面 1 流到截面 2，因黏性而损耗的能量为 h'_w，则实际液体微小流束的伯努利方程为

$$z_1 + \frac{p_1}{\rho g} + \frac{u_1^2}{2g} = z_2 + \frac{p_2}{\rho g} + \frac{u_2^2}{2g} + h'_w \tag{1.26}$$

为了求得实际液体流束的伯努利方程，取一段流束，两端通流截面分别为 A_1、A_2，如图 1.11 所示。将式（1.26）两端乘以微小流量 $\mathrm{d}Q$（$\mathrm{d}Q = u_1\mathrm{d}A_1 = u_2\mathrm{d}A_2$），然后各自对流束的通流截面 A_1、A_2 进行积分，得

$$\int_{A_1}\left(z_1 + \frac{p_1}{\rho g}\right)u_1\mathrm{d}A_1 + \int_{A_1}\frac{u_1^2}{2g}u_1\mathrm{d}A_1 = \int_{A_2}\left(z_2 + \frac{p_2}{\rho g}\right)u_2\mathrm{d}A_2 + \int_{A_2}\frac{u_2^2}{2g}u_2\mathrm{d}A_2 + \int_Q h'_w\mathrm{d}Q \tag{1.27}$$

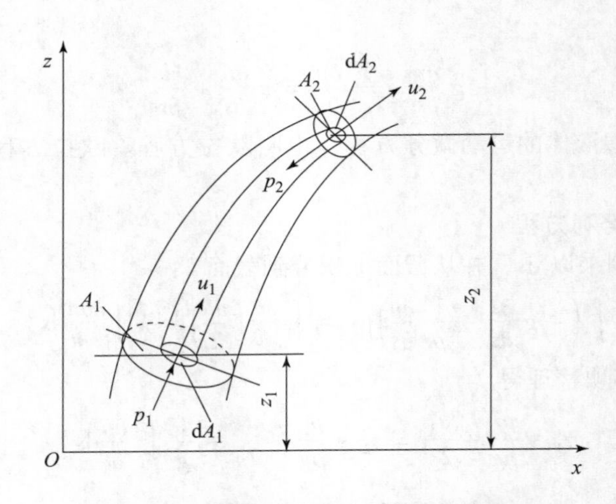

图 1.11　流管内能量方程推导示意图

若所选截面为缓变流截面，可以证明在该面上各点处的压力符合静压力分布规律，即

$$z + \frac{p}{\rho g} = \text{const} \tag{1.28}$$

以平均流速 v 代替实际流速 u，所产生的误差用动能修正系数 α 进行修正。

α = 实际动能/平均动能，即

$$\alpha = \frac{\frac{1}{2}\int_A u^2\rho u\mathrm{d}A}{\frac{1}{2}\rho Avv^2} = \frac{\int_A u^3\mathrm{d}A}{v^3A} \tag{1.29}$$

用平均能量损失代替实际能量损失，即令

$$h_w = \frac{\int_Q h'_w\mathrm{d}Q}{Q}$$

由此可得实际液体流束的伯努利方程

$$z_1 + \frac{p_1}{\rho g} + \frac{\alpha_1 v_1^2}{2g} = z_2 + \frac{p_2}{\rho g} + \frac{\alpha_2 v_2^2}{2g} + h_w \tag{1.30}$$

该方程的适用条件如下。

（1）稳定流动，不可压缩液体。

（2）质量力只有重力。

（3）所取截面为缓变流截面。

（4）流量沿流程保持不变。

（5）层流时 $\alpha=2$，紊流时 $\alpha=1$。

1.3.4　动量方程

液流作用在固体壁面上的作用力，可以用动量方程求解。

动量定律：作用在物体上的力的大小等于物体在力作用方向上的动量变化率，即

$$F = \frac{\mathrm{d}I}{\mathrm{d}t} = \frac{\mathrm{d}(mu)}{\mathrm{d}t} \tag{1.31}$$

把动量定律应用到液体上时，在任意时刻 t 从流束中取出一控制体积进行分析，如图 1.12 所示。假定液体经过 $\mathrm{d}t$ 时间后运动到虚线所示位置，则在 $\mathrm{d}t$ 时间内控制体积中液体质量的动量变化为

$$\mathrm{d}(\Sigma u\mathrm{d}m) = [(I_{\mathrm{III}\,t+\mathrm{d}t} + I_{\mathrm{II}\,t+\mathrm{d}t}) - (I_{\mathrm{I}\,t} + I_{\mathrm{III}\,t})] \tag{1.32}$$

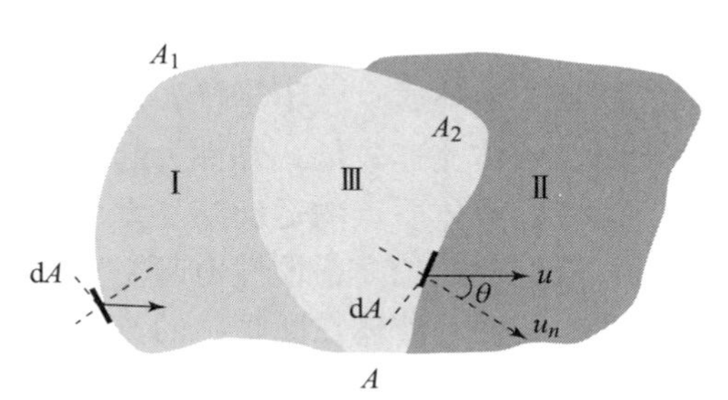

图 1.12　动量方程推导示意图

将动量代入式（1.32），并考虑到当 $\mathrm{d}t \to 0$ 时，体积 V_{II} 近似地等于 V，得到

$$F = \frac{\mathrm{d}}{\mathrm{d}t}\left[\int_V \rho u \mathrm{d}V\right] + \int_A \rho u u_n \mathrm{d}A \tag{1.33}$$

第一项：瞬态液动力，使控制体内液体加（减）速所需的力。

第二项：稳态液动力，液体在不同位置上具有不同速度所引起的力。

若取管道内两截面之间为控制体，则控制体的位置没有变化，液体流进和流出控制体积时，流量 Q 相等，单位时间内的实际动量为 $\int_A u\mathrm{d}m, u_n = u$。

用平均流速代替实际流速，所产生的误差用动量修正系数 β 修正。

β = 平均动量/实际动量，即

$$\beta = \frac{\int_A u\mathrm{d}m}{mv} = \frac{\int_A u(\rho u\mathrm{d}A)}{(\rho v\mathrm{d}A)v} = \frac{\int_A u^2\mathrm{d}A}{v^2 A} \tag{1.34}$$

层流时 $\beta=4/3$，紊流时 $\beta=1$。

对于稳定流动，$\frac{\mathrm{d}}{\mathrm{d}t}\left[\int_V \rho u\mathrm{d}V\right] = 0$

由此得到动量方程

$$\boldsymbol{F} = \rho Q(\beta_2 \boldsymbol{v}_2 - \beta_1 \boldsymbol{v}_1) \tag{1.35}$$

必须注意，式（1.35）为矢量方程式，可写成分量形式

$$F_x = \rho Q(\beta_2 v_{2x} - \beta_1 v_{1x}) \tag{1.36}$$

液体对壁面作用力的大小与 F 相同，但方向与 F 相反。

1.4 流体的管道流动、孔口出流和缝隙流动

本节主要讨论液压系统内流体流动的三种主要形式：管道流动、孔口出流和缝隙流动。液压管路、流道内的流动主要为管道流动；各类液压阀口、阻尼孔的流动主要为孔口出流；而液压元件相对运动的接触副、润滑间隙内流动主要为缝隙流动。

1.4.1 管道流动

实际液体具有黏性，流动时产生阻力，造成能量损失，下面将讨论产生能量损失的物理本质和计算方法。

1. 液体的流态

19 世纪末，雷诺首先通过实验观察了管内水的流动情况，发现液体有两种流动状态：层流和紊流。

层流：液体质点互不干扰，流动呈线性或层状，平行于管道轴线，没有横向运动。层流运动时，液体流速较低，黏性力起主导作用。

紊流：液体质点的运动杂乱无章，除沿管道轴线运动外，还有剧烈的横向运动。紊流运动时，液体流速较高，惯性力起主导作用。

实验证明，液体在圆管中的流动状态与管内平均流速 v、管径 d 及液体的运动黏度 ν 有关。决定液体流态的是这 3 个参数组成的一个无量纲量 Re，称为雷诺数，即

$$Re = \frac{vd}{\nu} \tag{1.37}$$

液流由层流转变为紊流的雷诺数称为临界雷诺数 Re_K：$Re_K = 2\ 320$

$Re < Re_K$，层流；$Re > Re_K$，紊流。

2. 圆管层流

液体在圆管中的层流运动是液压传动中最常见的现象。

1）通流截面上流速的分布规律

液体在等截面水平管道中做稳定层流运动，如图 1.13 所示。

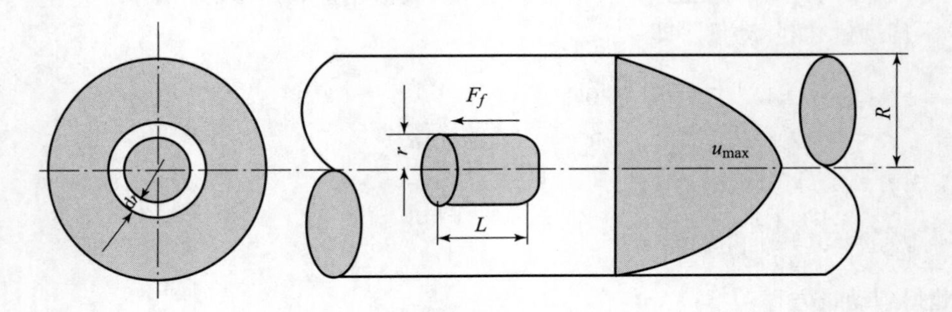

图 1.13　圆管层流示意图

在管子轴心取一段小圆柱体，其半径为 r、长度为 l，作用在两端面上的压力分别为 p_1、p_2，作用在侧面上的内摩擦力为 F，根据牛顿第二定律

$$(p_1 - p_2)\pi r^2 = F \tag{1.38}$$

其中，$F = -\mu 2\pi r l \mathrm{d}u/\mathrm{d}r$，令 $\Delta p = p_1 - p_2$，式（1.38）变为

$$\frac{\mathrm{d}u}{\mathrm{d}r} = -\frac{\Delta p}{2\mu l}r \tag{1.39}$$

对式（1.39）积分，当 $r = R$，$u = 0$，得到截面上流速的分布规律

$$u = \frac{\Delta p}{4\mu l}(R^2 - r^2) \tag{1.40}$$

管内流速在半径方向上按抛物线规律分布，最大流速 u_{max} 发生在轴心上：

$$u_{max} = \frac{\Delta p R^2}{4\mu l} \tag{1.41}$$

2）流量

在半径 r 处，取环形微小面积 $2\pi r\mathrm{d}r$，其上通过的流量 $\mathrm{d}Q = u2\pi r\mathrm{d}r$，积分得到流量 Q 为

$$Q = \int_0^R u2\pi r\mathrm{d}r = \frac{\pi R^4}{8\mu l}\Delta p = \frac{\pi d^4}{128\mu l}\Delta p \tag{1.42}$$

式（1.42）为泊肃叶公式。流量与管径的四次方成正比，压差与管径的四次方成反比。

3）平均流速

$$v = \frac{Q}{A} = \frac{d^2}{32\mu l}\Delta p\ ,\ v = \frac{1}{2}u_{max} \tag{1.43}$$

3. 圆管紊流

1）紊流的脉动现象

紊流运动质点之间有掺混，质点运动的大小、方向都随时间变化，因此是非稳定流动。雷诺实验发现，流场中某一点运动的变化始终围绕一个平均值上下波动，这种现象称为紊流的脉动现象，如图1.14所示。

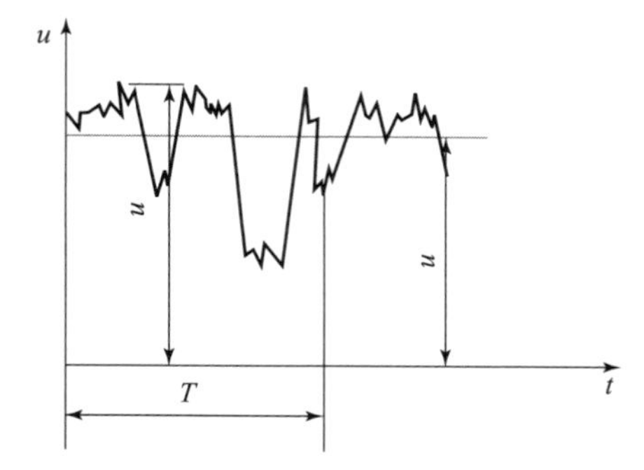

图1.14　紊流的脉动现象

2）时均化原则

研究紊流运动时，引入时均化的概念。如果在某一时间间隔 T 内，以平均值的流速 $\bar{u}$ 流经微小流束通流截面 $\mathrm{d}A$ 的液体量等于在同一时间内以真实的脉动速度 u 流经同一截面的液体量，则 $\bar{u}$ 称为时均流速：

$$\bar{u} = \frac{\int_0^T u\mathrm{d}t}{T} \tag{1.44}$$

同理，压力也采用时均压力。

采用时均化以后，紊流运动可视为稳定流动。

3）通流截面上速度分布规律

紊流在通流截面上的结构分为3层。

层流边界层：靠近管壁极薄的一层，液体做层流运动。

过渡层：层流到紊流的过渡区。

紊流核心区：液体做紊流运动。

在通流截面上，速度分布规律如图 1.15 所示。

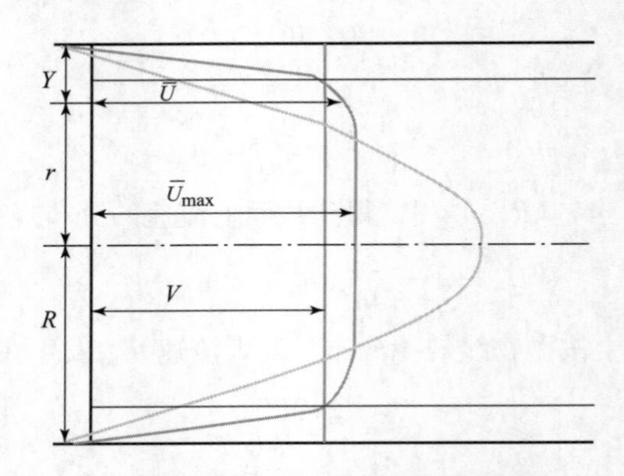

图 1.15　圆管紊流的速度分布规律

速度分布比较均匀，最大流速 $u_{max}=(1\sim1.3)\ v$。

4. 压力损失

实际液体具有黏性，流动时要产生能量损失，这种能量损失表现为压力损失，单位重量液体的压力损失即为伯努利方程中的 h_w 项。压力损失分为两种。

沿程压力损失：液体在等径直管中流动时，因摩擦而产生的损失。

局部压力损失：由于管道的截面突然变化，液流方向改变或其他形式的液流阻力而引起的损失。

1）沿程压力损失

经理论推导和实验证明，液体流经等径 d 的直管时，在管长 l 上的压力损失为

$$\Delta p_\lambda=\lambda\frac{l}{d}\frac{\rho v^2}{2}\quad 或 \quad h_\lambda=\lambda\frac{l}{d}\frac{v^2}{2g} \tag{1.45}$$

λ 为沿程阻力系数，其大小与流态等因素有关，可根据实验确定：层流时理论值，$\lambda=64/Re$；层流时液压油在金属管道中流动，$\lambda=75/Re$；紊流时，$4\ 000<Re<10^5$，$\lambda=0.316\ 4Re^{-0.25}$。

2）局部压力损失

局部压力损失一般用实验求得，可按式（1.46）计算：

$$\Delta p_\zeta=\zeta\frac{\rho v^2}{2}\quad 或 \quad h_\zeta=\zeta\frac{v^2}{2g} \tag{1.46}$$

ζ 为局部阻力系数，一般由实验测定。

管路系统中总能量损失等于系统中所有沿程能量损失之和与所有局部能量损失之和的叠加，即

$$\Delta p=\sum\Delta p_\lambda+\sum\Delta p_\zeta=\sum\lambda\frac{l}{d}\frac{\rho v^2}{2}+\sum\zeta\frac{\rho v^2}{2}$$

或

$$h_w=\sum h_\lambda+\sum h_\zeta=\sum\lambda\frac{l}{d}\frac{v^2}{2g}+\sum\zeta\frac{v^2}{2g} \tag{1.47}$$

1.4.2 孔口出流

在液压系统中，液流流经小孔的现象普遍存在，如油液流经液压阀口，利用细长孔作为阻尼调节器来调节流量。

1. 薄壁小孔

薄壁小孔：小孔的长度 l 和小孔直径 d 之比 $l/d \leqslant 0.5$ 的孔。液压阀中很多开口虽然不是圆孔形，如锥阀、滑阀等，但其流动特性仍然接近于薄壁小孔，因此通常将这些阀口等效为薄壁小孔来处理（图1.16）。

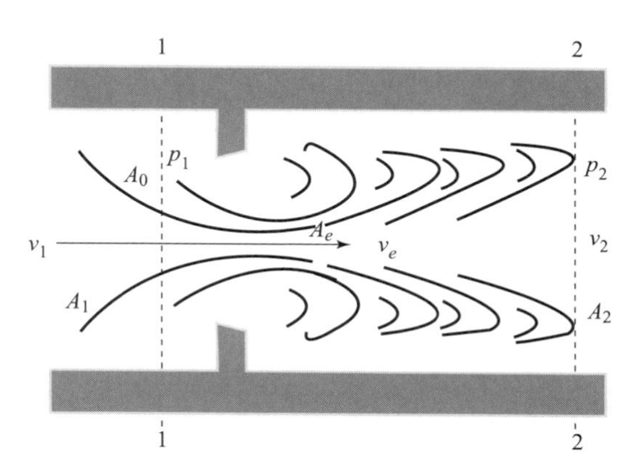

图1.16 薄壁小孔流动

1—进口截面；2—出口截面

流经薄壁小孔的流量为

$$Q = C_d A_0 \sqrt{\frac{2\Delta p}{\rho}} \tag{1.48}$$

式中，C_d 为流量系数，由实验确定；A_0 为小孔的通流截面积；Δp 为小孔前后压差，$\Delta p = p_1 - p_2$；ρ 为液体的密度。

需要强调的是，流量系数 C_d 的选取比较复杂，在液流完全收缩的情况下，当 $Re \leqslant 10^5$ 时，可按照式（1.49）计算：

$$C_d = 0.964Re^{-0.05}(Re = 800 - 5\ 000) \tag{1.49}$$

当 $Re > 10^5$ 时，C_d 可以被认为不变的常数，计算一般取值为0.60～0.62。

由流量公式可知，流经薄壁小孔的流量与小孔前后压差的平方根及小孔面积成正比，而与黏度无关。小孔的壁很薄时，其沿程阻力损失非常小，通过小孔的流量对油液温度的变化不敏感，因此薄壁小孔常作为液压系统的节流器使用。

2. 短孔和细长孔

短孔：小孔的长度 l 和小孔直径 d 之比 $0.5 < l/d \leqslant 4$ 的孔。

短孔的流量公式依然可用式（1.48）来计算，但流量系数的取值有所不同。一般情况下，当 $Re > 2\ 000$ 时，C_d 基本保持在0.8左右。由于短孔加工比薄壁小孔容易，因此经常用作固定节流器使用。

细长孔：小孔的长度 l 和小孔直径 d 之比 $l/d > 4$ 的孔。

流经细长孔的液流一般都是层流，所以可使用泊肃叶公式计算流量：

$$Q = \frac{\pi d^4}{128\mu l}\Delta p \tag{1.50}$$

式中，μ 为液体的动力黏度；d 为小孔的内径；l 为小孔的长度；Δp 为小孔前后压差，$\Delta p = p_1 - p_2$。

由此可见，液体流经细长小孔的流量与小孔前后压差 Δp 成正比，而与液体动力黏度成反比。油温变化时，液体的黏度变化使流经细长小孔的流量发生变化。这一点与薄壁小孔的特性不同。

1.4.3 缝隙流动

液压元件各零件间如有相对运动，就必须有一定的配合间隙，流体在流过间隙时形成缝隙流动，如柱塞泵柱塞和缸孔配合面，滑靴和斜盘配合面以及缸体和配流盘配合面均表现为缝隙流动。液压油通过间隙的流量即为泄漏量。常见的缝隙有三种。

1. 平行平板缝隙

液体通过平行平板缝隙时，既受到压差的作用，又受到平行平板间相对运动的作用，h、b、l 分别为缝隙高度、宽度和长度，$b \gg h$，$l \gg h$（图 1.17）。

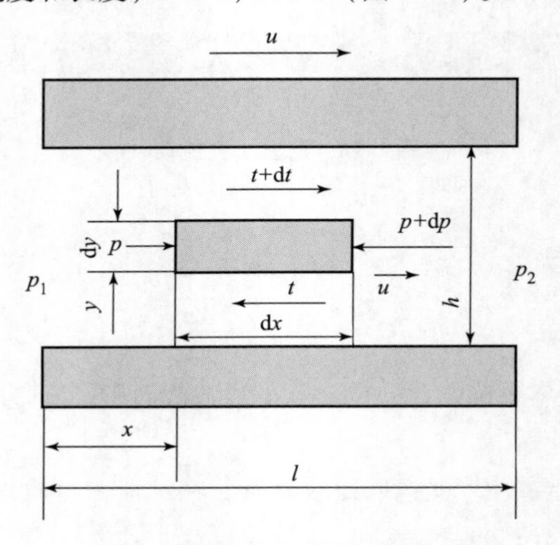

图 1.17 平板缝隙流动

在液流中取一微元体积，分析受力，得到它的平衡方程

$$p\mathrm{d}y + (\tau + \mathrm{d}\tau)\mathrm{d}x = (p + \mathrm{d}p)\mathrm{d}y + \tau\mathrm{d}x \tag{1.51}$$

整理并积分得

$$u = \frac{y(h-y)}{2\mu l}\Delta p + \frac{u_0}{h}y \tag{1.52}$$

通过平行平板缝隙的流量

$$Q = \int_0^h ub\mathrm{d}y \tag{1.53}$$

得到

$$Q = \frac{bh^3\Delta p}{12\mu l} + \frac{u_0}{2}bh \tag{1.54}$$

压差流动：平行平板间没有相对运动时，通过的液流纯由压差引起，其流量为

$$Q = \frac{bh^3}{12\mu l}\Delta p \tag{1.55}$$

剪切流动：平行平板两端不存在压差时，通过的液流纯由平板运动引起，其流量为

$$Q = \frac{u_0}{2}bh \tag{1.56}$$

通过平行平板缝隙的流量由压差流动和剪切流动组成。

2. 同心环形缝隙

液压元件各零件间的配合间隙多数为圆环形间隙，如滑阀与阀套之间。如图 1.18 所示，圆柱体半径为 r，缝隙为 h，长度为 l。

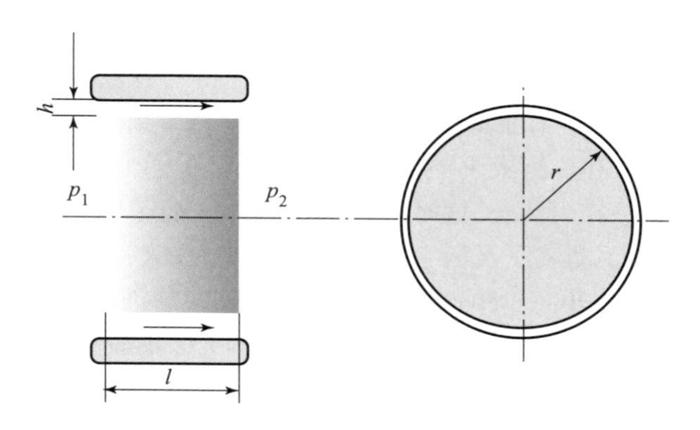

图 1.18　圆环缝隙流动示意图

当 $h/r \ll 1$ 时（相当于液压元件内配合间隙的情况），可以将环形缝隙间的流动近似地看作是平行平板缝隙间的流动，只要将 b 替换成 πd，即可得到流量

$$Q = \frac{\pi d h^3 \Delta p}{12\mu l} + \frac{\pi d u_0}{2}h \tag{1.57}$$

但是，实际情况下，由于外力作用，理想圆环缝隙会变为偏心圆环间隙。此时，流量公式可调整为

$$Q = (1 + 1.5\varepsilon^2)\frac{\pi d h^3 \Delta p}{12\mu l} + \frac{\pi d u_0}{2}h \tag{1.58}$$

式中，ε 为相对偏心率，$\varepsilon = e/h_0$。

3. 圆环平面缝隙

图 1.19 所示为液体在圆环平面缝隙间的流动。圆环与平面之间并无相对运动，液体自圆环中心辐射向外流动。

推导可得，圆环平面缝隙的流量公式为

$$Q = \frac{\pi h^3 \Delta p}{6\mu \ln \frac{r_2}{r_1}} \tag{1.59}$$

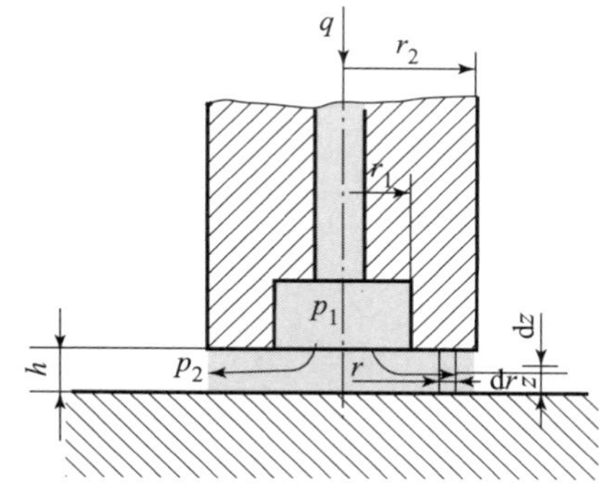

图 1.19　液体在圆环平面缝隙间的流动

柱塞泵滑靴底面流动以及锥阀阀口缝隙流动即可

视为圆环平面缝隙流动。

1.5 液压系统的工作原理和基本组成

1.5.1 液压系统的工作原理

液压传动相对于机械传动来说，是一种新的传动形式，其理论基础是帕斯卡原理，或称静压传递原理，即“封闭容器中静止液体的某一部分发生的压强变化，将大小不变地向各个方向传递”。液压传动就是以液体为工作介质，基于帕斯卡原理，利用液体的压力能来传递运动和动力的一种传动形式。

液压千斤顶就是一个简单而又比较完整的液压传动系统，分析它的工作过程，可以清楚地了解液压传动的基本原理。

图1.20为液压千斤顶的工作原理。大缸筒9和大活塞8组成举升液压缸。手柄1、小缸筒2、小活塞3、单向阀4和7组成手动液压泵。如抬起手柄1使小活塞向上移动，小活塞下端容腔容积增大，形成局部真空，这时单向阀4打开，油箱12中的液压油在大气压的作用下，通过吸油管5进入手动液压泵活塞腔；用力压下手柄1，单向阀4关闭，小活塞3下移，小活塞下腔的油液压力升高，单向阀7打开，下腔的油液经管道6进入大缸筒9的下腔，迫使大活塞8向上移动，顶起重物。再次提起手柄1吸油时，单向阀7自动关闭，使油液不能倒流，从而保证了重物不会自行下落。不断地往复扳动手柄1，就能不断地把油液压入举升缸下腔，使重物逐渐升起。如果打开截止阀11，举升缸下腔的油液通过管道10、截止阀11流回油箱12，重物就向下移动，这就是液压千斤顶的工作原理。

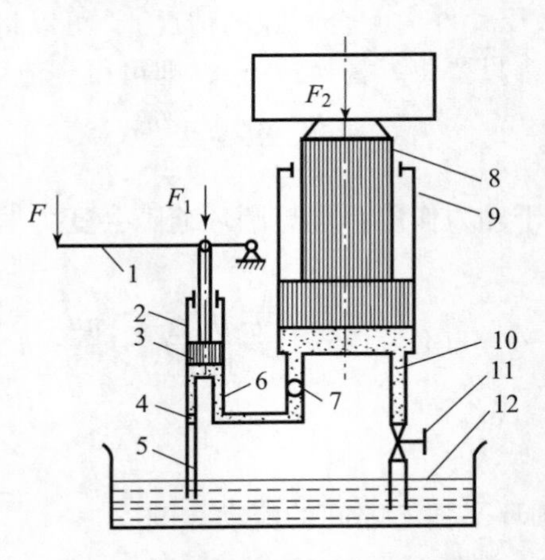

图1.20 液压千斤顶的工作原理

1—手柄；2—小缸筒；3—小活塞；4，7—单向阀；5—吸油管；6，10—管道；
8—大活塞；9—大缸筒；11—截止阀；12—油箱

通过对液压千斤顶的工作过程分析，可以初步了解液压传动的基本工作原理。压下手柄1时，手动液压泵输出压力油，是将机械能转换成油液的压力能；压力油经过管道6及单向阀7，推动大活塞8举起重物，是将油液的压力能又转换成机械能。大活塞8举升的速度取决于单位时间内流入举升缸的油液体积大小。由此可见，液压传动是一个不同能量形式的转换和传递的过程。

1.5.2　液压系统的工作特性

液压传动具有以下两个工作特性。

1. 压力决定于负载

由图 1.20 可以看出，液体的压力 p 是由于有了负载 F_2 才建立起来的。在系统正常工作的条件下，负载的大小决定了系统中液体压力的大小，若没有负载，就不可能在系统中建立起油液压力，则系统不能建压。通俗地讲，液压系统的压力是靠负载“憋”起来的。压力 p 只随负载的变化而变化，与流量 q 无关。这说明液压系统中的压力是由外界负载决定的，这是液压传动的一个基本特性，简称“压力决定于负载”。在工程实际中，负载还包括油液在管路和元件中流动时所受的沿程阻力和局部阻力等。值得注意的是，液压元件的刚、强度及密封件的密封能力等因素决定了系统压力不能随负载无限增大。

2. 速度决定于流量

如图 1.20 所示，假设进入举升缸的流量为 q，即

$$q = \frac{A_2 h_2}{t} = A_2 v_2 \tag{1.60}$$

则

$$v_2 = \frac{q}{A_2} \tag{1.61}$$

由式（1.60）可知，在稳态工况下，大活塞 8 推动负载的运动速度随进入大液压缸的流量 q 的变化而变化，与油液压力无关，这是液压传动的另一个基本特性，简称“速度决定于流量”。只要能连续调节进入执行元件的流量，就能无级调节执行元件的运动速度。因此，液压传动可以很容易地实现无级变速。

1.5.3　液压传动系统的基本组成

一个完整的液压传动系统，就是按照工作要求，选择或设计不同的液压元件，用管路将它们连接在一起，使之完成一定工作循环的整体。前面提到的液压千斤顶就是一种简单的液压传动系统。下面再以自卸货车车厢举倾机构为例，说明液压传动系统的组成。

如图 1.21 所示，液压缸 6 为推动车厢倾斜的执行元件，其活塞杆与货车车厢铰接在一起，液压泵 8 为产生高压油液的动力元件，换向阀 5 为控制元件。当液压泵 8 工作，换向阀 5 中的阀芯 4 处于图中所示位置时，车厢举倾机构不工作，即液压泵输出的压力油经单向阀 7、换向阀 5 中的 a 油道及回油管直接返回油箱。由于液压缸 6 的活塞上、下腔均与油箱相通，此时液压缸不工作。

在外力 F 的作用下，换向阀阀芯 4 右移，换向阀的 a 油道与液压泵供油路隔断。从液压泵输出的压力油经换向阀的 b 油道进入液压缸 6 的活塞下腔，推动液压缸活塞上移，通过活塞杆实现车厢的举倾，活塞上腔的油液经过管路回到油箱。

为了防止液压系统过载，在液压缸 6 进油路上装有限压阀 3。当系统油压超过限定值时，限压阀 3 开启，一部分压力油通过限压阀返回油箱，系统油压则不再升高。

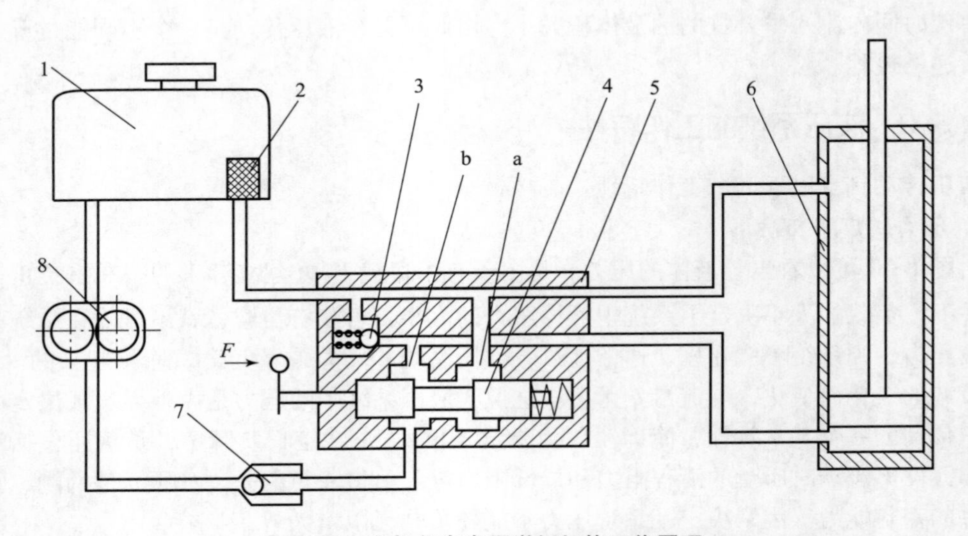

图 1.21　自卸货车车厢举倾机构工作原理

1—油箱；2—滤油器；3—限压阀；4—换向阀阀芯；5—换向阀；
6—液压缸；7—单向阀；8—液压泵；a，b—油道

当外力 F 去除后，换向阀阀芯 4 在右侧弹簧力的作用下回到初始位置。此时，液压缸活塞下腔通过换向阀与回油路相通。液压缸活塞下腔油液返回油箱，车厢在自重作用下下降。

从自卸货车车厢举倾机构的工作过程可以看出，一个完整的液压系统，通常由以下五个部分组成。

1. 动力元件

动力元件是将原动机（电机、内燃机等）输出的机械能转换成液压能，向液压系统提供压力油的元件，主要指各种形式的液压泵。

2. 执行元件

执行元件是将油液的压力能转换成机械能，驱动工作机构做功的元件，包括做直线运动或摆动的液压缸和做连续回转运动的液压马达。

3. 控制元件

控制元件是对系统中的压力、流量或油液流动方向进行控制和调节的元件，主要指各种阀，如溢流阀、节流阀、换向阀等。

4. 辅助元件

辅助元件是系统中除上述三种元件之外，对系统的正常工作起辅助作用的其他元件，如油箱、滤油器、油管等。

5. 工作介质

工作介质是传递能量和信号的流体，如液压油或其他合成液体等，其作用和机械传动中的皮带、链条、齿轮等传动元件相类似，是能量和信号的载体。

第 2 章

液压系统仿真与 AMESim 介绍

2.1 系统仿真的基本概念

系统仿真是以数学理论、控制理论、相似理论、计算技术、信息技术及有关的专业技术为基础，以计算机和各种物理效应设备为工具，利用系统模型对实际的或设想的系统进行实验研究的一门综合性技术。

2.1.1 系统仿真三要素

系统仿真三要素如图 2.1 所示。

1. 系统

系统是指由互相联系、互相制约、互相依存的若干组成部分（要素）结合在一起形成的具有特定功能和运动规律的有机整体。系统具有整体性、相关性、隶属性。系统的整体性主要表现为系统的整体功能，这种整体功能不是各组成要素功能的简单叠加，而是呈现出各组成要素所没有的新功能。系统的相关性表现在系统的各要素相互作用又相互联系，如果某一要素发生了变化，对应的其他关联的要素也要相应改变和调整。系统的隶属性表现为不能清楚地分出系统“内部”与“外部”，常常需要根据研究的问题来确定哪些属于系统的内部因素、哪些属于外部环境，其界限也是随不同的研究目的而变化，这一特性称为隶属性。

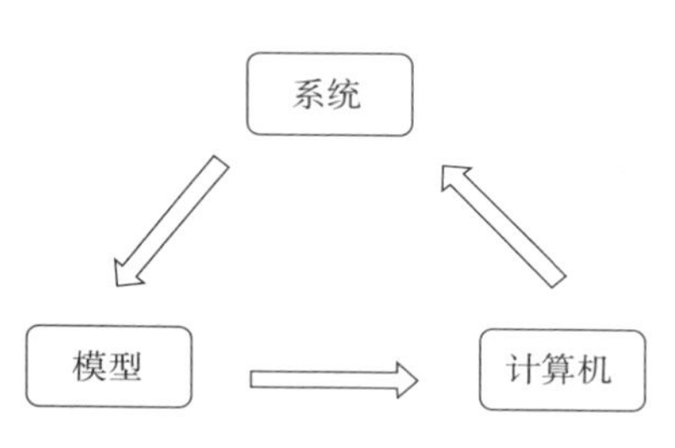

图 2.1　系统仿真三要素

在任意给定的时间，对系统所有实体、属性和活动的情况，用系统状态加以描述。每个系统都置于一定的环境中，系统与环境之间的分界称为系统边界，系统边界确定了系统的范围，边界以外对系统的作用称为系统的输入，系统对边界外环境的作用称为系统的输出。

根据分类方式的不同，系统可以分为如下类别。

（1）连续时间系统和离散时间系统（图 2.2），连续时间系统中系统的输入与状态在所有时间点上有值。离散时间系统中系统的输入与状态只在某些时间点上有值。

（2）线性系统和非线性系统。线性系统中组成系统的元件皆为线性元件或元素。非线性系统中有非线性元件或元素。例如，汽车的动力学方程中，不考虑空气阻力，公式为

$$\delta m \frac{\mathrm{d}v}{\mathrm{d}t} = F_t - fmg \tag{2.1}$$

式（2.1）为线性系统建模。

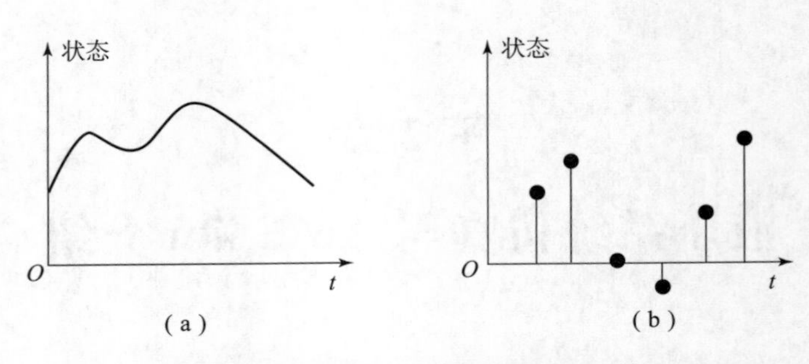

图 2.2　连续时间系统和离散时间系统

(a) 连续时间系统；(b) 离散时间系统

当考虑空气阻力时，公式为

$$\delta m\frac{\mathrm{d}v}{\mathrm{d}t}=F_t-\frac{C_DAv^2}{21.15}-fmg \tag{2.2}$$

式（2.2）中出现了速度的平方，为非线性系统建模。

(3) 定常系统和时变系统。定常系统的系统模型参数不随时间变化，时变系统的系统模型参数随时间变化。

(4) 集总参数系统和分布参数系统。集总参数系统中组成系统的元件皆为集总参数元件。它用常微分方程描述，通常把系统看作一个整体，只研究输入与输出之间的关系，而对系统内部的过程和机理不予考虑。分布参数系统中有分布参数元件，用偏微分方程描述，可以反映系统内部的过程和机理，较集总参数系统更为复杂。

2. 模型

模型是系统、过程或现象的物理的、数学的或其他逻辑的表达，是对系统特征与变化规律的一种定量抽象，是人们认识事物的一种手段或工具。

模型可以分为以下三类。

(1) 物理模型，指不以人的意志为转移的客观存在的实体，具有几何相似性。例如，飞行器研制中的飞行模型、船舶制造中的船舶模型等。

(2) 数学模型，指从一定的功能或结构上进行相似，用数学的方法来体现原型的功能或者结构，包括理论公式或经验公式对原型的建模。

(3) 描述模型，指使用自然语言或程序语言逻辑表达一定的功能或结构的系统。

3. 计算机

早期使用较多的是模拟计算机，它由运算器、控制器、输出设备等组成，输入输出变量都是随时间连续变化的模拟量电压。现在大多使用数字计算机，它由存储器、运算器、控制器、外围设备等组成。任何系统在数字计算机上进行仿真都必须将模型变换成能进行数值计算的离散时间模型。

2.1.2　系统仿真的分类

1. 计算机仿真

计算机仿真是运用性能相似的特点，将物理系统完全用数学模型加以描述，并把数学模型变成仿真模型，利用计算机进行实验研究，也称为数字仿真。计算机仿真的优点是可以反复进行实验，投资小，运行费用低；缺点是不能主观评价以及不能实现闭环设计。

计算机仿真具有很好的实用基础。振动力学、有限元方法、多体力学、控制理论、流体力学等为计算机仿真提供了理论基础；通用软件，MatLab/Simulink，ADAMS，AMESim，AVL Cruise，ANSYS，Nastran，Flunet 等直接面向用户的数字仿真软件不断推陈出新，为计算机仿真提供了理想的平台。除了通用软件以外，针对特定领域和专业，还有专用软件对模型进行处理，如 CarSim、TruckSim、ADAMS/Car 等高效能仿真软件和智能算法。硬件方面，基于多 CPU（中央处理器）并行处理技术的全数字仿真将有效提高仿真的速度，大大增加数字仿真的实时性。同时，多学科仿真、分布式计算、云计算、虚拟现实等技术，也在不断的应用发展当中。

2. 半实物仿真

半实物仿真，又称为硬件在回路仿真（hardware - in - loop simulation），是将实物（控制器）与在计算机上实现的控制对象的仿真模型连接在一起进行试验的技术。在这种试验中，控制器的动态特性、静态特性和非线性因素等都能真实地反映出来，因此它是一种更接近实际的仿真试验技术。这种仿真技术可用于修改控制器设计，即在控制器尚未安装到真实系统中之前，通过半实物仿真来验证控制器的设计性能，若系统性能指标不满足设计要求，则可调整控制器的参数，或修改控制器的设计，同时也广泛用于产品的修改定型、产品改型和出厂检验等方面。

半实物仿真的优点是可在早期进行控制器设计，在早期进行软硬件全面测试是控制系统的重要开发手段；缺点是若模型太复杂则不能实时仿真。

3. 人在回路仿真

人在回路仿真是专为操作人员的操作技能或指挥人员的指挥决策能力训练而建立的系统仿真系统或用于有人操纵的系统的设计、实验和评估。

人在回路仿真的优点是可以主观评价地进行闭环设计；缺点是系统复杂、成本高。

4. 物理仿真

物理仿真是运用几何相似、环境相似条件，构造物理模型进行仿真。物理仿真的优点是更加直观、形象；缺点是模型改变困难，实验限制多，投资较大。

2.1.3　系统仿真的发展

仿真技术的应用由来已久。我国古代两军对阵之前的沙盘推演，就是典型的在缩放模型中进行仿真的过程。仿真作为一门学科形成于 20 世纪 40 年代。20 世纪四五十年代航空、航天和原子能技术的发展推动了仿真技术的进步。20 世纪 60 年代计算机技术的突飞猛进，为仿真技术提供了先进的工具。

在仿真硬件方面，20 世纪 50 年代初主要是模拟计算机。20 世纪 50 年代中使用数字计算机实现数字仿真。20 世纪 60 年代起，数字计算机逐渐多于模拟计算机。由于小型机和微处理器的发展及并行运算等，仿真运算速度有新突破。

在仿真软件方面，出现了交互式仿真和功能更强的仿真软件系统以及将仿真技术和人工智能结合，具有专家系统功能的仿真软件。仿真模型、实验系统的规模和复杂程度都在不断地增长。

计算机问世后，数学仿真中大量共同性技术问题的提出，使得系统仿真逐渐发展成一门独立的学科。近年来，计算机仿真技术有了许多突破性的进展。前沿课题主要有实时仿真、仿真集成环境技术、仿真过程的自动化和智能化、人机系统仿真中的图像技术和虚拟现实技术、交互仿真技术等，其应用领域不断扩大。

2.2　液压系统仿真概述

现代液压系统设计不仅要满足静态性能要求，更要满足动态特性要求。以前人们在研究和设计时，常常凭借设计者的知识和经验用真实的元部件构成一个动态系统，然后在这个系统上进行实验，研究结构参数对系统动态特性的影响。随着科学技术的发展和普及，特别是计算机技术的发展，利用计算机作为工具来研究系统的动态特性已经成为可能。在计算机上对液压系统进行实验，研究实际物理系统的各个工作状况，确定最佳参数匹配，能够极大地节省人力、物力和时间。

2.2.1　仿真技术在液压技术领域的应用

仿真技术在液压领域的应用主要包括以下几个方面。

（1）通过理论推导建立已有液压元件或系统的数学模型，用实验结果与仿真结果进行比较，验证数学模型的准确度，并把这个数学模型作为今后改进和设计类似元件或系统的仿真依据。

（2）通过建立数学模型和仿真实验，确定已有系统参数的调整范围，从而缩短系统的调试时间，提高效率。

（3）通过仿真实验研究测试新设计的元件各结构参数对系统动态特性的影响，确定参数的最佳匹配，提供实际设计所需的数据。

（4）通过仿真实验验证新设计方案的可行性及结构参数对系统动态性能的影响，从而确定最佳控制方案和最佳结构。

通过仿真实验可以得到液压元件或系统的动态特性，如过渡过程、频率特性等，研究增强它们动态特性的途径。仿真实验已成为研究和设计液压元件或系统的重要组成部分，必须予以重视。

2.2.2　液压仿真软件介绍

对液压元件或系统利用计算机进行仿真的研究和应用已有30多年的历史。随着流体力学、现代控制理论、算法理论、可靠性理论等相关学科的发展，特别是计算机技术的突飞猛进，液压仿真技术也日益成熟，越来越成为液压系统设计人员的有力工具，相应的仿真软件也相继出现。目前，国内外主要有FluidSIM、Automation Studio、HyPneu、EASY5、ADAMS/Hydraulics、Matlab/Simulink、SIMUL - ZD、DSHplus、20 - sim、AMESim 10种液压仿真软件。本小节对其中常用的液压仿真软件的特点和功能进行介绍，为从事液压传动与控制技术工作的工程技术人员提供帮助。

1. Matlab/Simulink

Matlab是由MathWorks公司于1984年推出的数学软件，它的名称是由“矩阵实验室”(matrix&laboratory）所合成的。

Simulink 是 Matlab 的一个分支产品，主要用来实现对工程问题的模型化和动态仿真。它采用模块组合的方法使用户能够快速、准确地创建动态系统的计算机模型，特别是对于复杂的非线性系统，它的效果更为明显。

Simulink 的 SimHydraulics 库提供了 75 个以上的流体和液压机械元件，包括油泵、油缸、蓄能器、液压管路和一维机构单元等，大部分商品化元器件都可以在这里找到对应模型。

2. FluidSIM

FluidSIM 由德国 Festo 公司 Didactic 教学部门和 Paderborn 大学联合开发，是专门用于液压与气压传动的教学软件。FluidSIM 软件分为两个软件，其中，FluidSIM－H 用于液压传动教学，而 FluidSIM－P 用于气压传动教学。

FluidSIM 软件可用于自学、教学和多媒体教学液压（气压）技术知识。利用 FluidSIM 软件，不仅可设计液压、气动回路，还可设计与液压气动回路相配套的电气控制回路，弥补了以前液压与气动教学中，学生只见液压（气压）回路不见电气回路，从而不明白各种开关和阀动作过程的弊病。

3. Automation Studio

Automation Studio 是加拿大 Famic 公司开发的一款做气压、液压、PLC（可编程逻辑控制器）、机电一体化整合设计与仿真的软件。

从功能上讲，Automation Studio 软件比 FluidSIM 软件更加完善和全面，完全可以替代 FluidSIM 软件。该软件的特点是面向液压、气动系统原理图，不仅可以创建液压、气动回路，也可以创建控制这些回路的电气回路，仿真结果以动画、曲线图的形式呈现给用户，适用于自动控制和液压、气动等领域，可用于系统设计、维护和教学。

4. EASY5

EASY5 工程系统仿真和分析软件是美国波音公司的产品，它集中了波音公司在工程仿真方面 25 年的经验，其中以液压仿真系统最为完备，它包含了 70 多种主要的液压原部件，涵盖了液压系统仿真的主要方面，是当今世界上主要的液压仿真软件。

EASY5 建立了一批对应真实物理部件的仿真模型，用户只要如同组装真实的液压系统一样，把相应的部件图标从库里取出，设定参数，连接各个部件，就可以构造自己的液压系统，而不必关心具体部件背后的烦琐的数学模型。因此，EASY5 的液压仿真软件非常适合工程人员使用。

5. AMESim

AMESim 是法国 Imagine 公司于 1995 年推出的基于键合图的液压/机械系统建模、仿真及动力学分析软件，即“多学科领域复杂系统建模仿真平台”。该软件包含 Imagine 技术，为项目设计、系统分析、工程应用提供了强有力的工具。它为设计人员提供便捷的开发平台，实现多学科交叉领域系统的数学建模，能在此基础上设置参数进行仿真分析。

AMESim 软件中的元件间可以双向传递数据，并且变量都具有物理意义。它用图形的方式来描述系统中各设备间的联系，能够反映元件间的负载效应和系统中能量、功率的流动情况。

AMESim 已经成功应用于航空航天、车辆、船舶、工程机械等多学科领域，成为包括流体、机械、热分析、电气、电磁以及控制等复杂系统建模和仿真的优选平台。

2.2.3 液压系统建模仿真发展方向

现代液压仿真技术得到蓬勃发展，液压仿真软件也在工程实际中得到越来越广泛的应用。结合液压仿真软件的发展情况，液压仿真技术有以下发展趋势。

（1）系统的建模和算法将成为研究重点。要持续发展建模技术，来为液压仿真系统设计提供数据支持，提高仿真技术的可靠性。同时，相关的软件的平台已转向计算机平台，因此，需要不断提升计算机技术，来满足液压仿真技术发展需求。

（2）专家系统设计。依托现代控制理论和 AI 数据库，设计系统结构，同时确定系统的参数，缩短系统设计时间，实现系统最优化效果。

（3）实时仿真技术。为突出仿真技术的效果，需要不断研究实时仿真技术，使得结果可以通过 3D（三维）动画技术呈现。构建类似于三维实体的系统，来提高仿真技术的数据处理速度。

（4）物理系统和仿真软件的连接作用。将物理部件作为仿真模型的重要部分，来优化模型的设计过程,，使运行更加流畅。现如今，我国很多武器的研发设计中，就采用了半实物仿真系统。在液压仿真系统中，半实物仿真系统的应用难点是接口，额外的传感器增加了费用，还扩大了误差，使得仿真系统趋于复杂化。

（5）半物理仿真技术。半物理仿真技术是在仿真模型中增加物理模型，来简化仿真难度。当某些元件无法建模时，或者在特殊要求下，半物理仿真技术能够使系统成为模型一部分，进而提升仿真效果。在研究半物理仿真技术时，注重的关键是模型中的物理内容和其他内容的整合与衔接问题。

2.3 AMESim 软件介绍

2.3.1 AMESim 简介

本书主要介绍 AMESim 软件在液压系统仿真中的应用，在介绍软件的具体操作方法之前，先简要对 AMESim 进行介绍，以使读者能从总体上对该软件有一个基本的认识。

LMS Imagine. Lab AMESim（Advanced Modeling Environment for Simulation of Engineering Systems）为多学科领域复杂系统建模仿真解决方案。用户可以在 AMESim 平台上研究任何元件或系统的稳态和动态性能。例如在燃油喷射、制动系统、动力传动、机电系统和冷却系统中的应用。面向工程应用的定位使得 AMESim 成为在汽车、液压和航天航空工业研发部门的理想选择。工程设计师完全可以应用集成的一整套 AMESim 应用库来设计一个系统。AMESim 使得工程师迅速达到建模仿真的最终目标：分析和优化工程师的设计，从而帮助用户降低开发的成本和缩短开发的周期。

LMS Imagine. Lab AMESim 处于不断的快速发展中，现有的应用库有机械库、信号控制库、液压库（包括管道模型）、液压元件设计库（hydroulic component design，HCD）、动力传动库、液阻库、注油库（如润滑系统）、气动库（包括管道模型）、电磁库、电机及驱动库、冷却系统库、热库、热液压库（包括管道模型）、热气动库、热液压元件设计库

（THCD）、二相库、空气调节系统库。作为在设计过程中的一个主要工具，AMESim 还具有与其他软件包丰富的接口，如 Simulink、Adams、Simpack、Flux2D、RTLab、dSPACE、iSIGHT 等。

2.3.2　AMESim 软件平台

LMS Imagine. Lab AMESim 是一个仿真平台集，由五大软件平台组成。

1. AMESim

AMESim 是系统工程高级建模和仿真平台，它提供了一个系统工程设计的完整平台，使得用户可以在同一平台上建立复杂的多学科领域系统的模型，并在此基础上进行仿真计算和深入的分析。使用 AMESim，用户可以：创建一个新系统；修改已经存在的系统方案；更改元件后台的子模型；加载 AMESim 系统；改变参数和设置批运行；执行标准或批运行；绘制结果图；完成线性分析；完成活性指数分析；输出模型用于在 AMESim 外运行；完成设计探索研究。

2. AMECustom

AMECustom 是 AMESim 的定制工具。用户可以建立专用的具有定制用户界面和参数设置的模型数据库。所生成的定制模型可以包含：个性化的图标，可供同模型选择的预先定义的多套参数，适合的参数和变量对话等。此外，还可以通过 AMECustom 的加密功能对敏感信息进行加密。

3. AMESet

高级 AMESim 用户可以使用 AMESet 生成新的图标和子模型。AMESet 提供了综合的用户开发界面。使用 AMESet，可以实现：集成新的图标和子模型；定制元部件应用库和子模型。

使用 AMESet 可以创建自己的元部件（或管路）的子模型，在自己的应用领域扩充 AMESim 的能力。

4. AMERun

AMERun 是 AMESim 的只运行版本。它提供了所有标准 AMESim 参数设置和完成仿真分析的功能。通过 AMERun，非建模和仿真计算的专业人员可以共享经验证的、严格测试的以及定制的 AMESim 模型。

2.4　AMESim 操作简介

本节将简要介绍 AMESim 的操作方法。

2.4.1　AMESim 用户界面

启动 AMESim 之后，单击工具栏的 🗋 按钮，创建新文件，此时主窗口及相应工具栏名称如图 2.3 所示。

工具栏是用户完成特定操作的快捷方式。用户需熟练掌握工具栏的使用方法。AMESim 主窗口的工具栏功能如下所述。

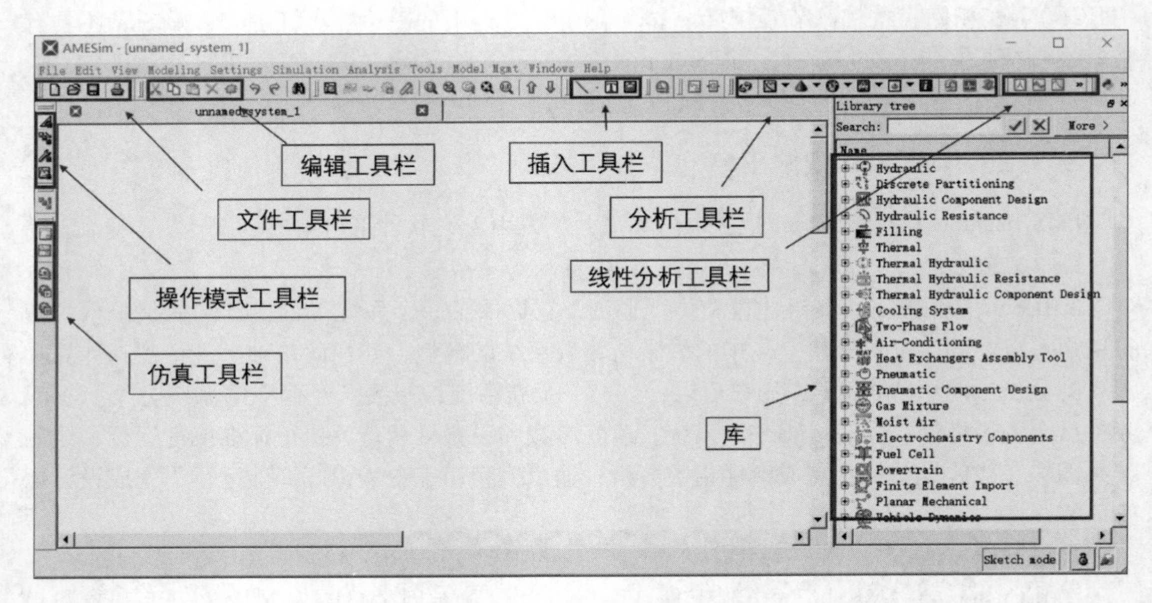

图 2.3　AMESim 主窗口

1. 文件工具栏

文件工具栏能完成的工作如下。

（1）：创建新文件。

（2）：打开已存在文件。

（3）：保存。

（4）：打印。

2. 编辑工具栏

编辑工具栏能完成的工作如下。

（1）：剪切选择对象。

（2）：复制选择对象。

（3）：粘贴对象。

（4）：删除选择对象。

（5）：创建超级元件。

3. 操作模式工具栏

AMESim 将仿真步骤分为四步，分别是绘制草图、为草图中各元件设置子模型、为元件设置参数、运行仿真。这四个步骤分别对应操作模式工具栏下的四种模式。仿真步骤的细分使用户能够更好地找到模型中存在的问题，规范建模步骤。

（1）：草图模式（Sketch）。在该模式下，用户能够从不同的应用库中选取现存的元件来搭建系统的模型。

（2）：子模型模式（Submodels）。其可为元件给定合适的建模假设，为每个元件选取数学模型。子模型是仿真系统的灵魂，它决定了仿真对象的全部特征。同一元件可以对应多个子模型。子模型的选取会对整个系统产生影响。

（3）：参数模式（Parameters）。在参数模式下为每一个元件设置特定的参数。

（4）：运行模式（Simulation）。运行模式运行仿真并进行结果分析。

4. 仿真工具栏

仿真工具栏能完成的工作如下。

（1）：时域分析。默认选项。

（2）：线性分析。单击该按钮后会激活一个新的工具栏设置频域分析的过程。

（3）：运行参数。单击该按钮后会激活一个对话框，可以设置仿真参数。

（4）：开始仿真。在仿真的结尾，会显示一个运行结果的窗口。若仿真失败，该窗口的信息对用户非常重要。

（5）：停止仿真。

5. 分析工具栏

分析工具栏能完成的工作如下。

（1）：全局更新。其可更新系统中的所有曲线。

（2）：显示一个新的绘图窗口。用户可以拖曳变量到该窗口中以绘制图形。

（3）：打开 3D 动画窗口。

（4）：打开仪表盘窗口。

（5）：创建软件。

（6）：打开脚本配置窗口。

（7）：显示当前回路的 HTML（超文本标记语言）格式的报表。

（8）：重放按钮。

（9）：状态计数器。

（10）：设计探索按钮。

6. 线性分析工具栏

线性分析工具栏能完成的工作如下。

（1）：特征值按钮。单击该按钮，打开线性分析——特征值对话框，显示雅可比矩阵文件的特征值。

（2）：模态振型。单击该按钮，打开模态振型对话框，显示幅值观测器和雅可比矩阵文件的活力。

（3）：频率响应按钮。单击该按钮，打开频率响应对话框，允许用户创建 Bode 图、尼克尔斯图和奈奎斯特图。

（4）：根轨迹按钮。单击该按钮，打开根轨迹对话框，允许用户创建根轨迹图。

7. 插入工具栏

插入工具栏能完成的工作如下。

（1）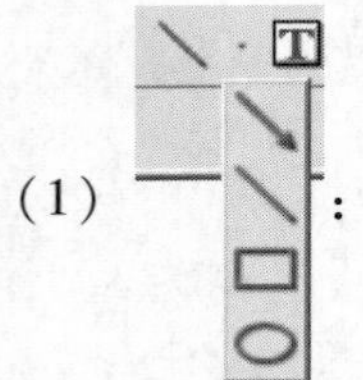：在仿真草图中插入图形，如箭头、直线、矩形和椭圆形。

（2）T：插入文本工具。其可用来为草图添加标题和注释。

（3）向草图中插入图片。

8. 库

在一定程度上，AMESim之所以能够横跨多个领域进行系统的仿真建模，得益于其功能强大、领域众多的标准库和扩展库。正是这些库的支持，才使得建立各种各样的机电系统仿真模型成为可能。用户在掌握基本建模技术的基础上，也要熟悉各个库的使用方法，这样才能建立符合工程实际要求的机电系统仿真模型。

库包含一个或多个类（图2.4），每个类分为一个或多个子类，类是特定元件图标及其数学模型的集合。

AMESim的库主要包括标准库和扩展库。

标准库包括机械库、仿真库和信号控制库。

拓展库包括液压库、液压元件设计库、液压阻尼库、气动库、气动元件设计库等。

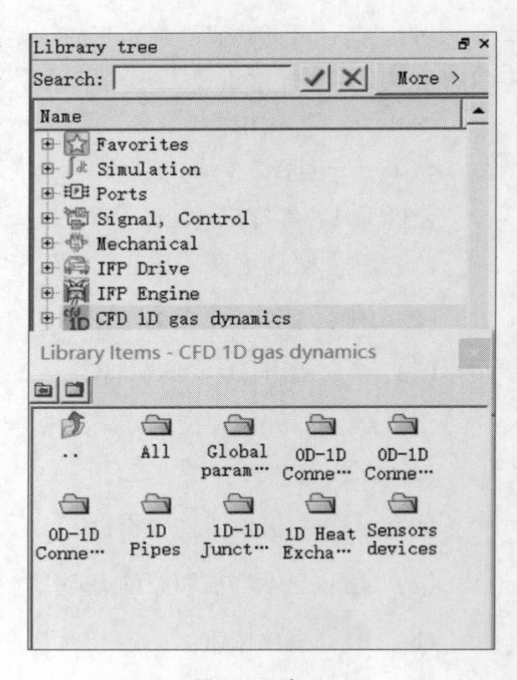

图2.4 类

2.4.2 AMESim工作模式

在2.4.1小节的操作模式工具栏中对AMESim的四种工作模式进行了简要的介绍，本小节将对四种工作模式做进一步的简要介绍。

1. 草图模式

用户在启动AMESim或者新建一个文件后，就进入草图模式。在草图模式，用户可以使用库中的元件，创建或修改一个系统。

2. 子模型模式

搭建完成系统之后，用户就可以进入子模型模式，给系统选择子模型。若回路没有完成，就不能进入子模型模式。此时会提示如图2.5所示的对话框。

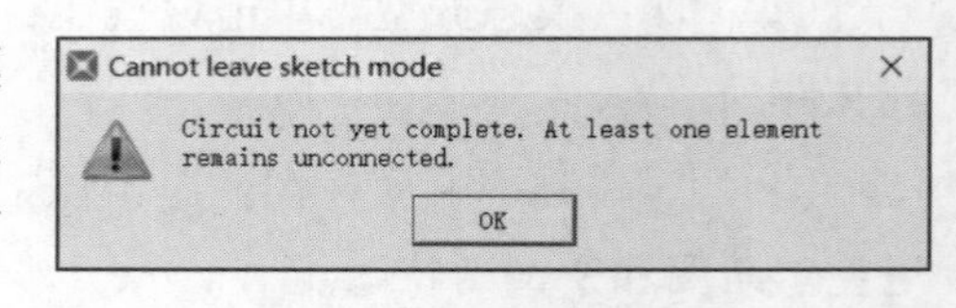

图2.5 错误信息

在子模型里，用户可以给每一个元件选取或删除子模型。另外也可以为元件选取首选子模型。

3. 参数模式

在参数模式，用户可以：检查更换子模型参数；复制子模型参数；设置全局参数；选择一个草图区域，显示出这一区域的通用参数；指定批运行。

当进入参数模式时，AMESim就编译系统，产生一个可执行文件，之后才可以进行仿真。通常运行之前，需要调整模型的参数。

4. 运行模式

在运行模式，用户可以：初始化标准仿真运行和批仿真运行；绘制结果图；存储和装载所有或部分坐标图的配置；启动当前系统的线性化；完成线性化系统的各种分析；完成活性指数分析。

经过上述模式，用户已经准备了草图，设置了子模型和参数，接下来就可以进行仿真了。

2.4.3 AMESim简单操作实例

本小节将以一个具体的简单实例——液压千斤顶仿真，向用户展示AMESim的使用方法。

如图1.20所示，液压千斤顶的工作原理是驱动杠杆手柄1上下移动的机械能，通过小缸筒2、小活塞3以及单向阀4和7，转换成了油液的压力能，此压力能又通过大缸筒10和大活塞8转换成举升重物运动的机械能，对外做功。实现了力和运动的传递。

1. 搭建系统

首先新建一个文件。

在草图模式的库中，将使用机械库（Mechanical）、信号库（Signal Control）、液压库（Hydraulic）中的元件。搭建图2.6所示模型。使用插入工具栏中的可以插入文字。

1、2、3元件用来模拟手动泵的杠杆，压动手柄的往复运动由输入正弦信号代替。4号液压缸用来模拟手动泵的泵体。5、6单向阀用来模拟排油阀和吸油阀。7用来模拟截止阀，其开口度用一个信号8来进行控制。9用来模拟负载液压缸。10用来模拟负载重物。

绘制草图过程中需要注意：用线段连接两个元件时，需要把鼠标放在元件的端口处，但不要在图标内部。单击，鼠标变成十字形式。将线段连接到目标元件的端口，将十字形式的指针靠近端口。当如图2.7所示时，单击，即可连接。

若要移除两元件之间的线段，只需选中要移除的线段，按Delete键即可。

同时为了布局美观，可以任意拖动已经连接好的元件，改变其位置关系。

2. 为元件分配子模型

单击操作模式工具栏中的按钮，进入子模型模式。仿真模型将会更新为如图2.8所示。

注意：只有两个信号元件以正常的样式显示时，才表明它们同一个子模型相联系，其他的元件不以正常的样式显示，因为还没有子模型同它们相关联。

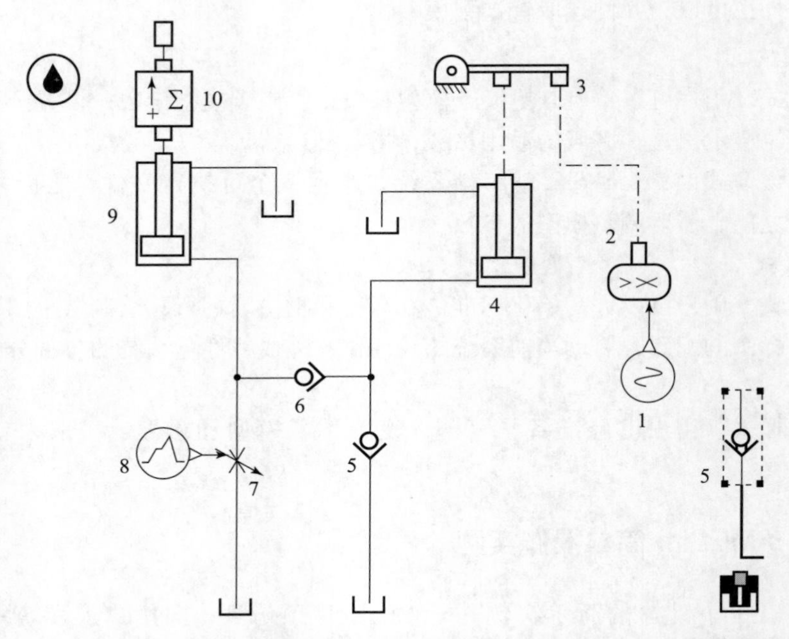

图 2.6　液压千斤顶仿真回路模型　　　图 2.7　线段连接两个元件

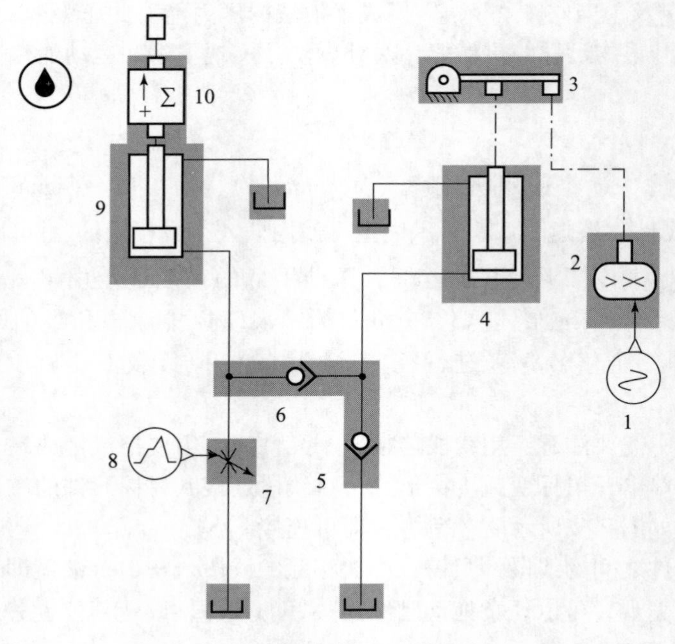

图 2.8　未设置子模型

单击首选子模型按钮后，所有元件都变为正常图标。此时，各元件子模型为最简单子模型。

在设置为首选子模型后，需要注意的是线段的子模型设置。

线段在首选子模型后默认子模式为直联（direct）子模型。这是一个非常通用的子模型，事实上此时的线段只起连接作用，什么也不做：它没有参数，也没有变量，就好像两个实体直接连在一起一样。直联子模型也用于机械和信号控制库之间的连接。

对于其他的库，如液压库和气动库，使用一些其他的线段子模型（不同于直联）。这些管道子模型更加复杂，因为有参数和变量同其相关联。它们的目的是根据元件的不同，计算给定压力下的流量或给定流量下的压力。

通常情况下，只有在必需的时候才使用连线。这将使仿真草图结构更加紧凑，不容易连错。

以下两种情况需要连线。

（1）需要管道子模型的情况，如液压、热工水力（thermal hydraulic）、气动系统中，线代表管道，这些管道具有摩擦力，其中包含具有惯性和可压缩性的流体。对于这些，有必要使用线段连接，并设置复杂的子模型。

（2）在物理上不可能连接所有的端口，用户希望连接起来不留空隙。这时将缝隙用线段连接起来，然后使用直联子模型。

3. 设置参数

单击操作模式工具栏中的按钮，进入参数模式。

双击质量块 10 设置质量为 1 000 kg，如图 2.9 所示。

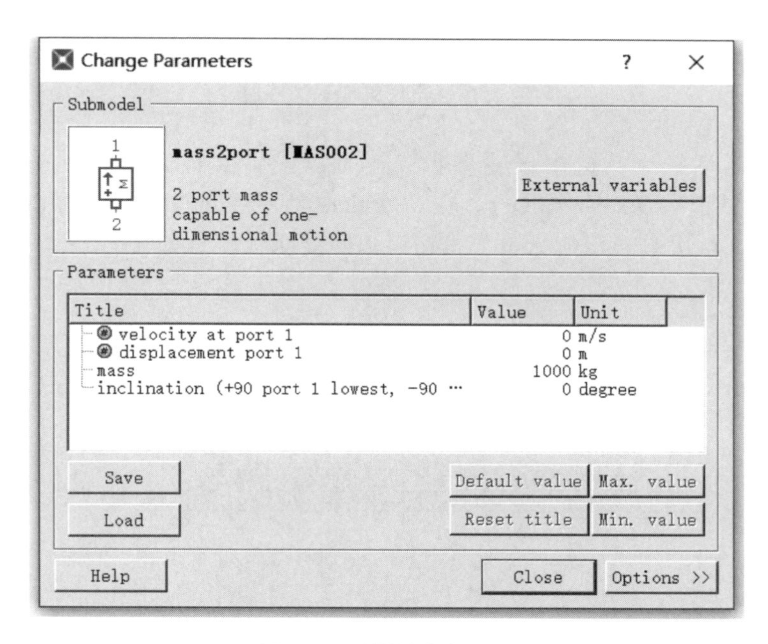

图 2.9 质量块参数设置

双击执行元件 9，设置活塞直径（piston diameter）为 250 mm，活塞杆直径（rod diameter）为 120 mm，如图 2.10 所示。

其他元件参数保持为默认值。

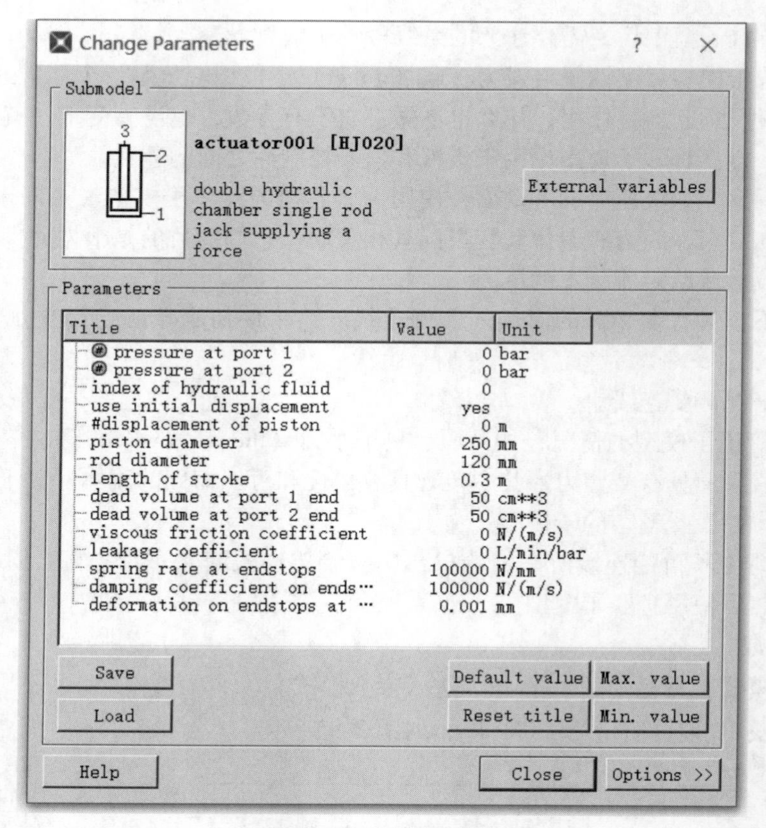

图 2.10　执行机构参数设置

在参数设置对话框中，选中设置参数，还可以设置为最大值（Max. value）、最小值（Min. value）、默认值（Default value）。在“Options”中（图 2.11），可以显示出最大值、最小值、默认值。再次单击“Options”按钮可以回复原状。

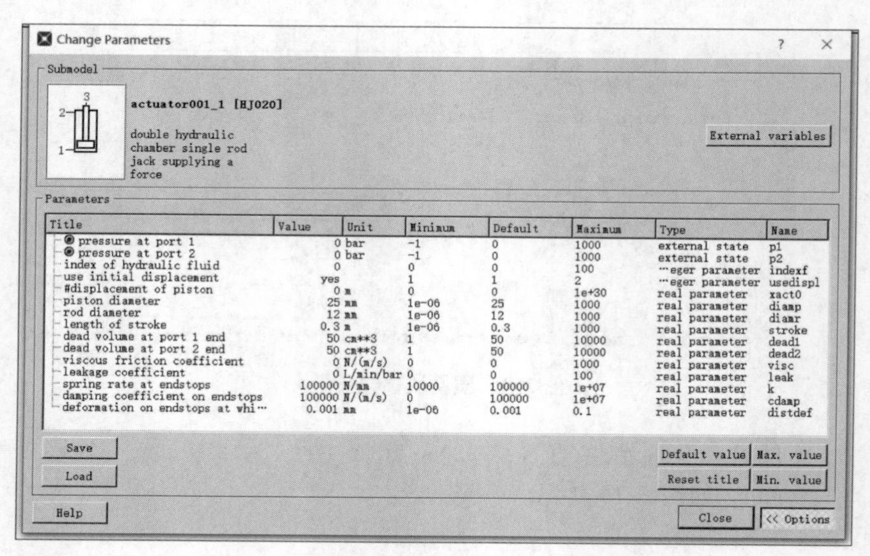

图 2.11　显示最大值、最小值、默认值等

“External variables” 用于使用外部功能变量。

“Save” 和 “Load” 用于保存和恢复子模型参数。对于子模型参数较多的情况，保存一组标准的参数以便以后调用是非常有意义的。

在 “View”→“Contextual” 中，选中参数，右键菜单中也可以完成上述功能。如图 2.12 所示。

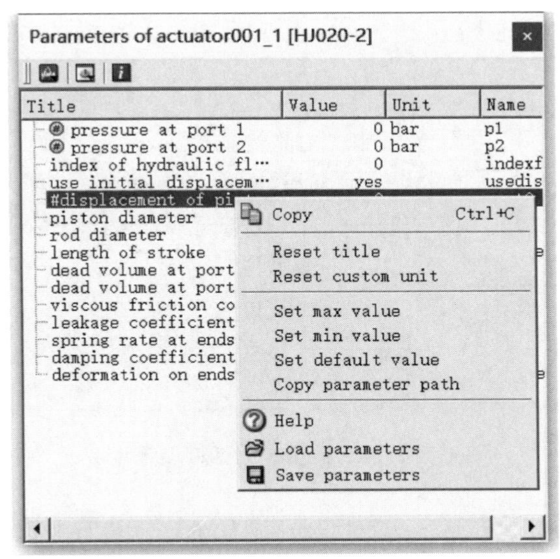

图 2.12　执行机构参数设置

4. 运行仿真

单击操作模式工具栏中的按钮，进入仿真模式。运行对话框中参数为默认值即可。

在仿真模式下双击元件 9，弹出变量列表 “Variable List” （图 2.13）。列表中的部分变

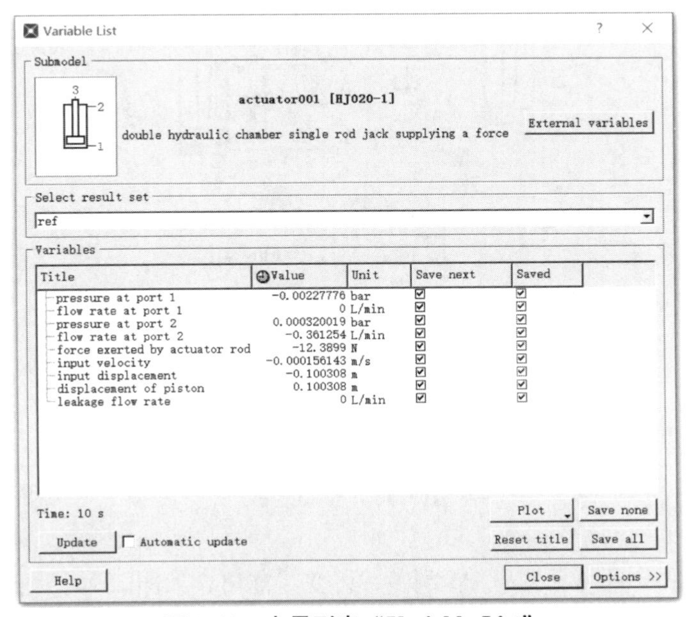

图 2.13　变量列表 “Variable List”

量没有方向性，所以正负与方向无关。比如测量的压力值，－0.002 277 76 bar 表示当前压力在大气压力之下。但是，流量、输入速度（input velocity）、输入位移（input displacement）等具有方向性，负的数值代表与默认标定方向相反。

使用“Replay”工具来查看仿真过程的流体流向。在“Replay”→“Symbols settings”中设置“Arrow”。其余保持默认值即可，如图 2.14 所示。

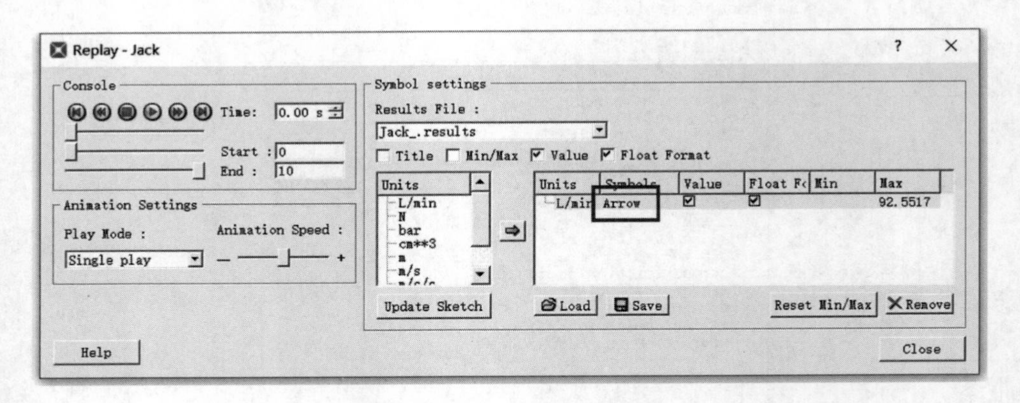

图 2.14　Replay 对话框设置

单击开始按钮，即可观察系统运行过程中液体的运动过程，如图 2.15 所示。

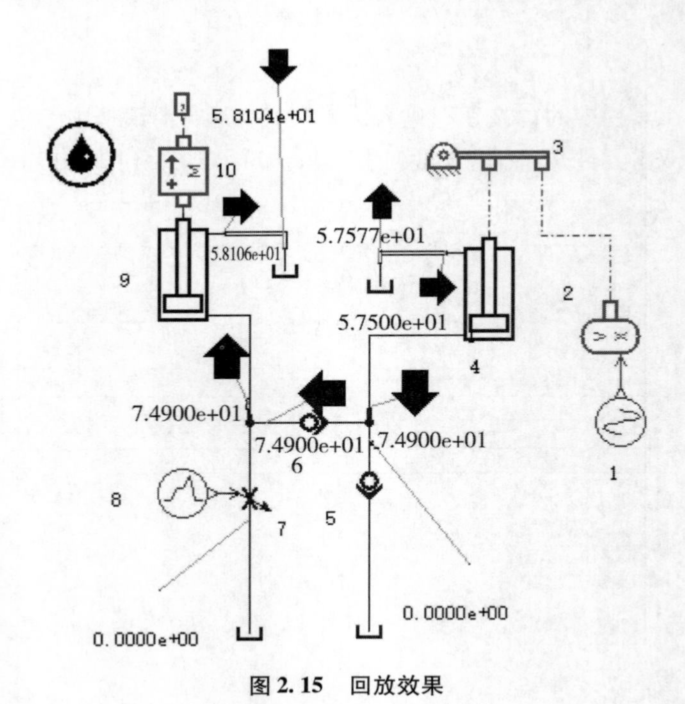

图 2.15　回放效果

单击希望了解的变量的元件，如元件 9，将变量拖出，如图 2.16、图 2.17 所示。千斤顶输出侧的高度是逐渐攀升的。

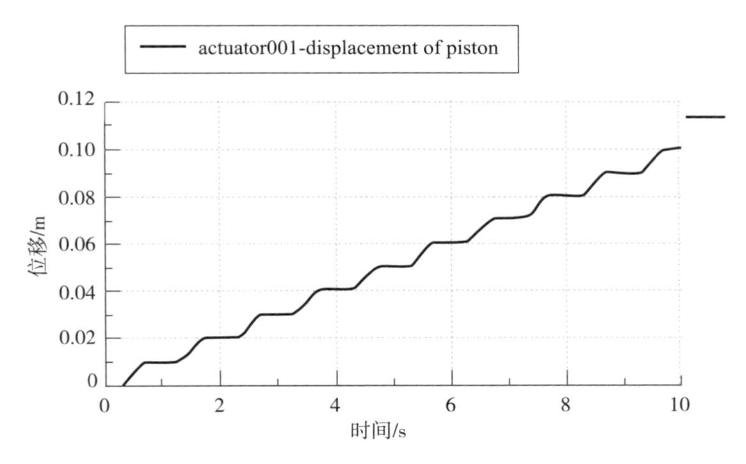

图 2.16　输出位移

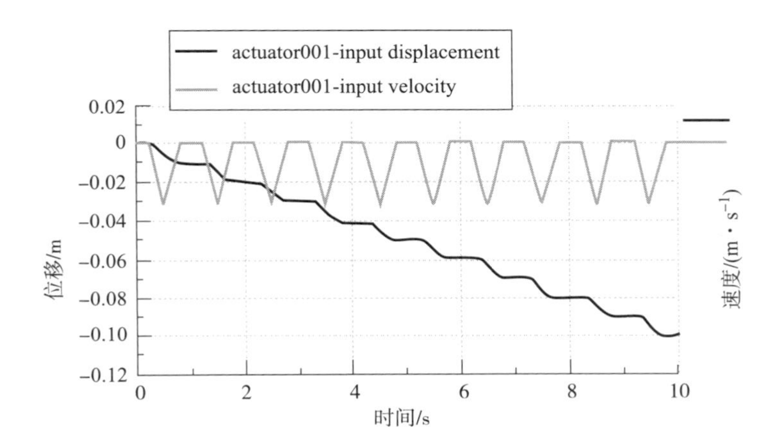

图 2.17　输入速度与位移变化

第3章

液压元件仿真

3.1 理论基础

3.1.1 液压泵重要性能参数

1. 压力

1）工作压力

液压泵工作时出口处的输出压力称为工作压力。工作压力取决于外负载的大小和排油管路中的压力损失，而与液压泵的流量无关。

2）额定压力

在正常工作条件下，按实验标准规定，能够使液压泵连续运转的最高压力称为额定压力。

3）最高允许压力

根据实验标准规定，允许超过额定压力使液压泵短暂运行的最高压力称为最高允许压力。

2. 排量和流量

1）理论排量

液压泵主轴每转一周，根据计算其密封容腔几何尺寸的变化面得出的排出（或流入）的液体体积，称为液压泵的理论排量。

2）理论流量

根据液压泵密封容腔几何尺寸变化而计算得出的单位时间内排出（或流入）的液体体积，称为液压泵的理论流量。

如果液压泵的排量为 V，其主轴的转速为 n，则该液压泵的理论流量为

$$q_t = Vn \times 10^{-3} \tag{3.1}$$

式中，V 为排量，mL/r；n 为转速，r/min。

3）实际流量

实际运行时，在某一具体工况下，单位时间内液压泵所排出（或流入）的液体体积，称为实际流量。

4）额定流量

在额定压力及额定转速条件下，按实验标准规定，液压泵必须保证的输出（或输入）流量，称为额定流量。

3. 转速

1）额定转速

在额定压力下，能使液压泵长时间连续正常运转的最高转速称为液压泵的额定转速。

2）最高转速

这是指在额定压力下，为保证使用性能和工作寿命所允许的、超过额定转速使液压泵短暂运行的最高转速。

3）最低转速

这是指为保证液压泵的使用性能所允许的最低转速。

4. 功率

功率是指单位时间内所做的功或消耗的能量。液压泵的输入能量为以转矩 T 和转速 n 所表示的机械能，而输出能量为以压力 p 和流量 q 所表示的液压能。

1）理论功率

液压泵的理论功率 P_t（W）可用理论流量 q_t（m^3/s）与进出口压差 Δp（Pa 或 L/m^2）的乘积来表示。即

$$P_t = q_t \Delta p \tag{3.2}$$

2）液压泵的实际输入功率与输出功率

液压泵的实际输入功率 P_{ip}（N · m/s）是指驱动液压泵轴所实际需要的机械功率。设液压泵的实际驱动转矩为 T_p（N · m），角速度为 ω（1/s），对应的转速为 n（r/min），则

$$P_{\mathrm{ip}} = T_p \omega = \frac{2\pi T_p n}{60} \tag{3.3}$$

液压泵的实际输出功率 P_{op}（W）等于液压泵的实际输出流量 q_p（m^3/s）与进出口压差 Δp（Pa 或 L/m^2）的乘积，即

$$P_{\mathrm{op}} = q_p \Delta p \tag{3.4}$$

5. 效率

液压泵在能量转换过程中存在能量损失。能量损失主要包括因泄漏而产生的容积损失以及因摩擦而产生的机械损失；另外，还有因压缩而产生的压缩损失。在非超高压情况下，压缩损失的影响不大，所以在一般情况下不予单独考虑。但在进行精确理论分析时应予以考虑。

1）容积效率

容积效率 η_{Vp} 是用来评价油液泄漏损失程度的参数。

液压泵的容积效率为其实际输出流量 q_p 与理论输出流量 q_t 之比，即

$$\eta_{Vp} = \frac{q_p}{q_t} = \frac{q_t - \Delta q}{q_t} = 1 - \frac{\Delta q}{q_t} \tag{3.5}$$

式中，Δq 为液压泵因泄漏而损失的流量。

2）机械效率

机械效率 η_m 是用来评价摩擦损失程度的参数。

液压泵的机械效率 η_m 可定义为液压泵的理论驱动转矩 T_t 与实际输入转矩 T_p 之比，即

$$\eta_m = \frac{T_t}{T_p} = \frac{T_p - \Delta T}{T_p} = 1 - \frac{\Delta T}{T_p} \tag{3.6}$$

3）总效率

总效率 η 等于机械效率 η_m 与容积效率 η_{Vp} 的乘积，即

$$\eta = \frac{P_{\mathrm{op}}}{P_{\mathrm{ip}}} = \frac{\Delta p q_p}{T_p \omega} = \eta_m \eta_{Vp} \tag{3.7}$$

3.1.2 液压阀的压力流量特性

滑阀的压力流量特性是指流经滑阀的流量与阀口压力差以及阀口开度三者之间的关系，如图 3.1 所示。

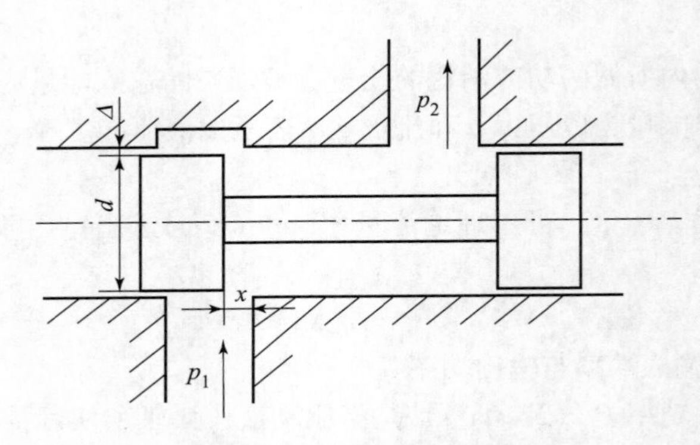

图 3.1 圆柱滑阀示意图

设滑阀开口长度为 x，阀芯与阀体内孔之间的径向间隙为 Δ，阀芯直径为 d，阀口压力差为 $\Delta p = p_1 - p_2$，根据流体力学中流经节流小孔的流量公式，可得到流经滑阀的流量 q 的表达式为

$$q = C_d A \sqrt{\frac{2}{\rho} \Delta p} \tag{3.8}$$

式中，C_d 为阀口流量系数，与雷诺数 Re 有关；A 为滑阀阀口的过流面积，$A = W\sqrt{x^2 + \Delta^2}$。

W 为滑阀过流面积梯度，表示滑阀阀口过流面积随滑阀位移的变化率，是滑阀最重要的参数。圆柱滑阀 $W = \pi d$。如果滑阀为理想滑阀（即 $\Delta = 0$），其过流面积 $A = \pi dx$。因此，式（3.1）又可以写成

$$q = C_d \pi dx \sqrt{\frac{2}{\rho} \Delta p} \tag{3.9}$$

圆柱滑阀雷诺数 Re 的计算公式为

$$Re = \frac{D_h u}{\nu} \tag{3.10}$$

式中，u 为阀口平均流速；ν 为油液运动黏度；D_h 为阀口的水力径，它等于 4 倍的阀口面积除以湿周。

圆柱滑阀中，$D_h = \frac{4Wx}{2(W + x)} = \frac{2Wx}{W + x}$。当 $W = \pi d \gg x$ 时，$D_h = 2x$，于是

$$Re = \frac{2xu}{\nu} \tag{3.11}$$

3.1.3　工作腔的建压和流量

液压泵的动力学特性本质上是指工作腔内部的压力和流量特性。因此，建压方程与流量方程是动力学模型的两个基本控制方程。

建压方程与流量方程分别表示如下：

$$\frac{\mathrm{d}p}{\mathrm{d}t} = \frac{E}{\rho V}\left(\sum \dot{m}_{\mathrm{in}} - \sum \dot{m}_{\mathrm{out}} - \rho \frac{\mathrm{d}V}{\mathrm{d}t}\right) \tag{3.12}$$

$$\dot{m} = C_q A \sqrt{2\rho \Delta p} \tag{3.13}$$

式中，$\dot{m}_{\mathrm{in}}$ 和 $\dot{m}_{\mathrm{out}}$ 分别为外界流入控制体积和从控制体积内流到外部的质量流量。

需要注意的是，质量流量的符号确定应遵循以下原则：流入为正，流出为负。

3.1.4　液压缸的主要参数

双作用单活塞杆液压缸（图 3.2）是一种常见液压缸，本节将介绍它的一些重要参数。

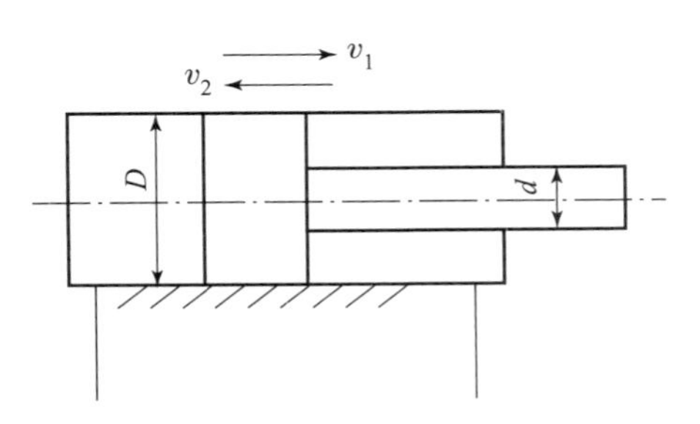

图 3.2　双作用单活塞液压缸简图

1. 工作负载与液压缸推力

液压缸的工作负载 F_R 是指工作机构在满负荷情况下，以一定速度启动时对液压缸产生的总阻力，即

$$F_R = F_1 + F_f + F_g$$

式中，F_1 为工作机构的负载、自重等对液压缸产生的作用力；F_f 为工作机构在满负载下启动时的静摩擦力；F_g 为工作机构满负载启动时的惯性力。

液压缸的推力 F 应等于或略大于其工作时的总阻力。

2. 液压缸活塞杆的平均速度

活塞杆推出时的平均速度 v_1（单位为 m/s）的计算公式为

$$v_1 = q\eta_{cV} \Big/ \left(\frac{\pi D^2}{4}\right)$$

活塞杆缩回时的平均速度 v_2（单位为 m/s）的计算公式为

$$v_2 = q\eta_{cV} \Big/ \left[\frac{\pi (D^2 - d^2)}{4}\right]$$

差动推出是指向单杆活塞缸的左右两腔同时通压力油，活塞杆的平均速度 v_3（单位为 m/s）的计算公式为

$$v_3 = q\eta_{cV} \Big/ \left(\frac{\pi d^2}{4}\right) \tag{3.14}$$

式中，q 为输入液压缸的流量，$\mathrm{m^2/s}$；D 为活塞直径，m；d 为活塞杆直径，m；η_{cV} 为液压缸容积效率，当有密封件密封时，泄漏量很小，可近似取 $\eta_{cV} = 1$。

由式（3.14）可见，采用差动式液压缸时，在同样的输入流量下，可获得较大的活塞杆推出速度。

3. 液压缸的作用时间和储油量

以双作用单活塞液压缸（图 3.2）为例，液压缸的作用时间 t（单位为 s）（油液从无杆

腔输入时）的计算公式为

$$t = \pi D^2 L/(4q\eta_{cV}) \tag{3.15}$$

式中，D 为液压缸内径，m；L 为行程，m；q 为输入流量，m^3/s；η_{cV} 为液压缸容积效率。

液压缸的储油量 V（单位为 m^3）的计算公式为

$$V = \frac{\pi D^2 L}{4} \tag{3.16}$$

3.2 液 压 油

工作介质是液压系统中十分重要的组成部分，它相当于液压系统的血液，在液压系统中要完成如下一系列重要功能。

（1）有效地传递能量和信号。

（2）润滑运动部件，减少摩擦和磨损。

（3）在对偶运动副中提供液压支承。

（4）吸收和传送系统所产生的热量。

（5）防止锈蚀。

（6）传输、分离和沉淀系统中的非可溶性污染物质。

（7）为元件和系统的失效提供和传递诊断信息。

液压系统能否可靠、有效、安全而又经济地运行，与所选用工作介质的性能密切相关。流体属性在第 1 章中就已经做了介绍，本节主要建立液压流体属性子模型，研究压力对流体属性的影响规律。

3.2.1 液压流体属性子模型

图 3.3 为液压流体图标，在液压流体图标中将设置流体属性参数。

图 3.3 液压流体图标

图 3.3 的主子模型是 FP04，FP04 用于设置液压油的特性。流体由“index of hydraulic fluid”（整数参数）标识，所有其他具有液压特性并使用这个特定流体的子模型都必须使用“index of hydraulic fluid”。此特定流体的子模型都必须使用“液压流体指数”。

FP04 提出了 7 种不同类型的流体特性，每种类型都有其特定的特性，其参数设定如下。

1. 流体属性类型（type of fluid properties）

这是一个枚举参数，用于选择 7 种流体属性类型中的一个。

2. 液压流体索引（index of hydraulic fluid）

这是一个“整数参数”。每种流体都由它来标识，该液压流体索引必须由具有相同液压特性并使用特定流体的所有其他子模型使用。

3. 温度（temperature）

温度是当前的流体温度。由于存在气体或油蒸气，此参数会影响低于饱和压力的流体特性。

4. 流体属性文件（fluid property file）

其使用“Advanced properties using tables”，允许用户：

（1）通过选择“user data file”来定义自己的流体属性。在这种情况下，用户定义的属性文件必须在“name of file specifying fluid properties”中给出。

（2）在AMESim流体数据库中选择一种流体（冷却液，乙二醇，水……）。在这种情况下，用户必须指定“bulk modulus type”。

5. 体积模量类型（bulk modulus type）

其通过“Advanced properties using tables”，使用流体数据库中的体积模量选项（绝热或等温）作为数据文件。当选择“user data file”时，该功能无效。

对于快速作用的系统，绝热体积模量应被选择，这是因为流体在被快速压缩或膨胀时，没有时间与环境进行热量交换。

6. 燃油类型（fuel type）

其使用“Robert Bosch diesel properties”，用户可以访问柴油燃料的流体数据库。燃料选择可以通过“fuel type”枚举参数完成。

7. 流体名称（name of fluid）

对于大多数“type of fluid properties”，此参数是可选的，并且不用于定义流体属性。它可用于输入流体类型或参考值。

3.2.2　液压流体属性计算函数

液压油的流体属性主要包括密度、体积弹性模量和黏度三个参数，因为液压油是液压系统的工作介质，所以3个参数对液压系统的性能表现非常重要。AMESim里面特别包含了有关3个参数的计算函数，如表3.1所示。

表3.1　流体属性计算函数

函数名	作用	自变量
rhoatp	计算油液密度	压力
bmatp	计算油液体积弹性模量	压力
muatp	计算油液黏度	压力

需要特别指出的是，液压油的属性参数计算比较复杂，AMESim里面提供了不同的子模型，用户需要谨慎选择。此外，3个参数的计算函数也会因子模型的选择不同而遵循不同的计算方法。具体可参考函数的帮助文件。另外，用户还可以自己定义函数用以满足特别的需求。

还需要说明的是，虽然密度、体积弹性模量和黏度3个参数的计算自变量是压力，但是油液的温度和含气率对油液属性的影响也很大，参数设置时要引起注意。

3.2.3　液压流体属性仿真模型

在草图模式中插入流体属性图标、压力源和流体属性传感器，进行图3.4所示的连接。

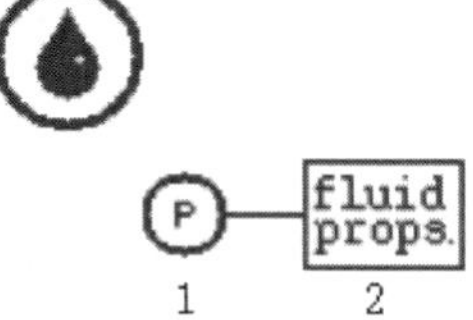

图3.4　流体属性仿真草图

建立图 3.4 所示的流体属性仿真草图后，依次进入子模型模式画入参数模式。

在参数模式下双击流体属性图标，打开“Change Parameters”窗口，如图 3.5 所示。

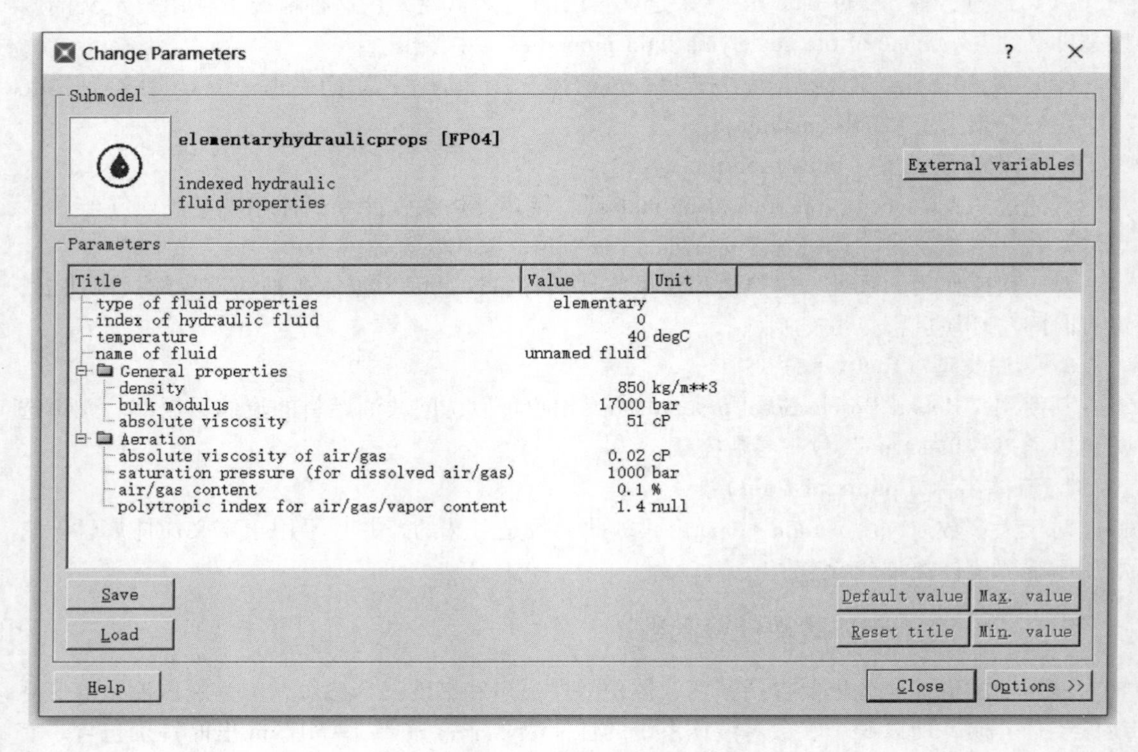

图 3.5　流体属性参数设置

在参数列表中可以获得当前流体在大气压力下的属性值。

流量源压力参数设置如表 3.2 所示。

表 3.2　流量源压力参数设置

元件编号	参数	值
1	number of stages	1
	pressure at end of stage 1	150
	duration of stage 1	10

从表 3.2 可以看出，压力源在 0 ~ 10 s 内压力从零上升至 150 bar。通过压力的变化，可以观测到流体属性的变化规律。

进入仿真模式，运行仿真。

图 3.6 为流体属性随压力的变化规律。

用户还可以扩大压力源的变化范围，观察在压力更大时的油液属性变化情况。

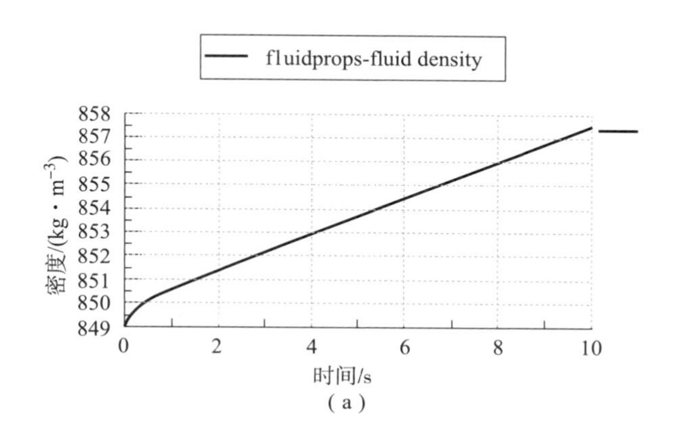

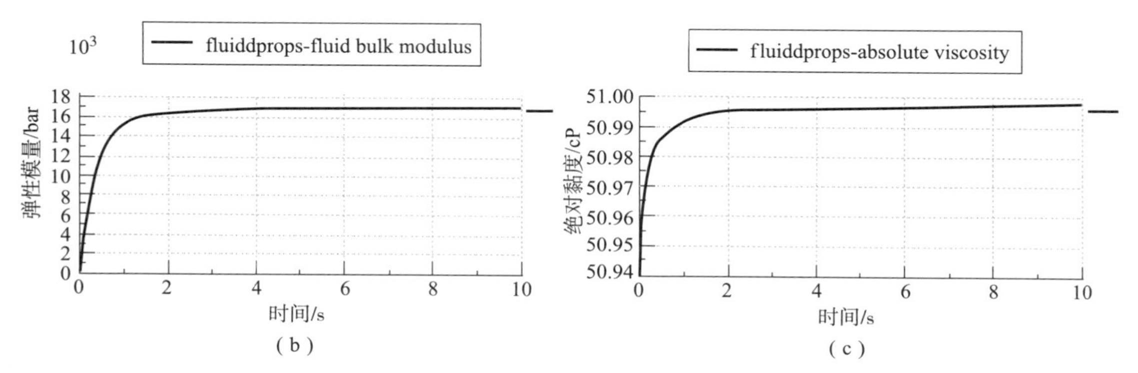

图 3.6　流体属性随压力的变化规律

(a) 密度；(b) 弹性模量；(c) 绝对黏度

3.3　液　压　泵

液压泵是一种能量转换装置，它把驱动电机的机械能转换成输入系统中的油液的压力能，供液压系统使用。在 AMESim 中，液压泵的仿真有很多种方法。

较简单的方法为直接使用液压库中已有的模型来模拟液压泵。AMESim 液压库中提供了简单流量源元件、定量泵、变量泵及恒压变量泵元件等，通过与电动机元件的简单搭配，可以模拟仿真液压泵。

当液压泵的仿真模型精度要求较高时，可以使用液压元件设计库中的仿真模型搭建。

本节将对上述两种方法进行液压泵模型的搭建。

3.3.1　液压库仿真模型

1. 流量源

流量源子模型如图 3.7 所示。该元件只对应一个子模型 QS00。QS0O 是液压流量输出固定循环子模型，用户可以指定多达 8 个阶段。另外，通过设置循环模式（cyclic mode）可以设置在仿真中是否重复各个阶段。

当用户知道液压源的流量可以当成恒定值时，可以使用该子模型。

建立四阶段、非循环状态流量的流量源模型，如图 3.8 所示。每阶段流量开始值为 1 L/min，结束值为 5 L/min，延迟时间为 2 s。定义阶段时间（10 s）小于仿真时间（12 s）。流量源模型仿真参数及仿真结果如图 3.9 所示。

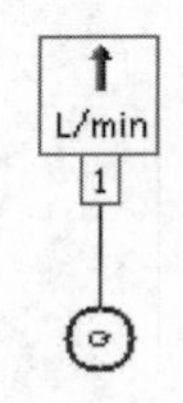

图 3.7　流量源子模型

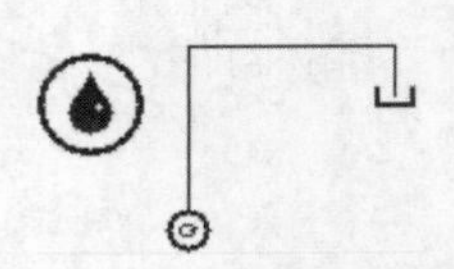

图 3.8　流量源模型仿真草图

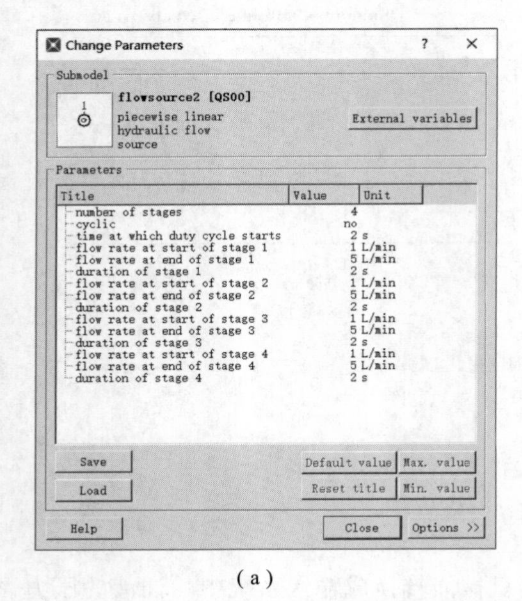

（a）

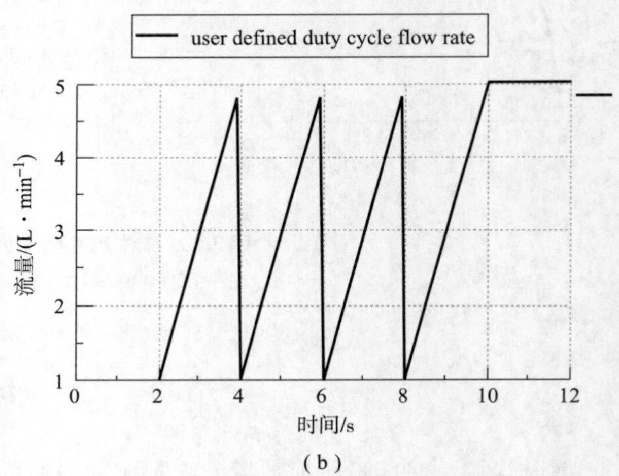

（b）

图 3.9　流量源模型仿真参数及仿真结果

（a）流量源模型参数；（b）仿真结果

2. 定量泵

定量来仿真元件的子模型包括 PU001、HYDFPM01P、PUS01 和 PEC01。由于上述子模型使用方法类似，接下来仅介绍子模型 PU001。

PU001 是一种理想液压泵模型。该模型没有流量损失和机械损失，其流量仅由泵轴的转速、泵的排量和输入口（通常为端口 1）的压力来决定。定量泵子模型如图 3.10 所示。

建立图 3.11 所示电动机驱动液压泵工作的定量泵模型，设置为首选子模型，在参数设置部分进行如下设置。

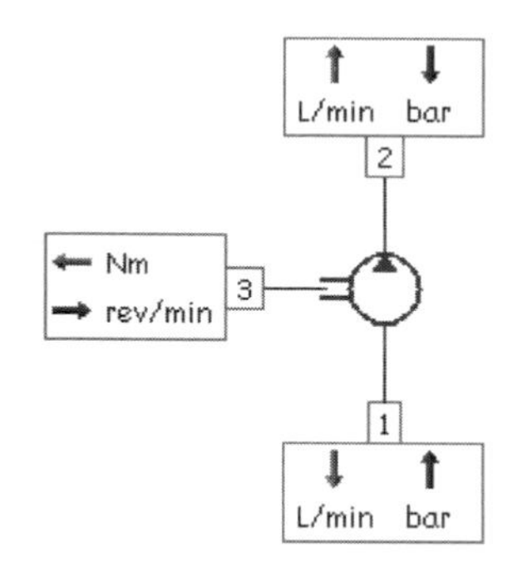

图3.10　定量泵子模型

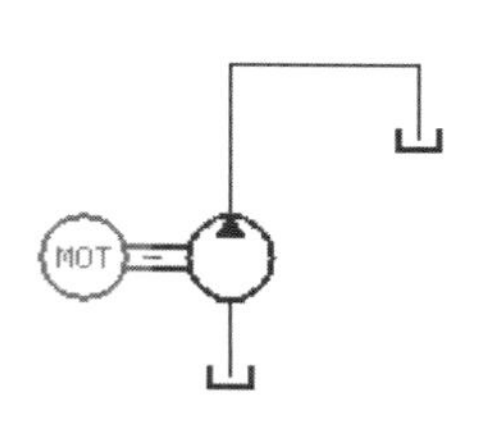

图3.11　定量泵模型

液压泵排量（pump displacement）设置为210 cc/r，典型转速（typical pump speed）为2 100 r/min，电动机轴速（shaft speed）为2 100 r/min。运行后获得出口流量（flow rate at port 2），如图3.12所示。

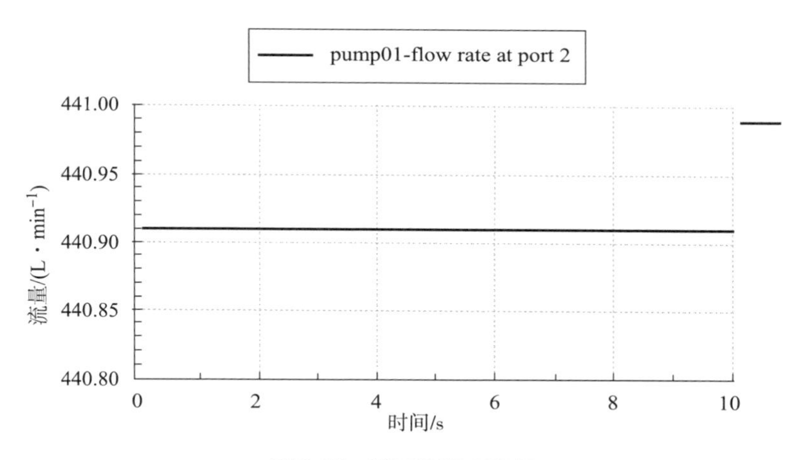

图3.12　液压泵出口流量

3. 变量泵

变量泵的子模型是PU002。

PU002是理想变量液压泵（图3.13）。该子模型的流量仅由轴的转速、斜盘倾角比例系数、泵的排量和吸入口（通常是端口1）的压力来决定。

该子模型用来仿真变量泵，其斜盘倾角的变化比例为0～1。

搭建图3.14所示变量泵模型，阶跃信号控制斜盘倾角比例系数，设置值在0～1之间，可以改变泵的排量。如果设置值超出1（或小于0），系统不会提示错误，直接按照斜盘倾角为1（或0）计算。

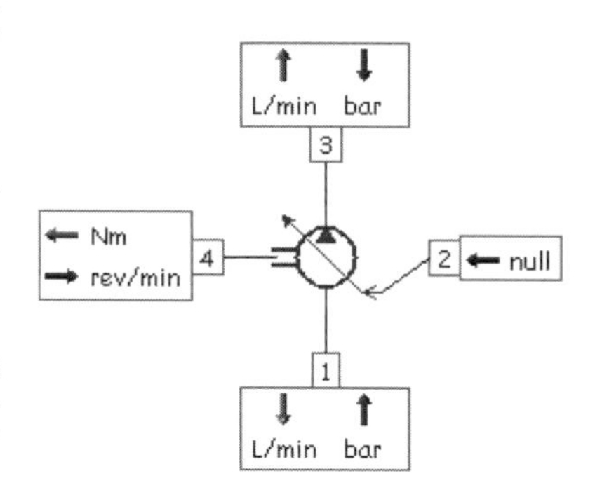

图3.13　变量泵子模型

搭建如图3.15所示模型后，设置为首选子模型，在参数设置部分进行如下设置。

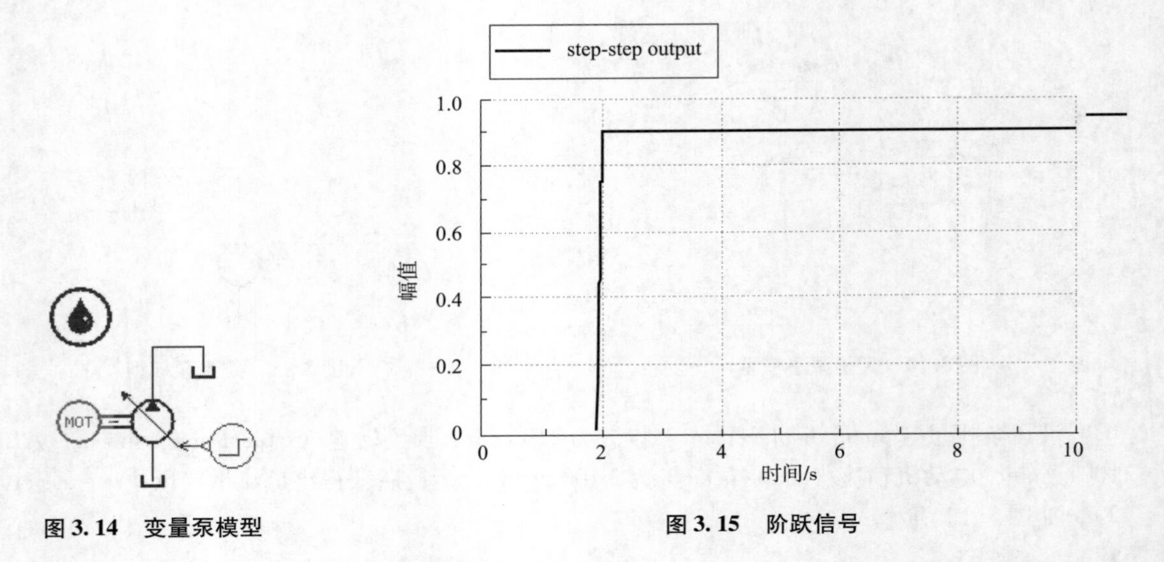

图 3.14　变量泵模型

图 3.15　阶跃信号

电动机轴速（shaft speed）为 2 100 r/min，液压泵排量和典型转速分别为 210 cc/r 和 2 100 r/min，阶跃信号在 2 s 时发生（step time），阶跃（value after step）至 0.9。其余为默认。

当阶跃信号发生，即斜盘倾角比例系数从 0 变为 0.9 后，液压泵开始有流量产生。运行结果如图 3.16 所示。

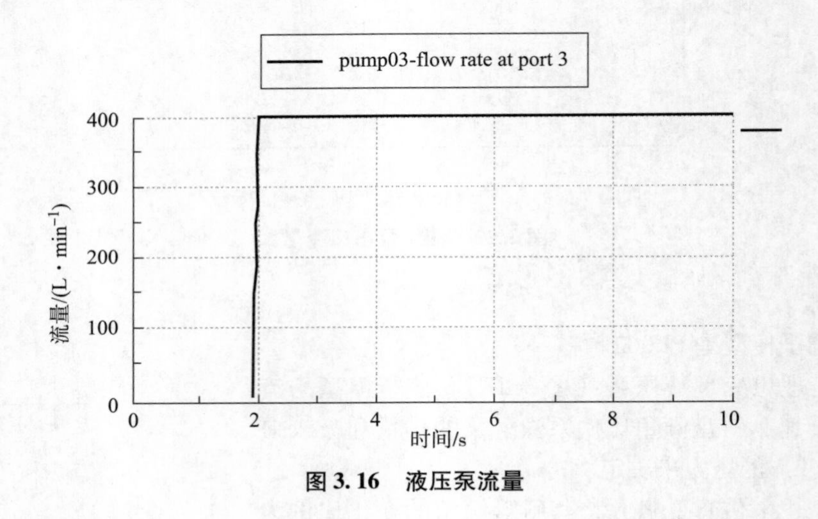

图 3.16　液压泵流量

4. 恒压变量泵

恒压变量泵的子模型是 PP01。

PP01 是压力补偿泵的子模型。该子模型只简单模拟恒压泵，该泵的流量取决于通过泵的压差和轴的转速。

该泵的流量压力特性可以用表达式或在指定泵轴转速下压力降流量数据文件来描述。表达式或数据文件应该是两个参数的乘积，这两个参数应该是泵的排量和设定压力，这样就很容易改变泵的排量或设定压力。泵的排量是通过流量除以泵轴的转速而得到的，因此其排量是考虑容积效率的有效排量。

泵的动态特性是用排量的一阶惯性系统来模拟的。泵的流量通过泵的排量乘以泵的转速计算得到。

该子模型仅是对真正的压力补偿泵的主要特性简单模拟。如果需要对泵的特点进行详细模拟，可以用变量泵模型（PU003）加上液压元件设计库的压力补偿部分结合来模拟。

容积效率仅用用户提供的表达式或以压力为函数的流量曲线来模拟。因此容积效率与排量结合在一起。

超过操作范围的机械效率为定值，对于一个实际的液压泵来说这根本不可能。但是，如果想要获得更实际的模型，其数据很难获得或根本不可能得到。

这种泵模型在某些回路中可能会造成隐含代数环，用户可以使用子模型 PP02 解决这个问题，它将输出流量作为状态变量。

3.3.2　叶片泵仿真模型

泵的仿真是 AMESim 液压系仿真中较难掌握的部分，尤其是齿轮泵和叶片泵的仿真。本书以 AMESim/demo 中的叶片泵仿真实例，对叶片泵的建模过程进行讲解，关于其他类型液压泵的仿真方法请读者参考相关文献。

1. 叶片泵机械结构及工作原理

对工作原理的介绍是针对实际问题建立模型的基础，叶片泵的 AMESim 仿真同样如此。本小节将就单作用叶片泵的工作原理做出简要介绍。

图 3.17 为单作用叶片泵工作原理。泵由转子 a、定子 b、叶片 1 ~ 8、配流盘和端盖等部件所组成。定子的内表面是圆柱形孔。转子和定子之间存在着偏心。叶片在转子的槽内可灵活滑动，在转子转动时的离心力以及通入叶片根部压力油的作用下，叶片顶部贴紧在定子内表面上，于是两相邻叶片、配流盘、定子和转子间便形成一个个密封的工作腔。

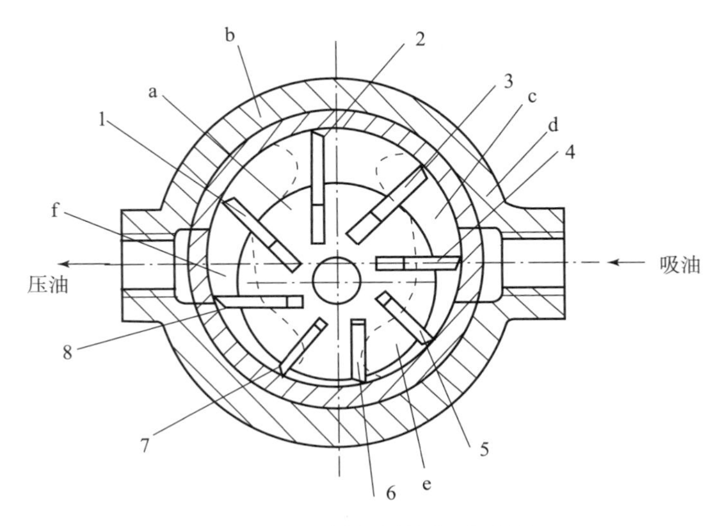

图 3.17　单作用叶片泵工作原理

1，2，3，4，5，6，7，8—叶片；a—转子；b—定子；c—配流盘；d—泵体；e—吸油窗口；f—压油窗口

当转子按逆时针方向旋转时，图 3. 17 右侧的叶片向外伸出，密封工作腔容积逐渐增大，产生真空，于是通过吸油口和配流盘上窗口将油吸入。而在图 3. 17 的左侧，叶片往里缩进，密封腔的容积逐渐缩小，密封腔中的油液经配流盘另一窗口和压油口 1 被压出而输出到系统中去。

通过改变两个叶片与转子和定子内表面所构成的工作容积大小，完成吸油排油过程，且叶片旋转一周，完成一次吸油与排油的叶片泵。

为使叶片顺利甩出，叶片底部的通油槽采取高压区通高压、低压区通低压，以使叶片底部和顶部的受力平衡，叶片靠离心力甩出。

2. 叶片泵建模常用元件

叶片泵的仿真建模中，经常要用到机械库、信号库中的元件，本部分将简要介绍叶片泵仿真过程中遇到的部分元件。

1）泵仿真中叶片泵库元件

（1）叶片泵的流通面积。VAREA51 子模型用来表示每个腔室与输送腔或吸入腔之间的可变流道面积，如图 3. 18 所示。它由一个或两个叶片提供，这些叶片能与配流盘边缘或消声缺口相交。这是一个单流道区域。对于整个泵模型，需要的 VAREA51 子模型总数量等于叶片数量。

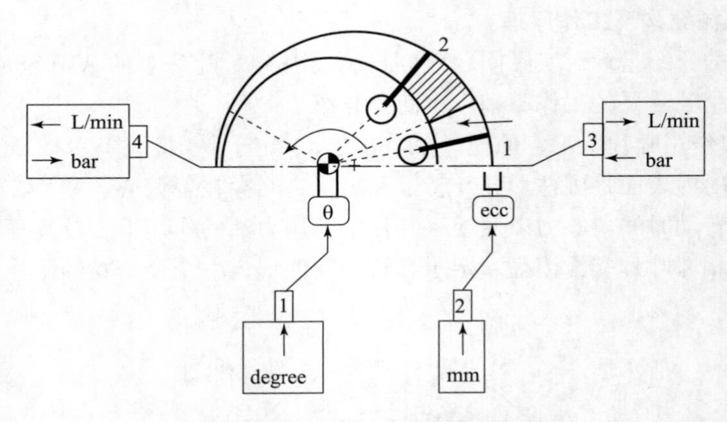

图 3. 18　叶片泵的流通面积仿真图标

配流面积随转子角度和转子与定子环之间的偏心率而变化。偏心率可通过定子环的平移进行调整。

转子的角度位置由连接到端口 1 的信号提供。

转子和定子环之间的偏心率由连接到端口 2 的另一条信号线提供。

端口 3 通常连接到压力源，比如液压元件设计库中可变容腔的 BHC11 子模型或液压库内的固定腔室元件。由 VAREA51 计算的体积流量是端口 3 的输出变量。

端口 4 通常连接到一个压力源，一般是一个液压元件设计库的液压腔室。与端口 3 类似，端口 4 也可以连接到液压元件设计库内的可变腔室。端口 3 处体积流量的反向符号是端口 4 处的输出变量。

子模型假设叶片顶端和定子环之间存在永久接触。

该子模型能够用于变排量叶片泵（马达）或定排量叶片泵（马达）。此子模型可以计算叶片形成的内腔与吸入口或输出口之间的体积流量。VAREA51 子模型仅适用于平动或固定的定子环。平移只能沿着中心线。

（2）叶片泵腔。叶片泵腔子模型 VANECH50 代表两个连续叶片、转子和定子环之间的可变位移量，如图 3. 19 所示。这是一个单一的内腔，所以，对于整个泵，需要的 VANECH50 子模型数量应该等于叶片的数量。

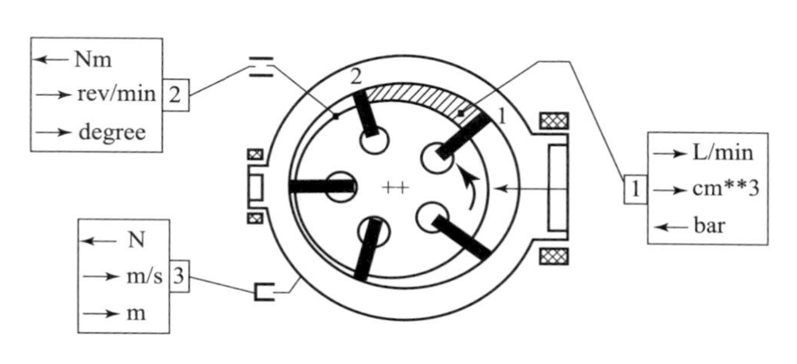

图 3. 19　叶片泵腔仿真图标

容腔体积随转子角度位置和转子与定子环之间的偏心率而变化。偏心率可通过平移定子环进行调整。

通常情况下，子模型为 BHC11 的元件作为压力源连接到端口 1。容量和体积流量是端口 1 的输出变量。

端口 2 的输入量为转子的角位置和速度。

端口 3 的输入量是定子环的线位移和速度。VANECH50 没有对位移的限制，但可以通过使用末端止动块的子模型（如惯性子模型 MAS21）来添加这些限制。

子模型有如下假设：假设叶片顶端和定子环之间永久接触；不考虑叶片质量；不考虑叶片和转子之间的摩擦；不考虑叶片和定子环之间的摩擦。

该子模型能够用于变排量叶片泵（马达）或定排量叶片泵（马达）。VANECH50 适用于计算由燃烧室容积变化引起的瞬时流量、作用于定子环中心线方向的瞬时流量和被吸收转矩。

2）泵仿真中液压元件设计库元件

BAP12 子模型用于表示千斤顶或阀门的一部分，压力作用在活塞或滑阀上，千斤顶或阀门的主体是固定的。

液压轴端口 1 处的压力以 bar 为单位输入，在此端口计算并输出流量和体积。

活塞的速度和位移在端口 3 处输入，未经修改就通过端口 2。端口 3 处的力根据压力和外力计算获得。

阀体和活塞形成的腔室的体积根据端口 3 上接收到的位移进行计算。端口 1 通常连接到压力源、传统液压管路子模型或 HCD 液压腔子模型。

BAP12 内的位移没有限制，但是可以通过附加的质量动力学子模型（如 MAS21 等惯性子模型）提供限制。

注意，这里假设流动端口 1 不会被活塞堵塞。

BAP11 与 BAP12 的不同之处在于，与端口 2 和端口 3 相关联的变量是互换的（图 3. 20）。

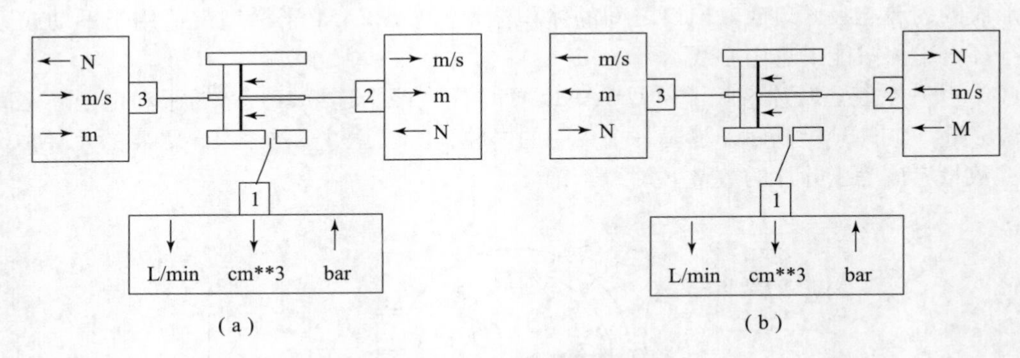

图 3.20　活塞仿真图标

(a) BAP12；(b) BAP11

3. 叶片泵仿真

1）外反馈限压式叶片泵工作原理

外反馈限压式叶片泵也叫作压力补偿变量叶片泵。这种变量控制方法的基本结构原理如图 3.21 所示。定子 7 外圆左、右两侧分别作用有大小不等的两个活塞，二者面积比约为 2∶1。其中右边的小活塞 2 称为偏置活塞，其右侧常通叶片泵出口压力油。定子左边的大活塞 1 称为控制活塞，其左侧接控制油路，进压力补偿器 4 与叶片泵出口油箱相连。定子上方设有支承块 6。

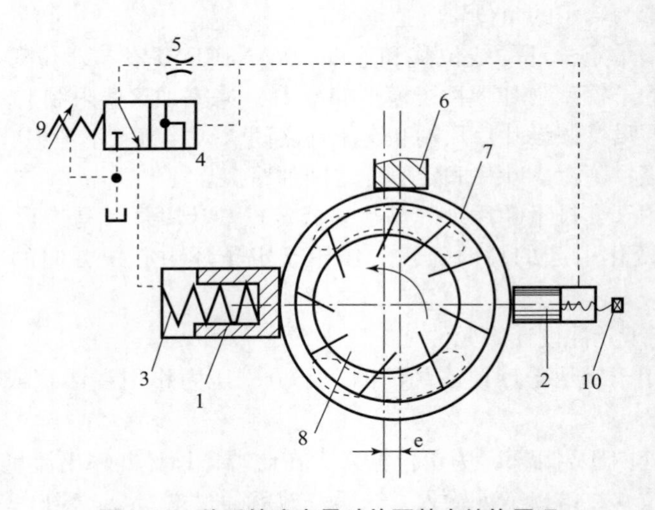

图 3.21　外反馈式变量叶片泵基本结构原理

1—控制活塞（大活塞）；2—偏置活塞（小活塞）；3—弹簧（软弹簧）；4—压力补偿器；
5—固定阻尼孔；6—支承块；7—定子；8—转子；9—调压弹簧；10—流量调节螺栓

外反馈式叶片泵的压油区和吸油区相对于水平中心线上下对称分布。压油区作用在定子内表面的不平衡径向液压力垂直向上，由支承块 6 承受。

叶片泵运转时，若其工作压力较低，则调压弹簧 9 使压力补偿器阀芯处于图示位置，叶片泵的出口压力通过控制油路同时作用于定子左、右两边的大、小活塞上。由于左边活塞的作用面积大于右边活塞，所以定子被推向右边，并被两个活塞的液压力差可靠地固定在最大偏心位置上，此时叶片泵的排量最大。最大偏心量 e 由流量调节螺栓 10 调整限定。

当叶片泵的工作压力升高到压力补偿器调压弹簧锁限定的压力时，补偿器的阀芯在右端压力油的作用下克服弹簧力左移，使大活塞左端原来作用的压力油通过压力补偿器阀口与油箱连通，其压力降低为零。于是定子在右侧小活塞的推动下迅速左移，使偏心量 e 减小，叶片泵的排量减小，直至接近于零偏心位置。这时叶片泵仅以微小排量补充截止压力下的泄漏，其对外输出流量为零。

弹簧 3 是刚度很小的软弹簧，其作用只是当叶片泵停止不工作或刚启动时，让定子环固定在最大偏心位置上，并不承受液压力。一旦叶片泵建立起压力，定子环便在大、小活塞的液压力作用下稳固保持自己的位置。

固定阻尼孔 5 的作用是在补偿器阀芯左移、控制活塞 1 左腔卸压的情况下，维持阀芯右端的控制压力，并改善控制回路的稳定性。

这种实现变量运动的方法是将叶片泵的出口压力引到定子外侧的变量活塞上，从而产生使定子移动所需的变量操纵力，所以习惯上称为外反馈式。

外反馈式变量叶片泵的液压回路如图 3.22 所示。

外反馈限压式叶片泵的 $q-p$ 特性曲线如图 3.23 所示，图中 p_c 是开始变量的压力，称为截流压力，由调压弹簧和压力调节螺栓调整设定。p_d 是输出流量为零时的截止压力，即变量机构调整限定的最大压力（cracking pressure）。压力达到截流压力 p_c 以前，叶片泵以全排量工作，输出流量随压力升高有微小下降，这是由于叶片泵的内泄漏逐渐增大而造成的。一旦压力超过 p_c，叶片泵即进入截流状态，输出流量随着压力的进一步升高而迅速减小。曲线下降特性段的斜率取决于调压弹簧的刚度。当压力升高到截止压力 p_d 时，液压系统将停止运动，但保持最大压力 p_d。

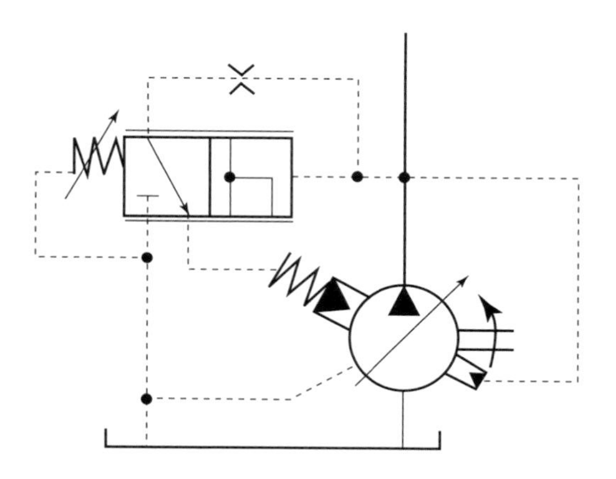

图 3.22 外反馈式变量叶片泵的液压回路

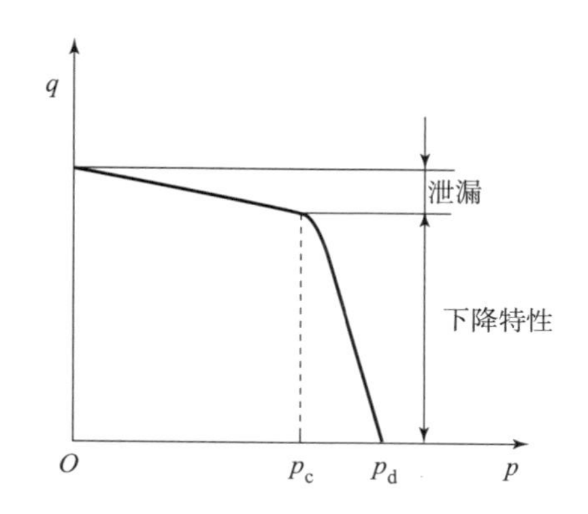

图 3.23 外反馈限压式叶片泵的 $q-p$ 特性曲线

2）相邻的叶片建模

（1）进出油口通流面积建模。两个相邻的叶片是吸油还是排油与高低压腔和相邻叶片的位置有关。叶片泵转子带动叶片运动，两个相邻的叶片之间的容积不断增大时，将形成局部真空，低压油在大气压的作用下，经过配流盘腰形孔进入两个相邻的叶片之间，完成吸油；当两个相邻的叶片之间的容积不断减小时，叶片之间的液压油受压形成高压油经配流盘的另一腰形孔排出，完成压油。当定子和转子的偏心量发生变化时，泵的输出流量也随之改变。在 AMESim 里建立的叶片泵模型中，两个相邻的叶片和缸体建立一个可变容腔，其进/出油口分别与配流盘的高/低压腔相连。

上文中介绍的 VAREA51 子模型就是用来描述两个相邻的叶片的流通面积数学模型，它的原理如图 3. 24 所示。

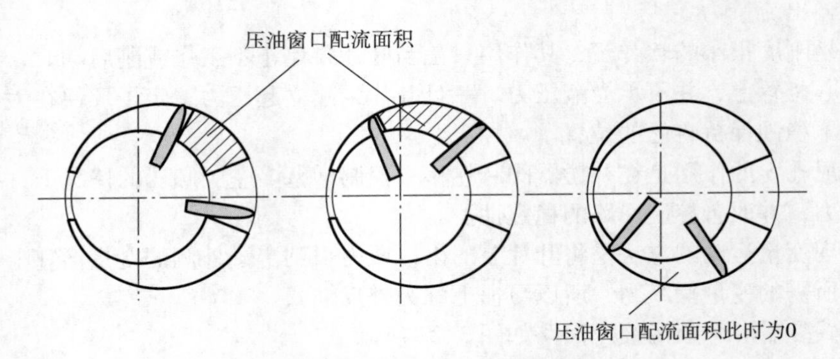

图 3. 24　相邻的叶片的流通面积变化情况

从图 3. 24 可以看出，两个相邻的叶片的流通面积随着转子的旋转，产生变化。

在实际的建模过程中，节流口是区分进油节流和回油节流的，所以要描述两个相邻的叶片一个完整的运动周期，需要使用两个以 VAREA51 为子模型的元件，如图 3. 25 所示。

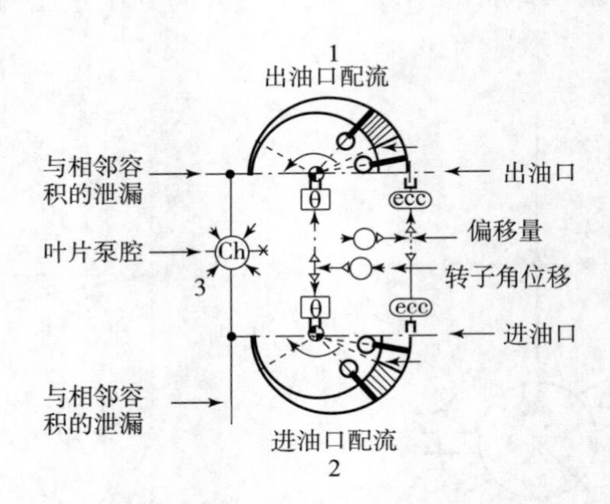

图 3. 25　进出油口通流面积建模

表 3. 3 为叶片泵通流面积元件中的部分重要参数。

表 3. 3　叶片泵通流面积元件中的部分重要参数

元件编号	参数	值
1	angle defining the BEGINNING of the PORT PLATE RIM	45
	angle defining the END of the PORT PLATE RIM	155

续表

元件编号	参数	值
2	angle defining the BEGINNING of the PORT PLATE RIM	230
	angle defining the END of the PORT PLATE RIM	324
	length of the notch	5
	notch width in radial direction （maximum）	1. 5
	notch height （maximum）	0. 7
3	dead volume	0. 001

可以看出，出油口的配流角度在 45° ~ 155°之间，进油口的配流角度在 230° ~ 324°之间，如图 3. 26 所示。

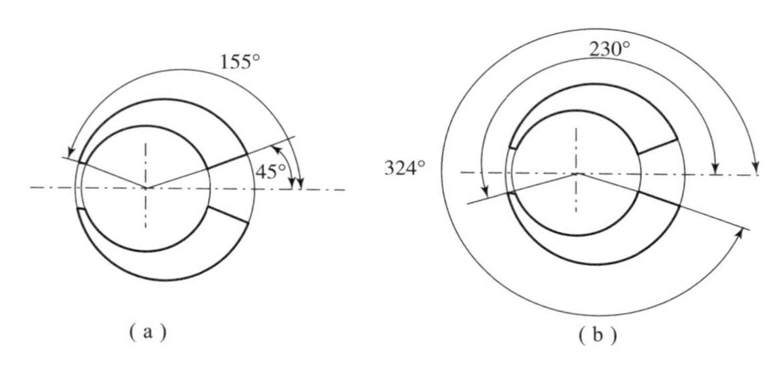

图 3. 26　叶片泵进出油口配流起始角度示意图

（a）出油口；（b）进油口

（2）控制容腔建模。获得进/出油口的通流面积之后，要配合子模型 VANECH50 对相邻两叶片之间的容积进行建压建模，获得输出流量、转子转矩和定子环力。

控制容积由叶片尖端的接触点、转子的外径和定子环的内径确定。气室容积（V_{chi}）由控制容积减去控制容积内两个连续叶片的固体部分得出，如图 3. 27 所示。

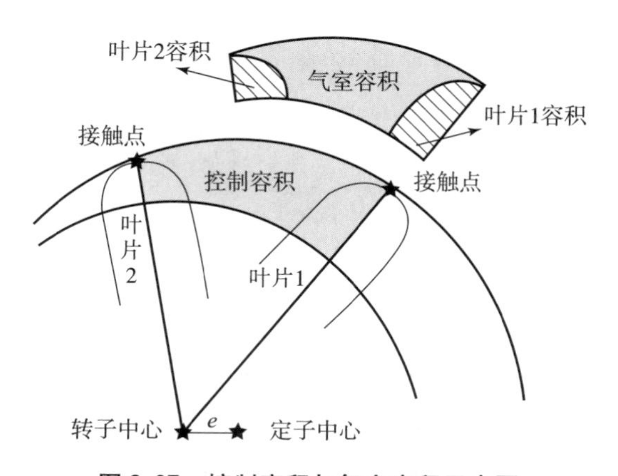

图 3. 27　控制容积与气室容积示意图

端口 1 处的腔室容积为

$$V_{chi} = A_{chi} \cdot H$$

H 是轴向叶片宽度，A_{chi} 是相邻叶片之间的面积。

在这个子模型中，对气室容积进行偏导解析计算，可以获得端口 1 的输出流量。

采用键合图理论推导的调制变压器法计算了转子转矩和定子环力。

转子转矩在端口 2 计算获得，定子环力在端口 3 计算获得。

两个子模型为 VAREA51 的元件和一个子模型为 VANECH50 的叶片泵腔元件配合使用，用来描述泵的内部容积通过配流盘和吸/压油口相连，如图 3.28 所示。

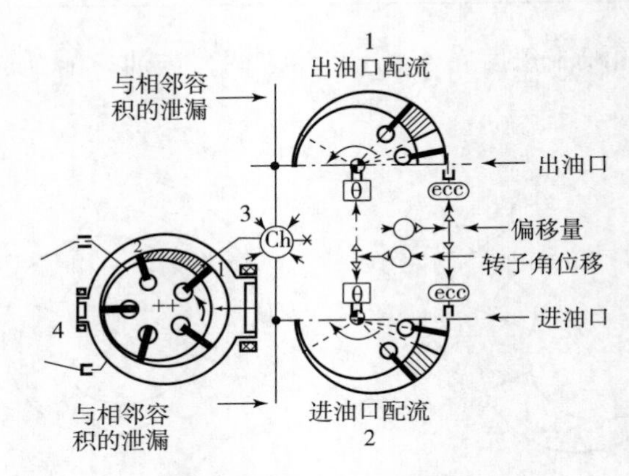

图 3.28　控制容腔建模

控制容腔的重要参数如表 3.4 所示。

表 3.4　控制容腔的重要参数

元件编号	参数	值
4	vane thickness	bv
	vane width in axial direction	Hv
	radius of the vane tip	bv/2
	external diameter of the rotor	Dr
	inner diameter of the stator	Dsint
	number of vanes	z
	initial angular position of vane 1	360/z

控制容腔的重要参数包括叶片数（number of vanes）、定子内径（inner diameter of the stator）、转子外径（external diameter of the rotor）和叶片的初始角位置（initial angular position of vane 1），如图 3.29（a）所示。

其还定义了叶片厚度（vane thickness）、轴向叶片宽度（vane width in axial direction）和叶尖半径（radius of the vane tip），如图 3.29（b）所示。

控制容腔中的参数有一部分与进出油口通流面积的参数重复。

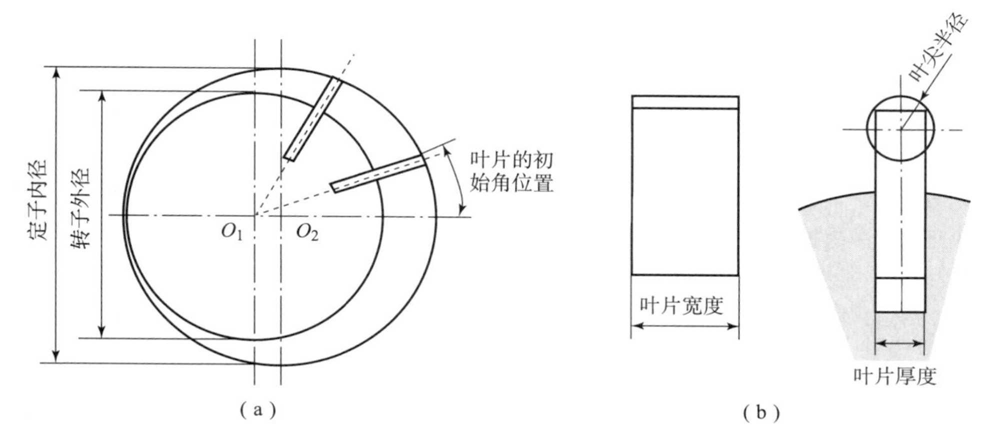

图 3.29　控制容腔的重要参数示意图

(a) 叶片泵参数；(b) 叶片参数

3) 变排量控制

(1) 压力补偿器建模。图 3.30 中的压力补偿器受出口液压油的控制，当出口压力达到弹簧预紧力时将推动压力补偿器阀芯，使油路发生改变，控制活塞左端压力降低，定子在偏置活塞的作用下左移，减小定子和转子的偏移量。

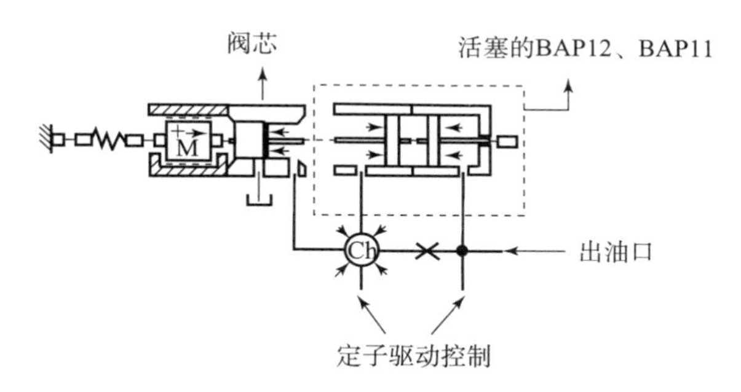

图 3.30　压力补偿器建模

将使用活塞的 BAP12、BAP11 模拟弹簧预紧力和出油口压力进行比较，当出油口压力大于弹簧预紧力之后，推动阀芯运动，此时油箱被接通，油路压力发生改变，定子环在出油口压力的作用下推动定子环运动，减小定子和转子的偏移量，改变叶片泵排量。

表 3.5 为压力补偿器建模中一些元件的部分参数。

表 3.5　压力补偿器建模中一些元件的部分参数

元件编号	参数	值
1	spring force with both displacements zero	90
2	mass	0.01
	lower displacement limit	0
	higher displacement limit	0.001

元件 1 是先导弹簧，它定义了端口零位移时的力（spring force with both displacements zero），使叶片泵在工作压力较低时，保持定子稳定。

质量块代表阀芯质量，设置为 0.01 kg，它同时限制了阀芯在质量块正方向上的位移，即阀芯运动范围为 0 ~ 0.001m。

（2）定子驱动控制。定子的移动受到图 3.31 中控制活塞和偏置活塞的控制。控制活塞和偏置活塞分别受到压力补偿器出口油路液压油和出口压力油的控制。质量块应为定子环质量。

输出的位移是偏心量。

输出的偏心量通过位移传感器和发射器传递出去。

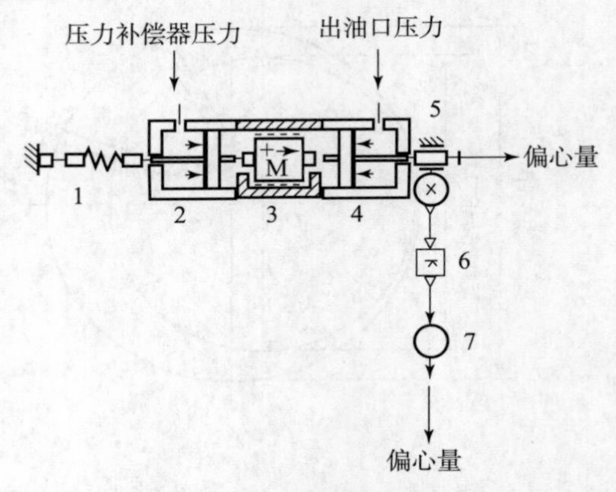

图 3.31　定子驱动控制建模

表 3.6 为定子驱动控制中部分元件的重要参数。

表 3.6　定子驱动控制中部分元件的重要参数

元件编号	参数	值
2	piston diameter	42.5
	rod diameter	0
4	piston diameter	30
	rod diameter	0
6	value of gain	1 000

元件 2 是控制活塞，元件 4 是偏置活塞，所以元件 2 活塞的面积是元件 4 活塞面积的 2 倍。元件 6 是将输出的偏移量由单位米转变为毫米。

4）转速控制

利用单位转换子模型，将接收到的信号转换为旋转速度，连接角速度传感器和角位移传感器，与发射器和信号端口插头配合使用，传递叶片泵旋转角速度和角位移（图 3.32）。

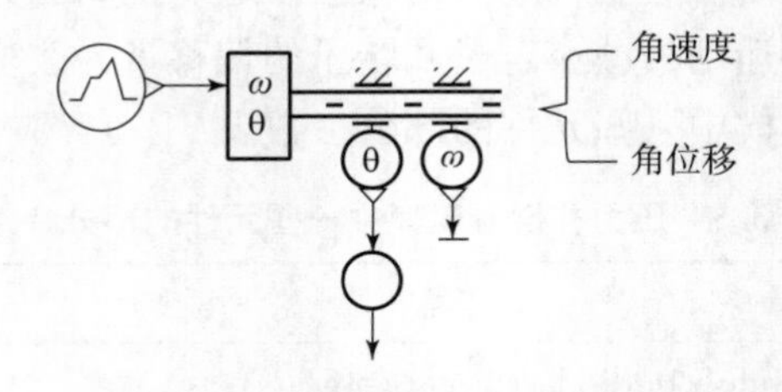

图 3.32　转速控制建模

完整的叶片泵仿真模型如图 3.33 所示。

在 AMESim 主窗口的“Help”中，选择“AMESim demo help”，如图 3.34 所示，进入

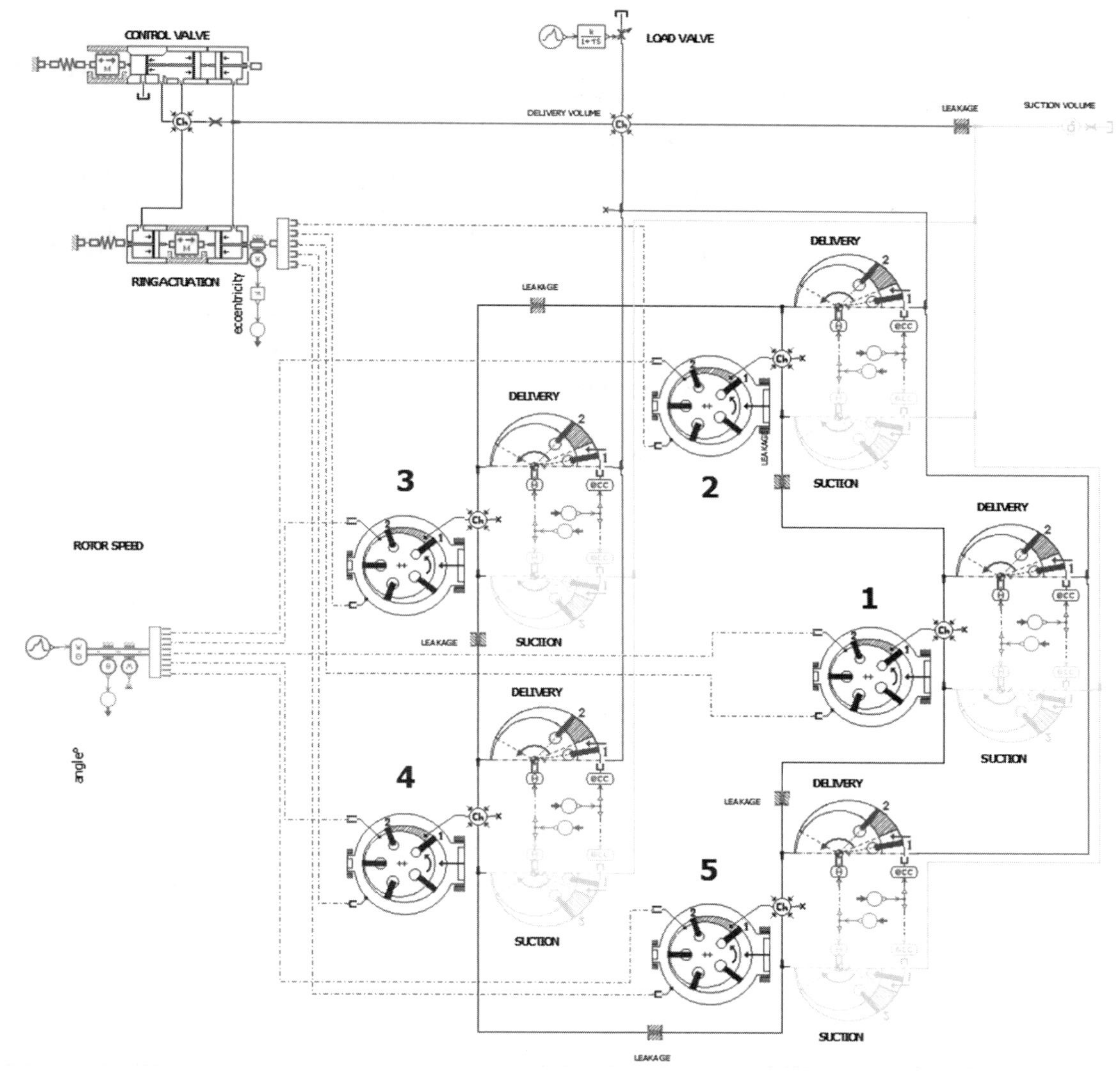

图 3.33　完整的叶片泵仿真模型

“AMEHelp”窗口，选择“Demos”中“Solutions”中的“Mechanical Industries”，如图 3.35 所示，选择“Fluids Systems and Components”。

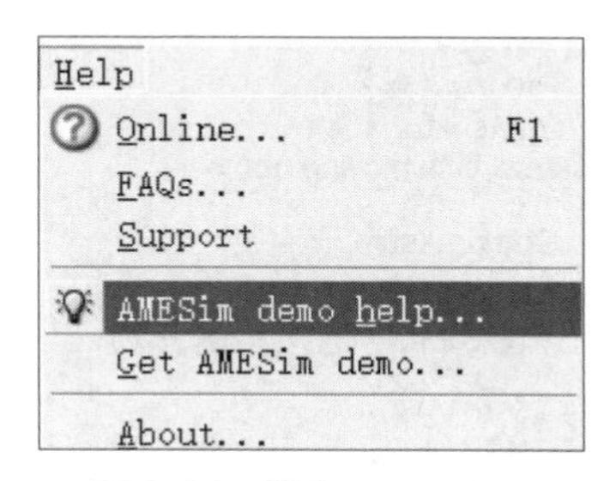

图 3.34　进入 AMEHelp

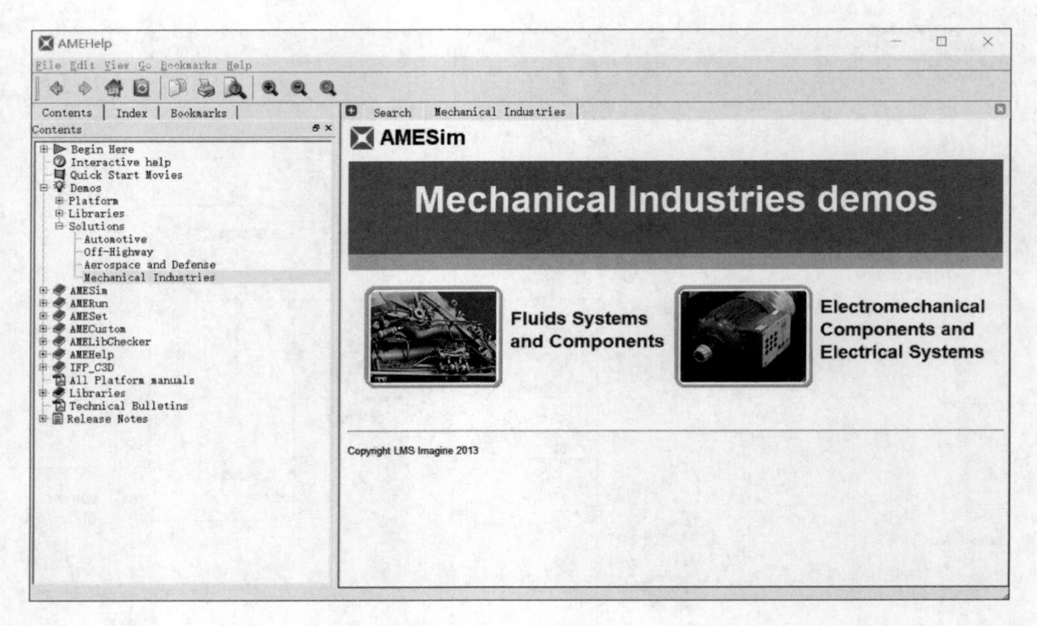

图 3.35　进入实例（1）

选择“Fluids Systems and Components”之后，如图 3.36 所示，进入“Hydraulic components”中的“Vane pump”。

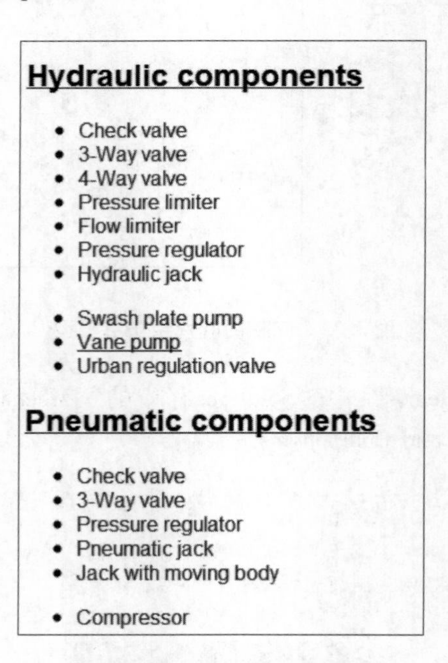

图 3.36　进入实例（2）

打开实例说明后，单击“Open this demo”下的链接，选择“Yes”，即可选择下载叶片泵建模实例的位置，对叶片泵建模实例进行下载，如图 3.37 所示。

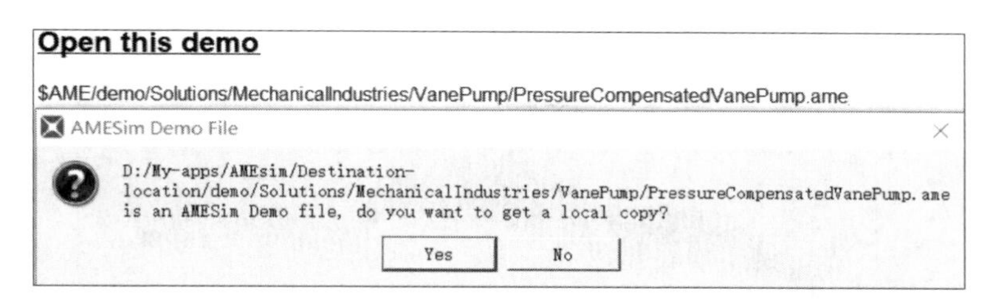

图 3.37　选择下载叶片泵建模实例

也可以直接根据提示，在当前文件夹目录下打开实例。

5）仿真结果

打开下载的模型，进入仿真模式，运行仿真。可以获得叶片泵的负载节流阀开度、出口流量、出口压力、转子和定子的偏移量等信息，如图 3.38 ~ 图 3.41 所示。

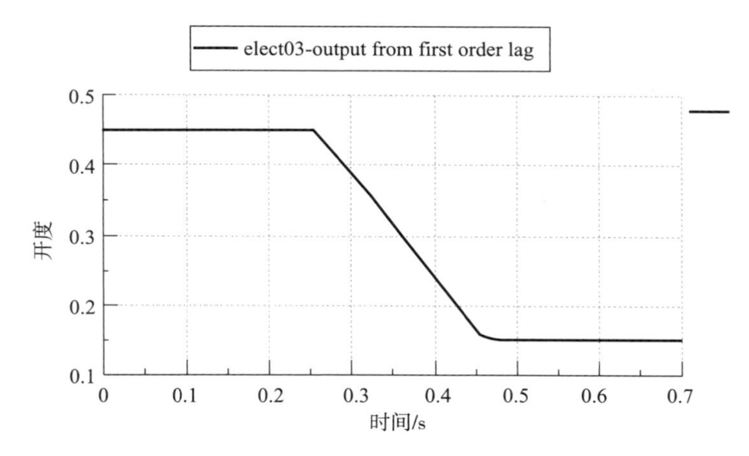

图 3.38　负载节流阀开度

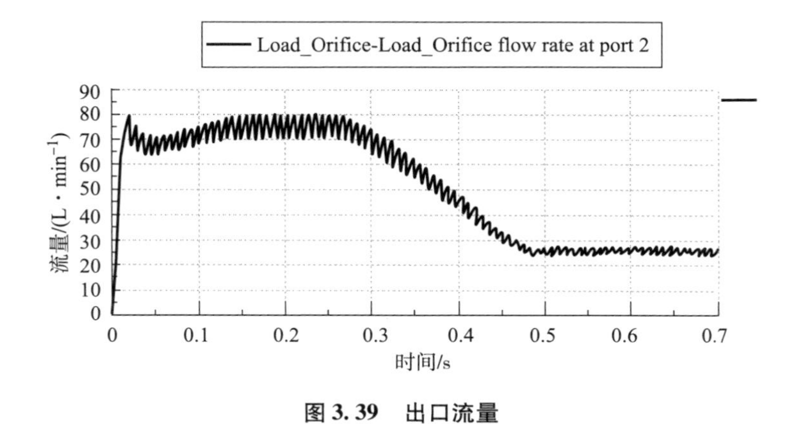

图 3.39　出口流量

用户可以结合实例具体学习叶片泵的建模过程。

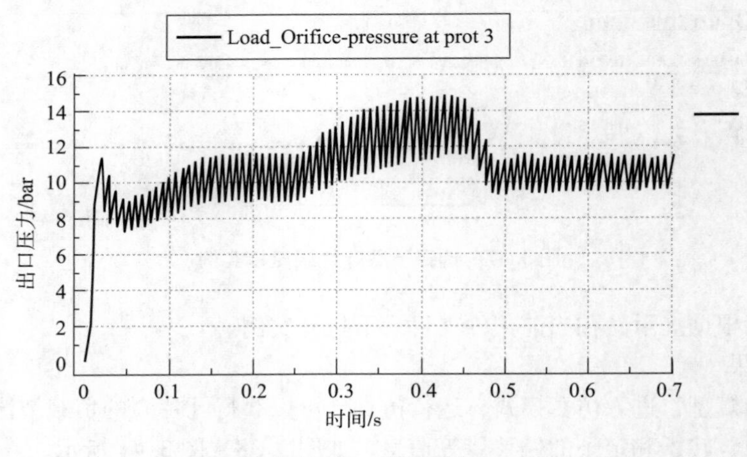

图 3.40　出口压力

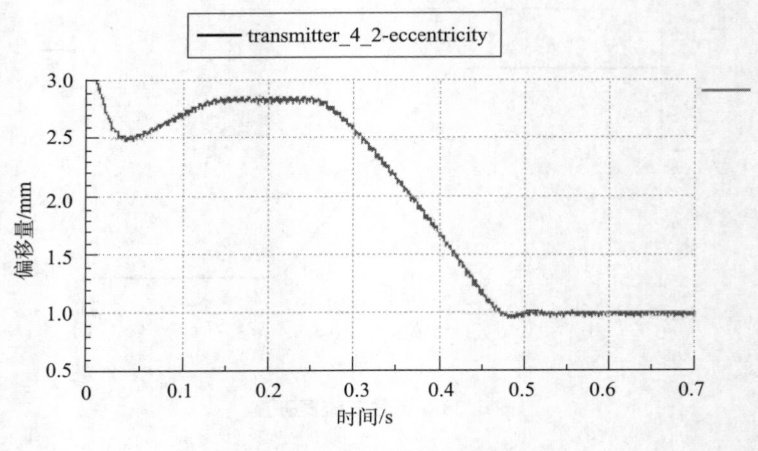

图 3.41　转子和定子的偏移量

3.4　液　压　阀

液压阀是用来控制液压系统中油液的流动方向或调节其压力和流量的，因此它可以分为方向阀、压力阀和流量阀三大类。

压力阀和流量阀利用通流截面的节流作用控制着系统的压力和流量，而方向阀则利用流道的更换控制着油液的流动方向。

液压阀按机能可以分为压力控制阀、流量控制阀、方向控制阀，按结构可以分为滑阀、座阀、射流管阀、喷嘴挡板阀，按操纵方法可以分为手动阀、机/液/气动阀、电动阀等。

液压阀应该满足以下要求。

（1）动作灵敏，使用可靠，工作时冲击和振动小。

（2）油液流过时压力损失小。

（3）密封性能好。

（4）结构紧凑，安装、调整、使用、维护方便，通用性强。

3.4.1　方向控制阀

1. 普通单向阀

单向阀属于一种自动阀门，它使液体只能沿一个方向流动，不允许反向倒流。其用于泵的出口处，主要作用是防止系统液压冲击影响泵的工作，分割通道，防止管路之间的压力互相干扰。

单向阀主要由阀芯、阀体和弹簧等组成：流体从 P_1 流入时，克服弹簧力推动阀芯，使通道接通，流体从 P_2 流出；当流体从反向流入时，流体的压力和弹簧力将阀芯压紧在阀座上，流体不能通过，如图 3.42 所示。

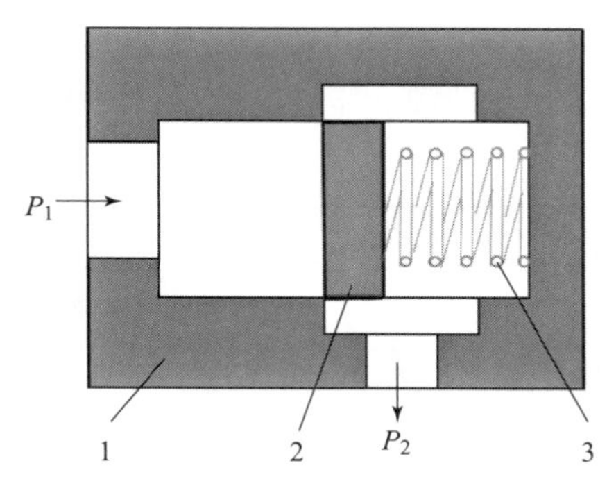

图 3.42　单向阀结构

1—阀体；2—阀芯；3—弹簧

单向阀的开启压力为 0.03 ~ 0.05 bar，当用作背压阀时，开启压力为 0.2 ~ 0.6 bar，此时选取刚度较大的弹簧。

通常情况下，对于单向阀（不限于单向阀）的仿真可以分成功能级仿真和元件级建模。对于功能级仿真，研究重点是单向阀的外特性（输出流量和压降），那么可以使用标准液压库中的单向阀模型。如果研究重点是阀的几何尺寸的元件性能的影响，则应该用液压元件设计库进行元件级建模。

1）功能级仿真

功能级仿真采用液压库中标准单向阀元件 CV001。CV001 是弹簧加载液压单向阀的一个简单子模型，不包含动力学。当单向阀打开时，假设流量 - 压力特性为线性。这个子模型有轻微的滞后现象，因此单向阀在略高于其标称开启压力的情况下开启，并在略低于开启压力的情况下关闭，如图 3.43 所示。一般模型滞后的默认值为零。如果单向阀“抖动”，即快速打开和关闭，将产生许多不连续性，导致运行缓慢。将迟滞值设置为 1.0e－4 可以减少这种现象。

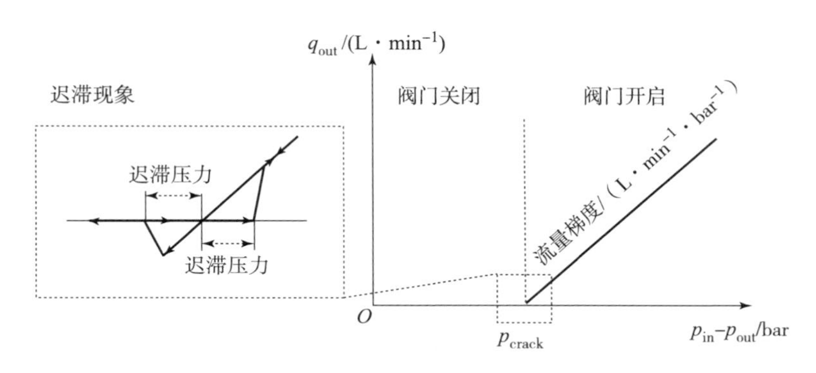

图 3.43　单向阀流量滞后效应示意图

产生阀门开启力的压力为

$$dp = p_{in} - p_{out} - p_{crack} \tag{3.17}$$

在模拟开始时，如果 $dp \geqslant 0$，阀门的模式设置为打开，否则设置为关闭。如果打开，流速为 dp 与流量梯度的乘积：

$$q_{out} = dp \cdot \text{grad} \tag{3.18}$$

否则

$$q_{out} = 0 \tag{3.19}$$

阀门进口处的流量为

$$q_{in} = -q_{out} \tag{3.20}$$

使用 CV001 搭建模型如图 3.44 所示。

图 3.44　单向阀功能级建模

单向阀功能级建模参数设置如表 3.7 所示。

表 3.7　单向阀功能级建模参数设置

元件名称	参数	值
压力源	number of stages	1
	Pressure at end of stage 1	100
	Duration of stage 1	10

系统中液压阀的开启压力为 10 bar，压力梯度为 500 L/min/bar，开启（关闭）迟滞时间为 0 s。压力源在 0 ~ 10 s 之间线性增长，初始时刻为 0，结束时刻为 100 bar。

进入仿真模式，仿真时间为 10 s。

仿真结束之后选择单向阀元件，绘制其参数“flow rate at check valve port 1”的流量图。

从图 3.45 中可以看出，单向阀在 1 s 时打开，此时压力源的输出压力为 10 bar，正是阀的开启压力，此后，流量按照 500 L/min/bar 的压力梯度增加。

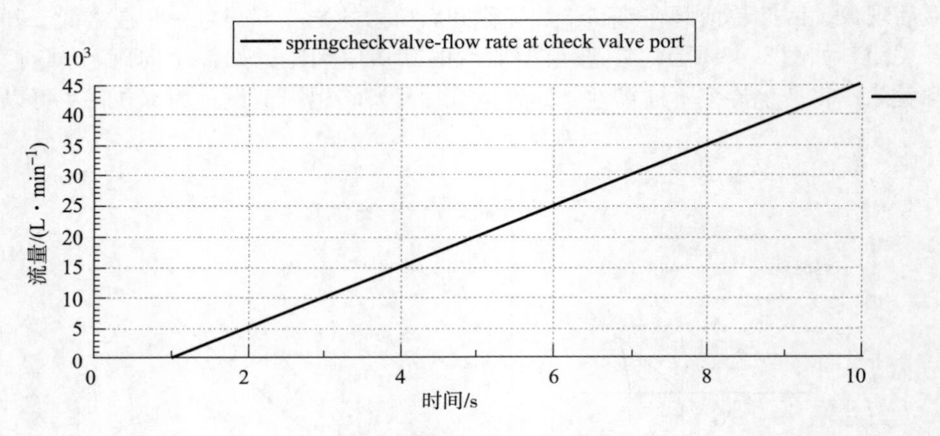

图 3.45　单向阀流量曲线

CV001 用于表示弹簧加载的液压单向阀，但 CV002 在物理上更真实。CV002 具有最大开度，当其完全打开时，具有湍流特性。该特性由标称流量和相应的压降定义。湍流曲线将与由流速压降梯度定义的层流曲线在某一点相交。此时，止回阀完全打开。用户可自行学习。

2）元件级建模

元件级建模可以参考以下步骤。

（1）确认压力作用面（图 3.46）。

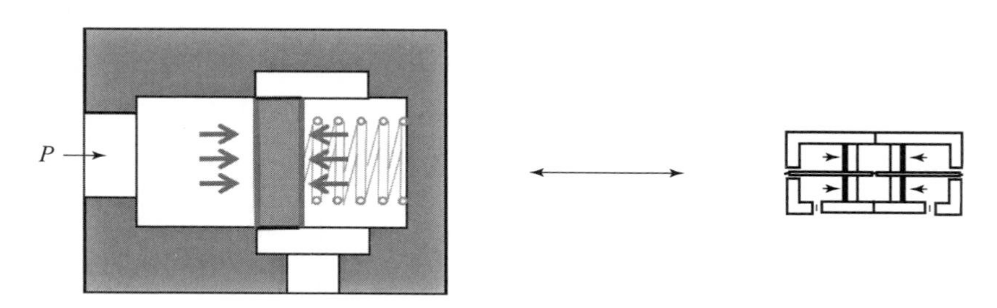

图 3.46　阀芯压力作用面

单向阀的活塞受到左侧液体的压力以及右侧的弹簧弹力，作用面上是两个相互抵消的作用力，可以用液压元件设计库中元件设计。

（2）确认可移动部分（图 3.47）。

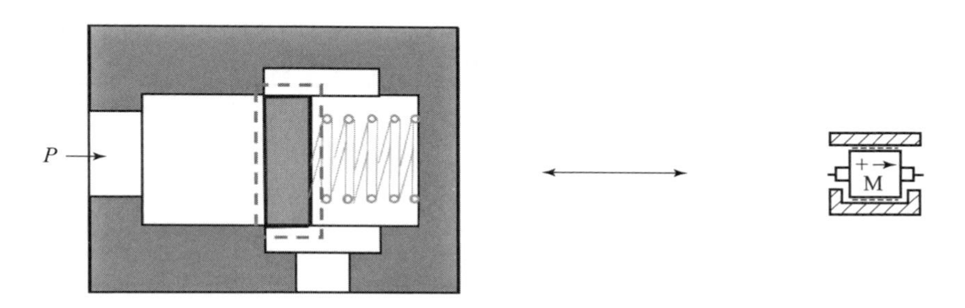

图 3.47　可移动阀芯

单向阀阀芯具有一定的质量，可以用带限位功能的质量块元件表示，将质量块放在两个作用面之间。

（3）确认通流面积（图 3.48）。

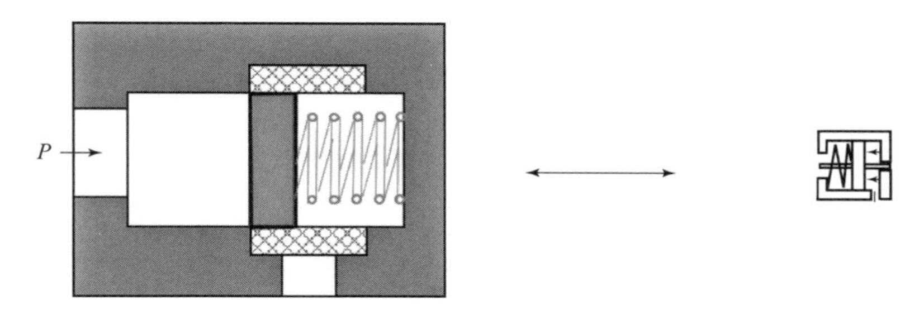

图 3.48　流通面积示意图

单向阀达到开启压力之后，阀芯开始移动，阀芯移动产生通流面积，一定压力下，达到通流面积的开启最大值。

参考图 3.49，搭建仿真草图。

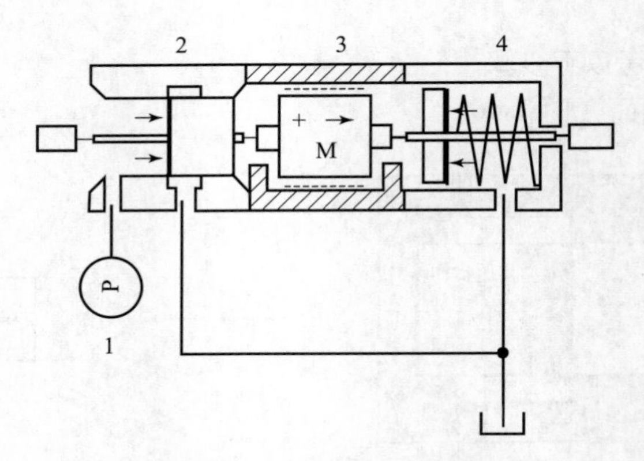

图 3.49　单向阀元件级建模仿真草图

子模型可以直接选取首选子模型。

对系统的要求为：开启压力为 10 bar，30 bar 时单向阀完全开启，此时流量为 100 L/min，质量为 10 g。

单向阀元件级建模参数设置如表 3.8 所示。

表 3.8　单向阀元件级建模参数设置

元件编号	参数	值
1	number of stages	1
	pressure at end of stage 1	50
	duration of stage 1	10
2	spool diameter	8.5
	rod diameter	0
	underlap corresponding to maximum area	1.6
3	mass	10
	coefficient of viscous friction	0.03
	Coulomb friction force	6.74
	stiction force	6.74
	lower displacement limit	0
4	piston diameter	8
	rod diameter	0
	spring force at zero compression	50
	spring stiffness	107

进入仿真模式，设置仿真时间为 10 s，仿真步长（Print interval）为 0.01 s。运行仿真。

选择元件 1，绘制参数“user defined duty cycle pressure”然后选择元件 2，在同一幅图中绘制参数“flow area”，如图 3.50 所示。

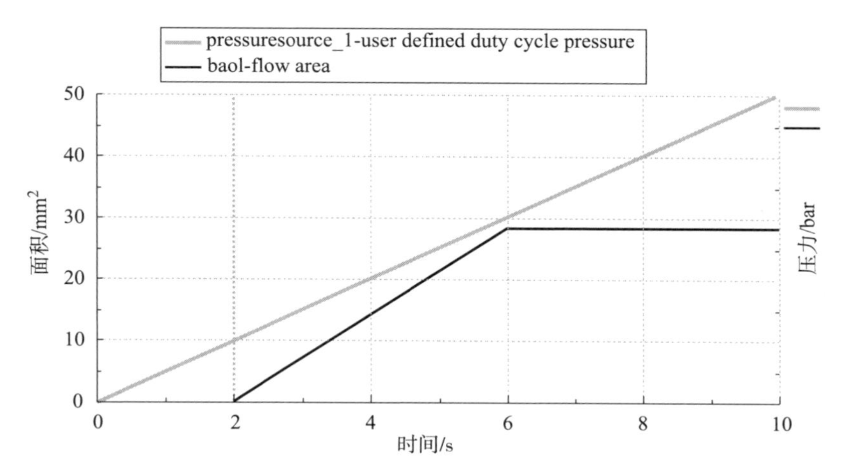

图 3.50　在同一幅图中绘制流通面积与压力

选择图像对话框中的“Tool”→“Plot manager”。将弹出对话框的树形控件打开（图 3.51），通过鼠标拖曳的方式，调整树形控制中的 X、Y 轴坐标，如图 3.52 所示，并删除“Time [s]”标签。

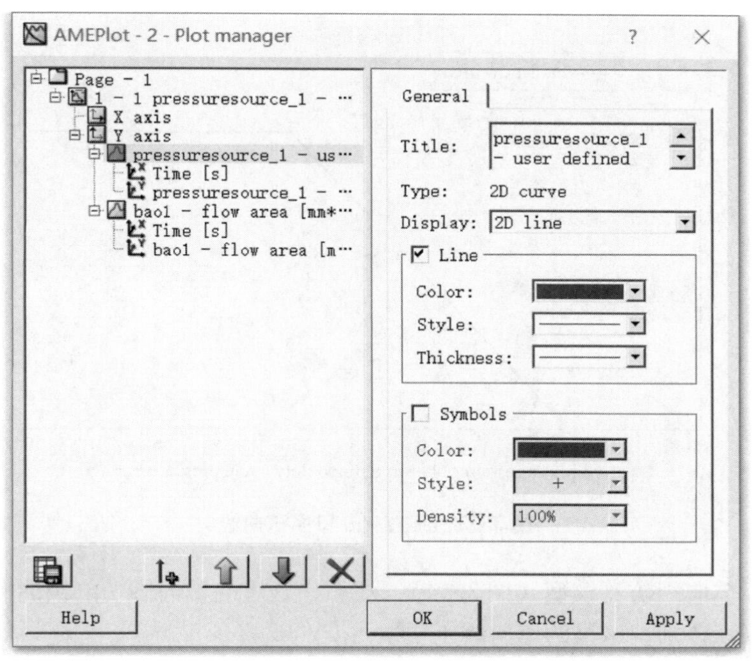

图 3.51　“Plot manager”对话框

单击“OK”按钮，可以获得单向阀开口面积随压力的变化情况，如图 3.53 所示。

从图 3.53 可以看出，元件级建模的开口面积在 10 bar 时发生变化，并且在 30 bar 时达到最大。

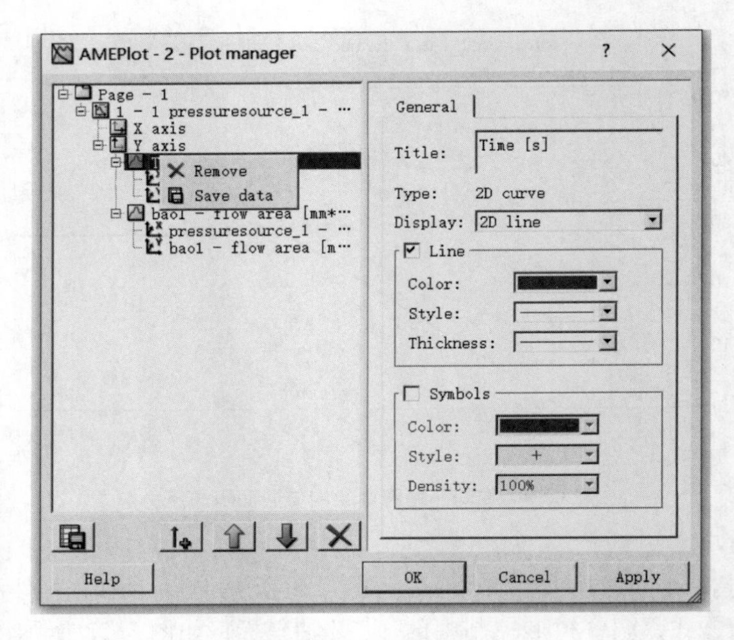

图 3.52　修改横纵坐标

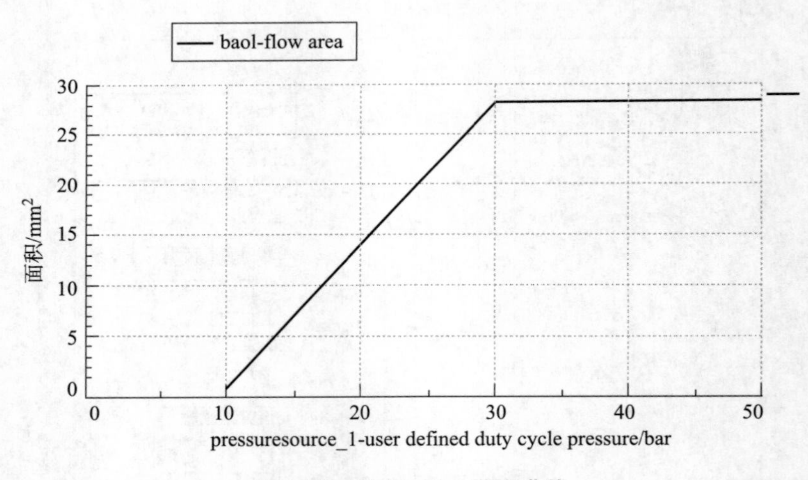

图 3.53　压力－开口面积曲线

建立功能级单向阀仿真模型（图 3.54），注意，这里的单向阀功能级建模与前文中单向阀功能级建模存在差别，这里的单向阀子模型为 CV002。

图 3.54　单向阀功能级建模仿真草图

表 3.9 为单向阀 CV002 建模参数设置，压力源同功能级单向阀。

表 3.9　单向阀 CV002 建模参数设置

元件编号	参数	值
1	Check valve cracking pressure	10
	check valve flow rate pressure gradient	5
	corresponding pressure drop	30

两个模型的出口流量在同一幅图中绘制（图 3.55），可以看出两者有很好的重合度。这与参数的正确设置密不可分，用户可根据本例自行学习元件级建模中参数的设置原因。

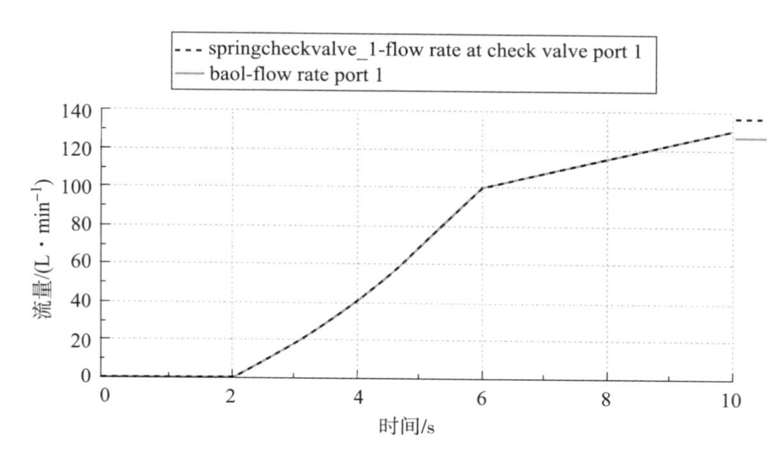

图 3.55　元件级和功能级单向阀压力流量曲线对比

2. 换向阀

AMESim 液压库中换向阀模型基本满足日常仿真需要，从图形可以很直观地判断出每一个图标对应哪种换向阀。AMESim 中常见换向阀仿真模型见表 3.10。

表 3.10　AMESim 中常见换向阀仿真模型

图标	名称	子模型
A B P T	通用三位四通换向阀模型	HSV34
A P T	通用三位三通换向阀模型	HSV33
A B P T	通用两位四通换向阀模型	HSV24
A P T	通用两位三通换向阀模型	HSV23
A B C P T D	通用三位六通换向阀模型	HSV36

下面将主要介绍方向控制阀的元件级建模仿真。

1）仿真模型

滑阀开口形式仿真模型如图 3. 56 所示。元件 1、2 代表了环形开口、圆边节流的阀芯模型。元件 3 的作用是将一个无量纲数据转换成位移和速度。元件 4 的作用是产生对阀芯的位移控制信号，元件 5 模拟系统压力。

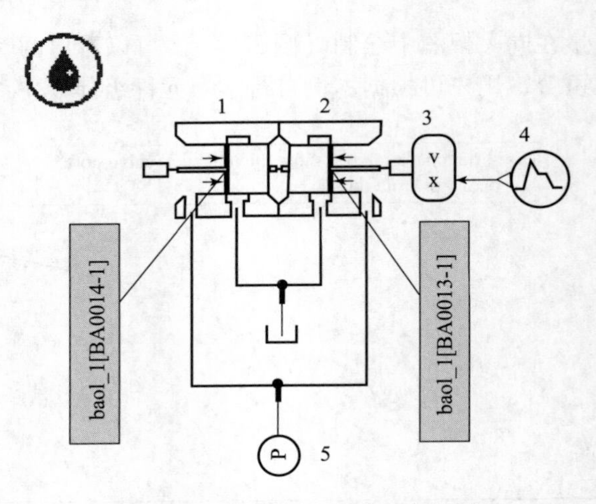

图 3. 56　滑阀开口形式仿真模型

2）参数设置

搭建完仿真模型后，可以通过设置不同的参数来模拟滑阀的不同开口形式。下面通过表格的方式列写系统仿真的共用参数，如表 3. 11 所示。表中没有提到的参数保持默认值。

表 3. 11　系统仿真的共用参数

元件编号	参数	值
4	number of stages	1
	cyclic	no
	output at start of stage 1	-0. 003
	output at end of stage 1	0. 003
	duration of stage 1	10
5	number of stages	1
	cyclic	no
	pressure at start of stage 1	20
	pressure at end of stage 1	20
	duration of stage 1	10

表 3. 12 为负开口参数设置。

表 3.12　负开口参数设置

元件编号	参数	值
1	underlap corresponding to zero displacement	-1
2	underlap corresponding to zero displacement	-1

3）运行仿真

完成如上参数设置后，进入仿真模式，运行仿真。

下面将介绍一些仿真设置的技巧。通过设置，可以按照用户的要求，输出用户所期望的曲线。

在图 3.56 所示仿真模型的构建方式下，当阀芯位移为正时（芯向左运动），元件 2 的节流边起节流作用；当阀芯位移为负时（阀芯向右运动），元件 1 的节流边起节流作用。而我们要绘制圆柱滑阀在不同开口形式下的流量增益。为了在同一图形上表现整个阀芯左右运动时的流量增益，我们需要使用 AMESim 的“View”→“Watch view”→“Post processing”功能。

如前文所述，完成仿真运行后，选中元件 1，从“Variables”选项卡中拖动变量“flow rate port 1”到“Post processing”窗口中。

再选择元件 2，从“Variables”选项卡中拖动变量“flow rate port 1”到“Post processing”窗口中。接着在“Post processing”选项卡中右击，选择“Add”，如图 3.57 所示。

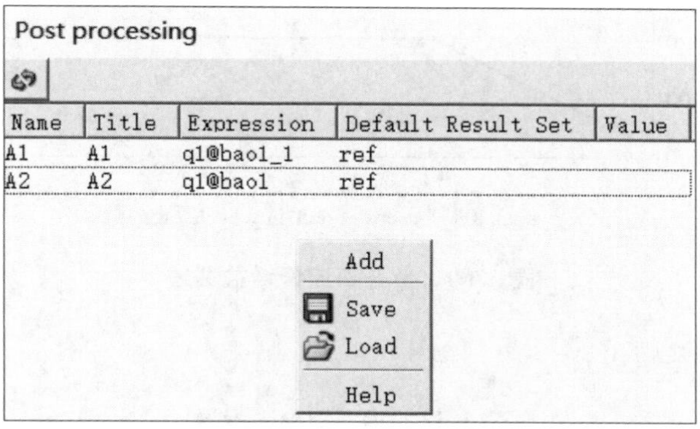

图 3.57　添加后置处理表达式

接着编辑新建变量“A3”的表达式选项（“Expression”），如图 3.58 所示。它表示取变量“q1@ bao1_1”的负值与变量“q1@ bao1”取和。

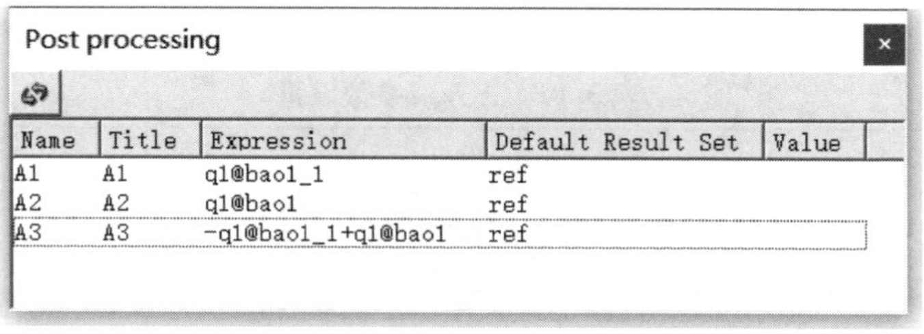

图 3.58　编辑新建变量表达式

将表达式“A3”拖动到工作空间中，绘制流量变化曲线，如图 3. 59 所示。但该曲线还不是我们想要的流量增益曲线，因为其横坐标还只是时间，而不是阀芯位移。我们需要将该曲线图的横坐标设置为阀芯位移，如图 3. 60 所示。

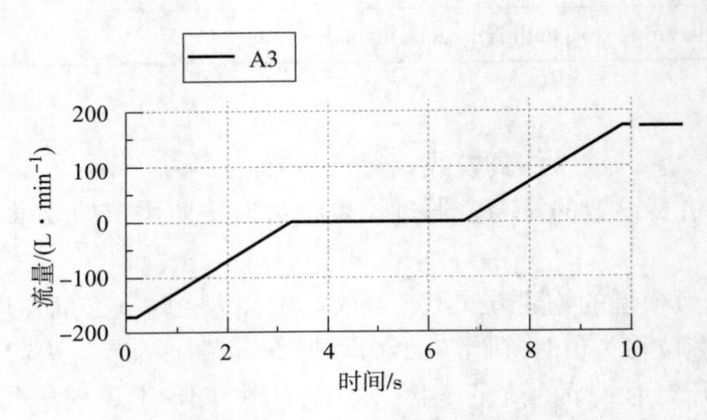

图 3. 59 负开口流量时间曲线

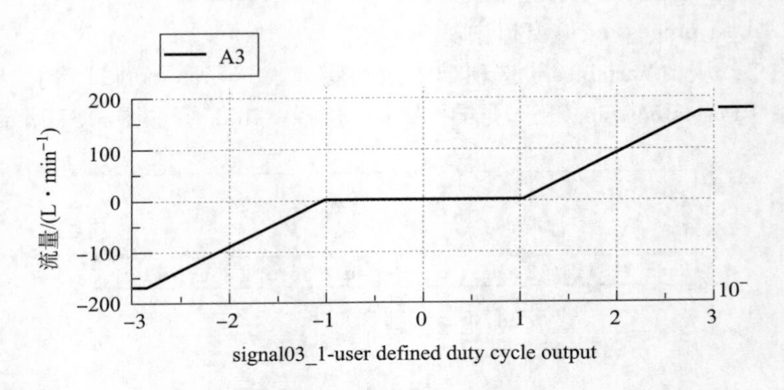

图 3. 60 负开口流量增益曲线

表 3. 13 为零开口参数设置。

表 3. 13 零开口参数设置

元件编号	参数	值
1	underlap corresponding to zero displacement	0
2	underlap corresponding to zero displacement	0

表 3. 14 为正开口参数设置。

表 3. 14 正开口参数设置

元件编号	参数	值
1	underlap corresponding to zero displacement	1
2	underlap corresponding to zero displacement	1

通过相同的操作，可以获得零/正开口流量增益曲线。在绘图窗口中单击“Plot”菜单

“File”按钮，选择“Save data”和“Load data”，可以将三种开口形式上述数据保存到同一幅图中，如图 3. 61 所示。

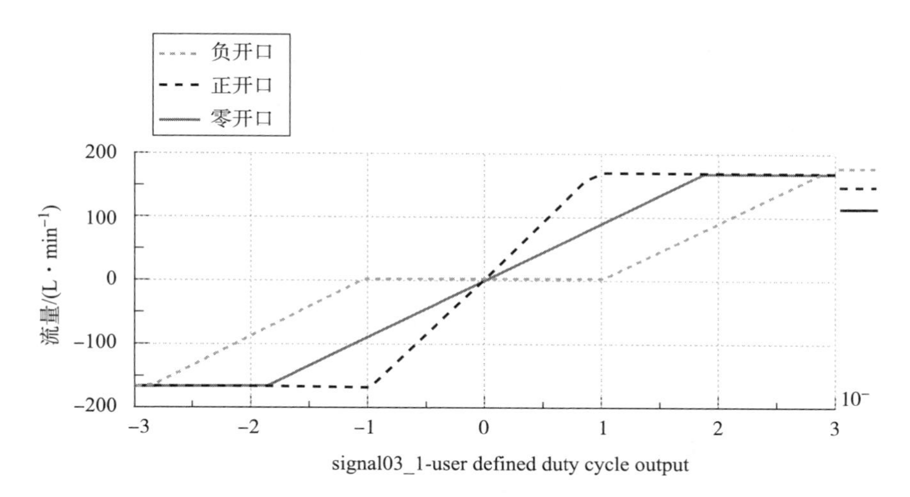

图 3. 61　三种开口形式的流量增益曲线

线条的设置在“AMEPlot”中，可以通过双击图例中的相应线条，在弹出的“Curve”窗口中来对线型或颜色进行修改，如图 3. 62 所示。

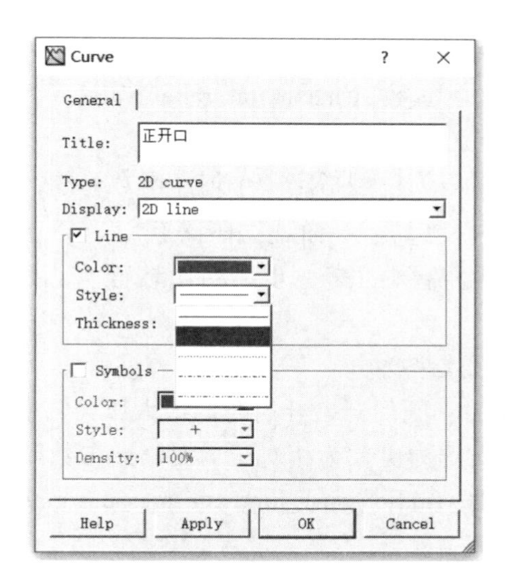

图 3. 62　“Curve”窗口参数设置

3. 4. 2　压力控制阀

1. 溢流阀

溢流阀是一种液压压力控制阀，在液压设备中主要起定压溢流、稳压、系统卸荷和安全保护作用。

溢流阀采用开关阀式结构，如图 3. 63 所示。当溢流阀处于静止位置时，在调压弹簧作用下，其溢流口关闭。一旦进油口 A 上油压所产生的作用力大于调压弹簧的弹簧力，溢流阀则开启。油液通过溢流阀回到油箱。

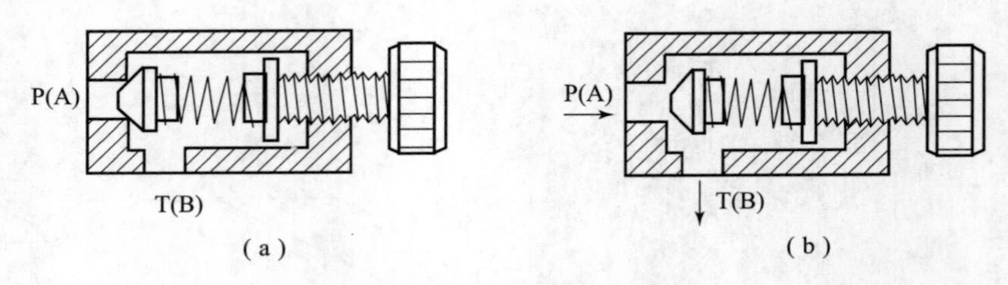

图 3.63　溢流阀结构

（a）溢流阀关闭；（b）溢流阀开启

1）基本原理

本小节将介绍 AMESim 中的电磁溢流阀——RV001。溢流阀子模型图标如图 3.64 所示。

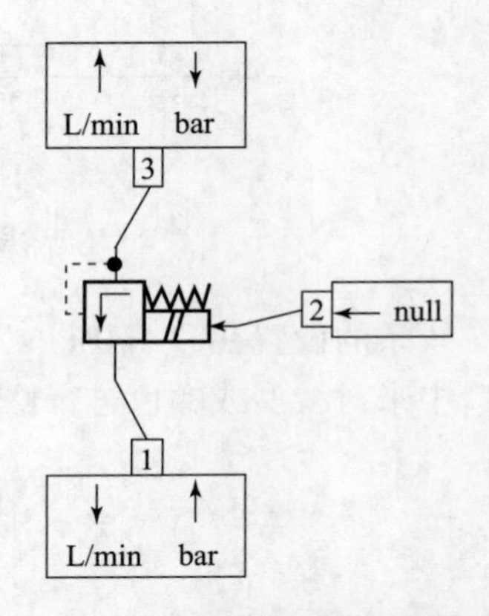

图 3.64　溢流阀子模型图标

溢流阀的作用是限制液压回路中的上游压力，从而保护液压元件不受过压的影响。因此溢流阀也可以称为限压阀、最大压力阀或安全阀。

端口 1 和端口 3 处的压力是输入变量。计算流量并在两个端口输出。端口 2 的信号是一个输入变量。

在阀门调节过程中，压力流量特性是线性的。有效开启压力与溢流阀最大开启压力参数（maximum relief valve cracking pressure）成比例。

为了考虑干摩擦效应，可以为模型指定一个迟滞函数。

阀门动态可设置为静态（实时）、一阶或二阶滞后。

RV001 是建立信号控制溢流阀的第一步。相比较而言，RV000 是一个简单的功能安全阀。

电磁溢流阀 RV001 的主要参数如下。

（1）溢流阀最大开启压力：阀门开始开启时的最大压力，变量名为 pcrack。将此参数与压差进行比较，当单位从绝对压力更改为相对压力时，此参数不会转换，反之亦然。

（2）溢流阀流量压力梯度（relief valve flow rate pressure gradient）：线性特征压力流量的斜率，变量名为 grad。

（3）溢流阀额定电流（valve rated current）：阀门控制输入电流，变量名为 irate，其有效开启压力（effective opening pressure）将与溢流阀最大开启压力相匹配。

溢流阀的流量压力特性如图 3.65 所示。

（4）溢流阀迟滞（valve hysteresis）：实际打开或关闭阀门所需的额外压力间隙（由于内部摩擦）。它表示为压力。

将此参数与压差进行比较，当单位从绝对压力更改为相对压力时，此参数不会转换，反之亦然。

（5）溢流阀动力学（valve dynamics）：阀门的动态特性。阀门动力学参数可设置如下：

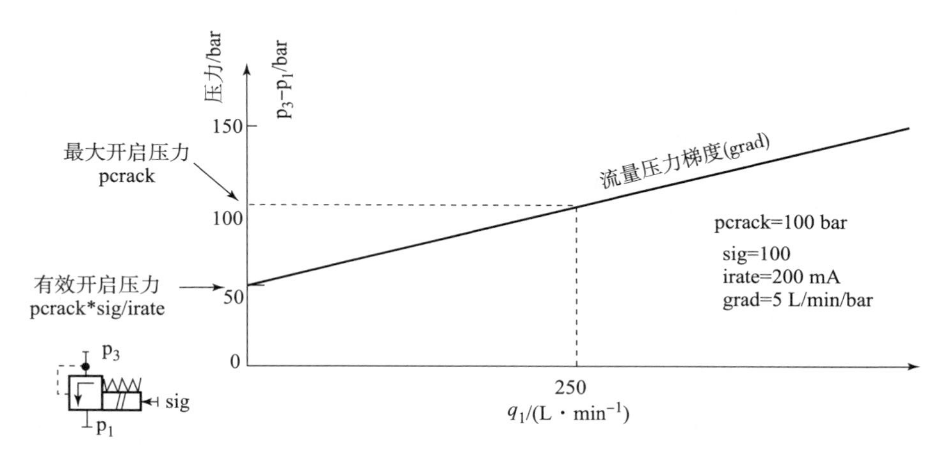

图 3.65　溢流阀的压力流量特性

①no（static）：没有动态建模。阀门具有静态特性。

②一阶（1st order）：利用压力和流量之间的一阶系统对阀门响应进行建模，必须指定阀门时间常数。

③二阶（2nd order）：利用压力和流量之间的二阶系统对阀门响应进行建模。必须规定阀门固有频率和阀门阻尼比。

2）仿真实例

利用液压库中的元件搭建图 3.66 所示的溢流阀压力流量特性曲线仿真草图。

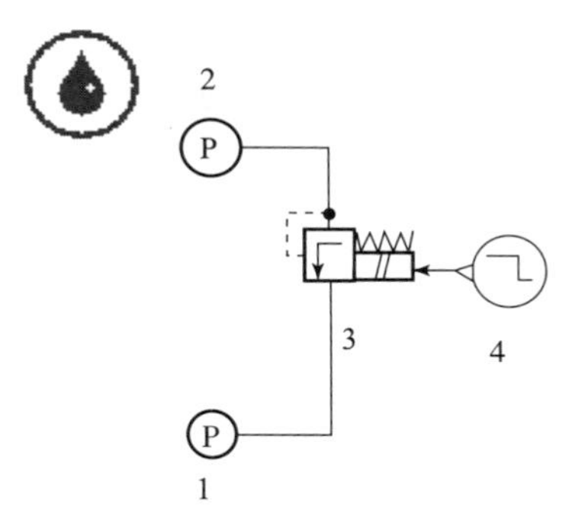

图 3.66　溢流阀压力流量特性曲线仿真草图

进入子模型模式，对所有元件应用主子模型（Premier Submodel）。

进入参数设置模式，按表 3.15 设置元件参数，其中没有提到的元件的参数保持默认值。

表 3.15　元件参数设置（1）

元件编号	参数	值
1	number of stages	1
	duration of stage 1	10
2	number of stages	1
	pressure at end of stage 1	200
	duration of stage 1	10
3	relief valve flow rate pressure gradient	5
4	value after step	100

下面对表 3.15 中的参数设置做简单的说明。元件 1、2 模拟溢流阀端口 1、2 的压力，元件 3 为 AMESim 中的溢流阀模型，元件 4 为控制信号。

为了绘制流量压力梯度曲线，需要以流量为横坐标，溢流阀进出口压力差为纵坐标绘制曲线。在本例中，我们保证元件 1 的压力不变，而设置元件 2 的压力线性增加。对于元件 3，只修改其压力梯度的设置，不同的压力梯度值，对应的流量压力曲线的斜率不同。

完成上述参数设置后，进入仿真模式。运行仿真。为了绘制溢流阀的流量压力特性曲线，需要利用 AMESim 的后置处理技术 “View”→“Watch view”→“Post processing” 功能。选中元件 3，将变量列表框中的变量 “pressure at port 3” 拖动到 “Post processing” 对话框中，将如图 3. 67 所示。

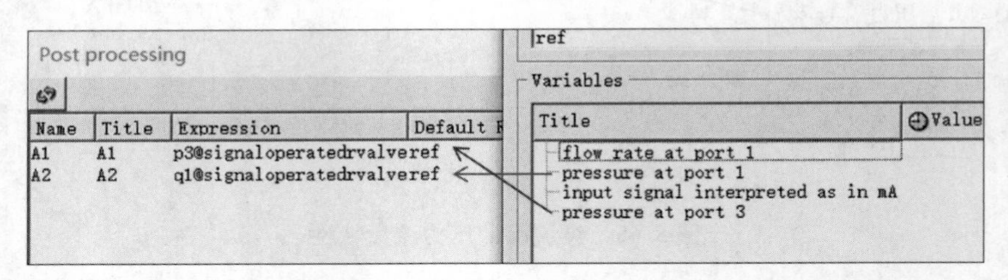

图 3. 67　拖动变量到 “Post processing” 窗口

然后在 “Post processing” 窗口上右击，选择 “Add”，如图 3. 68 所示。在 “Post processing” 窗口中，将变量 “A3” 那一行，修改其 “Expression” 列为 “A1 - A2”，或 “p3@ signaloperatedrvalve - p1@ signaloperatedrvalve”，如图 3. 69 所示。

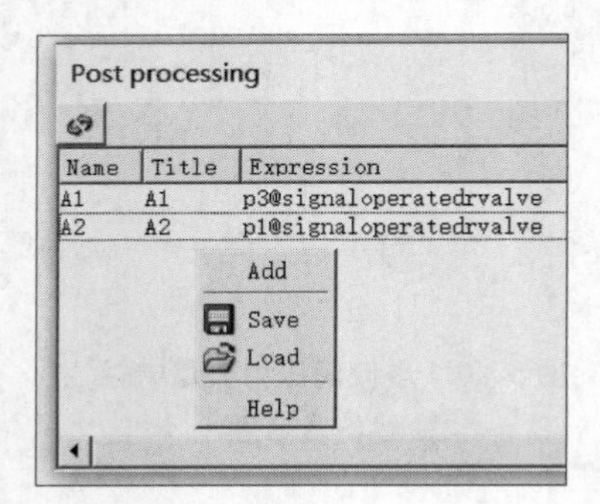

图 3. 68　添加后置处理表达式

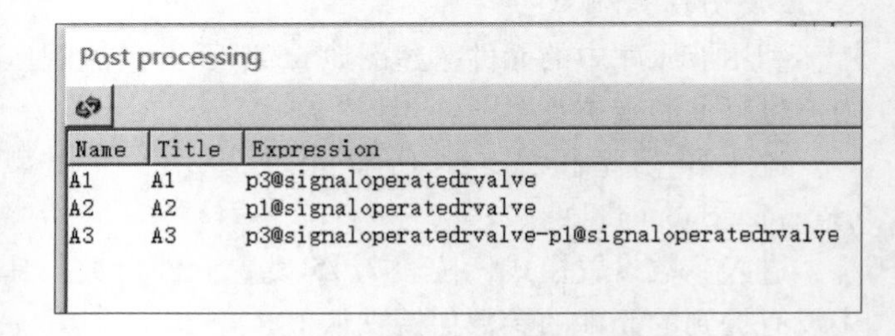

图 3. 69　编辑新建变量表达式

其意义是在仿真过程中（后），计算变量 A1 与变量 A2 的差值，该值赋值为 A3，正是溢流阀进出口的压差。

拖动 “Post processing” 窗口中的变量 A3 到草图绘制窗口，将弹出进出口压力差随时间变化的曲线图 “AMEPlot”。然后选中 2 号元件变量列表中的 “flow rate at port 1” 变量拖动到曲线图中，如图 3. 70 所示。

调出 “AMEPlot” 窗口中的 “Tool”→“Plot manager” 对话框。

调整树形控件中变量位置，右击使用 “Remove” 将 “Time[s]” 删除，如图 3. 71 所示。

单击 “OK” 按钮，绘制出压力流量变化曲线。

可以看出，当压差为 75 bar 时，溢流阀打开，流量梯度是 5 L/min/bar。计算有效开启压力的公式在图 3. 72 中。

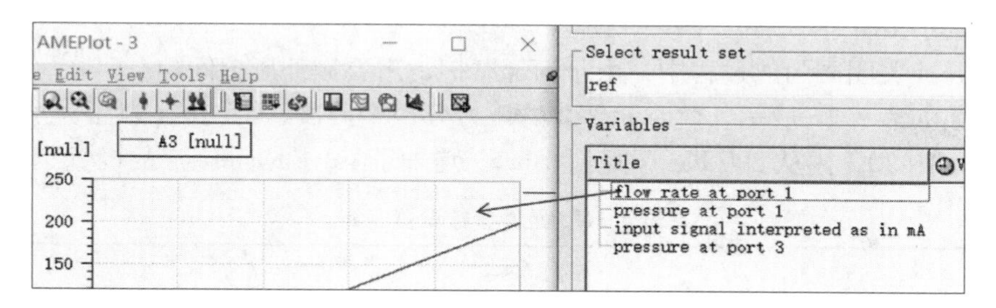

图 3.70　拖动变量绘制曲线

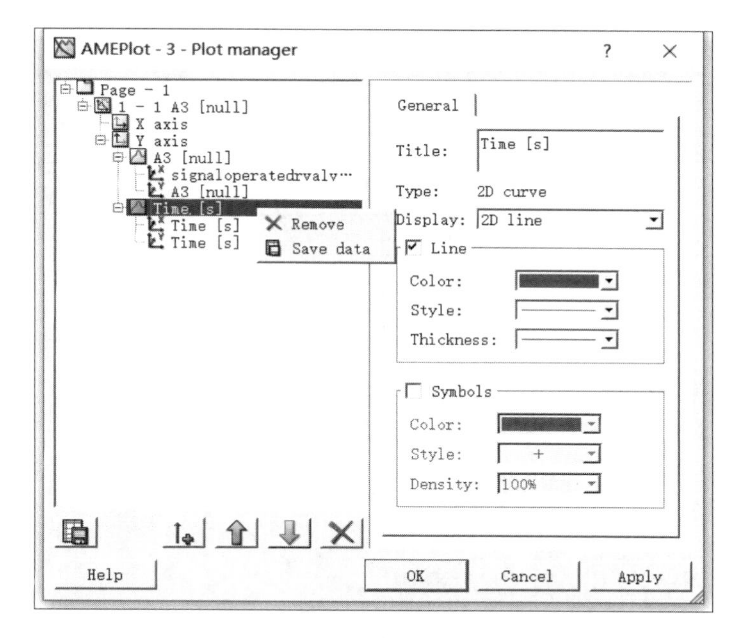

图 3.71　调整变量坐标

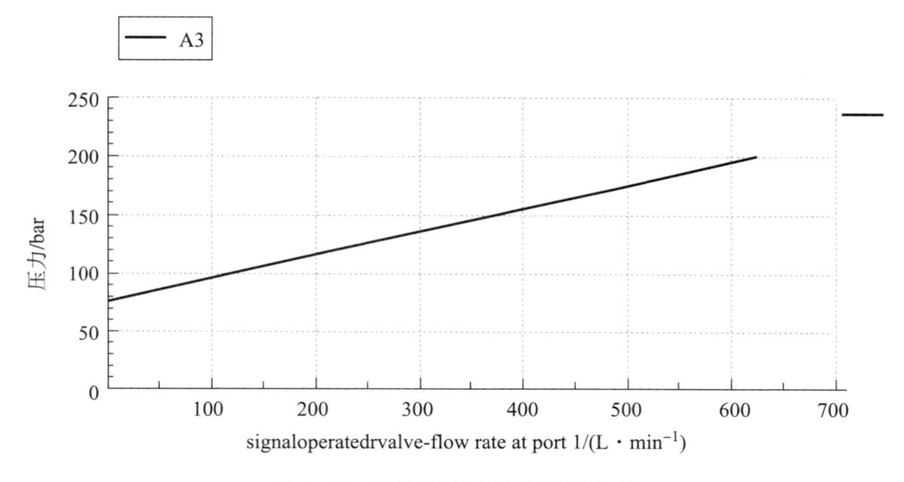

图 3.72　溢流阀压力流量特性曲线

3）溢流阀迟滞

实际打开或关闭阀门的过程中，由于内部摩擦，需要额外压力间隙。

设置参数如表 3.16 所示。此时元件 2 的压力分两个阶段，0 ~ 10 s 内压力从 0 bar 上升到 200 bar；10 ~ 20 s 内从 200 bar 下降到 0 bar。增加了 valve hysteresis 的设置。

表 3.16　元件参数设置（2）

元件编号	参数	值
1	number of stages	1
	duration of stage 1	20
2	number of stages	2
	pressure at end of stage 1	200
	duration of stage 1	10
	pressure at start of stage 2	200
	duration of stage 2	10
3	relief valve flow rate pressure gradient	5
	valve hysteresis	20
4	value after step	100

设置仿真时间为 20 s。

可以绘制溢流阀存在迟滞现象时的压力流量曲线，绘制方法同上，这里不再赘述。

在“AMEPlot”中使用“Save data”和“Load data”，可以获得存在迟滞现象与无迟滞时的压力流量对比图，如图 3.73 所示。

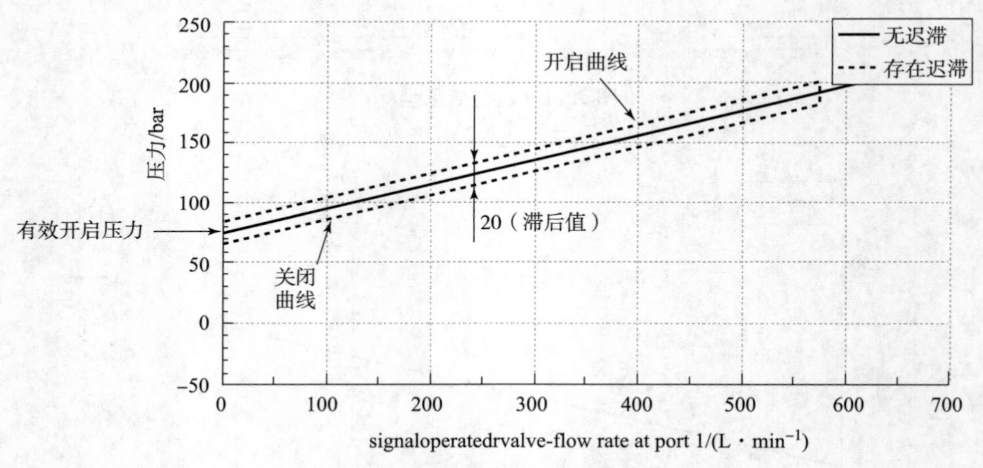

图 3.73　溢流阀迟滞特性对比图

4）溢流阀动态特性仿真

在电磁溢流阀子模型的“valve dynamics”中可以对溢流阀进行动态特性仿真实验。

参数设置如表 3.17 所示。此时元件 2 的压力在 5 s 时发生阶跃变化。

表 3.17　元件参数设置（3）

元件编号	参数	值
1	number of stages	1
	duration of stage 1	10
2	duration of stage 1	5
	pressure at start of stage 2	200
	pressure at start of stage 2	200
	duration of stage 2	10
3	dynamics	1st order
4	value after step	100

设置仿真时间为 10 s，步长为 0.001 s（图 3.74）。

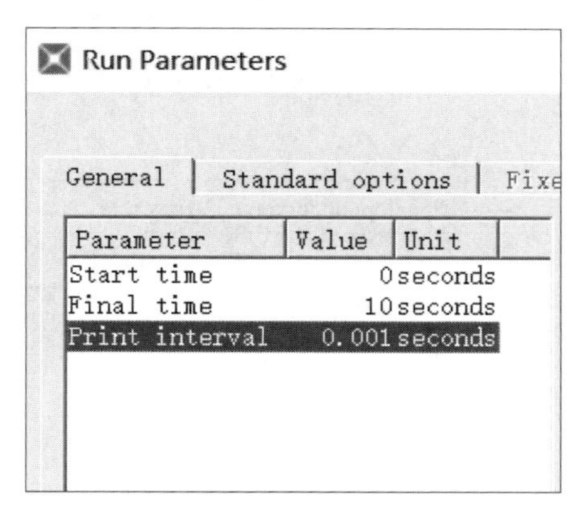

图 3.74　设置仿真时间与步长

运行仿真。

仿真完成后，选中元件 3，将“Variables”窗口中的变量“flow rate at port 1”拖动到草图空间中，绘制出仿真曲线，如图 3.75 所示。

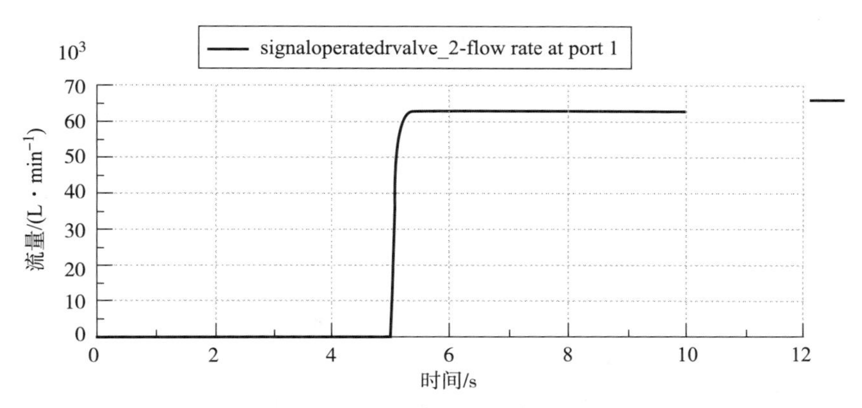

图 3.75　一阶系统时间相应曲线（1）

为了使动态响应更加明显，在此我们对图 3.75 的横轴进行设置。在该图的横轴附近双击，弹出“X axis”对话框，确认当前选择的为“Scale”选项卡，勾选掉“Automatic”复选按钮，设置“Min”为4.9，“Max”为5.5，如图 3.76 所示。单击“OK”按钮，返回绘图窗口，获得图 3.77。

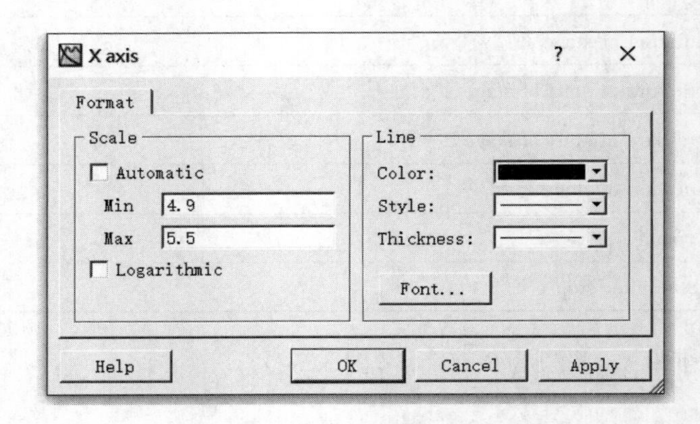

图 3.76　横轴时间设置

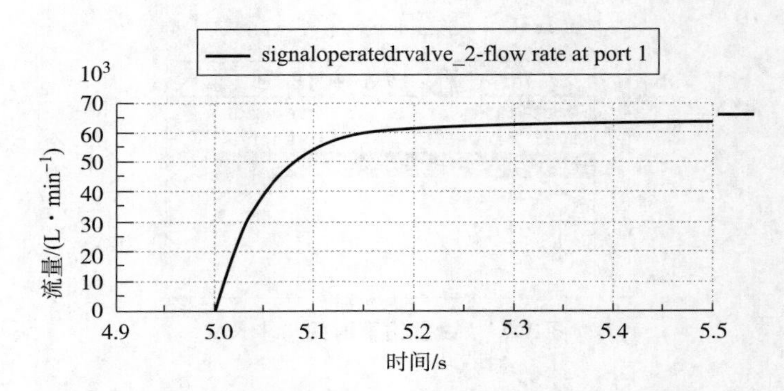

图 3.77　一阶系统时间相应曲线（2）

在“AMEPlot”中使用“Save data”将数据保存。

进入参数模式，将元件 3 设置为二阶系统，参数如表 3.18 设置。

表 3.18　元件参数设置（4）

元件编号	参数	值
1	dynamics	2nd order
	valve damping ratio	0.5

对横坐标进行同样的设置，得到二阶系统在 4.9～5.5 s 时的响应，如图 3.78 所示。

同样在“AMEPlot”中使用“Save data”将数据保存。

同理可以获得静态时流量曲线。

在“AMEPlot”中使用“Load data”，可以将溢流阀的静态特性、一阶特性和二阶特性绘制在同一幅图中，如图 3.79 所示。

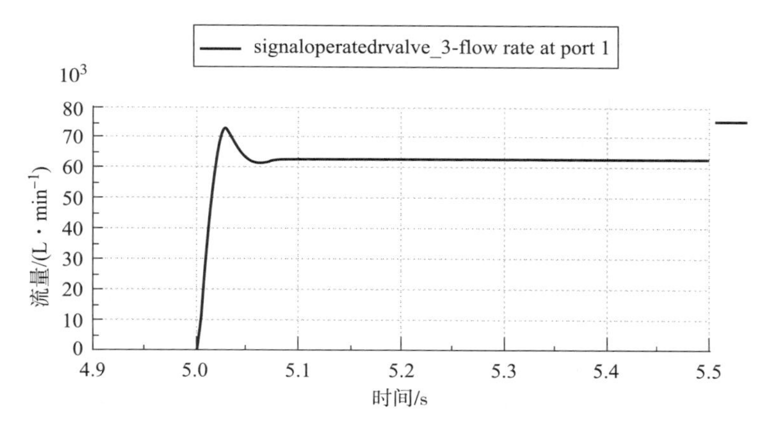

图 3.78　二阶系统时间相应曲线

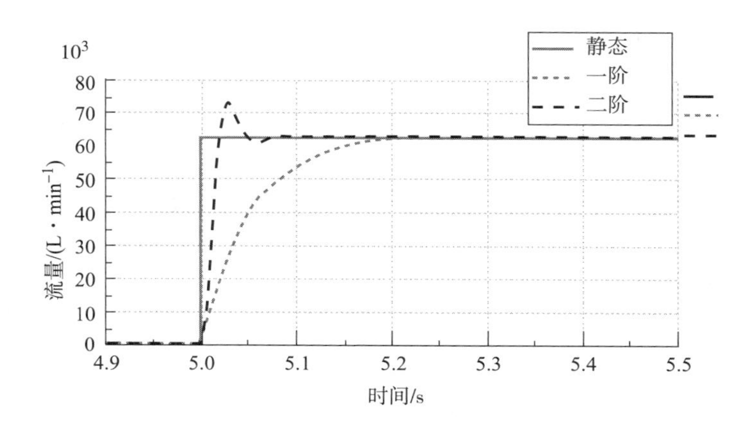

图 3.79　溢流阀动态特性相应曲线

2. 减压阀

减压阀是利用液流流过缝隙产生压力损失，使其出口压力低于进口压力的压力控制阀。它可以减小系统压力，并有稳压作用。按调节要求不同，减压阀有定值减压阀、定差减压阀、定比减压阀。

其中定值减压阀应用最广，一般简称为减压阀。

减压阀的结构如图 3.80 所示。当出口腔压力增大时，阀芯上移，阀口减小，节流产生的压降增大，在入口压力不变的情况下，出口压力降低。当出口腔压力减小时，阀芯下移，阀口增大，节流产生的压降减小，在入口压力不变的情况下，出口压力增加。减压阀出口压力控制阀芯动作，有单独泄油口。

1）基本原理

本节将介绍 AMESim 中的减压阀——RV004，其图标如图 3.81 所示。

RV004 是液压直动减压阀的一种仿真模型。减压阀的作用是向液压系统的回路提供目标减压。下游端口 2 的输送压力低于系统其他部分（上游端口 1）中的压力。此部件也称为压力调节阀。

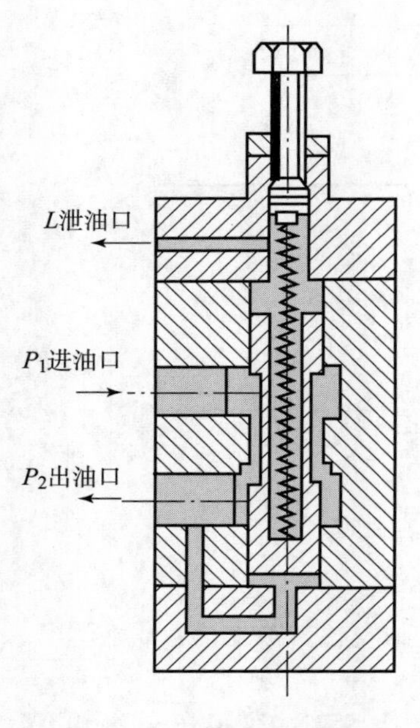

图 3.80　减压阀的结构

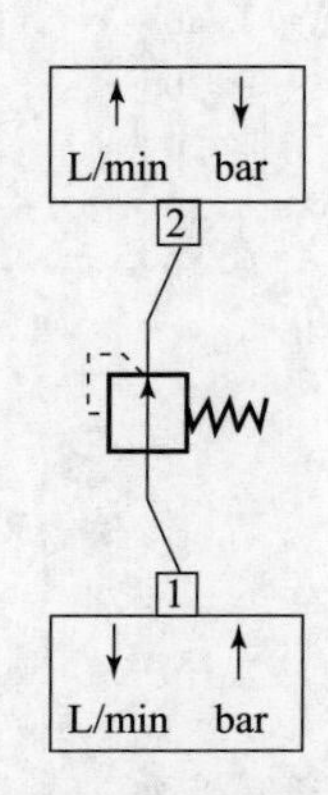

图 3.81　减压阀子模型图标

阀门最初是打开的。当下游压力低于目标减压时，阀门保持全开。当下游压力高于目标减压时，阀门打开，让流体流过，从而调节下游压力。当下游压力高于最大压力时，阀门完全关闭，压力调节结束。

端口 1 和端口 2 处的压力是输入变量。体积流量是两个端口输出的计算变量。

阀门开度作为内部变量计算。

此外，还计算了截面面积、流量系数和流量数，以便进一步分析。

在阀门调节过程中，流量压降特性被建模为可变节流口。当阀门完全打开时，流通面积在内部限制为最大开启值。当阀门关闭时，输出流量为零。该模型考虑了气门弹簧刚度和射流力的非线性效应。

为了考虑摩擦效应，可以为模型指定一个迟滞函数。

阀门动态可设置为静态（实时）、一阶或二阶滞后。

RV004 用于功能性液压减压阀的高级建模，因为它考虑了喷射力并需要几何数据（刚度、等效直径和最大阀芯开度）。

利用液压元件设计库可以建立完全基于几何数据的减压阀。为了正常工作，端口 1 处给出的压力应大于阀门最大压力。

RV0003 是功能更简单的液压减压阀，不需要几何数据。

液压库演示压力调节器显示了液压减压阀的基本用法。它有一个关联的 3D 动画。可以使用液压元件设计库对减压阀进行详细建模以及参见压力调节器的 HCD 演示器，可以用几何数据对减压阀进行建模。

2） 仿真实例

利用液压库中的元件搭建图 3.82 所示的减压阀压力流量特性曲线仿真草图。

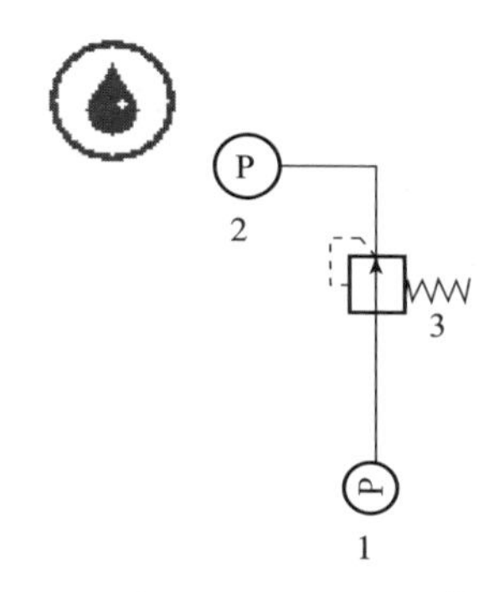

图 3.82　减压阀压力流量特性曲线仿真草图

进入子模型模式，元件 3 设置为 RV004，其他元件应用主子模型（Premier Submodel）。

进入参数设置模式，按表 3.19 设置元件参数，其中没有提到的元件的参数保持默认值。

表 3.19　元件参数设置（5）

元件编号	参数	值
1	number of stages	1
	pressure at start of stage 1	15
	pressure at end of stage 1	15
2	number of stages	1
	pressure at end of stage 1	15
	duration of stage 1	10

下面对表 3.19 中的参数设置做简单的说明。元件 1、2 模拟减压阀端口 1、2 的压力，元件 3 为 AMESim 中的减压阀模型。

为了绘制流量压力梯度曲线，需要以流量为横坐标，溢流阀出口压力为纵坐标绘制曲线。根据表 3.19，可以看出元件 1 的入口压力不变，元件 2 的出口压力线性增加。元件 3 中参数保持默认即可。

在元件 3 中，cracking pressure 为 10 bar，即当出口压力达到此压力时，减压阀完全关闭。减压阀开始起作用时的压力需要根据入口压力和模型参数计算。

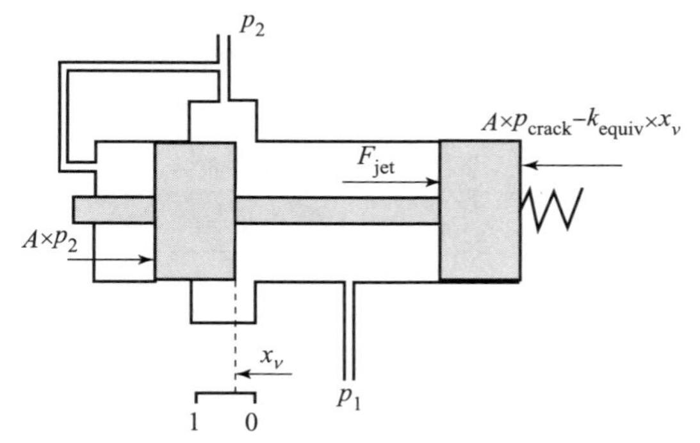

图 3.83　减压阀滑阀受力情况示意图

图 3.83 为减压阀滑阀受力情况示意图。

作用在滑阀上的力平衡是：$A \times p_1 + F_{jet} = A \times p_{crack} - k_{equiv} \times x_\nu$

等效面积 A 可以由阀芯当量直径计算得出。

射流力 F_{jet} 由下式得出：

$$F_{jet} = 2C_q \, diam_{equiv} x_\nu \mid p_1 - p_2 \mid \cos \alpha_{jet}$$

流量系数 C_q 被认为是常数（0.7）。喷射角 α 射流被认为是恒定的（69°）。

减压阀的入口压力应该满足高于其完全关闭时的调节压力，所以设置为 15 bar。同时，根据表 3.19，可以看出减压阀出口压力满足使减压阀从完全开启到减压调节再到完全关闭这样一个过程。

完成上述参数设置后，进入仿真模式，运行仿真。

根据之前学习过的绘图方法，将元件 3 变量列表中的“pressure at port 2”和“flow rate at port 2”绘制到同一幅图中。再利用“AMEPlot”→“Plot manager”绘制出流量压力曲线。如图 3.84 所示。

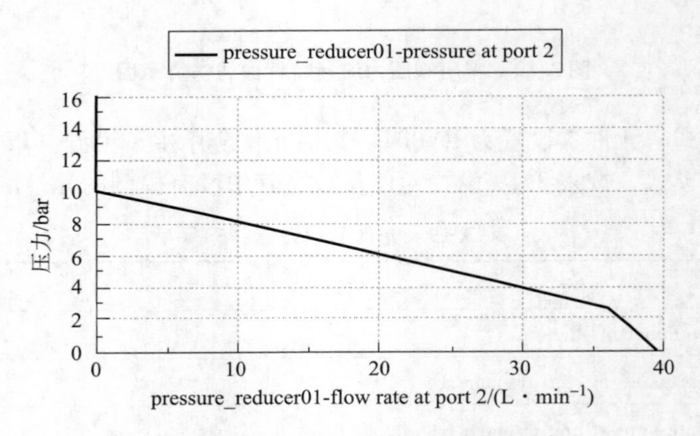

图 3.84　减压阀流量压力曲线

3）减压阀迟滞

减压阀迟滞仿真草图与图 3.82 相同，可在草图模式下按住“Ctrl”同时将模型全选，复制粘贴即可。此时将参数更改为表 3.20 所示。未展示元件参数不做改变。

表 3.20　元件参数设置（6）

元件编号	参数	值
2	number of stages	2
	pressure at start of stage 2	15
	duration of stage 2	10
3	valve hysteresis	2

进入仿真模式，将仿真时间设置为 20 s。运行仿真。

参照上文介绍的方法，可以获得存在迟滞现象与无迟滞时的减压阀压力流量对比图，如图 3.85 所示。

4）减压阀动态特性仿真

减压阀的动态特性仿真方法与溢流阀相似，这里不再赘述。

3. 顺序阀

图 3.86 所示为直动式顺序阀结构示意图。

它的阀芯通常为滑阀结构，当压力油通入进油腔后，经过阀体和底盖上的孔，进入控制活塞的底部。当进油压力低于调压弹簧的预调压力时，阀芯处于图 3.86 所示的关闭位置，

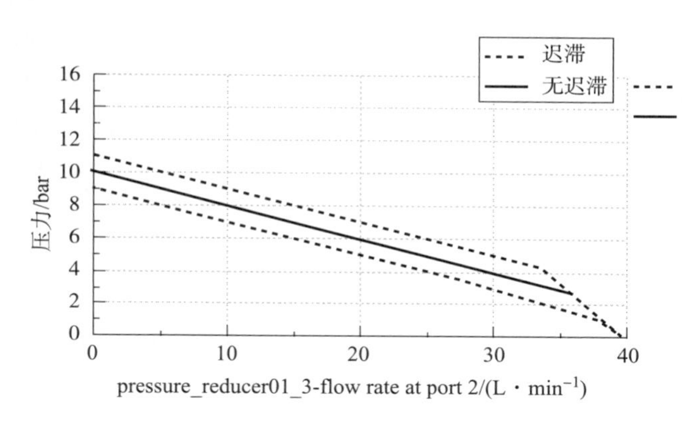

图 3.85　减压阀压力流量对比图

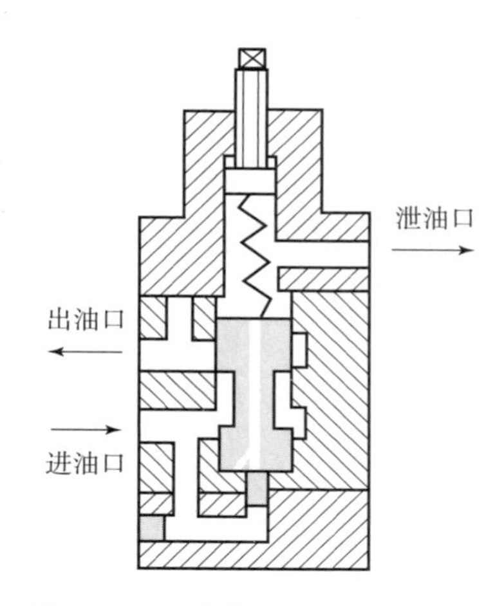

图 3.86　直动式顺序阀结构示意图

将进、出油口隔开；当压力增至大于调压弹簧的预调压力时，阀芯升起，将进、出油口接通。

1）基本原理

图 3.87 为顺序阀仿真图标。

HV001 是一个通用 2 端口阀模型。该阀有 3 个压力控制端口，常态下关闭。

通用 2 端口阀模型与其他元件组合使用，可以模拟各种液压阀，如溢流阀、先导式溢流阀、顺序阀、平衡阀、外控平衡阀和三位流量控制阀。

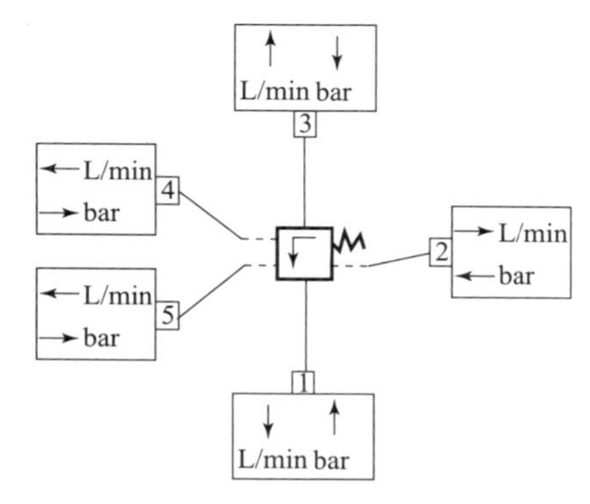

图 3.87　顺序阀仿真图标

HV001 是一个具有两个主液压端口的常闭阀部件。阀端口 1 是进口，端口 3 是出口。

另外 3 个液压先导控制端口用虚线表示，用来输入控制压力。先导控制端口的排布能让先导压力通过端口 4、5 作用于阀的弹簧（相对）或通过端口 2 作用于阀的弹簧（相反）。也可以改变先导压力作用的面积，这在平衡阀或外控平衡阀建模时很有用。

阀门最初关闭。阀门的开启完全由先导压力平衡、弹簧预紧力和完全打开阀门所需的先导压力控制。

液压端口 1、3 处的压力是输入变量，端口 2、4、5 处的先导压力也是输入变量。

体积流量是端口 1 处可计算的变量。需要注意的是，先导端口（端口 2、4、5）处的体积流量始终为零。

阀门的开度作为内部变量计算获得。

此外，仿真过程中还计算了通流面积、流量系数和流数，以做便进一步分析。

在阀门调节过程中，压力流量特性按照可变孔口进行建模。当阀门完全打开时，有效通流面积限制为阀的最大开启值。当阀门关闭时，输出流量为零。

如果考虑干摩擦效应，可以为模型指定一个迟滞函数。

阀门动态可设置为静态（实时）、一阶或二阶滞后。

2）仿真实例

HV001 子模型元件与其他元件组合使用，以模拟溢流阀、先导式减压阀、顺序阀、平衡阀、外控平衡阀和三位流量控制阀等液压阀部件。下面主要以几何 AMESim 帮助文档中的实例，为用户讲解 HV001 子模型的用法。

在液压元件库中找到顺序阀仿真图标，右击，选择“Help”，如图 3.88 所示，进入“AMEHelp”窗口。

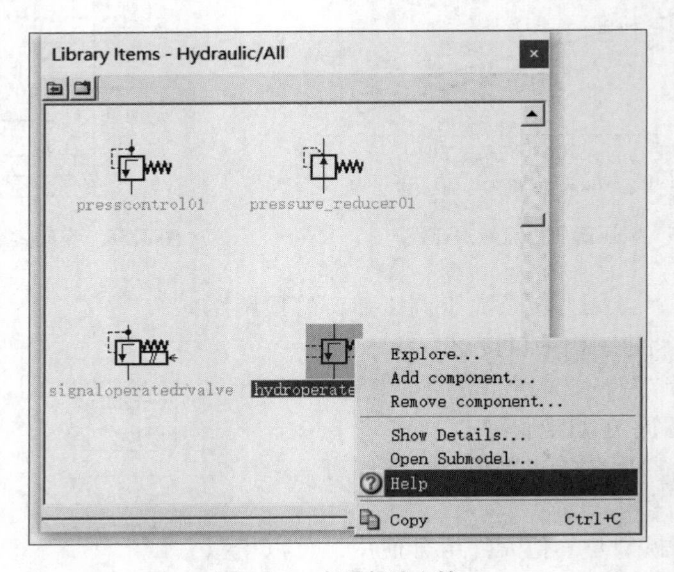

图 3.88　查看帮助文档

选择“HV001 – generic hydraulic 2 port valve”标题下的“Examples”，如图 3.89 所示，可以找到 HV001 子模型元件与其他元件相结合的仿真实例。结合下面内容，用户可以配合学习。

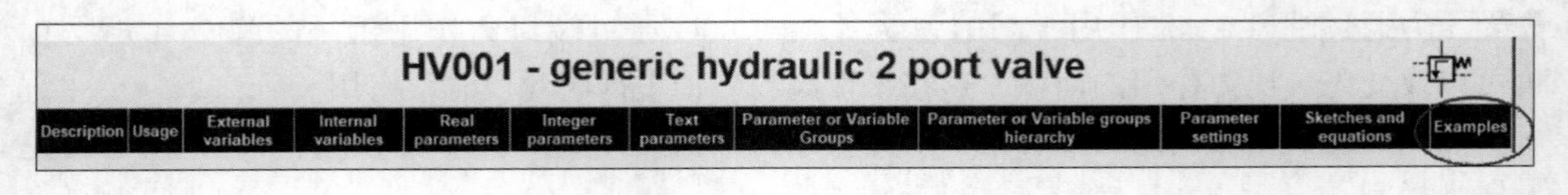

图 3.89　查看实例

（1）直动式溢流阀仿真。图 3.90 是一个简单地用 HV001 建模的直动式溢流阀的图形符号与仿真草图，它使用入口压力（端口 P）作为作用在弹簧上的控制压力。

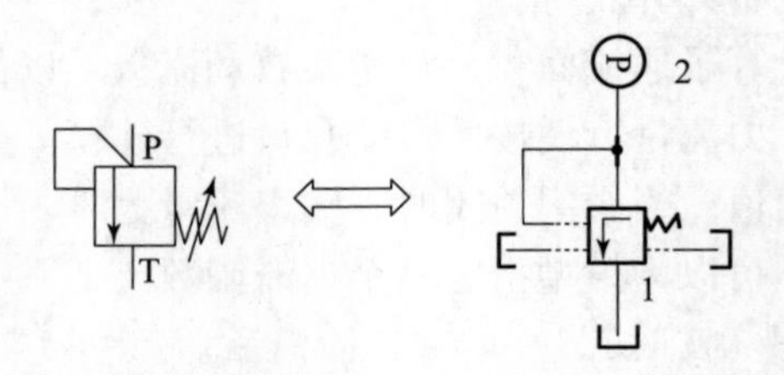

图 3.90　直动式溢流阀图形符号与仿真草图

根据直动式溢流阀入口压力与弹簧力相抵消的工作原理，使用 HV001 子模型元件搭建的仿真模型，应该使4号先导端口连接阀入口，5号先导端口和2号先导端口直连油箱，3号端口连接压力源，1号端口作为出口直连油箱。

其余元件模型均为默认子模型。

设置仿真参数。

表3.21 给出了元件部分仿真参数，未显示的数据均为默认值。

表3.21 元件参数设置（7）

元件编号	参数	值
1	pilot pressure required to open the valve fully	5
	dimensionless area for pilot pressure at port 2	0
	dimensionless area for pilot pressure at port 5	0
2	number of stages	1
	pressure at end of stage 1	30
	duration of stage 1	10

从参数设置中可以看出，压力源从零开始线性增长的 30 bar，通用2端口模型的弹簧预压缩量（spring pre－tension）为默认数值，即需要 10 bar 的开启压力。除此之外，阀完全开启的先导压力为5 bar。

端口 n 的先导压力无量纲比例系数（dimensionless area for pilot pressure at port n）一般选择0或1。在压力计算中，打开阀的压力为

$$\Delta p = a_4 \times p_4 + a_5 \times p_5 - a_2 \times p_2 - p_{crack}$$

式中，a_n 为端口 n 的先导压力无量纲比例系数；p_n 为端口 n 的先导压力；p_{crack}为开启压力。

进入仿真模式，运行仿真。

单击元件1和元件2，将元件1的“flow rate at port 1”和元件2的“user defined duty cycle pressure”拖入同一窗口。在“AMEPlot”窗口的工具栏中，选择“Tools”→“Plot manager”，进行图3.91所示操作。单击“OK”按钮，绘制直动式溢流阀的压力流量曲线，如图3.92所示。

可以看出，直动式溢流阀的开启压力是 10 bar，最大压力是 15 bar，最大压力由弹簧预紧力加上完全打开阀门所需的先导压力得出。

开启压力由弹簧预紧力给出。

直动式溢流阀的仿真模型不等同于使用 RV000 子模型（图3.93）的仿真模型，原因有以下两点。

①RV000 直接连接到 0 bar 的压力源，将油箱压力同作用在滑阀上的力相平衡。

②RV000 的建模假设更简单，因为它基于流量梯度。而本实例的模型是基于压降特性和最大开度的孔板模型。

（2）先导控制溢流阀仿真。先导式溢流阀的主级和先导级均使用 HV001 的两个元件进行建模。先导式溢流阀有两种类型，取决于泄漏方式。

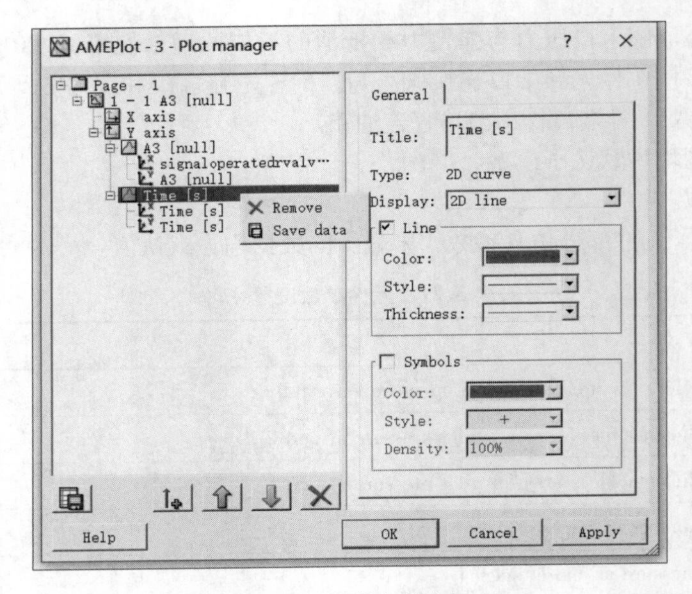

图 3.91　调整变量坐标

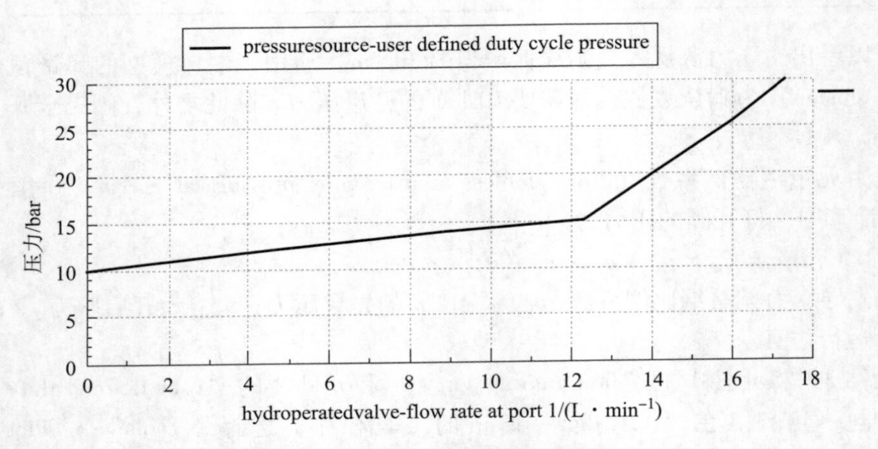

图 3.92　直动式溢流阀的压力流量曲线

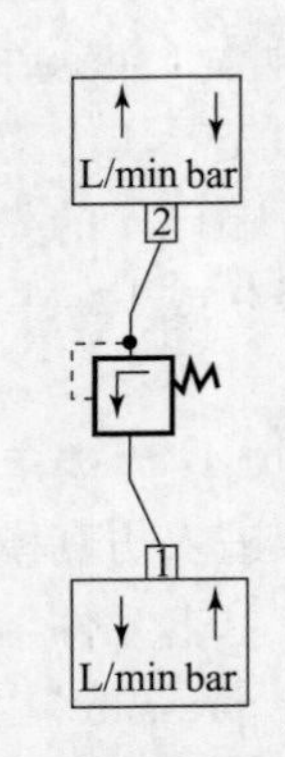

图 3.93　RV000 子模型图标

本部分的模型是外部泄漏，仿真草图如图 3.94 所示。

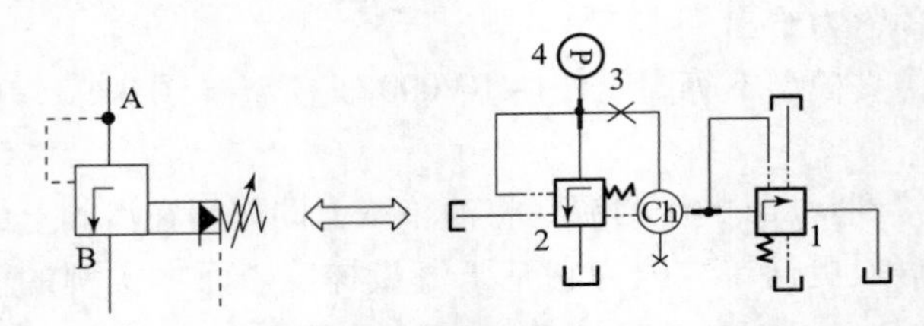

图 3.94　先导控制溢流阀图形符号与仿真草图

元件 1 是先导级，元件 2 是主级。

主级弹簧刚度低于先导级的弹簧刚度。

只要先导级保持关闭状态，主级的控制压力就保持平衡。此时，主级是关闭，即主级阀开度（fractional valve opening）等于 0。

当先导级腔室内的压力达到开启压力时，先导级打开，即阀开度（fractional valve opening）大于 0。先导级的阀打开之后，产生孔口压力损失。

然后，腔室内的压力稳定到先导级的开启压力。当端口 A 处的压力大于腔室压力加上主级的开启压力，主级开始打开，即主阀开度大于 0。

表 3.22 为上述系统的部分参数，未显示参数为默认值。

表 3.22　元件参数设置（8）

元件编号	参数	值
1	spring pre – tension	90
	dimensionless area for pilot pressure at port 2	0
	dimensionless area for pilot pressure at port 5	0
2	pilot pressure required to open the valve fully	5
	dimensionless area for pilot pressure at port 5	0
3	equivalent orifice diameter	2
4	number of stages	1
	pressure at end of stage 1	150
	duration of stage 1	10

元件 1 为先导级 HV001 子模型，它的弹簧预压缩量为 90 bar，即阀的开启压力位为 90 bar。先导控制端口 2、5 的比例系数设置为 0，说明直连油箱，只有先导控制端口 4 起控制作用。元件 2 为主级 HV001 子模型，它的弹簧预压缩量为默认值 10 bar，阀门完全开启需要 5 bar。元件 3 为节流孔，需要设置为一个较小的数值，这样才能仿真出先导控制溢流阀的特性。元件 4 为从零开始线性增长的 150 bar 的压力源。

进入仿真模式进行仿真。

将完成仿真的元件 2 变量列表中的“flow rate at port 1”变量和元件 4 变量列表中的“user defined duty cycle pressure”变量绘制到同一窗口，参照上文，使用“AMEPlot”窗口中的“Tools”→“Plot manager”，绘制压力流量特性曲线，如图 3.95 所示。

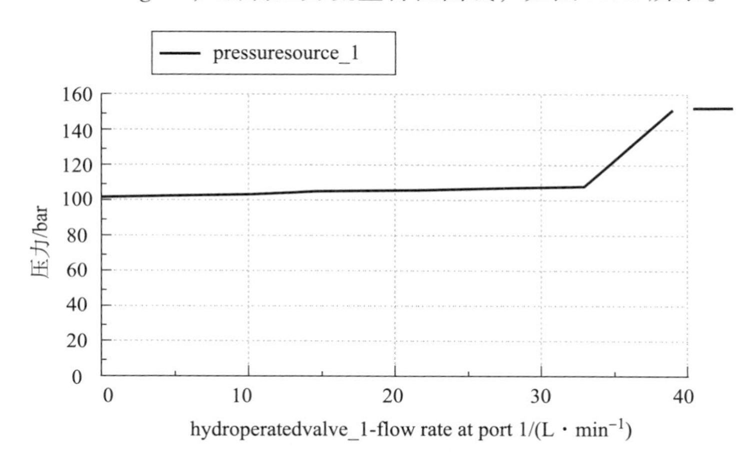

图 3.95　先导控制溢流阀压力流量曲线

(3) 顺序阀仿真。带逆流检查（reverse - flow check）的直动式顺序阀可以通过 HV001 和单向阀一起建模实现。一旦入口处的压力超过开启压力，顺序阀将打开次级回路。阀入口（端口 1）的压力被端口 3 的泄漏压力控制。顺序阀图形符号与仿真草图如图 3. 96 所示。

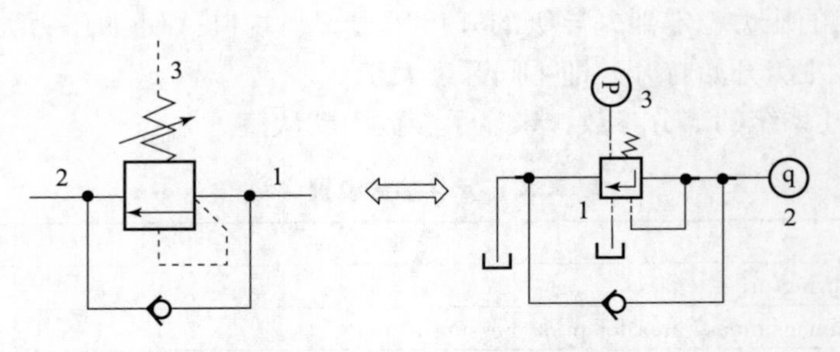

图 3. 96　顺序阀图形符号与仿真草图

表 3. 23 为上述系统的部分参数，未显示参数为默认值。

表 3. 23　元件参数设置（9）

元件编号	参数	值
1	pilot pressure required to open the valve fully	5
	dimensionless area for pilot pressure at port 5	0
2	number of stages	1
	pressure at end of stage 1	30
	duration of stage 1	10
3	number of stages	1
	pressure at start of stage 1	5
	pressure at end of stage 1	5

从表 3. 23 可以看出，元件 1 完全打开阀门所需的先导压力为 5 bar，先导端口 2 和端口 4 起控制作用。元件 2 在 10 s 内压力从 0 增加到 30 bar，元件 3 是一个定压源，其压力一直是 5 bar 保持不变。

进入仿真模式进行仿真。

将完成仿真的元件 1 变量列表中的"flow rate at port 1"变量和元件 4 变量列表中的"user defined duty cycle pressure"变量绘制到同一窗口，参照之前的讲解，使用"AMEPlot"窗口中的"Tools"→"Plot manager"，绘制顺序阀压力流量特性曲线，如图 3. 97 所示。

从图 3. 97 可以看出，阀的开启压力为 15 bar，为弹簧预压缩量（10 bar）与 HV001 先导端口 2 压力（5 bar）之和。阀的最大压力位 20 bar，为弹簧预压缩量（10 bar）、先导端口 2 压力（5 bar）和完全打开阀门所需的先导压力（5 bar）之和。

如果先导端口 2 压力为 0，则：

①最大压力等于弹簧预紧力加上完全打开阀门所需的先导压力。

②开启压力由弹簧预紧力给出。

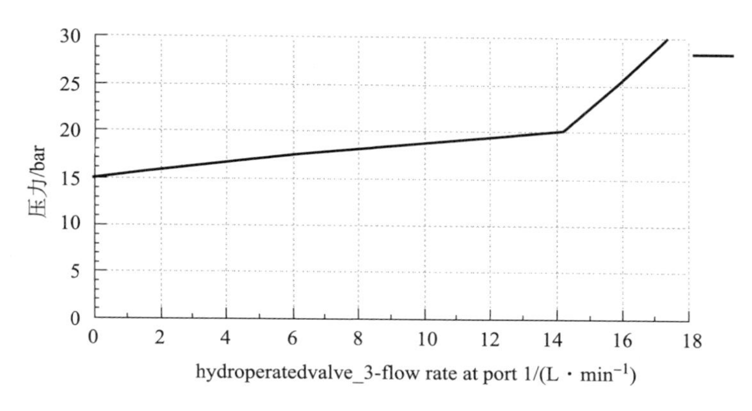

图 3.97 顺序阀压力流量曲线

（4）外控式顺序阀仿真。拥有内部和外部先导控制的顺序阀由 HV001 和单向阀组成。阀的先导力从 HV001 子模型先导端口 5 处定义。

外控式顺序阀图形符号和仿真草图如图 3.98 所示。

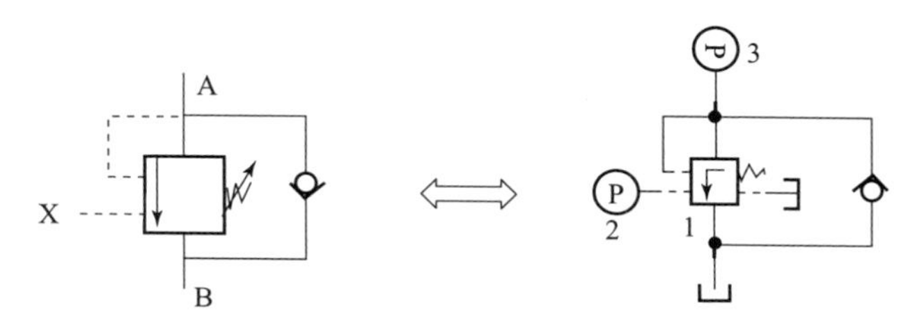

图 3.98 外控式顺序阀图形符号和仿真草图

表 3.24 为上述系统的部分参数，未显示参数为默认值。

表 3.24 元件参数设置（10）

元件编号	参数	值
1	pilot pressure required to open the valve fully	2
	dimensionless area for pilot pressure at port 2	0
2	number of stages	1
	pressure at start of stage 1	3
	pressure at end of stage 1	3
3	number of stages	1
	pressure at end of stage 1	15
	duration of stage 1	10

从表 3.24 可以看出，元件 1 完全打开阀门所需的先导压力为 2 bar，先导端口 2、4 起控制作用。元件 2 是一个定压源，一直保持 3 bar 不变。元件 3 在 10 s 内压力从 0 增加到 15 bar。

进入仿真模式进行仿真。

将完成仿真的元件 1 变量列表中的 "flow rate at port 1" 变量和元件 3 变量列表中的 "user defined duty cycle pressure" 变量绘制到同一窗口，参照之前的讲解，使用 "AMEPlot" 窗口中的 "Tools"→"Plot manager"，绘制压力流量特性曲线，如图 3. 99 所示。

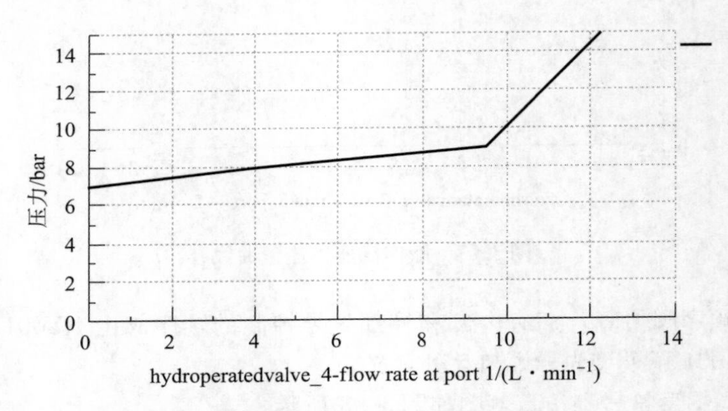

图 3. 99　外控式顺序阀压力流量曲线

（5）三通流量控制阀仿真。三通流量控制阀是一个将节流孔和 HV001 子模型进行并联建模的阀。通过确保孔口上的压降恒定来调节端口 B 的目标流量。端口 A 或端口 B 的任何负载变化均由 HV001 调节。

这里需要注意的是，阀门需要在入口（端口 A）处有足够的流量和压力，才能正确调节出口（端口 B）处的流量。

三通流量控制阀图形符号和仿真草图如 3. 100 所示。

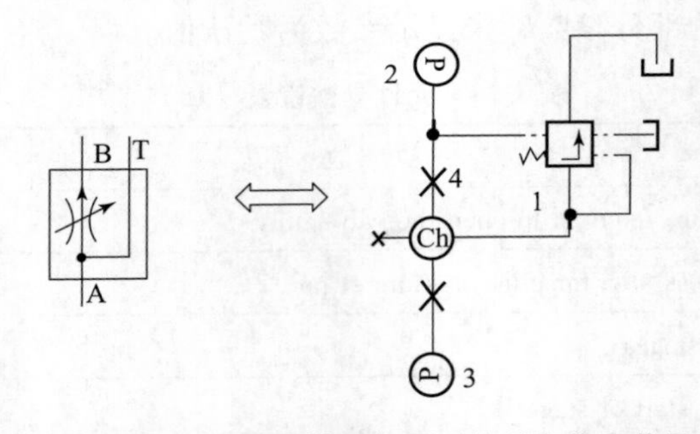

图 3. 100　三通流量控制阀图形符号和仿真草图

表 3. 25 为上述系统的部分参数，未显示参数为默认值。

表 3. 25　元件参数设置（11）

元件编号	参数	值
1	pilot pressure required to open the valve fully	2
	dimensionless area for pilot pressure at port 5	0

续表

元件编号	参数	值
2	number of stages	1
	pressure at end of stage 1	35
	duration of stage 1	10
3	number of stages	1
	pressure at end of stage 1	80
	duration of stage 1	10

从表 3.25 可以看出，元件 1 完全打开阀门所需的先导压力为 2 bar，先导端口 2、4 起控制作用。元件 2 在 10 s 内压力从 0 增加到 35 bar，元件 3 在 10 s 内压力从 0 增加到 80 bar。

进入仿真模式进行仿真。

将完成仿真的元件 2 和元件 3 变量列表中的"user defined duty cycle pressure"作差（通过菜单栏"View"→"Watch View"），和元件 4 变量列表中的"flow rate at port 1"变量绘制到同一窗口，参照之前的讲解，使用"AMEPlot"窗口中的"Tools"→"Plot manager"，绘制压力流量特性曲线，如图 3.101 所示。

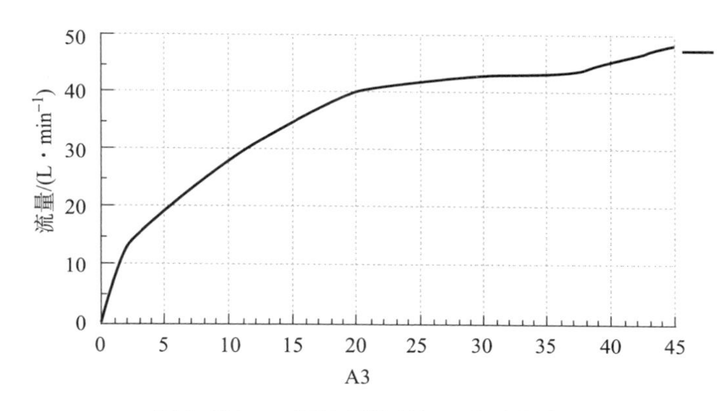

图 3.101　三通流量控制阀压力流量曲线

4. 压力继电器

压力继电器由压力 - 位移转换机构和电气微动开关等组成。前者通常包括感压元件、调压复位弹簧和限位机构等。

图 3.102 为柱塞式压力继电器。当从控制油口 P 进入柱塞 1 下端的油液压力达到弹簧预调设定的开启压力时，作用在柱塞 1 上的液压力克服弹簧力推动顶杆 2 上移，使微动开关 4 切换，发出电信号。当 P 口的液压力下降到闭合压力时，柱塞 1 和顶杆 2 在弹簧力作用下复位，同时微动开关 4 也在触点弹簧力作用下复位，压力继电器恢复至初始状态。柱塞式压力继电器结构简单，但灵敏度和动作可靠性较低。

除了柱塞式压力继电器，还有薄膜式、弹簧管式和波纹管式压力继电器。

仿真实例如下。

为了在 AMESim 中仿真压力继电器的工作过程，考虑图 3.103 所示压力继电器限制液压缸最大工作压力回路。

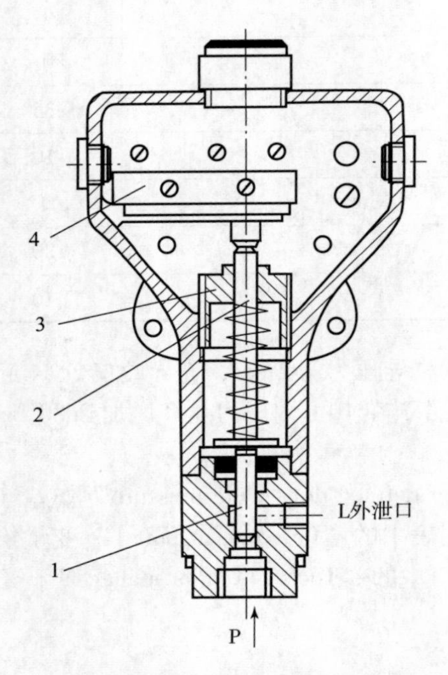

图 3.102　柱塞式压力继电器

1—柱塞；2—顶杆；3—螺丝；4—微动开关

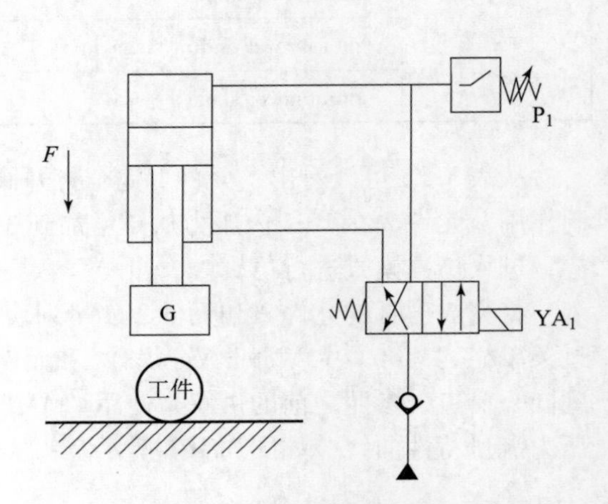

图 3.103　压力继电器限制液压缸最大工作压力回路

如图 3.104 所示，当电磁铁 YA_1 得电时，液压新向下运动，当接触工件后，液压缸上腔中的压力上升，适当调整压力继电器 P_1 的设定值。当液压缸上腔中的压力超过预定值后，压力继电器动作，使换向阀切换，活塞向上移动。通过设置压力继电器的设定值，使液压缸上腔的压力不会超过压力继电器限定的数值。

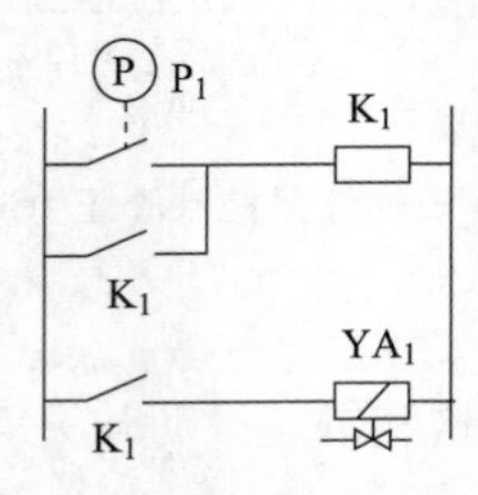

图 3.104　压力继电器 - 控制器控制回路

从上面的工艺过程可以看出，压力继电器要能发挥作用，能控制电磁铁 YA_1，必须有继电器 - 接触器控制系统与其相配合，当然也可以与 PLC 相配合，两者的基本原理是一致的。在本例中，我们以继电器 - 接触器控制系统为例。根据前面描述的工艺过程，有图 3.104 所示继电器 - 接触器控制回路，其中，P_1 为压力继电器开关；K_1 为中间继电器，用来实现自锁及对电磁铁 YA_1 的控制。关于继电器 - 接触器控制原理，读者可以参考相关书籍，本书省略。

借助 AMESim 仿真软件，完全能够实现液压系统和电力控制系统原理的仿真，下面我们来看看仿真过程。

首先搭建图 3. 105 所示的压力继电器控制仿真草图。其中元件 1 和元件 2 分别用来仿真液压源和单向阀；元件 3 仿真二位四通换向阀；元件 4、5 是信号控制（Signal Control）库中的元件，共同组成了单元②，该单元实现了图 3. 104 所示的自动控制功能，其参数设置稍后介绍；元件 6、7 和元件 8 仿真压力继电器，共同组成了单元①。元件 9、10 和元件 11 分别仿真液压缸、负载和油箱。

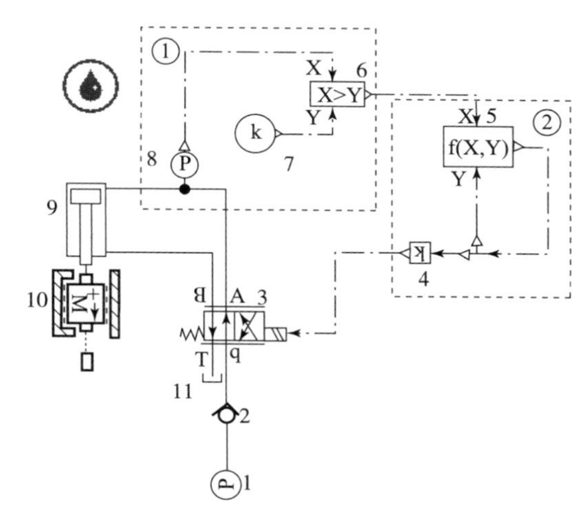

图 3. 105　压力继电器控制仿真草图

进入子模型模式，所有元件应用主子模型。

进入参数模式，按表 3. 26 设置元件参数，其中没有提到的元件的参数保持默认值。

表 3. 26　元件参数设置（12）

元件编号	参数	值
1	number of stages	1
	pressure at start of stage 1	150
	pressure at end of stage 1	150
4	value of gain	40
5	expression for output in terms of x and y	x		y
7	constant value	130
9	piston diameter	75
	rod diameter	50
10	mass	10
	lower displacement limit	0
	higher displacement limit	0. 2

其中元件 6、7 和元件 8 共同完成了压力继电器的压力比较功能。元件 8 采集液压缸上

腔的压力，元件 7 设定压力继电器的上限，元件 6 完成比较功能，即单元①完成了压力继电器的功能。

值得说明的是单元②中的元件 5，其参数设置为“x || y”，表示 x 和 y 取或的关系，这正模拟了图 3.104 中的 P_1 和 K_1 之间的“或”的关系。

而图 3.106 中的闭合环路则模拟了 P_1 和 K_1 “或”的结果又反过来控制元件 5 的输入，对比该图中的左右两侧可以加深理解。

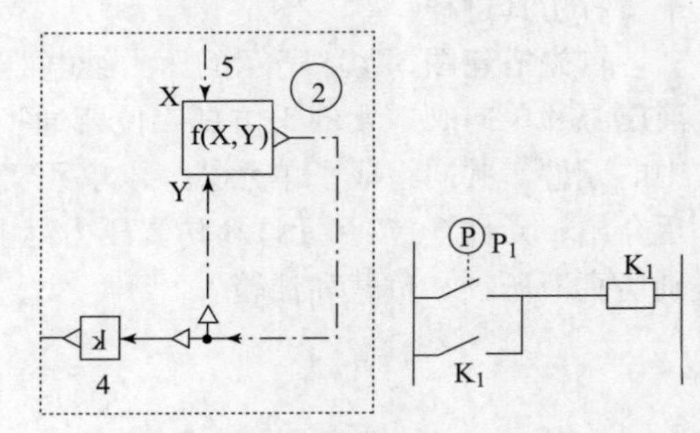

图 3.106　逻辑控制关系

仿真草图的其余部分都比较简单，不再进行赘述。

进入仿真模式，运行仿真。

绘制元件 10 的位移变量，如图 3.107 所示，可见液压缸先伸出，然后又缩回。

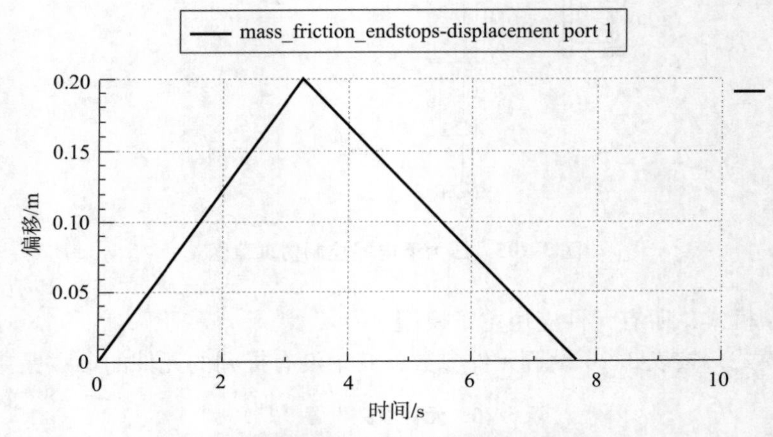

图 3.107　压力继电器仿真位移图

绘制元件 8 的信号输出（signal output），如图 3.108 所示。从该图可以看出当液压缸遇到负载后，压力上升到 130 bar，压力继电器发信，液压缸后退。

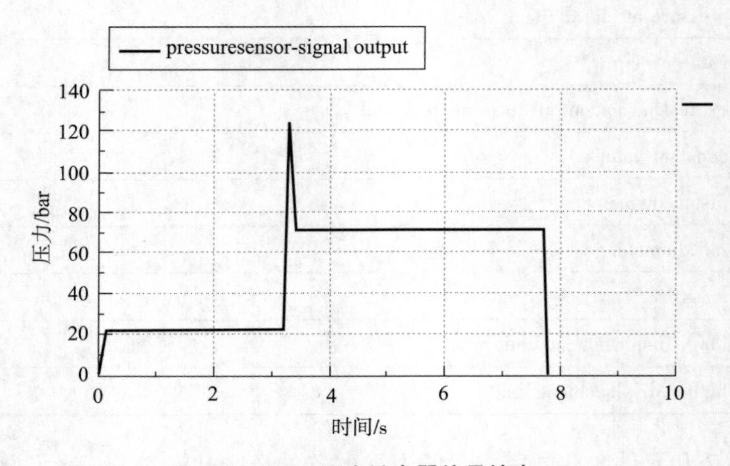

图 3.108　压力继电器信号输出

3.4.3 流量控制阀

1. 普通节流阀

由液压流体力学知识可知，液流流经薄壁孔、细长孔或狭缝等节流口时会遇到阻力，如果改变它们的通流面积或长度，则可以调节通过的流量。节流口根据形成液阻的原理不同分为三种基本形式：薄壁孔节流（以局部阻力损失为主）、细长孔节流（以沿程阻力损失为主）以及介于两者之间的节流（由局部阻力和沿程阻力混合组成的损失）。不同节流口流量特性的通用表达式为

$$q = KA\Delta p^{m} \tag{3.21}$$

式中，A 为孔口或缝隙的过流面积；Δp 为孔口或缝隙的前后压力差；K 为节流系数，由节流口几何形状及流体性质等因素决定；m 为由节流口形状和结构决定的指数，$0.5 \leqslant m \leqslant 1$，当节流口近似于细长小孔时，$m$ 接近于 1。

液流流经薄壁（或锐边）小孔$\left(\text{当小孔的长径比}\ \dfrac{l}{d} \leqslant 0.5\ \text{时，可以看作薄壁小孔}\right)$的流量特性公式为

$$q = C_{q}A\sqrt{\frac{2}{\rho}\Delta p} \tag{3.22}$$

当小孔的长径比 $\dfrac{l}{d} > 0.5$ 时，可以看作细长孔。油液通过细长孔时多为层流，其流量特性公式为

$$q = \frac{\pi d^{4}\Delta p}{128\mu l} \tag{3.23}$$

式中，d 为小孔直径；μ 为油液的动力黏度；l 为小孔长度。

当油液流过平行缝隙时，通常为层流，其流量特性公式为

$$q = \frac{b\,\delta^{3}\Delta p}{12\mu l} \tag{3.24}$$

式中，b 为平行缝隙宽度；l 为平行缝隙长度；δ 为平行缝隙厚度。

对于采用淡水、海水或高水基等低黏度介质的节流口，流体在细长小孔或平行缝隙中的流态不是层流，则其流量特性需根据实验确定。

由式（3.21）可知，在一定压差 Δp 下，改变阀芯开口可改变阀的通流面积 A，从而可改变通过阀的流量 q 。这就是流量控制的基本原理。节流口的流量－压差关系特性曲线如图 3.109 所示。

1）子模型介绍

普通节流阀子模型如图 3.110 所示。

普通节流阀 a 和普通节流阀 b 具有 6 个子模型，如图 3.111 所示。普通节流阀 c 只有一个子模型 OR005。

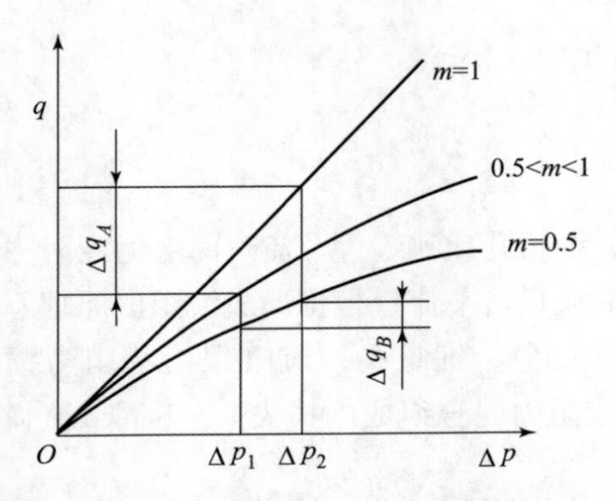

图 3.109 节流口的流量－压差关系特性曲线

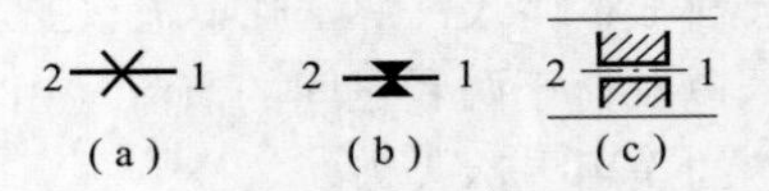

图 3.110 普通节流阀子模型

(a) OR0000；(b) OR0001；(c) OR0002

Compatible submodel list

Name	Description	Submodel type
OR0000	fixed hydraulic orifice transition at specified flow number	generic submodel
OR0001	fixed hydraulic orifice with table or equation q=f(dp)	generic submodel
OR0002	fixed hydraulic orifice with hd and area	generic submodel
OR004	short tube with Cq=f(lambda , length/diameter)	generic submodel
OR005	fixed hydraulic orifice (laminar resistance)	generic submodel
OR006	fixed hydraulic orifice (Cq = f(lambda))	generic submodel

图 3.111 节流阀 6 个子模型

下面将对 6 个子模型一一做出介绍。

（1）OR0000。OR0000 孔口子模型可以具有层流或湍流特性，根据用户提供的临界流数（critical flow number）进行切换。

其有两种操作模式。

①用户提供给定大气压下的流量（L/min）和相应的压降（bar）。

②用户提供等效的孔口直径（mm）和最大流量系数（C_q）。

在这两种情况下，用户还必须提供临界流量，作为从层流变为湍流的转换依据。

OR0000 与 OR0002 的区别仅在于水力直径和孔口截面积。使用 OR0000 能对圆形孔口建模。

“parameter set for pressure drop” 参数允许从 “pressure drop/flow rate” 或 “orifice diameter/maximum flow coefficient” 中做出选择，计算等效通流面积。

①当选择 “pressure drop/flow rate” 模式时，“characteristic flow rate” 必须在大气压力和 “index of hydraulic fluid” 参数所指定的温度下给出。“corresponding pressure drop” 是对应于该特征流量的孔口的压降。

②当选择 “orifice diameter/maximum flow coefficient” 时，必须定义液压孔口的 “equivalent orifice diameter” 和 “maximum flow coefficient”。

在大多数情况下，临界流数（无量纲）可以保留为默认值 1 000。但是，对于具有复杂（粗糙）几何形状的孔口，临界流量可以低至 50，而对于非常光滑的几何形状，则可能高达 50 000。

如果选择了“pressure drop/flow rate”方法，利用效用等式，使用定义的参数压降和流量，来计算等效孔口面积。

使用此方法时，最大流量系数设置为 1。

如果使用了“orifice diameter/maximum flow coefficient”方法，则将使用参数等效孔口直径“equivalent orifice diameter”直接计算等效面积。

通过孔口的流量是使用函数 orif3f 计算的。

（2）OR0001。OR0001 在每个端口上输入压力，然后计算要在这两个端口上输出的流量。

用户必须提供压降下的流量特性。有两种确定此特征的方法。

①根据压降输入流量的有效表达式，即 $Q=f(\mathrm{d}p)$。

②输入文件名，这个文件以 ASCII（美国信息交换标准代码）格式，成对存储了压降和流量。

此子模型能用于模拟非标准节流口，如冷却器或过滤器。

（3）OR0002。OR0002 是节流孔的子模型。它在每个端口上输入压力，并计算两个端口上输出的流量。

孔口可以具有层流或湍流特性，根据用户提供的临界流数进行切换。

其有两种操作模式。

①用户提供给定大气压下的流量（L/min）和相应的压降（bar）。

②用户提供孔口面积（mm^2）、液压直径（mm）和最大流量系数（C_q）。

在这两种情况下，用户还必须提供临界流量，作为从层流变为湍流的转换依据。

OR0000 与 OR0002 的区别仅在于水力直径和孔口截面积。OR0002 常模拟非圆孔口。

（4）OR004。OR004 是短管的子模型。它在每个端口上输入压力，并计算两个端口上输出的流量。

孔口可以具有层流或湍流特性，通过长度和直径之比确定的流数进行切换。流量系数表示为流数和管的长径比的函数 $C_q = f(\mathrm{lambda}, r)$。

常使用此子模型模拟短管，尤其是在层流状态下。

用户可提供短管的长度、液压直径和横截面积。

长径比的可用数据范围为 0.5 ~ 10。如果超出此范围，将使用极限值。

（5）OR005。OR005 用于计算层流阻力孔的流量。输入每个端口的压力，计算每个端口的流量。

其有三种可以使用的几何形状：矩形、同心和偏心。孔的长度是恒定的。

孔口内的流动被假定为层流（如果不满足这个条件，则会显示警告消息）。流量与压差成正比，与绝对黏度和孔口长度成反比。如果几何形状的有效间隙保持较小，则孔口中的层流假设是有效的。

当具有层流阻力孔时，可以使用这个子模型，或者用于建模泄漏流。

枚举变量“orifice type”允许选择孔的几何形状。草图上的图标随此参数的值而变化。然后，用户必须选择相应的参数。

① flat：用于矩形孔。其参数为宽度 b 和间隙 δ（图 3.112）。

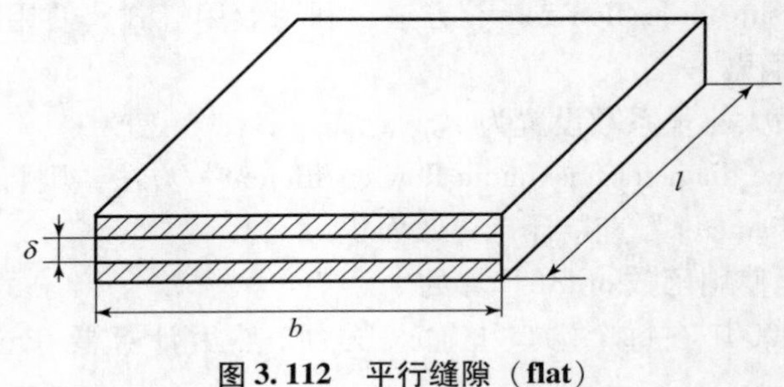

图 3.112　平行缝隙（flat）

②concentric：用于环形孔。其参数为内径 d 和外径 D（图 3.113）。

③eccentric：用于偏心的环形孔。其参数为内径 d、外径 D 和偏心率 ε（$0\leqslant\varepsilon\leqslant1$）（图 3.114）。

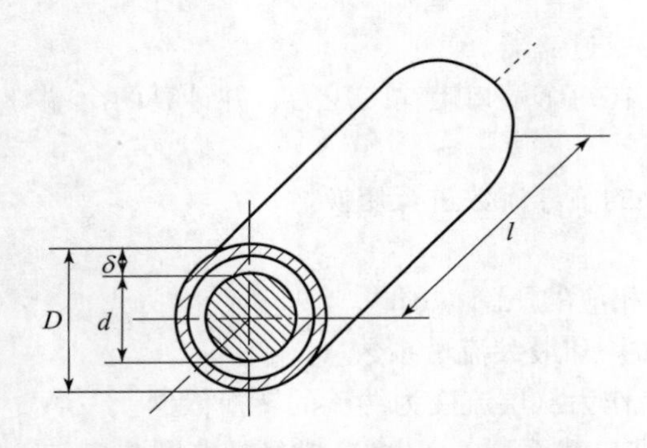

图 3.113　同心环形孔口（concentric）

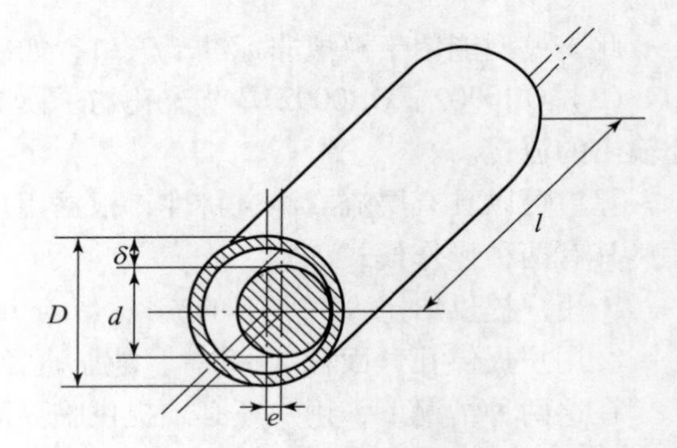

图 3.114　偏心孔口

偏心率 e 的计算为

$$e = \varepsilon \frac{D - d}{2}$$

无论几何形状如何，用户都必须设置孔口的长度 l。

（6）OR006。OR006 是节流孔的子模型。其输入每个端口的压力，可以获得每个端口的流量。用户计算流量的流量系数是由表达式或 ASCII 文件指定。

其有两种操作模式可供选择。

①用户提供给定大气压下的流量（L/min）和相应的压降（bar）。

②用户提供等效的水力直径（mm）。

OR006 与 OR000 的不同之处在于，流量系数不是由子模型计算得出的，而是由用户利用表达式或 ASCII 文件指定获得的。通常使用 OR006 对圆形孔口建模。

2）仿真实例

建立图 3.115 所示的节流孔仿真草图。

图 3.115 所示节流孔只有一个子模型 OR005。

进入参数模式，对各元件设置表 3.27 所示数据，未列出的数据是默认值。

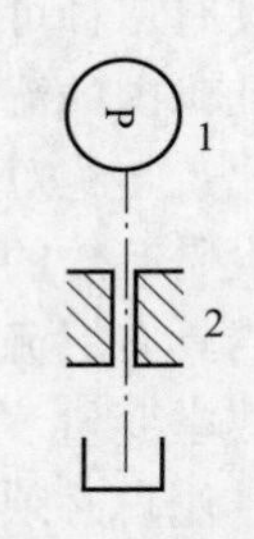

图 3.115　节流孔仿真草图

表 3.27　元件参数设置（13）

元件编号	参数	值
1	number of stages	1
	pressure at start of stage 1	20
	pressure at end of stage 1	20
2	orifice type	eccentric
	length	10

从表 3.27 可以看出，压力源是一个恒压源，保持 20 bar 的压力不变。节流孔是一个同心环形孔口。孔口长度设置为 10 mm，是为了保证液体是层流，满足模型的使用要求。

进行设置之后，图 3.115 变成图 3.116 所示的同心环形孔口节流仿真模型。

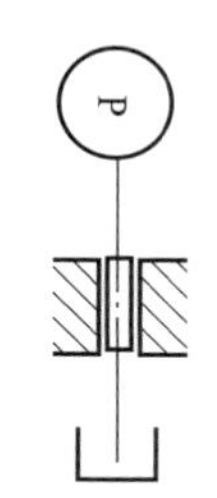

图 3.116　同心环形孔口节流仿真模型

参数设置完成后即可进入仿真模式。

在节流孔的参数变量中，绘制“flow rate at port 1”曲线，如图 3.117 所示。

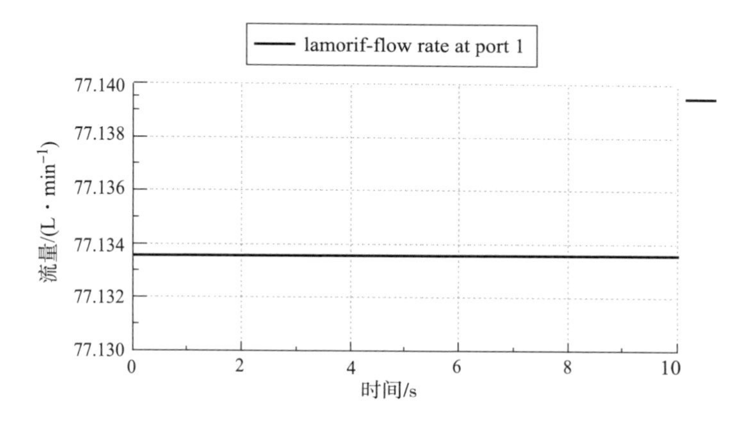

图 3.117　同心环形孔口节流流量

对于同心环形孔口节流孔来说，端口 1 处的流量为

$$q_b = \frac{\pi \times D \times \delta^3}{12 \times \mu} \times \frac{p_a - p_b}{l} \times \frac{\rho(p_{mid})}{\rho(0)} \tag{3.25}$$

式中，p_a 为入口压力；p_b 为出口压力；$\rho(0)$ 为液体在大气压力下的密度。

考虑油液可压缩性时，油液密度会随着压力而变化，$\rho(p_{mid})$ 代表压力为 $\frac{p_a + p_b}{2}$ 时的密度，计算公式为

$$\rho(p_{mid}) = \rho(0)\exp\left[\frac{p_{mid}}{B}\right] \tag{3.26}$$

式中，p_{mid} 为液体压力，$\frac{p_a + p_b}{2}$；B 为液体弹性模量。

在参数模式下单击流体属性图标，可以得到油液的基本参数信息，如图 3.118 所示。流体密度是 850 kg/m^3，绝对黏度是 0.051 Ns/m^2（此处单位经过修改，目的是方便计算），弹性模量为 17 000 bar。

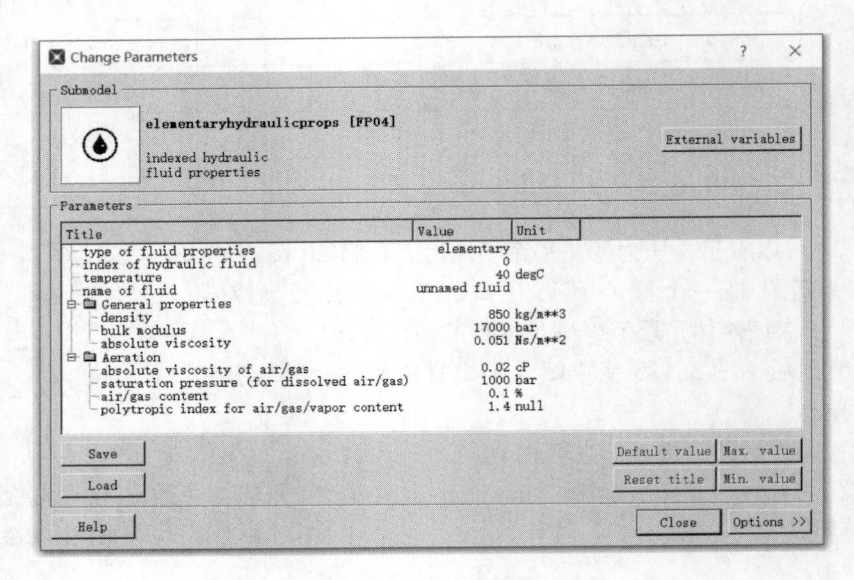

图 3.118　流体属性

根据式（3.25）和式（3.26）可以计算

$$q_b = \frac{\pi \times 10 \times 10^{-3} \times (0.5 \times 10^{-3})^3}{12 \times 0.051} \times \frac{20 \times 10^5}{10 \times 10^{-3}} \times \frac{850e^{\frac{20\times\frac{10^5}{2}}{17\,000\times10^5}}}{850}$$

$$= 0.001\,283\,4\ \text{m}^3/\text{s} = 77.045\ \text{L/min}$$

可以看出，和图 3.117 结果基本一致。

2. 调速阀

调速阀由定差减压阀和节流阀串联而成。节流阀用来调节通过的流量，定差减压阀则自动补偿负载变化的影响，使节流阀前后的压差为定值，消除了负载变化对流量的影响。

调速阀的工作原理是液压泵把油液以一定压强 p_1 输入，经过减压口，压强降为 p_2，流经节流阀，输出。当负载升高，出口压力 p_3 升高，右侧阀芯克服弹簧力和 p_2 产生的压力向下移动，经过减压口后的压强 p_2 升高，$p_3 - p_2$ 压差保持不变（图 3.119）。负载下降与上述过程变化类似。

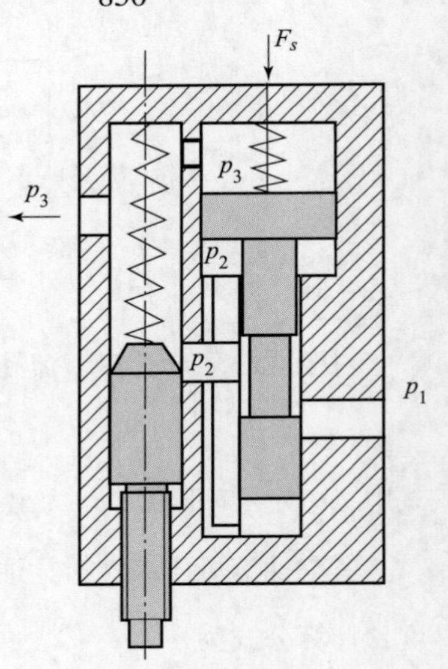

图 3.119　调速阀结构

调速阀的特点是减压阀能自动保持节流阀前后压差不变，从而使执行元件运动速度不受负载变化的影响，保证了通过节流阀的流量稳定。

正常工作条件应该为 $\Delta p \geq 0.5$ MPa。因为当 $\Delta p < 0.5$ MPa 时，调速阀中的减压阀口全开，减压阀处于非工作状态，调

速阀只相当于一个节流阀。

1）基本原理

调速阀只有 FC001 一个子模型，如图 3.120 所示。它是带有单向阀的压力补偿流量控制阀模型。

压力补偿流量控制阀的作用是为系统提供受控可调的流量，而不受入口和出口压力变化的影响。该组件也称为二通流量控制阀。

它由一个补偿阀芯和一个可调节流孔串联而成。补偿器会自动调节以适应变化的入口压力和负载压力，从而使节流孔两端的压差保持恒定，保持恒定的流量。该阀具有反向自由流通的单向阀，可让流体沿相反方向不受限制地流动。

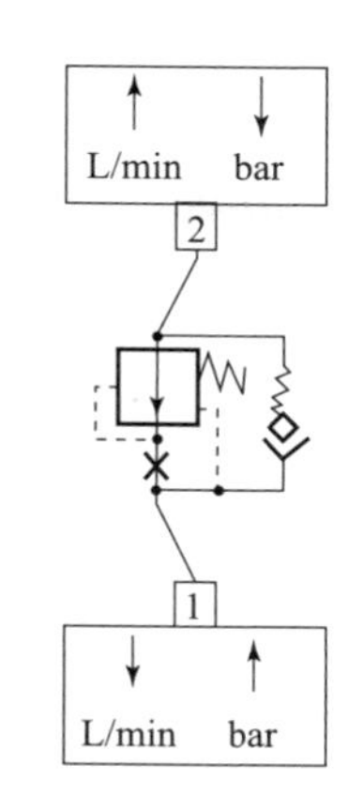

图 3.120　调速阀仿真模型

端口 1 和端口 2 的压力是输入变量。计算出体积流量，并在两个端口上将其作为输出。

另外，仅在反向流动时计算横截面积、流量系数和流数，并且仅在反向流动时才起作用。

该模型在补偿区域和非补偿区域均具有理想特性。设定流量是在最小工作压力差下指定的，然后根据流量压力梯度（流量压力曲线斜率）进行减小或增加。该曲线通常可以在产品目录中找到。

反向流动是通过固定孔口建模的。若考虑干摩擦效应，可以为模型指定功能磁滞。可以将阀门动态设置为静态（出于实时目的），一阶或二阶滞后。

FC001 用作建模压力补偿流量控制阀的第一步。用户也可以使用液压组件设计库对详细的流量控制阀进行建模。

模型的主要参数如下。

（1）设定流量（在最小工作压力差下）set flow（at minimum operating pressure difference）：目标控制流量。

（2）最小工作压力差（minimum operating pressure difference）：阀正确输送受控流量所需的最小压力差（确保压力补偿）。

当单位从绝对压力更改为相对压力时，该参数将不会转换，反之亦然。

（3）流量压力梯度（flow rate pressure gradient）：线性特征流量压降的斜率。

反向流动的压降特性参数如下。

（1）反向自由流动的额定流量（nominal flow rate for reverse free flow）和额定压力差（nominal pressure difference for reverse free flow）：用于反向流动的止回阀的压降特性。反向自由流的额定流量必须由枚举参数“fluid properties for pressure drop measurement”定义。

（2）压降测量的流体特性（fluid properties for pressure drop measurement）：枚举参数，指示如何为压降测量指定流体的密度和黏度。其有两种情况。

①如果设置为“from hydraulic fluid at reference conditions”，则密度和黏度特性是由大气压和“index of hydraulic fluid”参数所确定的温度来确定的。

②如果设置为“specified working conditions”，则使用参数“working density for pressure drop measurement”和“working kinematic viscosity for pressure drop measurement”来给出密度

和黏度属性。

2）仿真实例

利用液压库中的元件搭建图 3.121 所示的调速阀压力流量特性仿真草图。

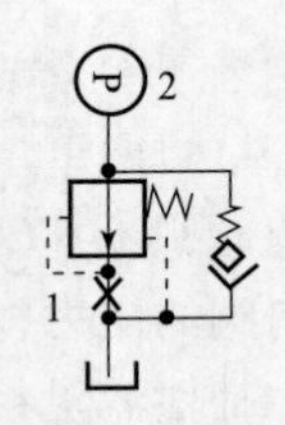

图 3.121　调速阀压力流量特性仿真草图

进入子模型模式，对所有元件应用主子模型。

进入参数设置模式，按表 3.28 设置元件参数，其中没有提到的元件的参数保持默认值。

表 3.28　元件参数设置（14）

元件编号	参数	值
1	flow rate pressure gradient	0.005
2	number of stages	1
	pressure at end of stage 1	50
	duration of stage 1	10

从参数设置中可以看出，压力源在 0 ~ 10 s 内从 0 均匀增长至 50 bar，调速阀的流量压力梯度为 0.005 L/min/bar。

运行仿真，调速阀压力流量特性曲线如图 3.122 所示。

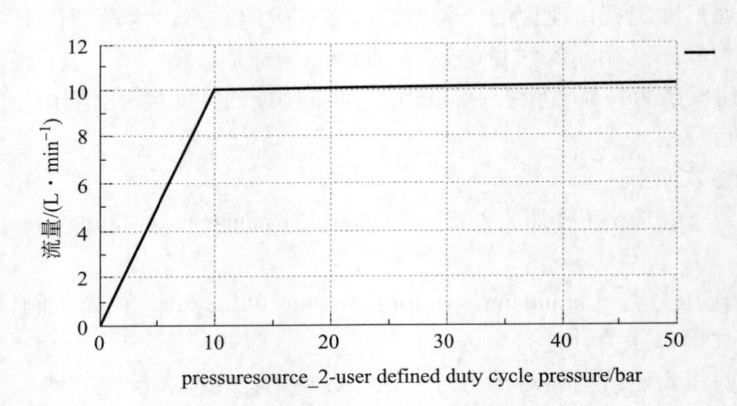

图 3.122　调速阀压力流量特性曲线

3.5　液压缸和蓄能器

3.5.1　液压缸

液压缸是液压系统的执行元件，它将液压能转换为机械能，用于实现直线往复运动或小于 360°的摆动。

AMESim 液压库中的液压缸模型如表 3.29 所示。

表 3.29　AMESim 液压库中的液压缸模型

图标	名称	子模型
	带质量负载的双作用单杆液压缸	HJ000
		HJ010
	带质量负载的双作用双杆液压缸	HJ001
		HJ011
	带质量负载和轴端弹簧的双作用单杆液压缸	HJ002
	带质量负载和轴端弹簧的单作用单杆液压缸	HJ003
	双作用单杆液压缸	HJ020
	双作用双杆液压缸	HJ021
	带轴端弹簧的双作用单杆液压缸	HJ022
	带轴端弹簧的单作用单杆液压缸	HJ023

本小节以 HJ020 双作用单杆液压缸为例，对液压缸子模型做简要介绍。HJ020 子模型图标如图 3.123 所示。

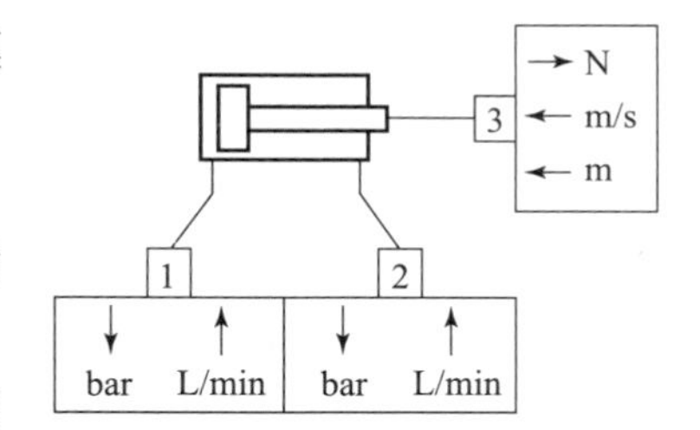

图 3.123　HJ020 子模型图标

HJ020 是双作用单杆液压缸。

它包括活塞两侧容积中的动态压力、黏滞摩擦和通过活塞的泄漏。

端口 3 的输入为其他模型提供的外部速度和位移，输出为力。端口 1 和端口 2 的输入是流量，输出为压力。

由于枚举参数，该模型可在两种不同模式下使用。

（1）如果“use initial displacement”设置为“yes”，则忽略连接到端口 3 的外部组件的初始位移，并且初始化在活塞内部进行。

（2）如果“use initial displacement”设置为“no”，则初始位置由连接到端口 3 的外部组件确定。

HJ020 与 HJ000 不同，因为没有质量附着在杆上。

此外，HJ020 使用基于弹簧和阻尼器比率的止停模型，而 HJ000 使用的是完全无弹性碰撞的止停块的简单处理。且 HJ000 设置的参数较少。

参数设置如下。

死区容积（dead volume）的作用是为了防止液压容积在冲程结束时变为零。如果将这些体积设置为零，子模型将会把它们重置为最大液压体积的1/1 000。死区位置如图3.124所示。

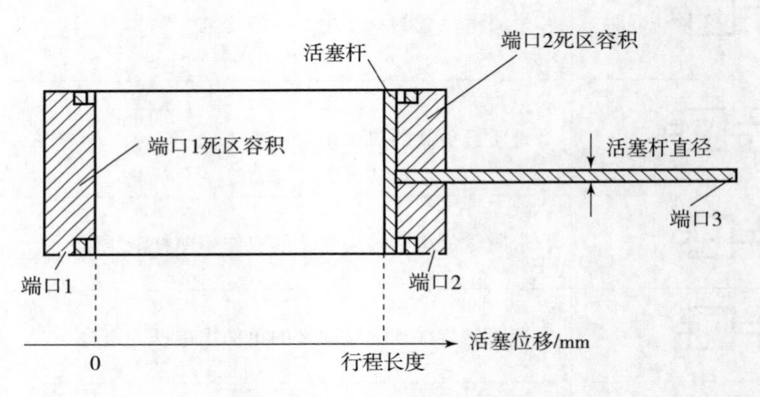

图3.124　液压缸参数示意图

用户可以为行程末端的接触设置弹簧和阻尼率，也可以设置阻尼率完全有效的变形。默认设置基本可以满足大多数情况。

如果末端止动弹簧和阻尼速率在数值上大致相同，则在达到端部止动位置时可能不会出现反弹。这通常是一个理想的情况。一个较低的阻尼率可能导致反弹，如果它非常低，可能会有很多反弹。在极端情况下，由于存在太多的不连续性，模拟可能会停止。

执行机构通常设计为在极限位置提供受控减速。为此，应使用弹簧刚度完全有效的止动块变形。这允许在极限位置调整减速距离。如果弹簧刚度设置得太高，则模拟运行可能非常慢。

计算杆位移（displacement of piston）基本上有两种方法。

（1）直接使用端口3接收的位移（符号相反）作为输入。

（2）计算偏移量，使杆位移从用户定义的位置 x_{act0} 开始（#displacement of piston）。

3.5.2　蓄能器

蓄能器是液压系统中的储能元件，不仅可以利用它储存多余的压力油液，在需要时释放出来供系统使用，同时也可以利用它来减少压力冲击和压力脉动。蓄能器在保护系统正常运行、改善其动态品质、降低振动和噪声等方面均起重要作用，在现代大型液压系统中，特别是在具有间歇性工况要求的系统中尤其值得推广应用。

在AMESim液压库中，有两种蓄能器元件，如图3.125所示。

图3.125　AMESim液压库两种蓄能器元件

（a）气囊式；（b）弹簧式

本小节将对这两种蓄能器元件分别做出介绍。

1. 气囊式蓄能器元件

气囊式蓄能器元件为图 3.125 中的（a）。它有六种子模型，分别是 HA001、HA000、HA0011、HA0010、HA0021 和 HA0020。

HA000 是液压蓄能器的动态子模型，如图 3.126 所示。蓄能器气体服从多变气体定律：

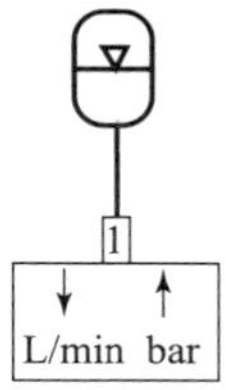

$$p \times V^{\gamma} = C \tag{3.27}$$

式中，C 为常数，由预充压力和蓄能器容积确定。蓄能器内的液压流体假设与气体具有相同的压力。

图 3.126　HA000 子模型元件

孔口定律利用用户指定的直径和流量系数，确定蓄能器的流量，子模型需要以 bar 为单位输入压力。

蓄能器中的气体体积变为蓄能器容积的 1/1 000，即假定蓄能器已充满气体，这可以防止当蓄能器中气体体积趋于零时发生的问题。

HA000 入口有一个孔口定律，它的端口输入和输出与 HA001 相反。

要使用蓄能器子模型，需要选择使用哪种初始化方式计算其初始容积。为方便分析，首先介绍计算中的符号及其代表含义。

p_0、V_0 为预充气状态下的压力和容积；p_{gas}、V_{gas} 为气体压力和体积；p_{atm} 为大气压力。

1）等温初始化

如果使用等温定律，则预充气状态和初始状态（$t=0$ 时刻 $p_{gas(0)}$ 和 $V_{gas(0)}$）的过程关系：

$$(p_0 + p_{atm})V_0 = (p_{gas(0)} + p_{atm})V_{gas(0)} \tag{3.28}$$

2）绝热初始化

如果使用绝热定律：

$$(p_0 + p_{atm})V_0^{\gamma} = (p_{gas(0)} + p_{atm})V_{gas(0)}^{\gamma} \tag{3.29}$$

当气体体积为 $V_0/1\ 000$ 时，则假设蓄能器已充满液体。

其对应的最大压力为

$$p_{max} = (p_0 + p_{atm})\,1\ 000^{\gamma} - p_{atm} \tag{3.30}$$

在模拟开始时，如有必要，调整气体压力，以确保

$$p_0 \leqslant p_{gas} \leqslant p_{max}$$

2. 弹簧式蓄能器元件

弹簧式蓄能器元件为图 3.125 中的（b）。它有两种子模型，分别是 HASP0 和 HASP1。

HASP1 是弹簧蓄能器的动态子模型，如图 3.127 所示。活塞的动态受弹簧力、活塞重量和液压压力的控制。

活塞的有效质量，是弹簧质量的 1/3 加活塞质量。

通过指定角度（以度为单位），该装置可以安装在不同的位置。默认值为 90°，弹簧垂直位于出口上方。−90°表示出口最高。

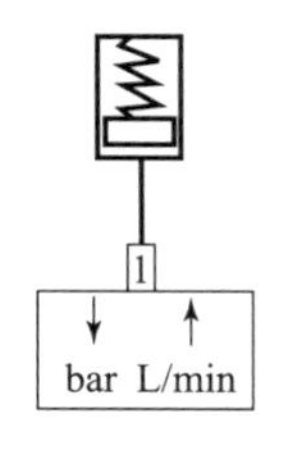

图 3.127　HASP1 子模型仿真图标

必须规定液压死容积，以防止装置完全排放时油量变为零。它由活塞直径和冲程定义的体积的百分数表示。默认值适用于大多数情况。

HASP1 有 3 个状态变量：液体压力，活塞位移，活塞速度。

在出口处，输出为压力，输入为流量。充液时在输入口有节流。

活塞和弹簧的重量很大的时候使用 HASP1。

3.5.3 阀控液压缸液压伺服系统仿真

本小节将对阀控液压缸液压伺服系统仿真中出现的部分元件做简要介绍。

FORC（图 3.128）将端口 1 处输入的无量纲信号转换为在端口 2 输出的具有相同 N 值的力。

H3NODE2（图 3.129）是一个 3 端口液压接头，压力由端口 2 固定。粗体线表示从此端口向子模型施加压力。此压力不做改变传递向其他两个端口。

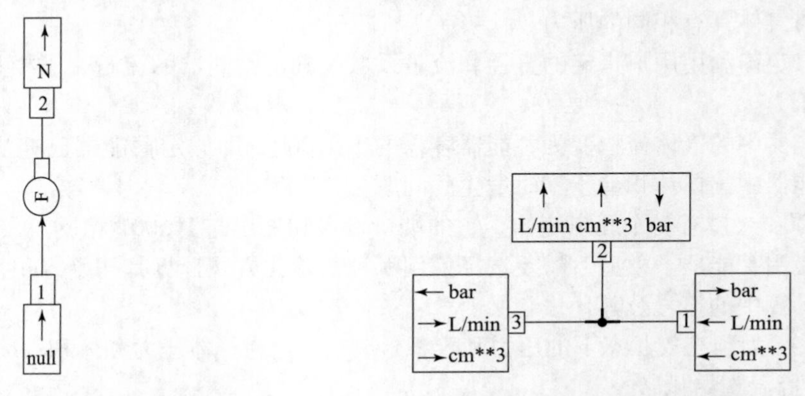

图 3.128　FORC 子模型图标　　**图 3.129　H3NODE2 子模型图标**

将端口 1 和端口 3 的输入流量相加，作为端口 2 的流量输出。为确保与 HCD 库兼容，端口 1 和端口 3 中的体积相加求和作为端口 2 输出。这些是默认输入，因此当与液压元件一起使用时，它们总是为零。

和 H3NODE2 相比，H3NODE1 和 H3NODE3 的变量输入端口不同，需要注意区分。

利用液压库、机械库和信号控制库的元件，可以搭建图 3.130 所示的阀控液压缸液压伺服系统。

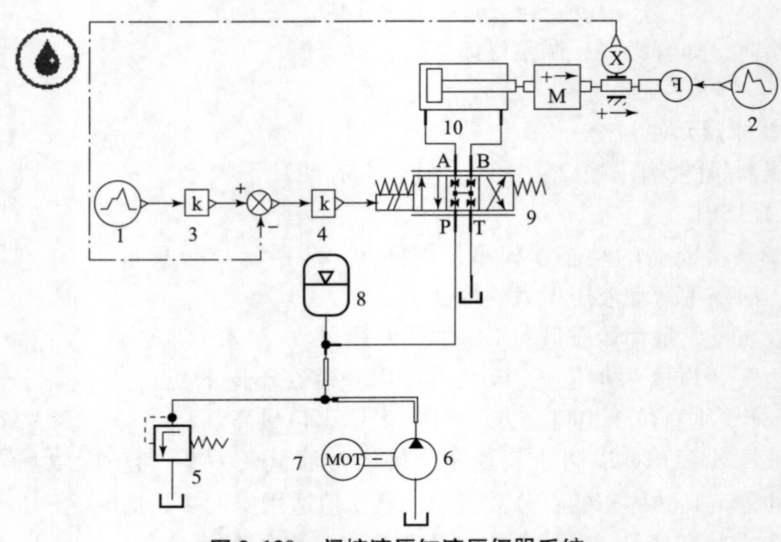

图 3.130　阀控液压缸液压伺服系统

从图 3. 130 可以看出，电机（元件 7）和液压泵（元件 6）输出带有一定压力的液压油。溢流阀（元件 5）控制液压系统回路的压力稳定。位移传感器将液压缸（元件 10）的位置信号反馈于给定信号（元件 1 和元件 3）比较，其偏差经放大器放大后作为三位四通电液比例换向阀（元件 9）的输入信号来控制阀的开度，从而按比例地控制液压缸的运动。

草图搭建好模型之后，进入子模型模式，设置为主子模型。

进入参数模式，按表 3. 30 为模型设置参数。

表 3. 30　参数设置

元件编号	参数	值
1	duration of stage 1	1
	output at end of stage 2	0. 8
	duration of stage 2	3
	output at start of stage 3	0. 8
	output at end of stage 3	0. 8
	duration of stage 3	1
	output at start of stage 4	0. 8
	output at end of stage 4	0. 2
	duration of stage 4	3
	output at start of stage 5	0. 2
	output at end of stage 5	0. 2
2	number of stages	1
	output at start of stage 1	1 000
	output at end of stage 1	1 000
3	value of gain	10
4	value of gain	250
6	pump displacement	35
9	valve rated current	200
	valve natural frequency	50
	valve damping ratio	1
10	piston diameter	30
	rod diameter	20
	length of stroke	1

由表 3. 30 中的参数设置可以看出，元件 1 的控制信号为一个多阶段的变化信号，元件 2 表示负载压力，是一个定值。元件 3 和元件 4 对输入信号进行一定比例的扩大。元件 6 的排量为 35 cc/rev。

其他参数为默认值保持不变。

进入参数模式，将仿真时间设置为 12 s，仿真步长间隔为 0.05 s，进行仿真。

将元件 1 变量列表中的 “user defined duty cycle output” 和质量块变量列表中的 “displacement port 1” 绘制到同一个作图窗口中，可以获得给定信号与液压缸实际位移的仿真曲线比较。如图 3.131 所示，可以看出，实际曲线与要求曲线非常接近。

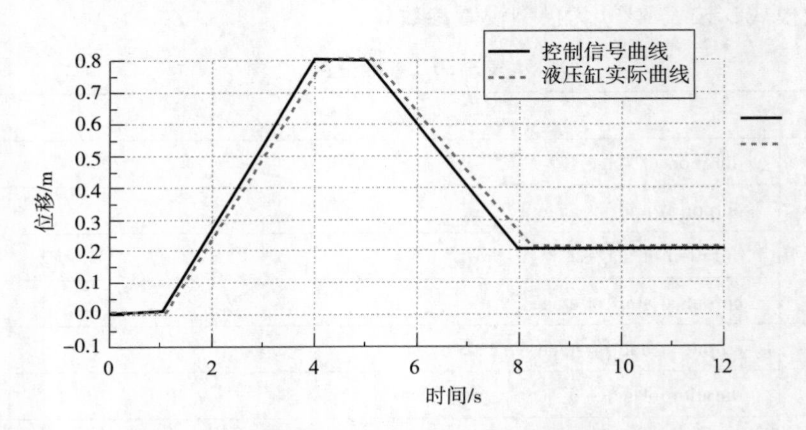

图 3.131　系统液压缸运动曲线及控制信号曲线

蓄能器的主子模型为 HA001，对于 HA001 子模型来说：

(1) 当充满液体时，蓄能器气体压力为最大值，体积为最小值，即 $p_{gas} = p_{max}$；$V_{gas} = \frac{V_0}{1\,000}$。

(2) 当充满气体时，蓄能器气体压力处于预充气值，体积处于最大值，即 $p_{gas} = p_0$；$V_{gas} = V_0$。

(3) 当介于两者之间时，蓄能器气体压力与端口 1 液压相同，即 $p_{gas} = p_{out}$；气体的体积是用定律计算出来的，$V_{gas} = V_0 \left(\frac{p_0}{p_{gas}}\right)^{\frac{1}{\gamma}}$。

在本例中，蓄能器起到了作用，但是蓄能器未完全充满。所以 $p_{gas} = p_{out}$，如图 3.132 所示，为 150.105 bar。$V_{gas} = V_0 \left(\frac{p_0}{p_{gas}}\right)^{\frac{1}{\gamma}} = 1L \cdot \left(\frac{100}{150.105}\right)^{\frac{1}{1.4}} = 0.748\,18L$，和图 3.132 中蓄能器气体体积基本相同。

液压缸的主子模型为 HJ020，对于 HJ020 子模型来说，在本例中，参数设置部分的 “use initial displacement” 为 “yes”：参数#displacement of piston (x_{act0}) 用于设置活塞的初始位移。

在第一次调用计算函数时，计算该位移与端口 3 处外部部件初始位移之间的偏移量，并将其存储在中间变量 C 中：

$$C = x_{act0} + x_{first\ call} = 0 \tag{3.31}$$

因为本例中的外部元件为质量块，初始位移为 0，如图 3.133 所示。

将 C 存储，然后可以在仿真过程中使用以下命令从 x 确定 x_{act} 的值：

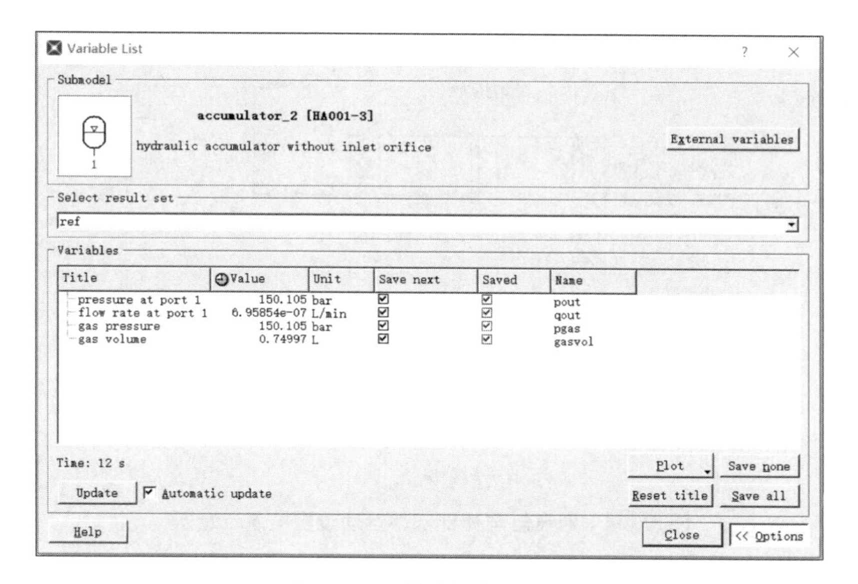

图 3.132　蓄能器参数列表

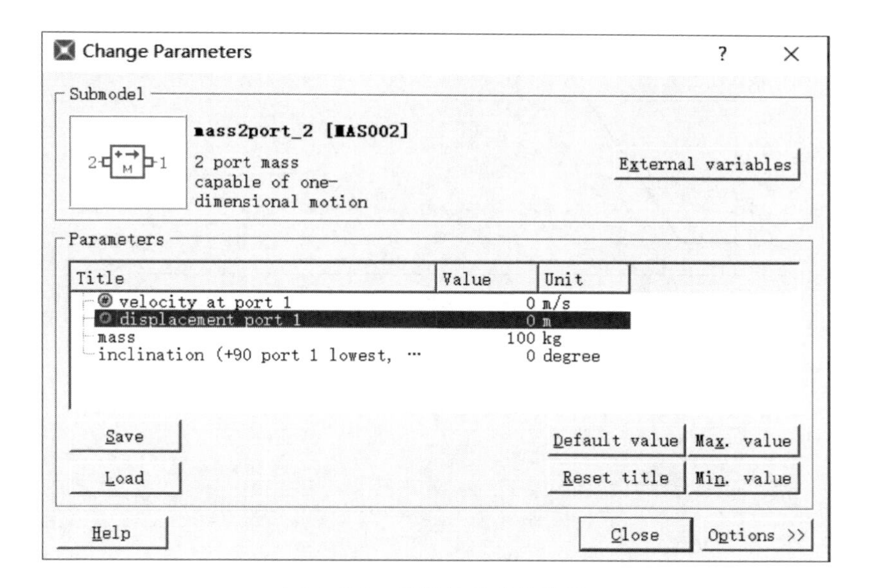

图 3.133　质量块的参数设置

$$x_{act} = C - x = -x \tag{3.32}$$

因为质量块和液压缸在端口处位移变量一个输出为正，一个输入为正，所以此时，它们的相对位移相等，且符号相同，如图 3.134 所示。

因此，活塞（x_{act}）和端口 3（x）处的外部部件的绝对位置是独立的。液压缸与质量块位移曲线如图 3.135 所示。

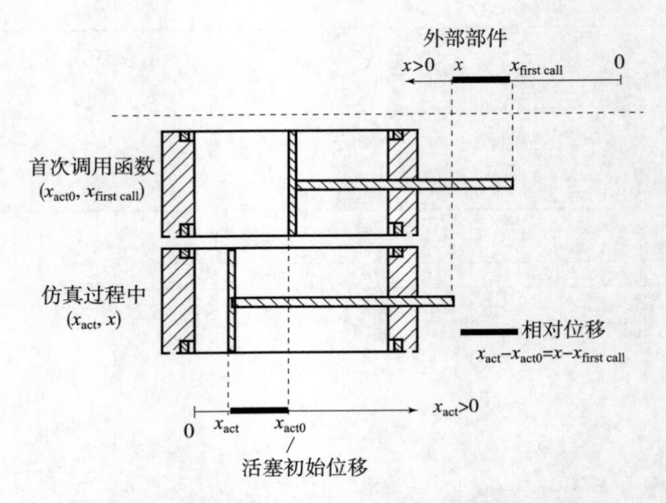

图 3.134　液压缸与外部部件运动位置关系示意图

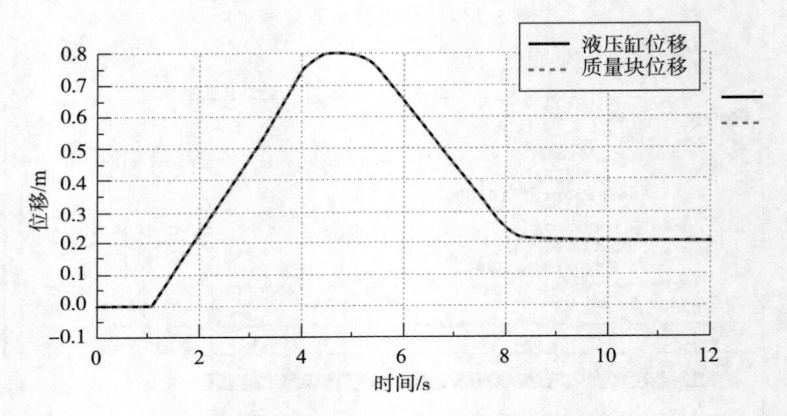

图 3.135　液压缸与质量块位移曲线

第 4 章

液压回路与系统仿真

4.1　理论基础

现代设备所用的液压传动系统虽然各不相同且较为复杂，但从不同的角度出发，总可以把它们分成几种不同的类型。设备中所用的复杂液压系统，一般是由一些基本回路组合而成的。基本回路是由液压元件组成的，用来完成特定功能的典型油路。因此，了解和掌握液压传动系统的类型以及基本回路的原理和作用，是分析和设计复杂液压系统的基础。

4.1.1　液压传动系统的分类

通常，液压传动系统按照工作介质的循环方式、一台液压泵向多个执行元件的供油方式、所使用液压泵的数量等，可分为多种类型。

1. 按工作介质的循环不同分

按工作介质的循环方式不同，液压传动系统可分为开式系统和闭式系统。

常见的液压传动系统大部分为开式系统。开式系统的特点是：液压泵从油箱吸取油液，经控制阀进入执行元件，执行元件的回油经控制阀返回油箱，工作油液在油箱中冷却、分离空气及沉淀杂质后再进入工作循环。开式系统如图 4.1 所示。

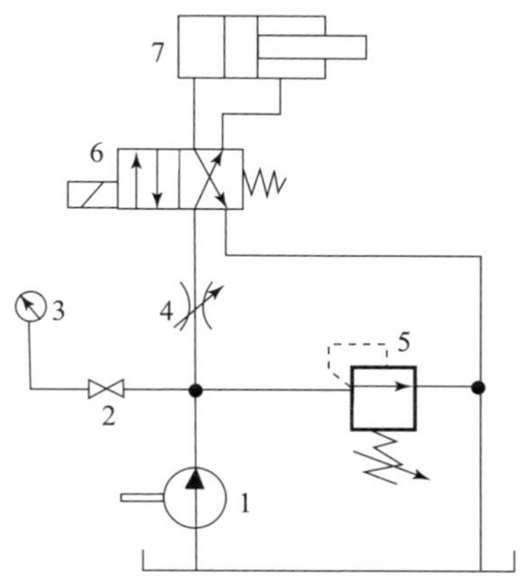

图 4.1　开式系统

1—液压泵；2—压力开关表；3—压力表；4—节流阀；5—溢流阀；6—电磁换向阀；7—液压缸

闭式系统中，液压泵输出的压力油直接进入执行元件，执行元件的回油直接返回液压泵的吸油腔。闭式系统如图 4.2 所示。

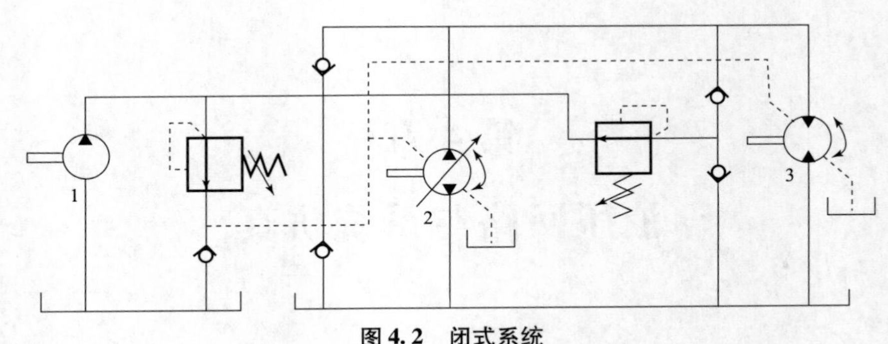

图 4.2　闭式系统

1—补油泵；2—变量泵；3—液压马达

2. 按一台液压泵向多个执行元件的供油方式分

按一台液压泵向多个执行元件的供油方式，液压传动系统可分为串联系统、并联系统、独联系统和复联系统等。

在具有两个以上执行元件的液压系统中，除第一个执行元件的进油口和最后一个执行元件的回油口分别与液压泵及油箱连通外，其余执行元件的进出油口顺次相连，这样的系统称为串联系统。串联系统中液压缸可同时动作，互不干扰，其运动速度基本上不随外负载而变。但液压泵的工作压力较高，其值等于各串联液压缸负载（包括液阻及外负载）压力之和，因此，重载时两只液压缸不宜同时工作。

液压泵排出的液压油同时进入两个或两个以上的执行元件，而各执行元件的回油都回油箱，这样的系统称为并联系统。并联系统只宜用于外负载变化较小，或对机构运动速度要求不高的场合。当外负载变化较大时，虽可操纵设置在各并联支路上的换向阀，通过调节各换向阀的开口量，使外负载增大的支路上的液阻减小，或使外负载降低的支路上的液阻增加，从而保持各执行元件的运动速度不变。但这种调节方法有可能增大系统的节流损失和发热量，并增加了对系统进行操纵的难度。

多路换向阀中的每一联换向阀的进油口与该阀前面的中立位置的回油口相通，而各联换向阀的回油腔又都直接与总回油口连接，使各联换向阀控制的执行元件互不相关，液压泵在同一时刻内只能向一个执行元件供油，这样的系统称为独联系统，如图 4.3 所示。

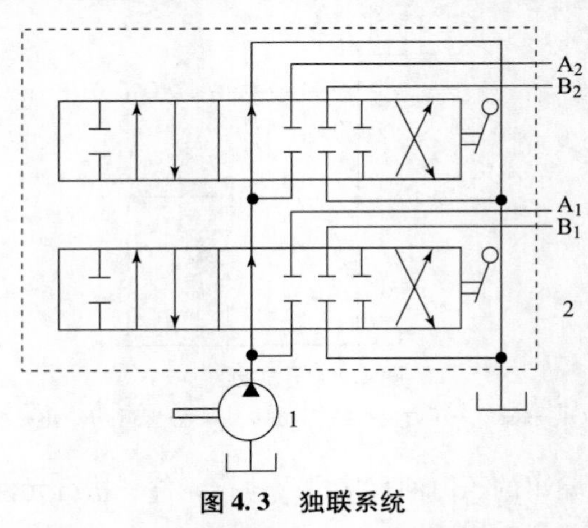

图 4.3　独联系统

1—液压泵；2—多路换向阀

复联系统是以上三种系统的组合，如并联 - 独联、串联 - 独联、串联 - 并联等系统。

3. 按所使用液压泵的数量分

按所使用液压泵的数量，液压传动系统可以分为单泵系统和多泵系统。

单泵系统是由一台液压泵向一个或多个执行元件供油的系统。多泵系统是由两台或两台以上的液压泵向一个或多个执行元件供油的系统。

4.1.2　液压传动系统的基本回路

液压传动系统的基本回路包括压力控制回路、速度控制回路、方向控制回路以及其他回路。

压力控制回路是利用压力控制阀来控制整个液压系统或局部油路的工作压力，以满足执行机构对力或力矩的要求。其主要包括调压回路、减压回路、增压回路、卸荷回路、保压与泄压回路以及工作机构平衡和缓冲等回路。

速度控制回路是指对液压执行元件的运动速度进行调节和变换的回路。其主要包括增速回路、减速回路和速度换接回路。

方向控制回路用来控制液压系统各油路中液流的接通、切断和变向，从而使各元件按需要相应地实现启动、停止或换向等一系列动作，这类控制回路有换向回路、锁紧回路等。

除了上述常见回路以外，在液压系统中如果有多个执行元件，这些执行元件会因压力和流量的彼此影响而在动作上相互牵制。因此，必须采用一些特殊的回路才能实现预定的动作要求。常见的这类回路有顺序动作回路、同步回路、互不干扰回路和多路换向阀控制回路等。此外，某些液压系统为实现特定的功能，在执行元件未工作时要求其处于浮动状态，系统必须采用浮动回路；对于闭式系统来说，为了使其正常工作，必须采取补油和冷却措施。

4.2　液压调速回路仿真

节流调速回路是由定量泵、流量泵、溢流阀和执行元件等组成的调速回路。该回路可以通过调节流量阀以改变进入或流出执行元件的流量来达到调速的目的。这种调速回路具有结构简单、工作可靠、成本低、使用维护方便、调速范围大等优点。

按照流量阀在回路中的安装位置不同，节流调速回路可以分为进油调速回路、回油节流调速回路和旁路节流调速回路三种形式。

本节将对三种形式的节流调速回路进行仿真。节流调速回路仿真草图如图 4.4 ~ 图 4.6 所示。

按照图 4.4 ~ 图 4.6 搭建仿真草图。主要元件在 AMESim 的机械库、液压库、液压元件设计库和信号控制库中。

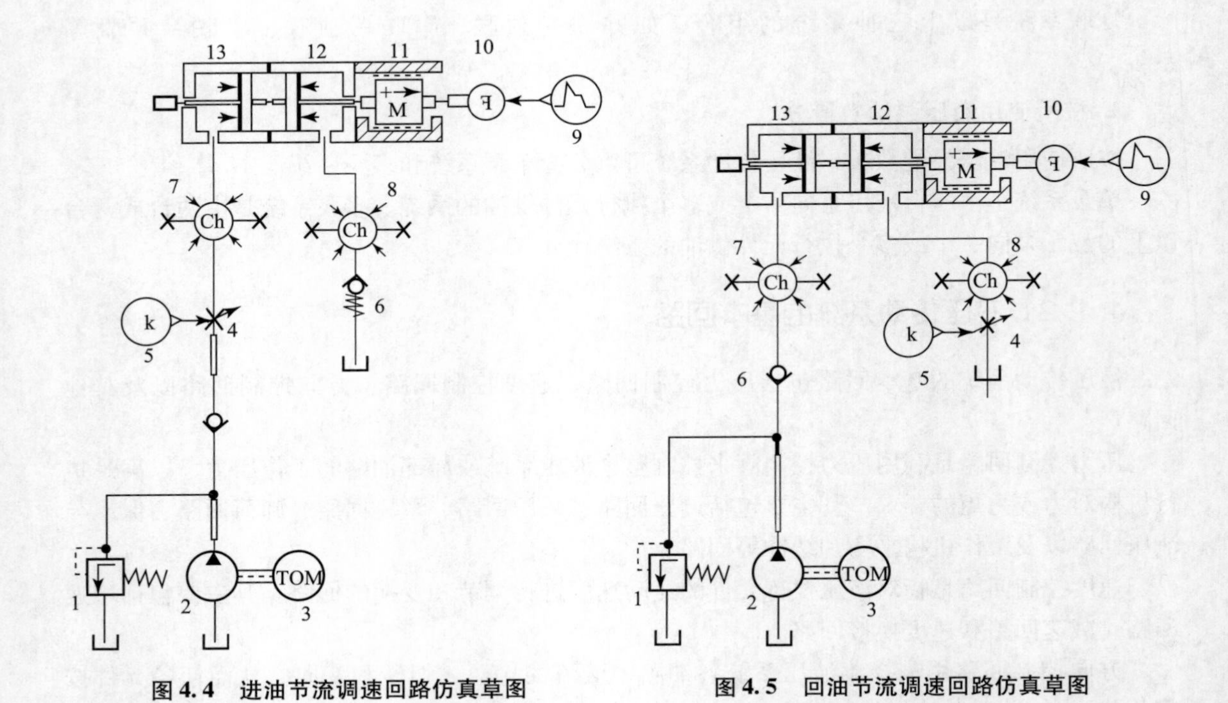

图 4.4　进油节流调速回路仿真草图

图 4.5　回油节流调速回路仿真草图

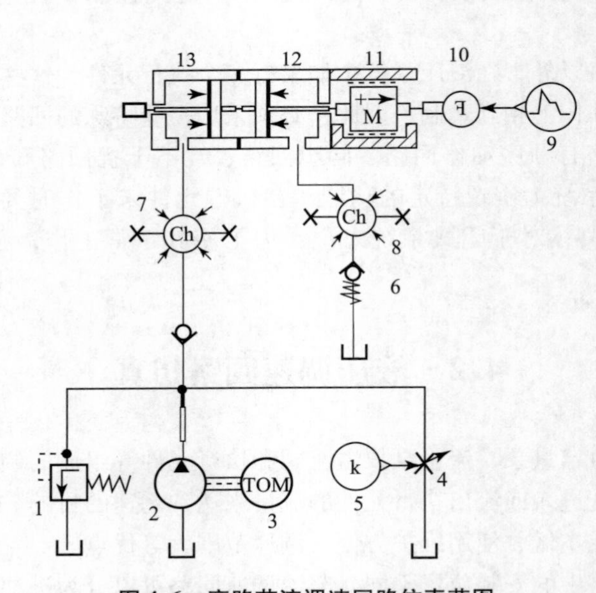

图 4.6　旁路节流调速回路仿真草图

搭建完上述草图之后，进入子模型模式，选取主子模型，为各个元件配备数学模型。

进入参数模式，图 4.4 ~ 图 4.6 中的所有元件，在参数模式设置的公用参数如表 4.1 所示。

表 4.1　参数设置（1）

元件编号	参数	值
2	pump displacement	10
5	constant value	0.5
4	value after step	100
9	number of stages	1
	duration of stage 1	10
	output at end of stage 1	130 000
11	lower displacement limit	0
	higher displacement limit	0.5
12	piston diameter	100
	rod diameter	50
13	piston diameter	100
	rod diameter	0

其余参数设置如表 4.2 所示。

表 4.2　参数设置（2）

元件编号	回路类型	参数	值
6	进油节流调速回路	check valve cracking pressure	5
		valve hysteresis	0.001
	旁路节流调速回路	check valve cracking pressure	5
		valve hysteresis	0.001
7	进油节流调速回路	dead volume	1
	旁路节流调速回路	dead volume	0.1

仿真模式下，设置仿真步长为 0.3 s，运行仿真即可。

元件 10 质量块，即液压缸伸缩杆的运动速度曲线如图 4.7 所示。

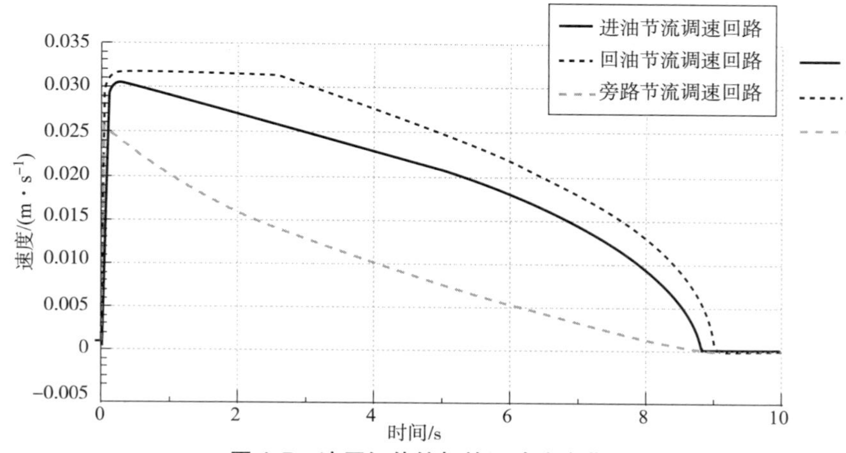

图 4.7　液压缸伸缩杆的运动速度曲线

在 AMESim 的使用过程中，用户往往期望获得某一参数对系统的影响效果。除了绘制多个相同草图改变固定参数以外，用户可以使用批运行对参数进行修改。

例如，在回油节流调速回路中，希望观察节流口开口面积对液压缸运动规律的影响效果，可以在参数设置模式下，选择菜单栏的“Settings”→“Batch Parameters”，单击打开回油节流调速回路中的元件 5，将“constant value”拖曳到“Batch Parameters”对话框中，如图 4.8 所示。

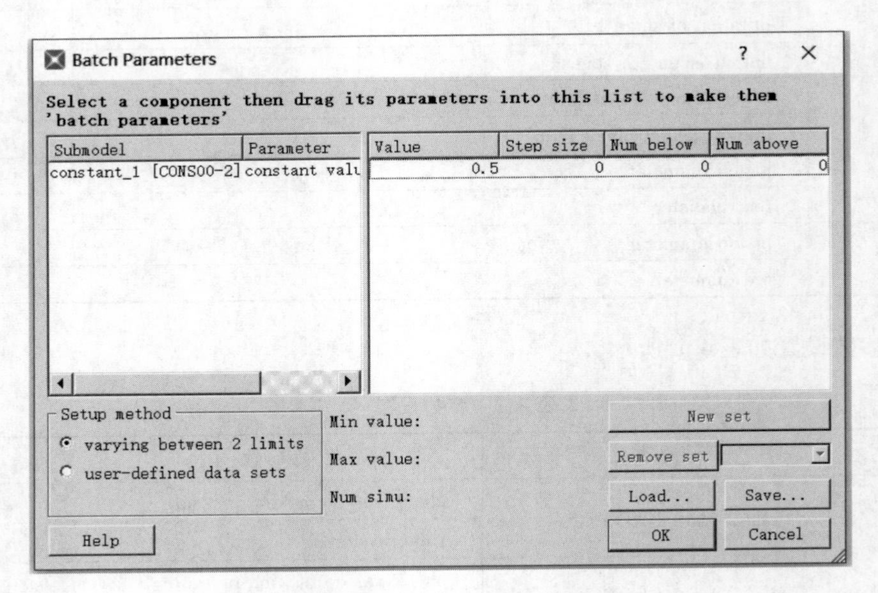

图 4.8 “Batch Parameters”对话框

改变“Batch Parameters”对话框中的参数设置，如图 4.9 所示。

Value	Step size	Num below	Num above
0.5	0.1	1	1

图 4.9 批运行参数设置

单击“OK”按钮确定。

在运行模式的运行参数中，设置“Run type”为“Batch”（图 4.10），单击“OK”按钮确定。

运行仿真。

绘制回油节流调速回路液压缸伸缩杆的运动速度曲线，在“AMEPlot”窗口中，单击“Tools”→“Batch plot”按钮之后，再单击“AMEPlot”窗口图形，弹出窗口如图 4.11 所示。

单击“OK”按钮。可以获得批运行结果（图 4.12）。

用户可以使用同样的方法对进油节流调速回路和旁路节流调速回路进行批运行处理。

另外，用户也可以改变负载信号以及节流控制信号，来观察不同负载与节流条件下执行机构的运动状态，这里就不一一表述了。

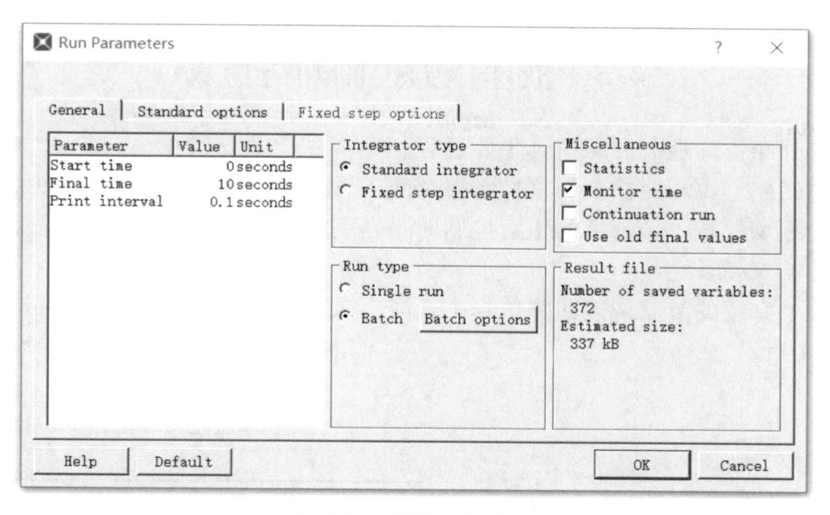

图 4.10　设置运行参数

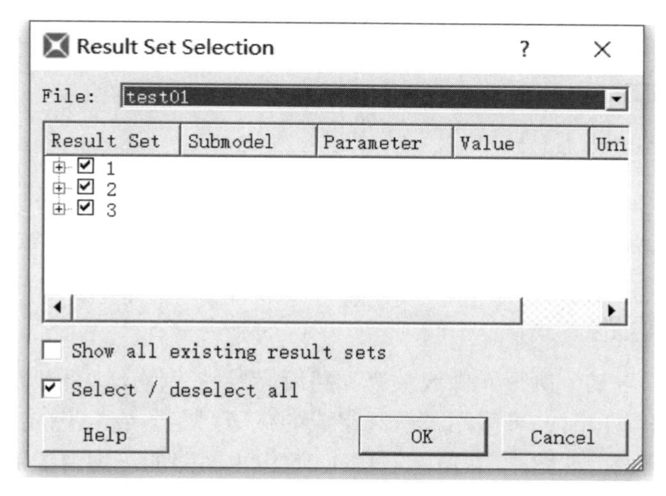

图 4.11　批运行绘图选择窗口

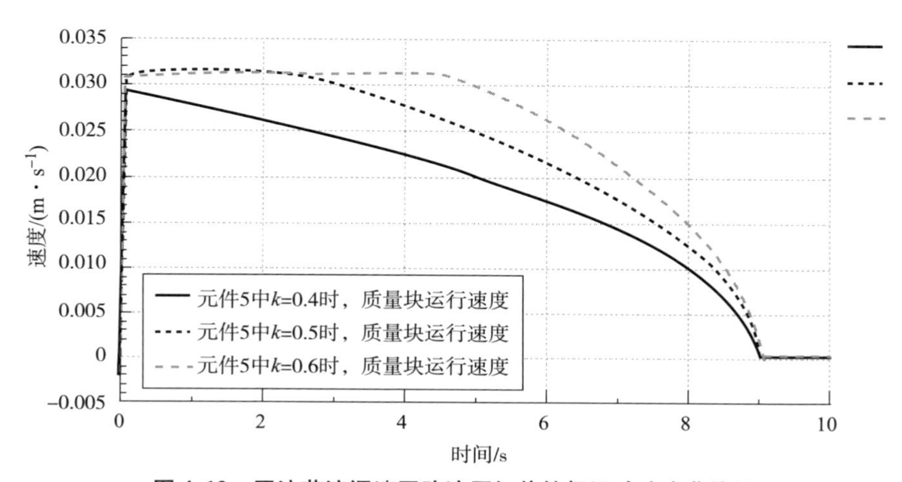

图 4.12　回油节流调速回路液压缸伸缩杆运动速度曲线族

4.3 液压压力控制回路仿真

本节主要介绍方向控制回路仿真主要过程。

压力控制回路利用压力控制阀来控制整个液压系统或局部油路的工作压力，以满足执行机构对力或力矩的要求。最常见的压力控制回路是利用溢流阀或先导式溢流阀控制液压泵输出压力，如图 4.13 所示。

在 4.2 节中介绍的节流调速回路仿真中，液压泵的出口压力被溢流阀限定在 150 bar 左右，如图 4.14 所示。

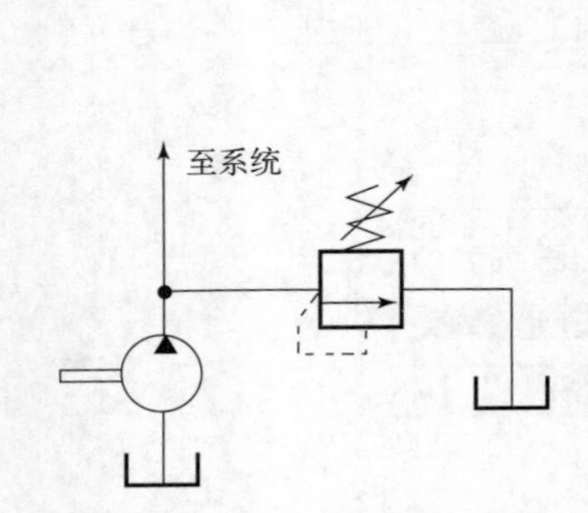

图 4.13　溢流阀构成的调压回路

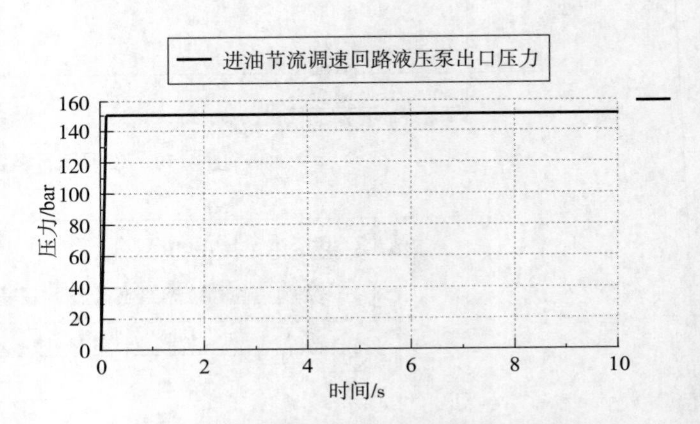

图 4.14　进油节流调速回路液压泵出口压力曲线

4.3.1　减压回路

在液压系统中，当某个执行元件或某个支路所需要的工作压力低于溢流阀调定值，或要求有可调的稳定低压输出时，可采用减压阀组成的减压回路。最常见的减压回路是采用定值减压阀与主回路相连接，如图 4.15 所示。图 4.15 中主回路的压力由溢流阀 1 调定，定值输出减压阀 2 出口压力低于主回路压力。

构建图 4.16 所示的 AMESim 减压回路仿真草图。

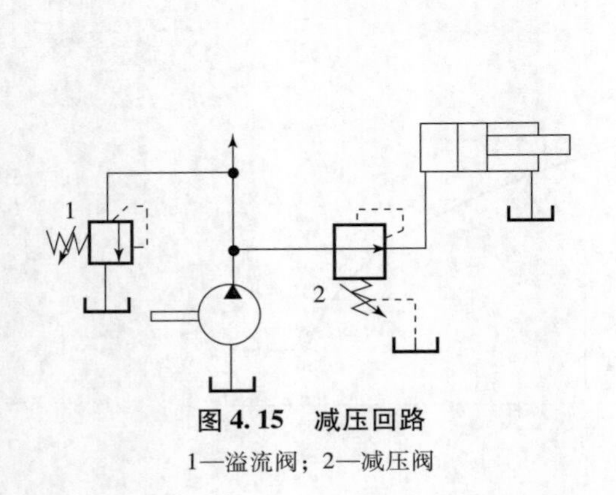

图 4.15　减压回路

1—溢流阀；2—减压阀

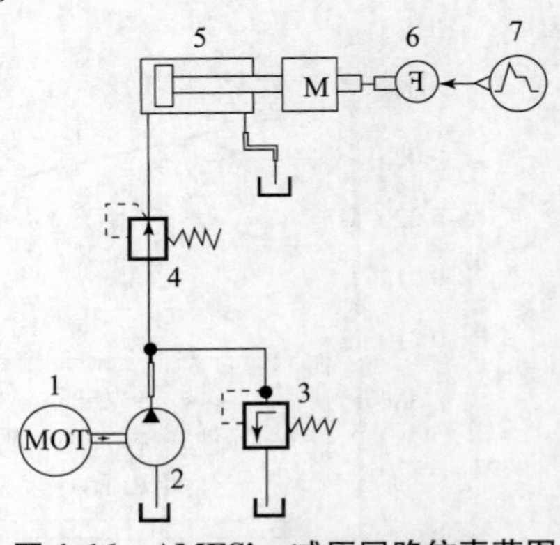

图 4.16　AMESim 减压回路仿真草图

子模型模式下选择主子模型，参数设置如表 4.3 所示，未展示的参数按照默认数值处理。

表 4.3　参数设置（3）

元件编号	参数	值
1	shaft speed	1 000
2	pump displacement	40
3	relief valve cracking pressure	60
4	cracking pressure （spring pre – tension）	45
	maximum pressure	50
5	length of stroke	0.5
7	number of stages	1
	output at start of stage 1	1 000
	output at end of stage 1	1 000

由表 4.3 可以看出，减压阀开始起作用时的压力设定为 45 bar，当压力增高到 50 bar 后，减压阀完全关闭。负载为恒定值，经力的单位转换信号转换为以 N 为单位的恒定负载。溢流阀保证液压泵出口处的最高压力为 60 bar。

仿真运行之后，打开减压阀，绘制“pressure at port 1”和“pressure at port 2”在同一框图中，如图 4.17 所示。

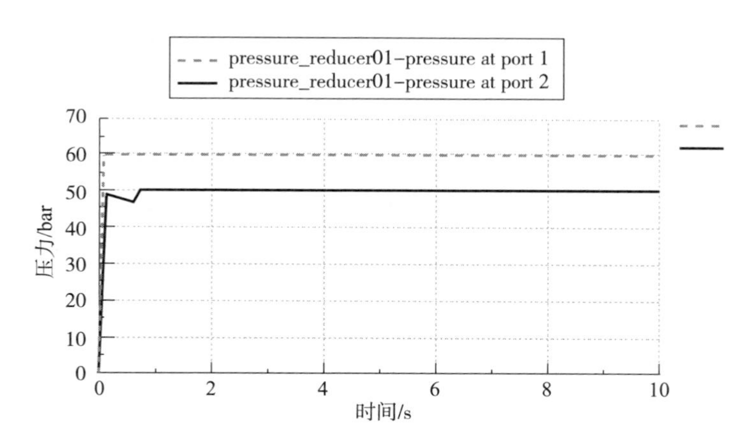

图 4.17　减压阀进出口压力曲线

这里线性的变化不做过多讲解，用户可以复习之前的内容。

可以看出，减压阀端口 1 的压力稳定在 60 bar，即溢流阀开启压力处。减压阀端口 2 的压力稳定在 50 bar，即减压阀完全关闭时。

当减压阀完全关闭之后，我们在 AMEPlot 窗口中，选择工具栏的图标，之后 AMEPlot 窗口如图 4.18 所示。

拖动坐标原点处的小光标，可以读取具体时曲线数值，如图 4.19 所示。

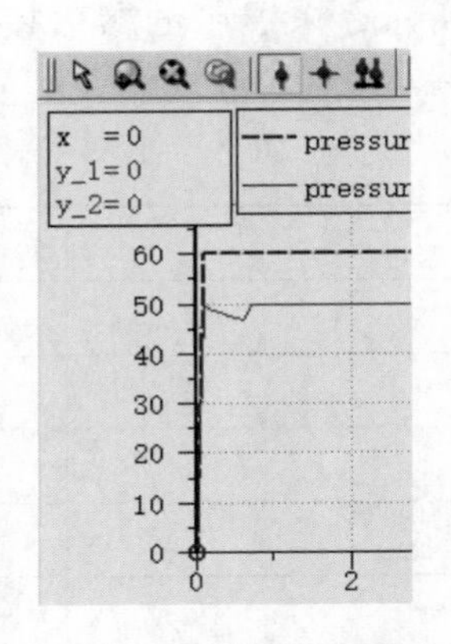

图 4.18　数据处理

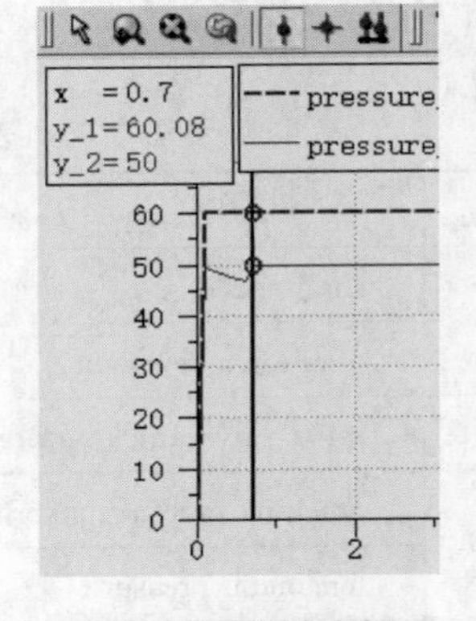

图 4.19　拖动光标

同样也可以使用 AMEPlot 窗口工具栏的和读取数值。用户可以自行尝试。使用将能获得更多的数据信息。

从图 4.19 可以看出减压阀端口 2 的压力稳定到 50 bar 时的时间为 0.7 s。

单击元件 5，绘制液压缸的位移曲线。如图 4.20 所示。利用上述方法可以看出，当 0.7 s 时，液压缸达到最大位移处。因为在系统压力可以驱动负载的情况下，如果液压缸中的活塞还有能够移动的空间，减压阀的出口压力就不能稳定在彻底关闭阀门的最大压力处。

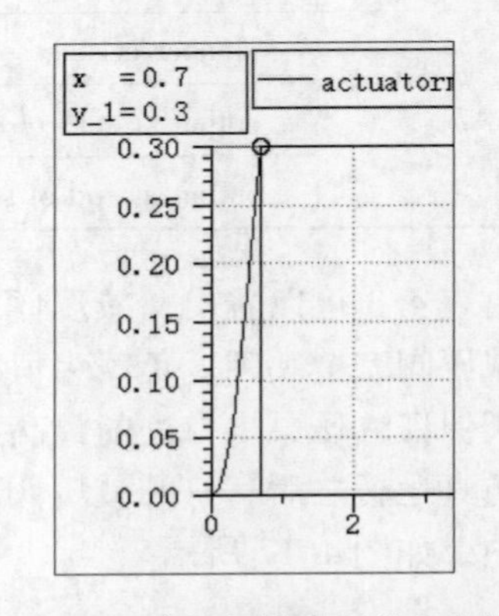

图 4.20　液压缸活塞杆位移曲线

4.3.2　保压回路

保压回路是指在执行元件停止工作或者仅有微小位移的情况下，使系统压力保持不变的回路，与此同时，液压泵处于卸荷状态。保压回路广泛应用在液压机、机床等设备中，并起着重要的作用。在特定的设备中使用的保压回路需要满足压力稳定性、保压时间长短等要求。本小节将搭建蓄能器保压回路的模型，分析回路的相应特性。

利用蓄能器来实现保压的回路如图 4.21 所示，当电磁铁 YA1 通电时，三位四通电磁换向阀工作在左位，液压泵向蓄能器和液压缸供油，液压缸的活塞杆向下运动直到压住工件。此时液压泵继续供油使系统压力上升。当压力达到压力继电器的调定值时，压力继电器发出信号使电磁铁 YA3 得电，二位二通电磁换向阀切换至上位，液压泵经过溢流阀卸荷。此时液压缸的压力就由蓄能器来保持。由于液压系统存在着泄漏以及蓄能器自身容量的限制，经过一段时间后系统压力将下降，当降到压力继电器的设定压力时，液压泵重新向蓄能器与液压缸供油。

蓄能器保压回路的模型不仅包括液压部分，而且还包括自动控制部分。结合回路工作原理，利用 AMESim 软件的液压库、机械库以及信号控制库创建出保压回路模型，如图 4.22 所示。

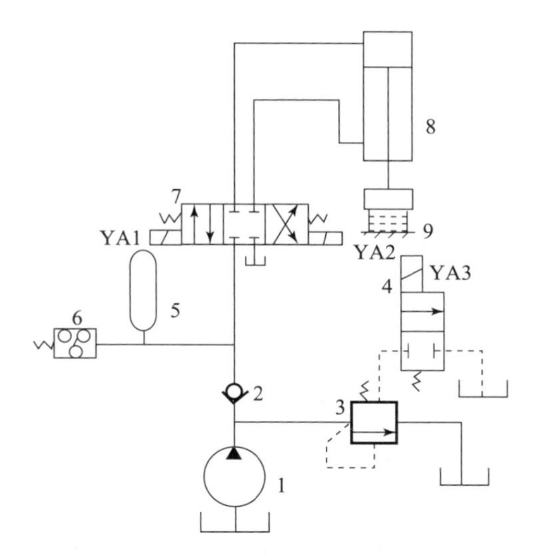

图 4.21　利用蓄能器来实现保压的回路

1—液压泵；2—单向阀；3—溢流阀；4—二位二通电磁换向阀；5—蓄能器；
6—压力继电器；7—三位四通电磁换向阀；8—液压缸；9—工件

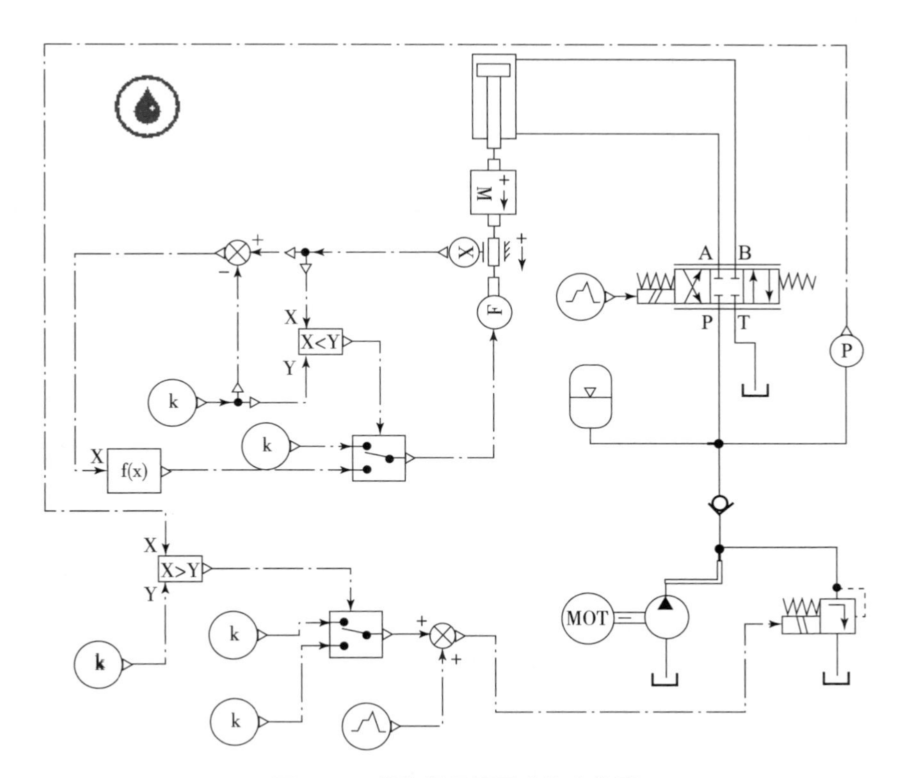

图 4.22　蓄能器保压回路仿真模型

1. 位置检测部分模型

液压缸活塞杆在向下运行碰到工件之前，有一段空行程，此时系统负载近似为零。当接触工件后，负载会随位移继续增加而增大，该过程可以通过图 4. 23 所示模型的位置检测部分来体现。

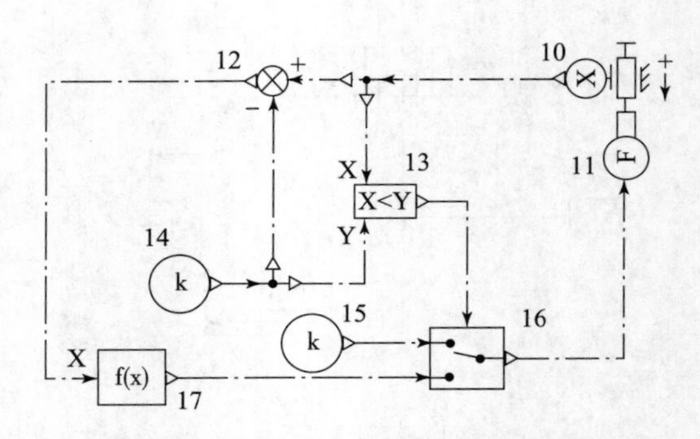

图 4. 23　位置检测部分模型仿真草图

元件 9 的作用是检测液压缸活塞杆的位移，元件 11 是将信号转换为负载力。元件 13 的作用是进行比较，当活塞杆位移小于设置值 0. 3 m（由元件 14 设定），外负载力由元件 15 设定；当活塞杆位移大于设置值，外负载力由函数（元件 17）计算得到，这个作用力作用在液压缸上，模拟挤压工件所受到的力。函数（元件 17）的自变量为活塞杆位移值与 0. 3 m 的差值。

位置检测部分的参数设置如表 4. 4 所示，未显示参数采用默认值。

表 4. 4　参数设置（4）

元件编号	参数	值
14	constant value	0. 3
15	constant value	0
16	switch threshold	1
17	expression in terms of the input x	200 000 * x

2. 控制部分模型

控制部分的仿真回路如图 4. 24 所示。

元件 18 的作用是将蓄能器进口处的压力与设定的压力值（元件 19 设定）进行比较，如该压力高于设定值则元件 22 输出 0 信号（元件 20 设定），如该压力低于设定值则元件 22 输出 220 mA 信号（元件 21 设定）。以此来模拟液压泵在系统供油状态与卸荷状态之间的切换。元件 24 用来设定蓄能器充液的时间。

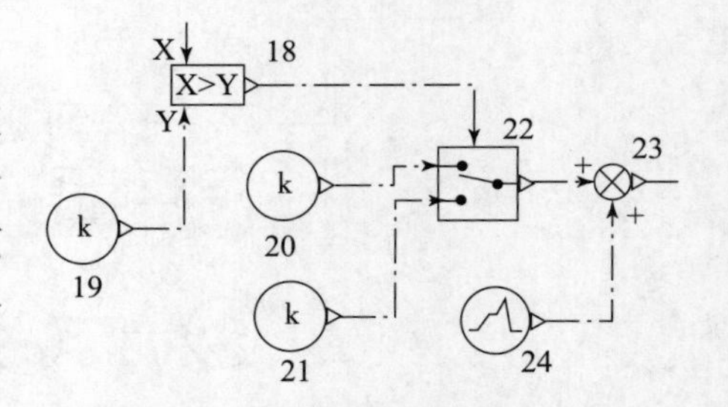

图 4. 24　控制部分的仿真回路

控制部分的参数设置如表 4. 5 所示，未显示参数采用默认值。

表 4.5 参数设置（5）

元件编号	参数	值
19	constant value	60
20	constant value	0
21	constant value	200
22	switch threshold	1
	number of stages	2
	output at start of stage 1	200
	output at end of stage 1	200
	duration of stage 1	20

3. 其他参数设置及结果分析

根据之前介绍的工作原理，将参数设置为表 4.6 所示，未显示参数采用默认值。

表 4.6 参数设置（6）

元件编号	参数	值
1	shaft speed	1 000
2	pump displacement	10
5	gas precharge pressure	43. 35
	accumulator volume	5. 6
6	ports P to B flow rate at maximum valve opening	60
	ports P to B corresponding pressure drop	0. 9
	ports A to T flow rate at maximum valve opening	70
7	number of stages	2
	duration of stage 1	20
	output at start of stage 2	10
	output at end of stage 2	10
	duration of stage 2	20
8	piston diameter	50
	rod diameter	30
	length of stroke	0. 5
	leakage coefficient	0. 001
9	mass	50

与液压泵相连的电机转速为 1 000 r/min，液压泵的排量为 10 mL/r，液压缸的活塞直径为 50 mm，活塞杆的直径为 30 mm，活塞最大行程 0. 5 m，质量块为 50 kg，参数“leakage coefficient”需要被设置成 0. 001 L/min/bar 来模拟液压缸的内泄漏。

蓄能器的关键参数为初始压力和蓄能器容积，涉及蓄能器的设计计算，这里不做过多说明，用户可以自行学习。

在仿真模式下将运行时间设置为 40 s。

打开蓄能器元件的变量列表，将“pressure at port 1”变量拖入工作窗口，绘制蓄能器入口的压力曲线。如图 4. 25 所示。

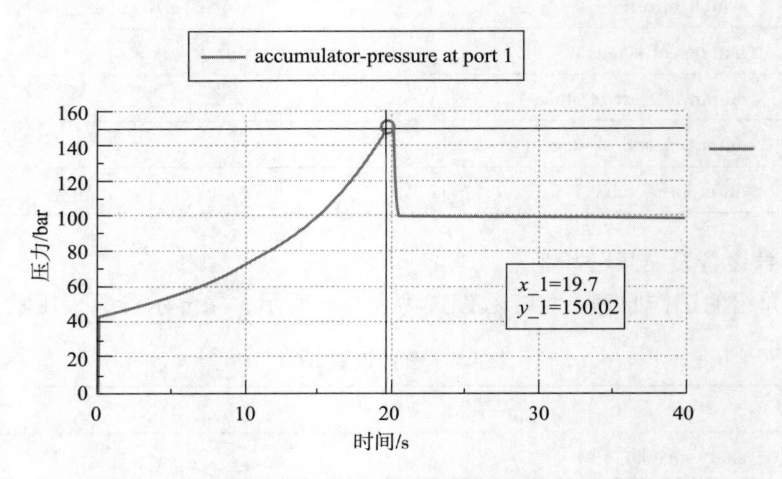

图 4. 25　蓄能器进口压力曲线

从图 4. 25 可以观察到在约 19. 7 s 时蓄能器压力达到最高值为 150 bar 左右，即溢流阀设定的压力值。这个阶段属于液压泵向蓄能器充液的阶段。20 s 后，蓄能器的出口压力维持在 100 bar 附近，该压力是由外负载决定的，属于保压阶段。

图 4. 26 为活塞杆位移曲线，在 20 s 时电磁换向阀（元件 6）切换到左位，液压缸以较快的速度下行，当位移超过 0. 3 m 即接触工件后，有短暂的积蓄压力时间，然后继续加压下行到约 0. 397 8 m 处，进行保压。

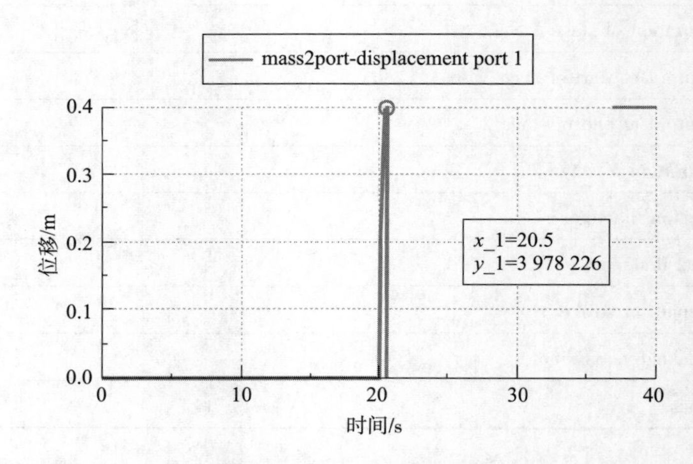

图 4. 26　活塞杆位移曲线

4.4　液压比例控制系统仿真

液压伺服控制系统一般是闭环控制，主要使用的是伺服阀，频响高、精度高。但是其缺点是系统复杂，系统中使用的元件繁多，并且其对流体介质的清洁度要求非常高，系统的制造成本和维修成本高昂。而液压比例控制系统既可以是闭环控制系统，也可以是一个开环控制系统，使用的是液压比例阀，与伺服阀相比，精度和频响都要低一些。但是其元件互换性高，加工难度和技术要求都较低，从而产品价格更低。

电液比例阀控液压缸液压系统原理如图 4. 27 所示，系统主要由定量叶片泵 1、单向阀 2、压油滤油器 3、压油滤油器（磁性）4、三位四通比例换向阀 5、双活塞杆缸 6、蓄能器 7、光栅位移传感器 8、负载挡块 9 及安全阀组 YI 组成。

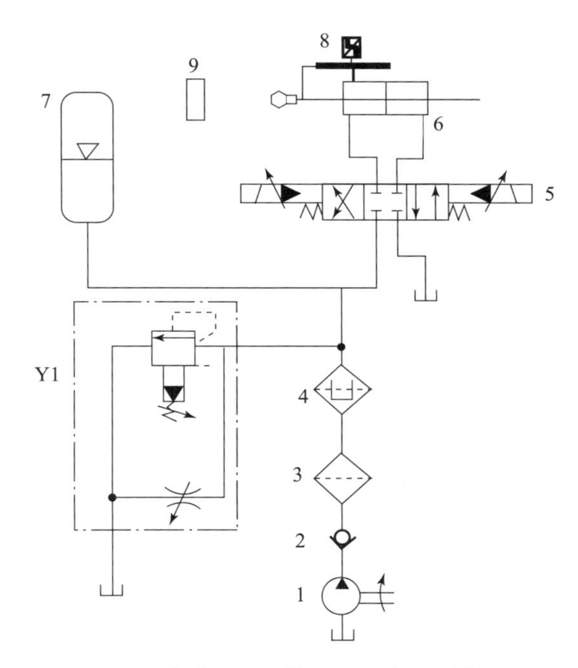

图 4. 27　电液比例阀控液压缸液压系统原理

1—定量叶片泵；2—单向阀；3—压油滤油器；4—压油滤油器（磁性）；5—三位四通比例换向阀；6—双活塞杆缸；7—蓄能器；8—光栅位移传感器；9—负载挡块；YI—安全阀组

系统通过控制软件给定一指定值（阶跃信号），信号经过数字 PID（比例、积分、微分）控制器调节和数据采集卡 D/A 模块转化为模拟量电压 U 传递给比例控制器，比例控制器将信号放大并且转化为电流信号 I 传递给电液比例阀，从而控制阀芯的位移，通过控制电液比例阀的阀芯开度，进而控制流经电液比例阀的液压油的流量，最终控制液压缸活塞杆的速度和位移。液压缸上有光栅位移传感器，它将液压缸活塞的位置信息动态地检测并通过数据采集卡传递给计算机，构成闭环系统。其工作流程如图 4. 28 所示。

对系统原理图简化后，应用 AMESim 软件建立图 4. 29 所示的电液比例阀控液压缸系统。参数设置如表 4. 7 所示，为显示的参数按照默认值处理即可。

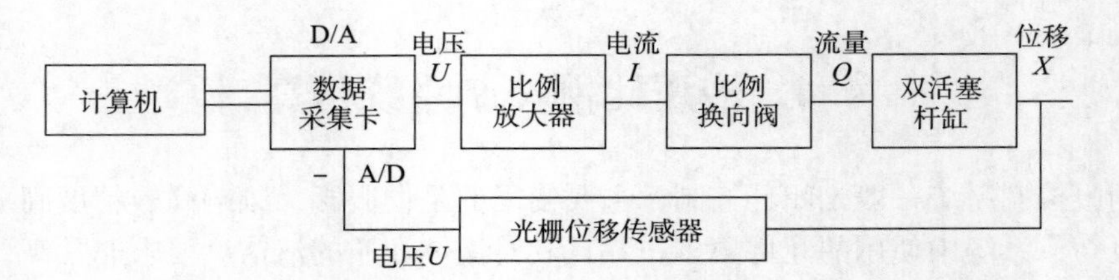

图 4.28 电液比例阀控液压缸闭环控制系统工作流程

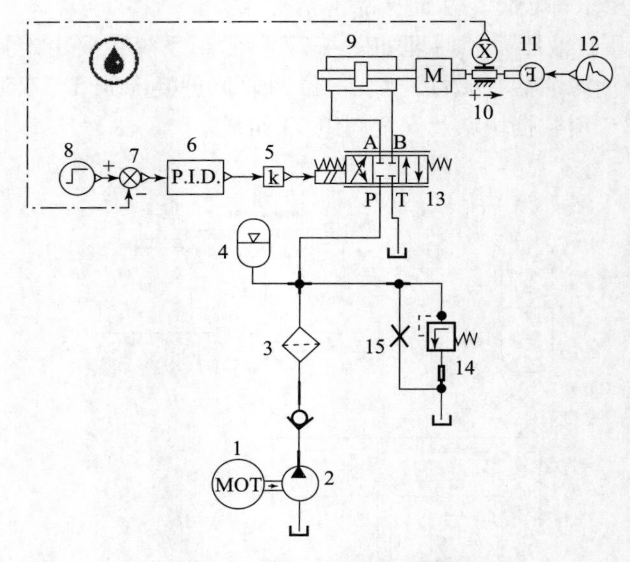

图 4.29 电液比例阀控液压缸系统

表 4.7 参数设置（7）

元件编号	参数	值
2	pump displacement	32
5	value of gain	-1
6	proportional gain	200
	integral gain	0.01
	derivative gain	0.1
8	value before step	1
9	piston diameter	40
	rod diameter port 1 end	18
	rod diameter port 2 end	18
	length of stroke	1
	total mass being moved	100

续表

元件编号	参数	值
10	gain for signal output	10
12	number of stages	1
	output at start of stage 1	2 100
	output at end of stage 1	2 100
13	valve rated current	100
	valve natural frequency	50
15	equivalent orifice diameter	1

考虑到系统可能会有振荡，通信间隔时间设置为 0.01 s，这样能更加直观地从曲线上看出振荡情况。

运行仿真如图 4.30 所示。

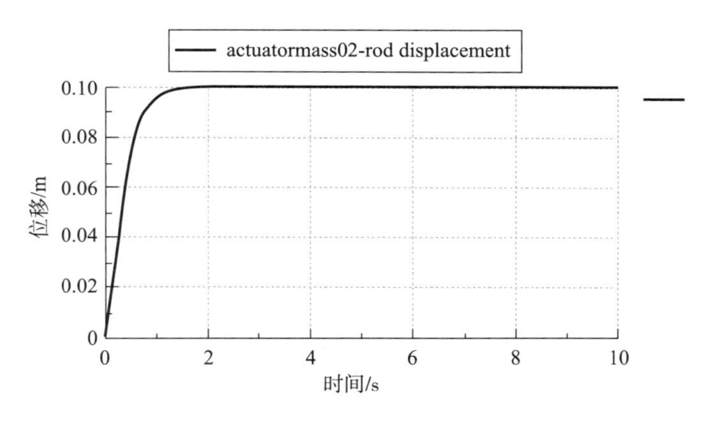

图 4.30　活塞杆位移曲线

由图 4.30 可以看出，系统稳定无超调，但上升时间较长，说明系统反应慢，即系统快速性不好。上升时间越短，控制进行得越快，系统的品质就越好，但是提高系统快速性的同时还要兼顾系统的稳定性和准确性。

用户可以对系统 PID 控制器的 3 个参数进行优化设计。在系统硬件不变的情况下，从控制策略出发，通过改变影响系统性能的一些参数来对其进行优化，这是一种方便、实用、快速、有效的方法，用户可以自行尝试。

4.5　液压伺服控制系统仿真

液压位置伺服系统主要包括三位四通液压伺服阀 8、位移传感器 13、液压缸 11、溢流阀 3、定量泵 2、放大器 7 和信号源 5 等。系统仿真草图如图 4.31 所示。

该系统是一个典型的闭环控制系统，其工作原理如下：首先执行机构的输出位移通过位

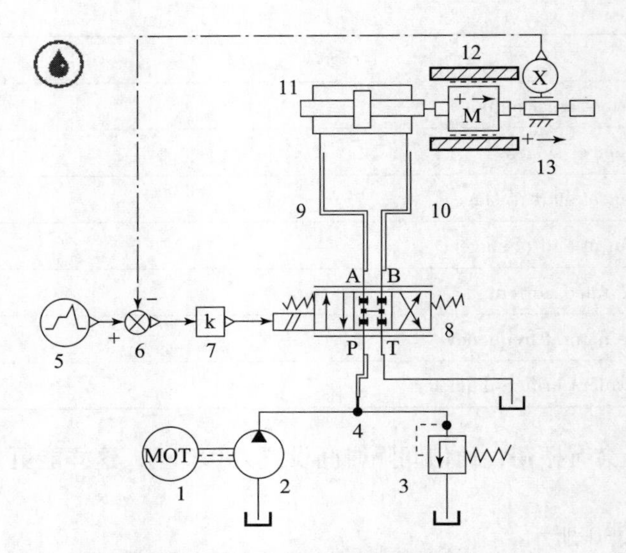

图 4.31　液压位置伺服系统仿真草图

移传感器转变为信号，然后将此信号与给定的位移信号进行对比，得到闭环控制的误差信号，此差值经放大器进行比例放大后就可驱动液压伺服阀动作，来开启或关闭对执行机构的液压油供应和选择供油方向，以实现控制执行机构位移大小及方向的目的。执行机构的实际输出位移和给定的期望位移之间只要存在偏差，系统就会自动调整输出位移，直至二者之间的偏差为零。

进入子模型模式，首先将液压 3 端口接头（元件 4）设置为 H3NODE2 子模型，其他设置为主子模型。

参数设置如表 4.8 所示，未显示的参数按照默认值处理即可。

表 4.8　参数设置（8）

元件编号	参数	值
5	number of stages	41
	output at start of stage 1	0.1
	output at end of stage 1	0.1
7	value of gain	100
8	valve natural frequency	50
	valve damping ratio	2

运用批处理功能设定放大器增益 k。在参数模式下打开 “Settings”→“Batch Parameters”，将放大器的变量 “value of gain” 拖入 “Batch Parameters” 对话框中的左侧空白框，如图 4.32 所示。

在 “Batch Parameters” 对话框左下侧的 “Set method” 中，选择 “user - defined data sets”，单击 “New set” 按钮，增加批处理中需要设置的参数数量，并对 “Set 2” “Set 3” “Set 4” 分别进行参数设置，如图 4.33 所示。

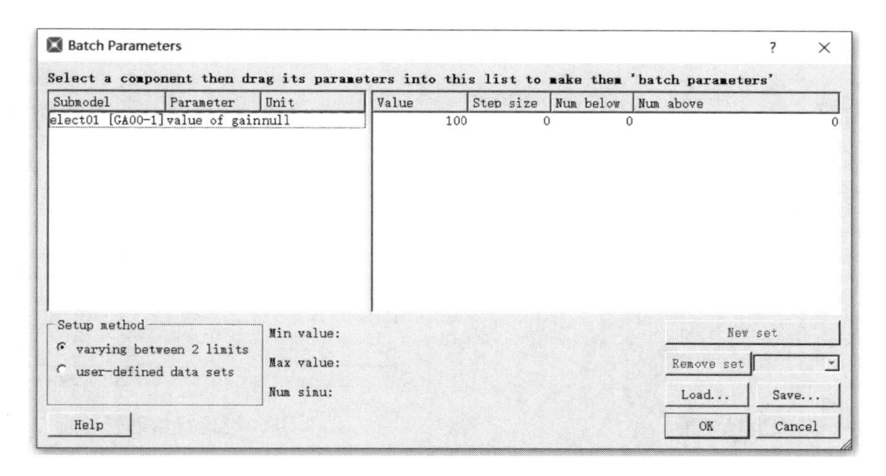

图 4.32　批处理设置

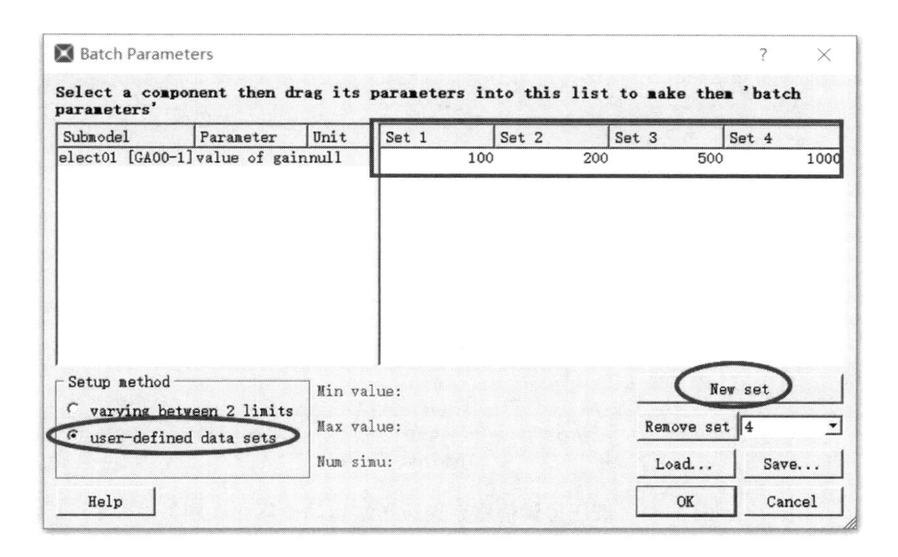

图 4.33　用户自定义参数设置

进入仿真模式。在“Run Parameters”中设置“Final time”为 2 s，“Print interval”为 0.01。“Run type”为“Batch”。单击“OK”按钮确定。

运行仿真。

双击质量块元件，打开质量块元件的变量列表。

在变量列表中，修改“Select result set”为 1，如图 4.34 所示。

绘制液压位置伺服系统质量块的运动位移曲线，将变量“displacement port 1”拖曳至“AMESim”绘图界面。在“AMEPlot”窗口中，单击“Tools”→“Batch plot”按钮之后，再单击“AMEPlot”窗口图形，弹出窗口如图 4.35 所示。

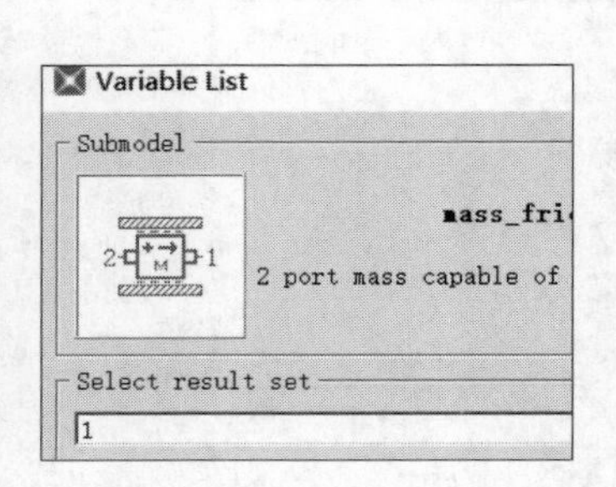

图 4.34　选择运行结果

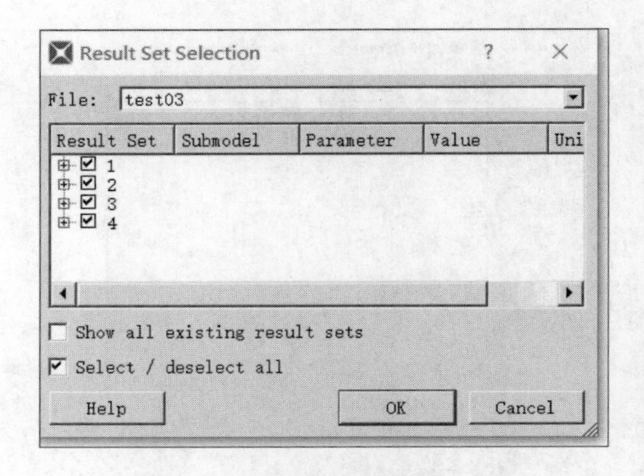

图 4.35　批运行绘图选择窗口

单击“OK”按钮，可以获得批运行结果，如图 4.36 所示。

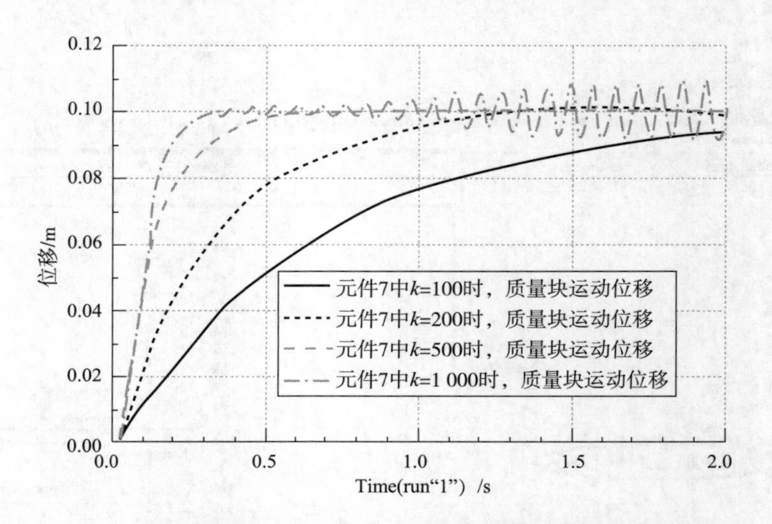

图 4.36　液压位置伺服系统液压缸运动位移曲线族

4.6　其　　他

液压传动有许多突出的优点，所以在机械制造、矿山冶金、交通运输、航海航空等方面广泛应用。本节将介绍两种典型液压系统，让用户加深对各种液压元件和系统建模的综合认识。

4.6.1　汽车起重机起升系统建模分析

起升系统是汽车起重机上车部分四大系统之一，一般由驱动装置、减速器、卷筒、吊钩、制动器等组成。起升系统的主要功用是实现负载的升降，控制负载升降的速度，并保持负载的可靠悬停，便于负载的装卸和安装。

1. 系统介绍

图 4. 37 为起升系统整体 AMESim 仿真模型。

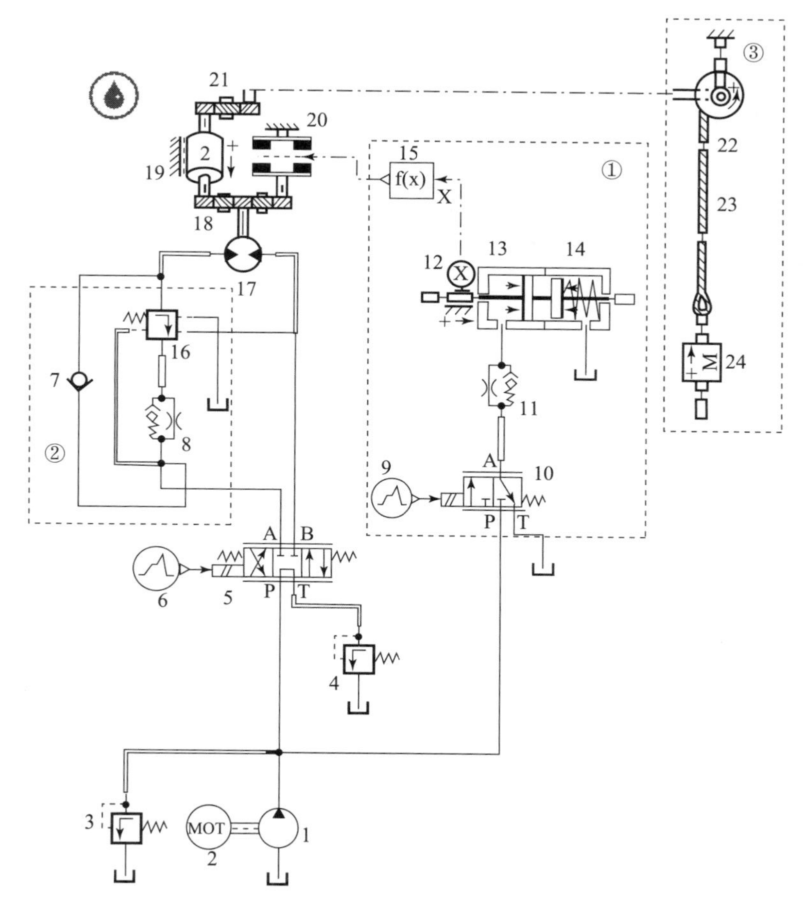

图 4. 37　起升系统整体 AMESim 仿真模型

①—制动模块；②—平衡模块；③—起升模块

如图 4. 37 所示，液压泵主要由动力源（液压泵 1）、执行机构（液压马达 17）、方向控制阀 5 以及制动模块①、平衡阀模块②、起升模块③和其他辅助元件组成。

汽车起重机的仿真原理为：当使重物做起升或下降运动时，二位二通阀 10 处于右位。若方向控制阀 5 处于左位，则液压泵输出油液，流经方向控制阀 5 流入液压马达 17，液压马达输出力矩，经过旋转负载 19 和减速器 21 驱动卷筒 22，带动重物上升，油液经过平衡阀流回油箱；若方向控制阀 5 处于右位，则液压泵 1 输出油液，通过平衡阀中的单向阀，带动液压马达，驱动马达反转，输出力矩，经过旋转负载 19 和减速器 21 驱动卷筒 22，使重物下降。

当重物悬停，二位二通阀 10 处于左位，方向控制阀 5 处于中位。从液压泵流出的液压油经过二位二通阀 10 和单向节流阀 11 推动活塞 13 克服右侧弹簧运动，经过位移传感器输出位移信号，经过一定的函数变化之后输入力矩发生器 20 中，输出制动力矩，经过旋转负载 19 和减速器 21 驱动卷筒 22，使重物在空中静止。

2. 模型设置

搭建图 4.37 所示模型之后，设置为主子模型，参数设置如表 4.9 ~ 表 4.11 所示。

表 4.9　参数设置（9）

元件编号	参数	值
3	relief valve cracking pressure	300
4	relief valve cracking pressure	10

表 4.10　参数设置（10）

元件编号	参数	值
5	ports P to A flow rate at maximum valve opening	210
	ports B to T flow rate at maximum valve opening	210
	ports P to B flow rate at maximum valve opening	210
	ports A to T flow rate at maximum valve opening	210
	ports P to T flow rate at maximum valve opening	210
8	equivalent orifice diameter	10
15	expression in terms of the input x	50 000 * x
17	motor displacement	800
20	signal input：1 fraction（0，1）of max. 2 normal force N 3 friction torque N · m	3
	option 1：maximum Coulomb（dynamic）friction torque	3 000

表 4.11　参数设置（11）

元件编号	参数	值
19	moment of inertia	0.1
	coefficient of viscous friction	10
21	gear ratio	-0.022
22	stiffness of unit length of rope	1.1e+07
	initial length	50
24	mass	15 000
	inclination（+90 port 1 lowest，-90 port 1 highest）	90

调定系统的进油路最高压力为 300 bar，保证油路压力不会对液压元件产生严重损伤。回油路背压为 10 bar，保证流量稳定。

液压马达排量较大，可以输出较大转矩，以适应提升物体较大的质量。

元件 15 将制动缸的位移信号进行一定的计算输入力矩发生器 20 中，由力矩发生器转换为摩擦制动力矩。

如果要提升重物，则二位二通阀应处于右位，所以它的输入信号均为0，方向换向阀处于左位且全开，参数设置如表4.12所示。

表4.12　参数设置（12）

元件编号	参数	值
6	number of stages	1
	output at start of stage 1	40
	output at end of stage 1	40

如果要使重物下降，二位二通阀也应处于右位，它的输入信号均为0，方向换向阀处于右位且全开，参数设置如表4.13所示。

表4.13　参数设置（13）

元件编号	参数	值
6	number of stages	1
	output at start of stage 1	-40
	output at end of stage 1	-40

若使重物在空中停止，二位二通阀也应处于左位，油液进入制动缸，产生制动力矩。方向换向阀处于中位，参数设置如表4.14所示。

表4.14　参数设置（14）

元件编号	参数	值
6	number of stages	2
	output at start of stage 1	40
	output at end of stage 1	40
	duration of stage 1	50
	output at start of stage 2	0
	output at end of stage 2	0
9	number of stages	2
	output at start of stage 1	0
	output at end of stage 1	0
	duration of stage 1	50
	output at start of stage 2	40
	output at end of stage 2	40

由表4.14可以看出，此时的运行情况为，0～50 s内，重物上升；50～100 s内，重物在空中悬停。

将仿真时间设置为100 s，运行仿真。

3. 工况分析

在仿真模式下单击质量块元件 24，将变量列表中的“displacement port 1”拖曳入工作空间，即可绘制重物的运动曲线（图 4. 38 ~ 图 4. 40）。

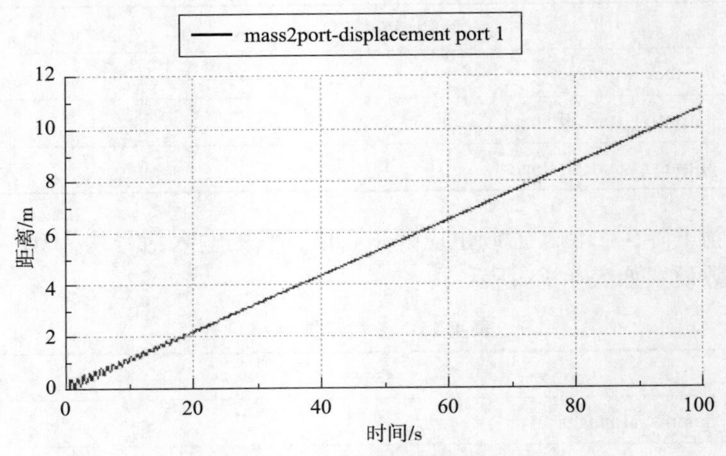

图 4. 38　重物上升曲线

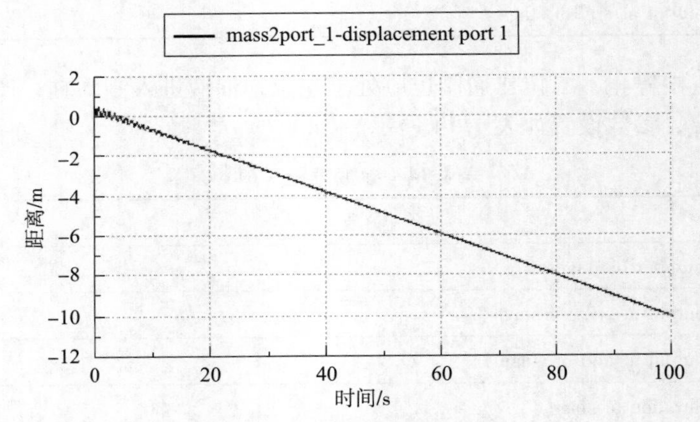

图 4. 39　重物下降曲线

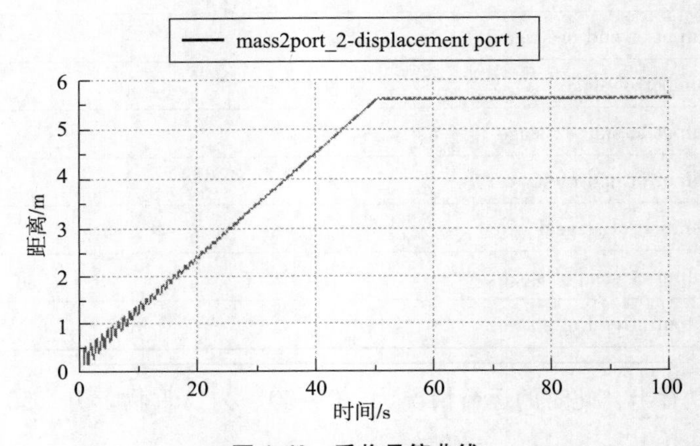

图 4. 40　重物悬停曲线

4.6.2　拖拉机电液悬挂系统建模分析

在农机作业过程中，拖拉机需通过液压悬挂系统来实现对耕种深度的调节，而为了实现拖拉机作业深度的均匀性，常使用机械阻力控制作为系统的控制方式。机械阻力控制方式主要是驾驶员通过选择“力调节”和“位置调节”方式来操作手柄的位置，使得机械式阻力位置调节装置能够实现农机具位置/阻力的调节。在作业过程中，经常会碰到地形起伏，田埂、树根等短期地形突变及阻力突变等情况，造成农机具上下起伏，影响农机作业的水平。本小节介绍的电液控制系统通过各个传感器检测的信号，调节左右悬挂油缸的伸缩量，实现配套农机具耕作动力、耕作深度的自动调节。

1. 系统介绍

根据系统的设计要求，悬挂液压系统要能够实现快速下行，并且举升下降也能够准确定位，以保证油缸位移不受负载压力影响，多个执行机构能够同时动作且彼此不受影响。

为了实现上述要求，设计时主要采用定流量负载敏感回路。图4.41为定流量负载敏感回路原理，图4.42是它的压降，具体思路如下。

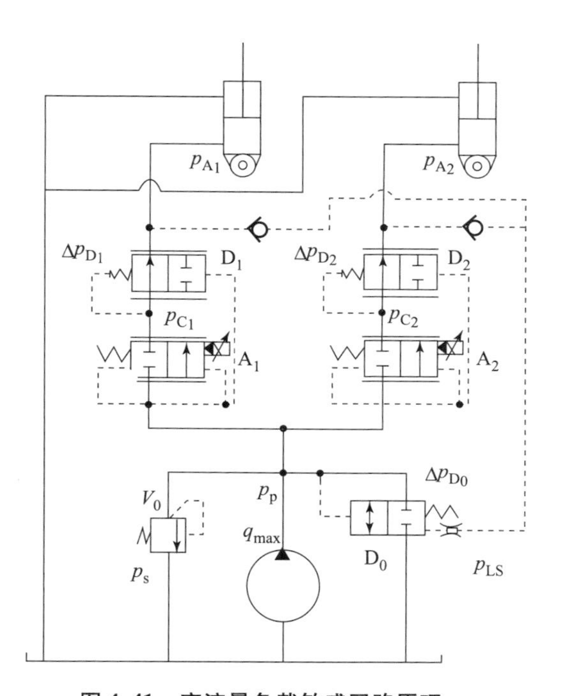

图4.41　定流量负载敏感回路原理

（1）定量泵作为液压源在泵出口处有一旁路接的主定差阀 D_0，设定弹簧预紧力为 Δp_{D_0}。

（2）负载信号压力为 p_{LS}。如果换向阀 A_1、A_2 在初始位置，那么 p_{LS} 就是 Δp_{D_0} 的压力；如果换向阀在工作位，那么 p_{LS} 就是液压缸负载口 p_{A_1} 或者 p_{A_2} 的压力。

（3）在换向阀后接定差减压阀 D_1、D_2，通过调节阀 D_1、D_2 的阀口大小，维持换向阀前后压差为恒定。因此，通过换向阀的流量只取决于阀口的面积，而与负载压力无关。

（4）当换向阀在初始位置时，p_{LS} 等于 Δp_{D_0} 的压力，因为换向阀此时关闭，所以，泵流量全部经过旁路阀 D_0 回到油箱。

（5）各换向阀的反馈信号压力 p_{LS} 经过单向阀，选出最高负载信号压力 p_{LS}，作用在主定压差阀 D_0，调节节流口大小，维持泵出口压力 p_p 比负载最高压力 p_{LS} 高 Δp_{D_0}，并将泵多余流量卸荷回油箱。

根据上述设计思路及原理，结合悬挂系统实际工况，在提升及下降时都要准确控制油缸位置，最终悬挂液压系统如图4.43所示。该系统主要完成举升、下降、浮动3个基本动作；其次，根据运动状态，系统调节不同的液压阀，控制油缸运动。

1）油缸举升

比例流量控制阀的电磁铁得电，并根据油缸位移反馈信号调节阀口开度，泵出口的油液依次经比例流量控制阀、单向阀，到达举升油缸大腔，推动油缸伸出，当油缸运动到指定位

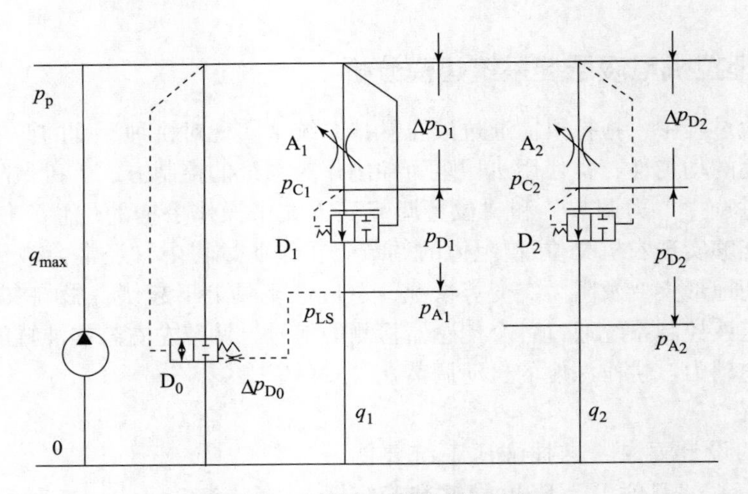

图 4.42　定流量负载敏感回路压降

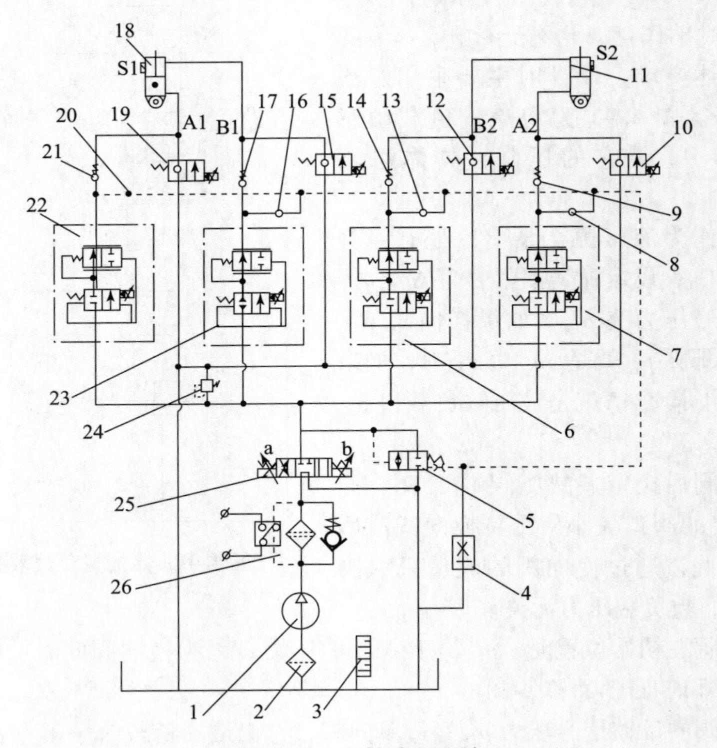

图 4.43　悬挂液压系统

1—液压齿轮泵；2—吸油过滤器；3—液位液温计；4—恒流阀；5—主定压差阀；6，7，22，23，24—比例流量控制阀；8，9，13，14，16，17，20，21—单向阀；10，12，15，19—比例换向阀；11—右提升油缸；18—左提升油缸；24—溢流阀；25—电磁换向阀；26—高压过滤器

移时，位移传感器反馈信号控制比例流量控制阀关闭，油缸运动停止，运动过程中的泵多余油液经主定压差阀卸荷回油箱；比例换向阀电磁铁得电，工作在图 4.43 中的右位，液压缸小腔油液经比例换向阀回到油箱。

2）油缸下降

（1）在农具与地面接触之前，比例换向阀的电磁铁调节比例阀的开口大小，控制油缸下降速度与位移。此时，比例流量控制阀的电磁铁工作在最大控制电流，阀口全开，泵出口油液经比例流量控制阀、单向阀进入提升油缸小腔，大腔油液经比例换向阀回到油箱。

（2）当农具与地面接触后，比例换向阀的电磁铁工作在最大控制电流上，阀口全开，此时，比例流量控制阀的电磁铁根据油缸位移反馈信号，调节比例阀阀口大小，进而控制油缸运动位移及速度，在运动过程中的泵多余油液经主定压差阀卸荷回油箱。当油缸运动结束后，所有电磁铁失电，油缸负载压力经恒流阀卸荷，泵出口油液经 3 位四通电磁换向阀的中位卸荷回油箱。

3）油缸浮动

当油缸大腔和小腔的比例换向阀同时得电时，两个阀都工作在图 4.43 中的右位，此时油缸大腔与小腔接通，系统工作在浮动状态。

根据上述分析搭建图 4.44 所示的拖拉机电液悬挂系统 AMESim 仿真模型。

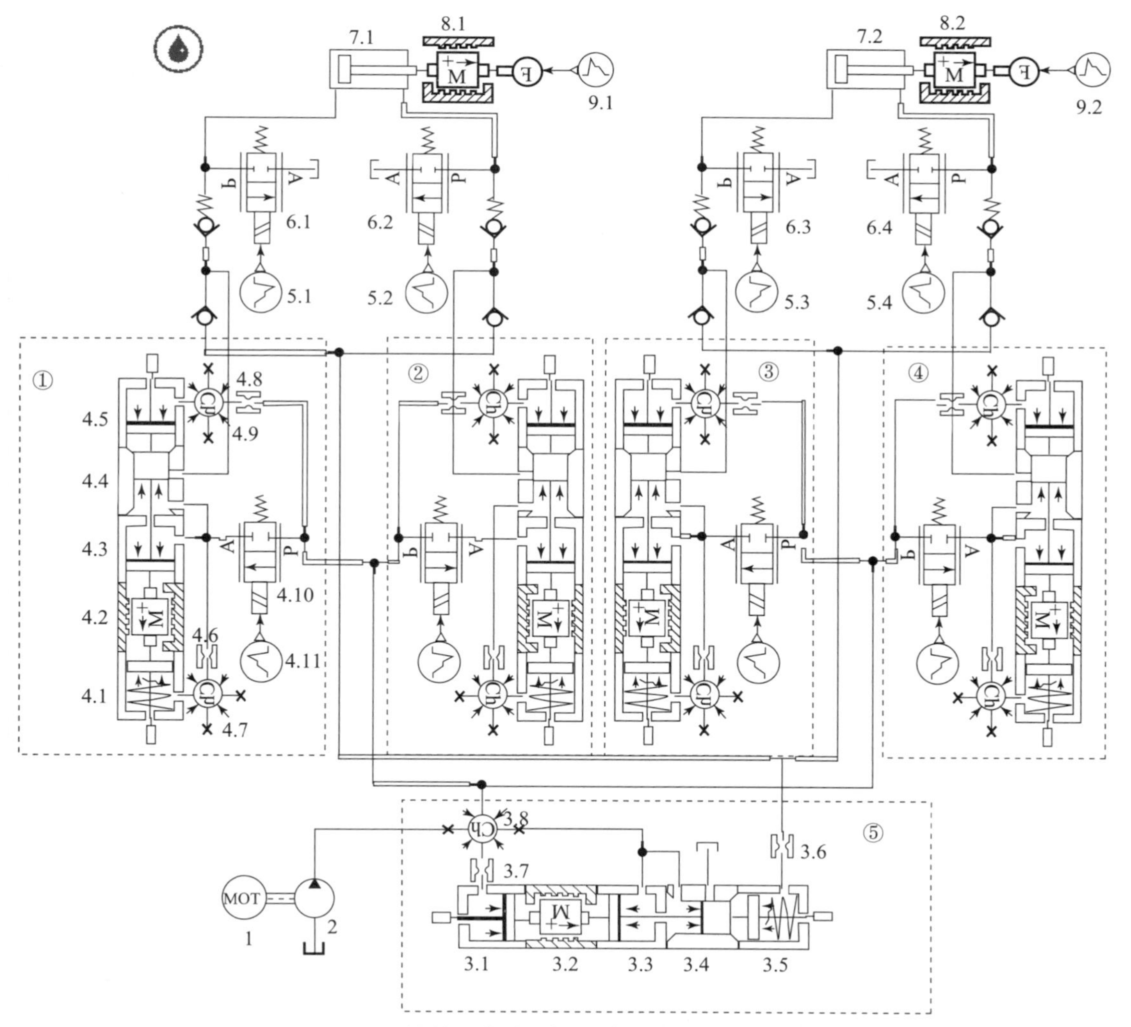

图 4.44　拖拉机电液悬挂系统 AMESim 仿真模型

对图 4.43 所示的液压系统来说，其多数液压元件都可以从 AMESim 软件液压库中选取，但默认液压模型无法设定阀开口面积及弹簧参数，这将会影响流量的分配关系，所以利用 HCD 库搭建定差减压阀、主定压差阀的模型。其他机械元件从 mechanical 库中选用，电磁阀均采用信号库中的时序信号来实现控制。

2. 模型设置

搭建图 4.44 所示模型之后，设置为主子模型，参数设置如表 4.15 所示。

表 4.15 参数设置（15）

元件编号	参数	值
1	shaft speed	2 000
2	pump displacement	10
	typical pump speed	2 000

模块⑤为主定差阀，参数设置如表 4.16 所示。

表 4.16 参数设置（16）

元件编号	参数	值
3.1	piston diameter	15
	rod diameter	0
3.2	mass	0.1
	coefficient of viscous friction	100
	lower displacement limit	0
	higher displacement limit	0.003
3.3	piston diameter	15
	rod diameter	10
3.4	rod diameter	10
	hole diameter	8
3.5	piston diameter	15
	rod diameter	0
	spring force at zero displacement	284
	spring rate	10
3.6	diameter	0.8
3.8	dead volume	10

模块①②③④对应元件设置参数相同（表 4.17）。

表 4.17　参数设置（17）

元件编号	参数	值
4.1	piston diameter	8
	rod diameter	0
	spring force at zero displacement	40
	spring rate	3
4.2	mass	0.1
	coefficient of viscous friction	20
	lower displacement limit	0
	higher displacement limit	0.003
4.3	piston diameter	8
	rod diameter	4
4.4	spool diameter	8
	rod diameter	4
	hole diameter	6
	underlap corresponding to zero displacement	3
4.5	piston diameter	8
	rod diameter	0
4.6	equivalent orifice diameter	1
4.7	dead volume	1.14
4.8	equivalent orifice diameter	0.7
4.9	dead volume	0.01
4.10	characteristic flow rate at maximum opening	10
	corresponding pressure drop	9

模块①②③④为换向阀、定差减压阀和换向阀开口信号。定差减压阀利用 HCD 库元件搭建。定差减压阀的参数调节尤为重要，它关系着阀芯在调节过程中的稳定情况。

模块①和模块③的换向阀开口信号（元件 4.11）对应相同，模块②和模块④的换向阀开口信号对应相同。如表 4.18 所示。

表 4.18　参数设置（18）

元件编号	参数	值
模块①/③	number of stages	3
	duration of stage 1	2
	output at end of stage 2	40
	duration of stage 2	10

模块②和模块④输入信号为0。

元件5.1和元件5.3对应，元件5.2和元件5.4对应。当模块①和模块③的换向阀有信号时，元件5.1和元件5.3应该为0，使其所控制的二位二通阀处于关闭状态，液压缸对外做功。元件5.2和元件5.4控制其二位二通阀处于导通状态，使液压油流回油箱。所以元件5.2和元件5.4在整个仿真过程中的输出参数为40。

表4.19为二位二通阀、液压缸等其他参数的设置。

表4.19　参数设置（19）

元件编号	参数	值
6	characteristic flow rate at maximum opening	20
7	piston diameter	50
	rod diameter	25
	length of stroke	1
8	mass	20
	lower displacement limit	−1
	higher displacement limit	2
9.1	number of stages	1
	output at start of stage 1	10 000
	output at end of stage 1	10 000
9.2	number of stages	1
	output at start of stage 1	20 000
	output at end of stage 1	20 000

由表4.18可知，液压缸的负载不同。

将油液管路进行必要的设置，直径为15 mm，长度为0.1 m。

3. 工况分析

设置仿真时间为14 s。运行仿真。

绘制元件8.1、8.2的位移图像，如图4.45所示。

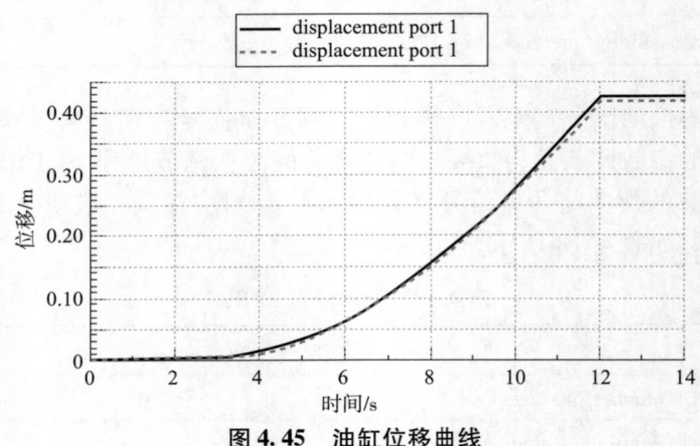

图4.45　油缸位移曲线

由图4.45可以看出，虽然液压缸负载不同，但是液压缸起到了同步工作的效果。

用户可以根据上述分析，自行观测其他工况及阀口开度下的工作特性。

第5章
车辆液压系统仿真与应用

5.1 车辆液压系统概述

液压系统是为了实现设备或装置的工作要求，将若干液压元件连接或复合而成的油路系统。液压系统种类繁多，按工作特征不同，可分为液压传动系统和液压控制系统两大类。当然，很多情况下液压传动系统和液压控制系统很难完全分开，一个液压系统既起传动作用，也起控制作用。

液压传动系统一般为不带反馈的开环系统。这类系统以传递动力为主，以传递信息为辅，追求传动特性的完善。系统的工作特性由各液压元件的性能和它们的相互作用确定，其工作性能受工作条件变化的影响较大。

液压控制系统一般采用伺服阀等机械或电液控制阀组成带反馈的闭环系统，以传递信息为主，以传递动力为辅，追求控制特性的完善。由于加入检测反馈环节，所以可以用一般元件组成高精度的控制系统，其控制质量受工作条件变化的影响较小。

液压传动技术的一个重要应用领域就是车辆。现代车辆的发展向着驾驶方便、运行平稳、乘坐舒适、安全可靠、节能环保的方向发展。液压传动技术的特点与之相适应，被广泛应用于车辆传动、操纵控制、辅助系统及作业方面。例如很多工程机械、农用机械和森林机械等采用纯液压驱动系统，车辆能够获得大而稳定的驱动力。再如将液压传动技术应用于履带车辆转向系统，可使履带车辆实现无级转向和中心转向，大大提高车辆的机动性和操纵灵活性。此外，液压技术在车辆悬架装置、制动装置、液压转向助力装置等方面的应用还可以提高车辆的舒适性、安全性和操纵性等方面的性能。

本章介绍液压技术在车辆驱动、操纵控制、辅助系统以及车辆 ABS 等几个方面的应用及其仿真实例。

5.2 车辆液压驱动系统仿真

液压驱动方案主要适用于以内燃机为动力源的现代工程机械、起重运输机械、农林机械、特种车辆及军用武器机动平台等领域，在高速乘用车上应用相对较少。液压传动技术用于车辆驱动系统具有可实现无级变速、直接换向、过载保护、操作舒适、布局灵活等优点。

下面分别对轮式车辆和履带车辆的液压驱动系统进行简单介绍。

5.2.1 轮式车辆液压驱动系统

轮式车辆的液压驱动方案可以分为中央驱动方式和车轮独立驱动方式两种。

中央（或集中）驱动方式是以液压驱动装置代替传统的机械或液力机械变速器，保留了车辆原有的驱动桥等装置，车辆的转向、差速、四轮接地平衡等方式不变，可以是单轴驱动，也可以通过机械分动箱实现多轴驱动。这种驱动方式的优点是结构简单，与传统车辆部件互换性强，适用于机械传动或液力机械传动产品的系列化。

对于采用中央驱动方式的系统，可以是纯液压驱动，如图 5.1（a）、（b）所示，也可以是液压机械分流传动，如图 5.1（c）所示。前者结构简单，多用于低速车辆，如工程车辆、农用机械等，后者兼有机械传动的高效率和液压传动无级变速的特点，多用于大功率工程车辆。

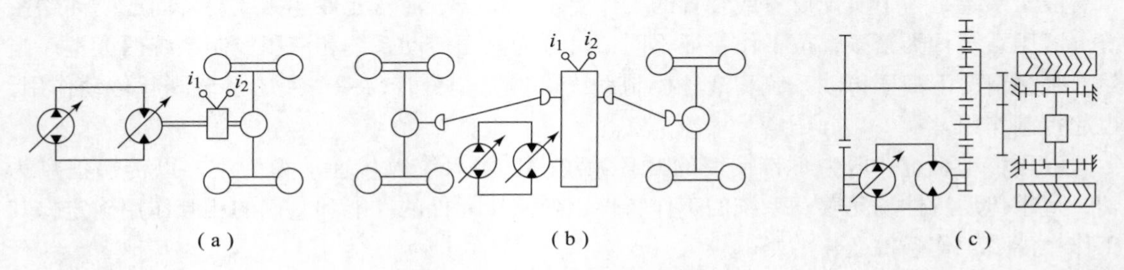

图 5.1 轮式车辆中央驱动方式

（a）单轴纯液压驱动；（b）多轴纯液压驱动；（c）液压机械分流驱动

不管是纯液压传动，还是液压机械复合传动（分流传动），其液压传动部分通常都是变量泵和变量马达（或定量马达）组成闭式容积调速回路。

车轮独立驱动方案中每一个驱动轮都由单独的液压马达（或称为“轮毂马达”）驱动，以液压方式实现各驱动轮之间的同步和差速功能。

轮毂马达驱动的优点是节省安装空间，轮边驱动的车轮可直接分别安装在车架的两侧，空出左右轮中间原本为驱动桥占据的空间供布置必要的动力装置、工作部件、物流通道或低地板的载客载货车厢之用，更便于以模块方式设计主机，满足主机在形态和某些尺度方面的特殊要求。轮毂马达驱动方式可以实现速差转向和原地转向，对履带车辆和轮式车辆都适用。

用车轮独立驱动方式（图 5.2），省去了车桥、变速箱和差速器。因此，降低了重心，拓宽了视野，提高了传动效率和附着性能，有利于车辆在越野路况行驶。

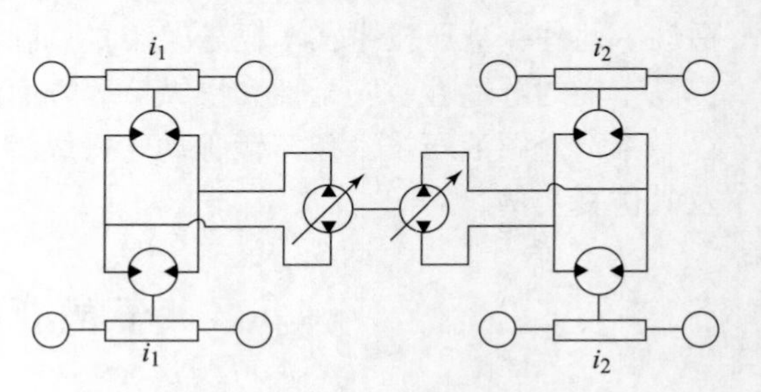

图 5.2 轮式车辆车轮独立驱动方案

下面以 OYC98－3 型越野叉车为例，介绍轮式车辆液压驱动系统的仿真。

越野叉车驱动系统主要由柴油机、静压系统、分动箱、传动轴和驱动桥组成，如图 5.3 所示。其中静压系统中包括变量泵、变量马达、滤油器、变量缸以及各组成部分相连接的传输管路。显然，这种驱动系统属于中央驱动方式。

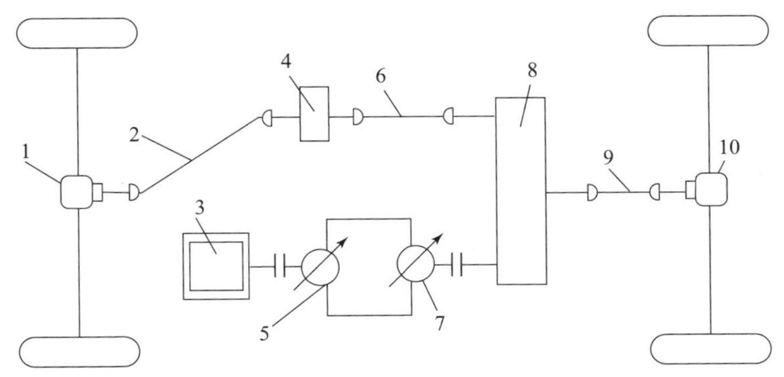

图 5.3　越野叉车驱动系统

1—前桥；2—前传动轴；3—柴油机；4—传动轴支架；5—A4VG90 变量泵；6—中间传动轴；7—A6VM107 变量马达；8—两挡传动箱；9—传动轴；10—后桥

1. 工作原理

越野叉车行走机构静压系统采用的是变量泵－变量马达的组合方式，使液压泵和液压马达组成闭式容积调速回路，依靠改变液压泵或液压马达的排量来调节执行元件的工作速度。越野叉车行走机构液压传动系统如图 5.4 所示，其工作原理如下。

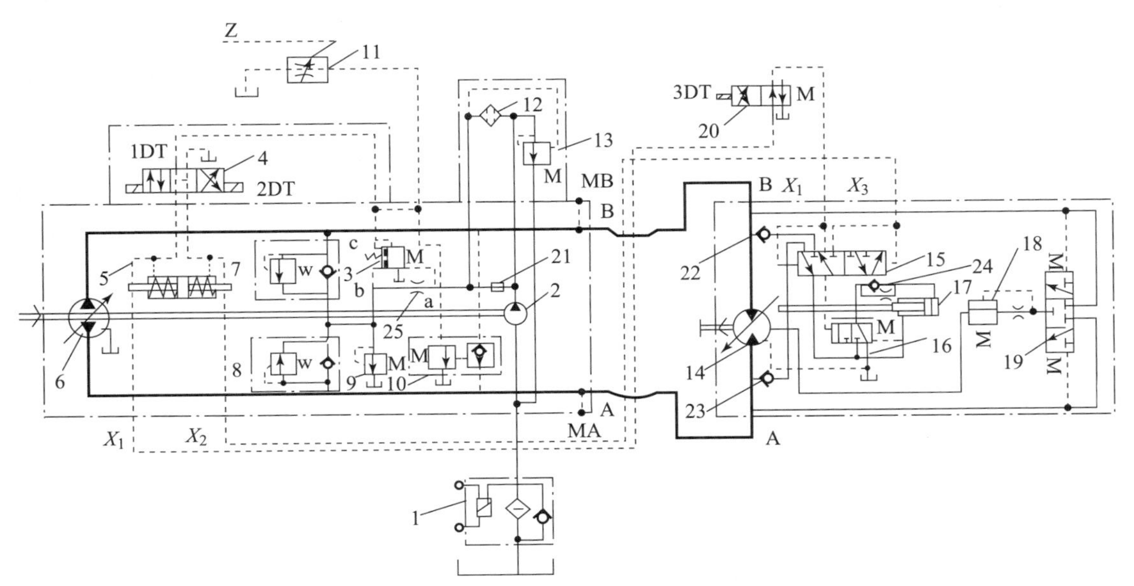

图 5.4　越野叉车行走机构液压传动系统

1—过滤器；2—辅助泵；3—DA 控制阀；4—三位四通电磁换向阀；5—变量泵变量缸；6—变量泵；7，8—安全阀；9—溢流阀；10—卸荷阀；11—微动控制阀；12—精滤油器；13—先导式溢流阀；14—变量马达；15—两位六通液动换向阀；16—变量马达 DA 控制阀；17—变量马达变量缸；18—溢流阀；19—三位三通液动换向阀；20—两位四通电磁换向阀；21—短管；22，23—单向阀；24—单向节流阀；25—节流口

由辅助泵 2 输出的压力油经过 DA 控制阀 3 和三位四通电磁换向阀 4，通过变量马达变量缸 5 无级调整变量泵 6 的斜盘倾角进而调整其排量。DA 控制阀 3 的作用是输出与转速有关的调整压力，在结构上相当于一个两位三通液控伺服阀，阀芯在多个液压力及弹簧力的综

合作用下移动，对压力进行控制。当发动机转速升高时，辅助泵 2 流量增加，DA 控制阀 3 输入流量增加，使其左右控制压力的压差增加，导致阀芯左移，输出点压力增加，作用在变量油缸上使变量泵 6 排量增加。相反，当发动机转速降低时，变量泵 6 排量减小。安全阀 7、8 的作用是限制系统的最高压力，它们右侧的单向阀的作用是使辅助泵向低压腔补油。三位四通电磁换向阀 4 的作用是控制变量油缸向左、向右或居中，使变量泵 6 正向、反向供油或不供油。卸荷阀 10 的作用是当从右侧梭阀引来的高压油的压力达到调定压力时，使变量泵的排量为零，达到压力切断的目的。其调整压力比安全阀低 20 ~ 30 bar。微动控制阀 11 的作用是通过踏板改变节流阀口面积，间接改变变量泵 6 的控制压力，以改变变量泵的排量，实现叉车的微动。完全踏下微动踏板，节流阀全开，辅助泵 2 的流量全部回流油箱，变量泵排量为零，车轮停止行驶。稍微放松踏板，车辆缓慢行驶，完全松开踏板，节流阀关闭，车辆正常行驶。先导式溢流阀 13 的作用是当精滤油器 12 堵塞时，流过精滤油器的油液从溢流阀流回辅助泵吸油口，变量泵输出的压力油从 A 或 B 两个方向驱动变量马达 14 旋转，使车辆前进或后退。三位四通电磁换向阀 4 输出的控制压力 p_{X1} 和 p_{X2} 以及变量泵输出的压力油 A 和压力油 B 经过两位六通液动换向阀 15 的切换后，经过变量马达 DA 控制阀 16 进入变量马达变量缸 17 调节变量马达的排量，变量马达高压腔压力油接 DA 控制阀 16 的右液控口和变量缸左腔，控制压力 p_{X1} 或 p_{X2}（由两位六通液动换向阀 15 控制）接变量马达 DA 控制阀 16 的左液控口。变量马达 DA 控制阀 16 的阀芯左边受到控制压力的作用，右边受到高压工作腔压力和弹簧力的双重作用。当马达输出扭较小时，高压工作腔压力较低，DA 控制元件阀芯右移，压力油进入马达变量缸右腔，使马达排量减小，转速升高。相反，当马达输出扭矩较大时，高压工作腔压力较高，DA 控制元件阀芯左移，马达变量缸右腔接回油，使马达排量增大，转速降低。三位三通液动换向阀 19 和溢流阀 18 的作用是使低压腔的油液以一定的压力流入变量马达的壳内，达到冲洗散热和换油的目的。二位四通电磁换向阀 20 的作用是使变量泵的控制油 X1 控制马达的变量或使二位六通液动换向阀 15 左腔泄油。

2. 模型与设置

参照上述工作原理搭建模型，如图 5.5 所示。

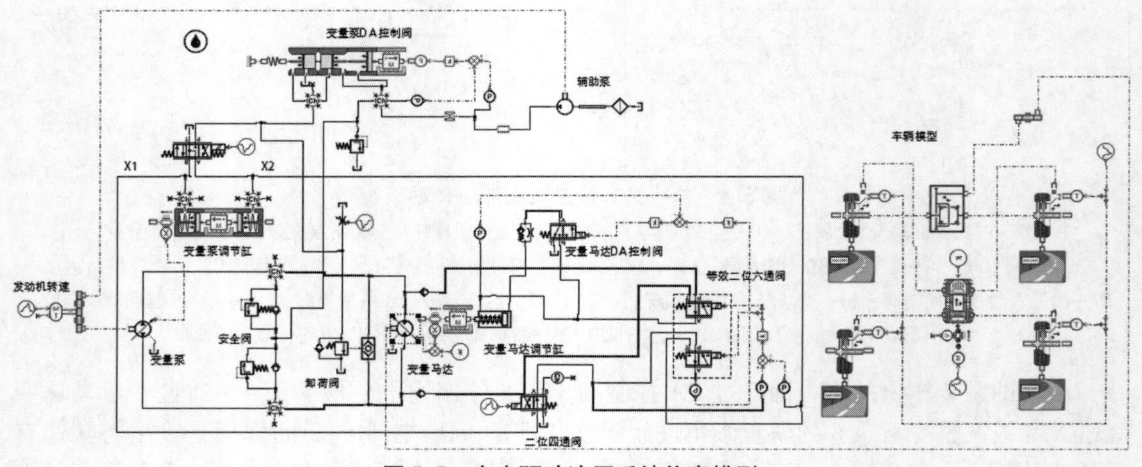

图 5.5　中央驱动液压系统仿真模型

设置液压驱动系统模型主要参数如表 5. 1 所示。

表 5. 1　液压驱动系统模型主要参数

参数	数值	单位
泵最大排量	90	cc/rad
马达最大排量	107	cc/rad
辅助泵排量	8. 7	cc/rad
安全阀设定压力	50	MPa
卸荷阀设定压力	47	MPa
辅助泵溢流阀压力	10	MPa
变量泵调节缸柱塞直径	40	mm
变量马达调节缸柱塞直径	25	mm

设置车辆模型主要参数如表 5. 2 所示。

表 5. 2　车辆模型主要参数

参数	数值	单位
传动比	30	—
车辆质量	3	t
轮胎半径	0. 3	m

3. 结果与讨论

1）空载起步加速行驶工况

不考虑发动机的工作特性，首先使二位四通阀通电，将变量马达的排量调为全排量，然后启动发动机，发动机转速在 3 s 时刻达到 1 800 r/min，此后保持恒转速工况。在此过程中，在 DA 控制阀的作用下，变量泵的排量随发动机转速的提高逐渐变大，车辆加速行驶。此后继续使车辆加速，将二位四通阀断电，油液进入变量马达 DA 控制阀，由于空载工况马达输出扭较小，高压工作腔压力较低，DA 控制元件阀芯右移，压力油进入马达变量缸右腔，使马达排量减小，使车速进一步提高。图 5. 6（a）、（b）、（c）、（d）分别展示了在空载起步加速行驶工况下泵和马达排量变化、转速变化、车速变化以及马达高压腔压力变化。

2）满载低速行驶工况

增加车身质量模拟叉车满载工况，同时给车轮施加一定的阻力，用于模拟随着车重增加，车辆行驶阻力也增加的情况。此时保持变量泵排量最大，设定变量马达初始排量比为 0. 5。由于变量马达输出扭矩较大，高压工作腔压力较高，DA 控制元件阀芯左移，马达变量缸右腔接回油，使马达排量增大，转速降低。图 5. 7（a）、（b）、（c）、（d）分别展示了在满载低速行驶工况下泵和马达排量变化、转速变化、车速变化以及马达高压腔压力变化。

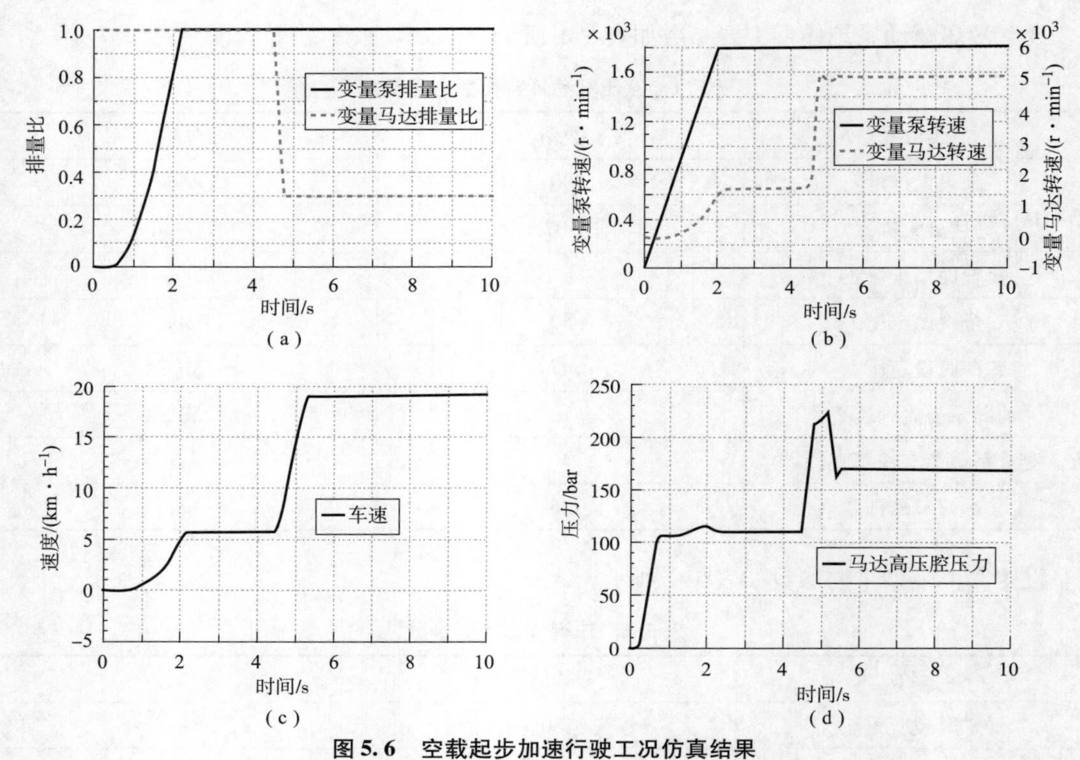

图 5.6　空载起步加速行驶工况仿真结果

(a) 排量变化；(b) 转速变化；(c) 车速变化；(d) 马达高压腔变化

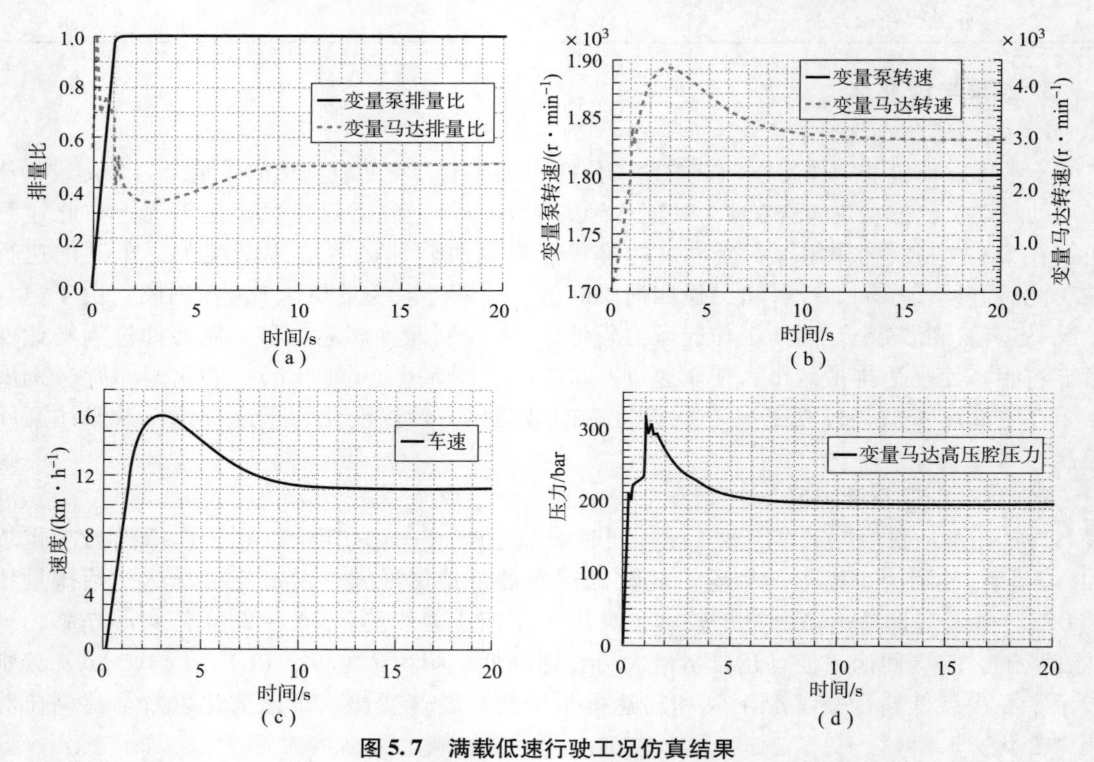

图 5.7　满载低速行驶工况仿真结果

(a) 排量变化；(b) 转速变化；(c) 车速变化；(d) 马达高压腔变化

3）叉车微动工况

在满载低速行驶工况下，20 s 时刻输入控制信号，使微动控制阀开度为 0.3，实现叉车的微动。图 5.8（a）、（b）、（c）、（d）分别展示了在叉车微动工况下泵和马达排量变化、转速变化、车速变化以及马达高压腔压力变化。

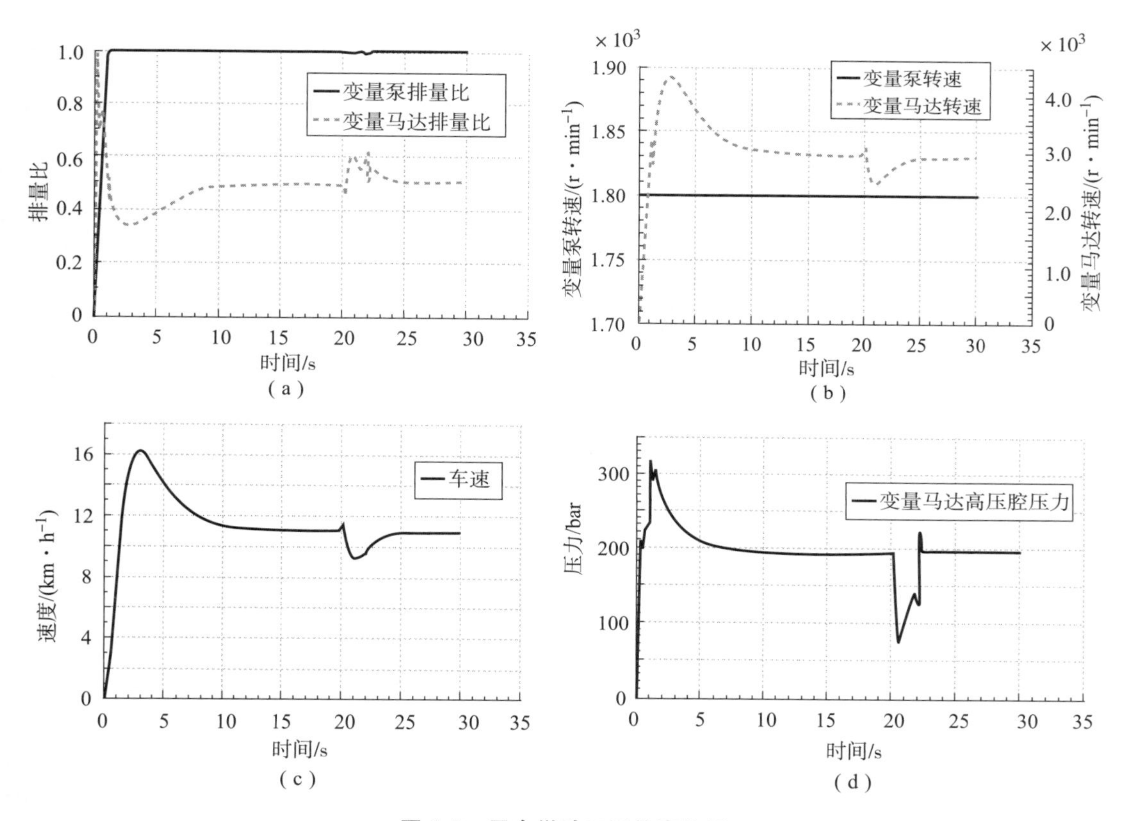

图 5.8　叉车微动工况仿真结果

（a）排量变化；（b）转速变化；（c）车速变化；（d）马达高压腔变化

4）叉车暂时停止工况

在满载低速行驶工况下，20 s 时刻输入控制信号，使微动控制阀开度缓慢达到最大，车速降低接近于 0，随后缓慢关闭微动控制阀，车辆恢复正常行驶。图 5.9（a）、（b）、（c）、（d）分别展示了在叉车暂时停止工况下泵和马达排量变化、转速变化、车速变化以及马达高压腔压力变化。

5.2.2　履带车辆液压驱动系统

液压驱动在一些履带式特种作业机械、路面机械、压实机械中应用较多，典型代表有推土机（牵引型）、挖掘机（非牵引型）和沥青摊铺机（精确控制型）。

牵引型底盘要求具有低速大牵引力和高速行驶能力，驱动装置应具有很大的扭矩和速度变换范围以与变化剧烈的载荷相适应，从而提高发动机的功率利用率。非牵引型底盘仅要求自行走能力，扭矩和速度变化范围小，驱动装置比较简单。精确控制型底盘不仅要求有较大

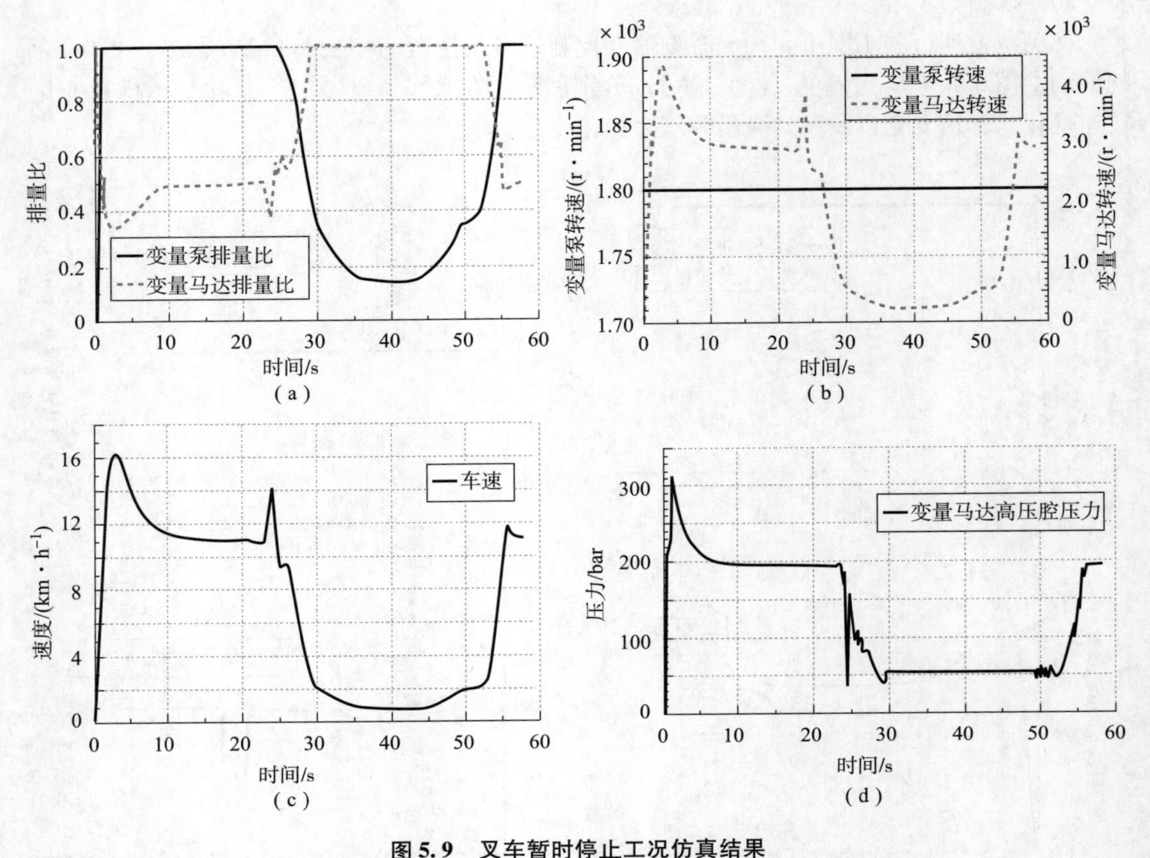

图 5.9　叉车暂时停止工况仿真结果

(a) 排量变化；(b) 转速变化；(c) 车速变化；(d) 马达高压腔变化

的牵引力和行驶速度，而且特别要求具有精确控制的牵引速度，因为这类机械的行走速度是影响其作业质量的关键因素。

图 5.10 所示为大功率液压驱动推土机原理。两侧履带分别由两个对称的双马达减速驱动装置驱动，通过控制两侧液压泵的不同排量及供油方向，可以实现前进、后退、直行、转弯等功能。由于为双泵供油方式，为操纵方便以及实现液压系统与发动机良好匹配，液压泵选用电动比例排量控制，通过与微控制器相结合，将发动机的转速、供油量参数和液压系统压力、泵排量等参数纳入控制器计算，使发动机和液压泵达到最佳匹配与自动控制。马达 1 为主传动元件，完成主要工作，宜选用高速变量马达。马达 2 可选用高速变量马达，亦可选用内曲线多作用低速大扭矩马达或斜轴式变量马达。当两马达均为高速变量马达时，可以在最低转速和最高转速之间进行连续无级变速。马达 2 为低速或中速马达时，通过两马达的不同排量组合和交替工作可形成 3 ~ 4 个挡位。马达的变量控制方式可采用微控制器控制方式和高压自动变量方式，前者性能好但比较麻烦，后者则简单可靠，因而应用也更普遍。

双马达减速驱动装置用于牵引型履带驱动有下述特点。

(1) 可以在直至四五百千瓦的功率范围内，提供 2 ~ 10 km/h 甚至更高的高效工作速度来满足履带车辆的各种要求。

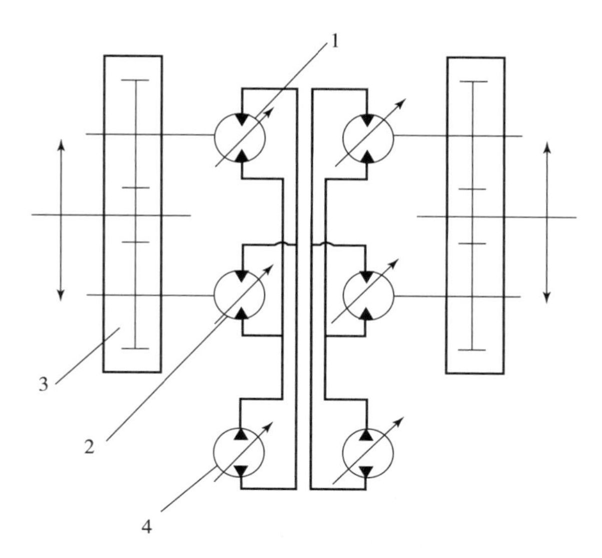

图5.10　大功率液压驱动推土机原理

1，2—变量马达；3—履带；4—变量泵

（2）无离合器、变速箱等，结构简单、工作可靠、成本较低。

（3）两侧履带形成独立的液压回路，便于转向和直线行驶控制，可避免元节流式调速产生的功率损失，特别是避免了两侧并联驱动时，一侧附着条件不好而影响另一侧牵引力的发挥。

小型履带底盘中为降低成本可以采用单泵分流驱动两侧马达的方式，由于功率小且变速范围小，常采用单马达减速驱动装置，马达为无级变量也可取有级变量方式，如图5.11所示。

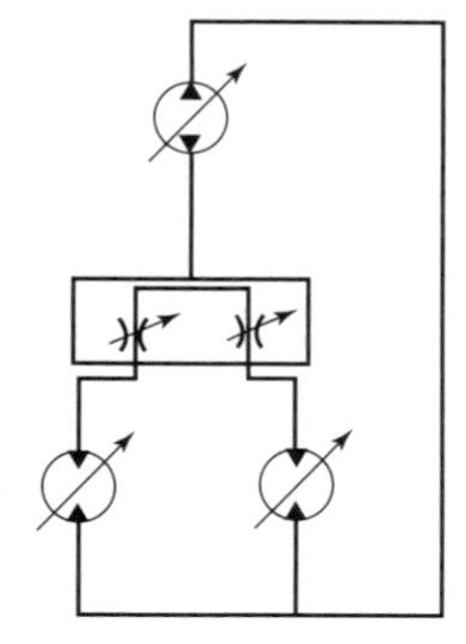

图5.11　小型履带车辆液压驱动系统原理

车辆的转向通过方向机（方向盘或手柄）操纵的可变分流阀来改变两侧供油量来实现，当一侧履带附着情况不良时，亦可通过分流阀在两路产生不同压降来平衡，保证两侧压力相等，使附着条件良好一侧的履带充分发挥牵引力。

这种驱动方式的优点是结构非常简单，成本低；不足点为分流阀控制行驶方向需随时调整，直线行驶性差，且会产生压降，消耗部分能量。

此外，现代主战坦克、步兵战车和装甲运兵车等大功率履带车辆广泛采用液压或液压复合转向方案，图5.12所示为某战车的液压转向方案原理。发动机输出的功率经分流机构在变速箱输入轴上分为两路，一路经变速箱完成传动比的变化后输出至两侧行星排齿圈，另一路经由变量泵和定量马达组成的液压转向机构输出至转向零轴，转向零轴一端通过两对齿轮副将功率传递至左侧行星排太阳轮，另一端通过一对齿轮副传递功率至右侧行星排太阳轮，且两侧齿轮副传动比相等。两侧行星排行星架输出功率至主动轮。

当履带车辆直驶时，液压转向机构不工作，转向零轴被液压马达制动住，两侧汇流行星排成为定传动比的减速器。发动机输出功率全部由变速箱输出至左右两侧行星排，两侧行星

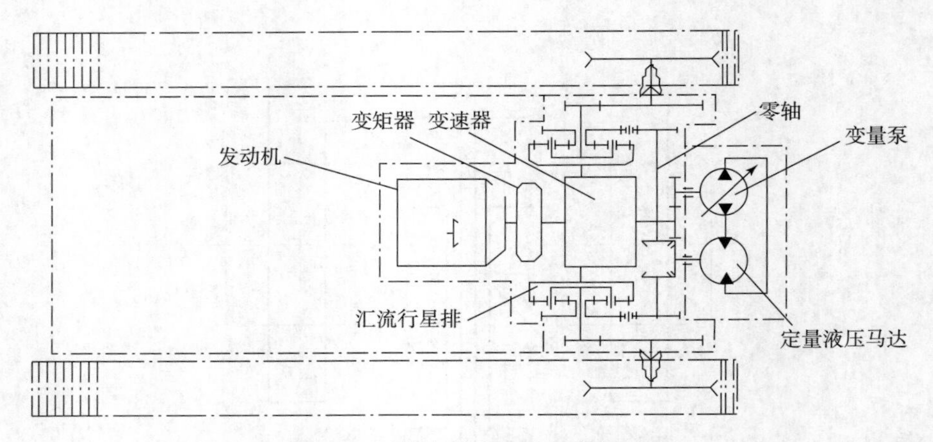

图 5.12　某战车的液压转向方案原理

架输出转速相等，履带车辆处于稳定的直驶状态。

当履带车辆进行原地转向时，变速箱被制动，不输出转速，仅液压转向机构输出功率，因转向零轴与两侧行星排之间相差一对齿轮副啮合，两侧行星排行星架输出转速大小相等，方向相反。履带车辆实现转向半径为零的中心转向，能在复杂条件下迅速从一个目标向另一个目标调整。

当履带车辆以其他转向半径转向时，变速箱和液压转向机构同时输出功率，液压马达的旋转通过零轴使左右汇流行星排的太阳轮产生转速相同但旋转方向相反的转动，它们在汇流行星排中与机械功率流分支中的齿圈的转速叠加，引起一侧主动轮的转速增大而另一侧的减小。这样便可通过控制液压转向机构的转速控制两侧履带之间的线速度差，使车辆的转向半径无级调节而不会在传动系统内引起附加的滑动摩擦损失。因为变量泵排量和流向均可调，马达输出转速可无级变化，故履带车辆可以实现任意转向半径的无级转向，从而显著提高了主战坦克和其他履带车辆的机动性，而且操作舒适。现在一些大功率履带式推土机也开始采用这一技术。

下面以履带车辆两侧马达驱动系统为例，介绍其仿真过程。

1. 工作原理

双侧液压驱动履带车辆原理如图 5.13 所示。

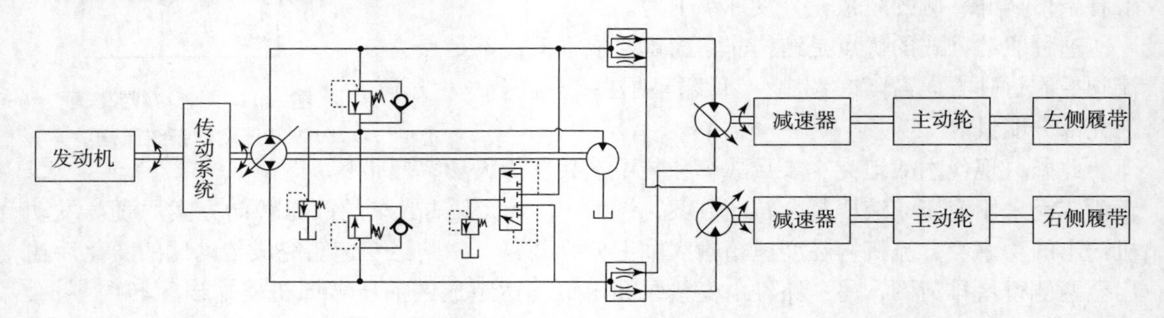

图 5.13　双侧液压驱动履带车辆原理

双侧液压驱动履带车辆采用单变量泵－双变量马达容积调速方案，在行驶过程中，发动机动力经传动系统驱动变量液压泵，变量泵的流量通过分流器分别流向两侧变量马达，驱动马达产生转矩，而两侧液压马达的动力分别通过减速器传递给主动轮，最终带动履带转动。

由于两侧履带各由一个变量马达进行驱动，因此可以通过改变马达排量实现履带车辆的转向半径为零的中心转向以及其他多种转向半径转向。同时当两侧履带路面工况不一致时，也可以通过调整两侧马达排量输出不同的转矩，使车辆保持直线行驶。

2. 模型与设置

建立履带车辆两侧马达驱动系统仿真模型（图 5. 14）。

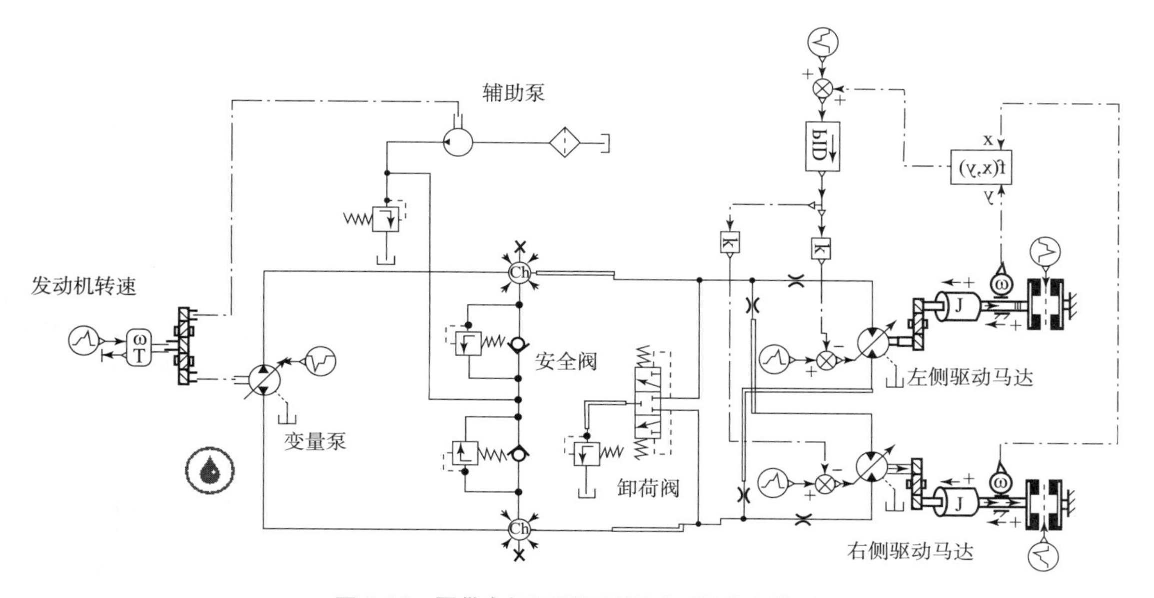

图 5. 14　履带车辆两侧马达驱动系统仿真模型

3. 结果与讨论

1）保持直行

在行驶过程中，对于传统机械驱动系统而言，如果两侧车轮受到的阻力不同，车辆的行驶方向将会发生偏离。而对于履带车辆两侧马达驱动系统来说，可以改变两侧马达的排量来使两侧履带获得不同驱动力，从而保持两侧履带转速相同，进而保持直线行驶。图 5. 15

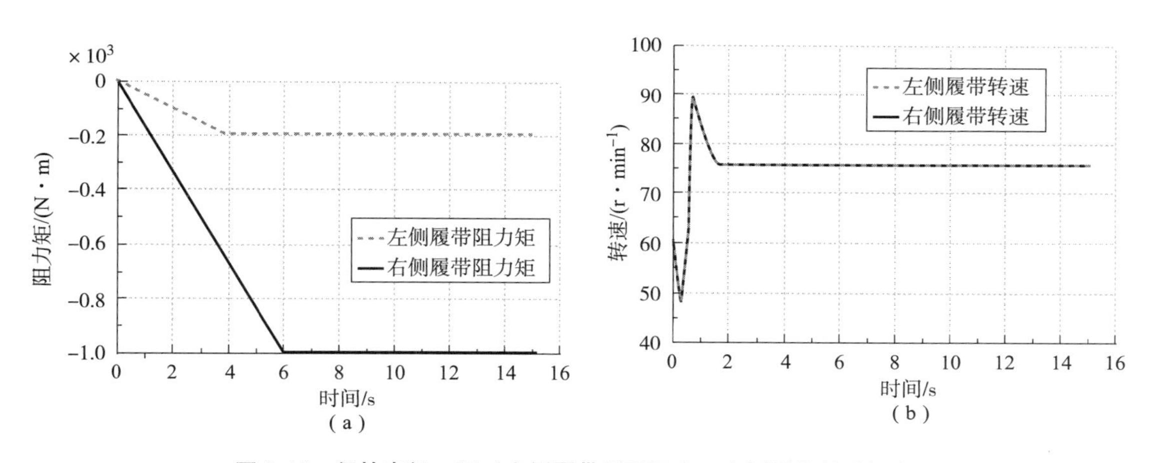

图 5. 15　保持直行工况（左侧履带所受阻力 < 右侧履带所受阻力）

（a）阻力矩；（b）转速

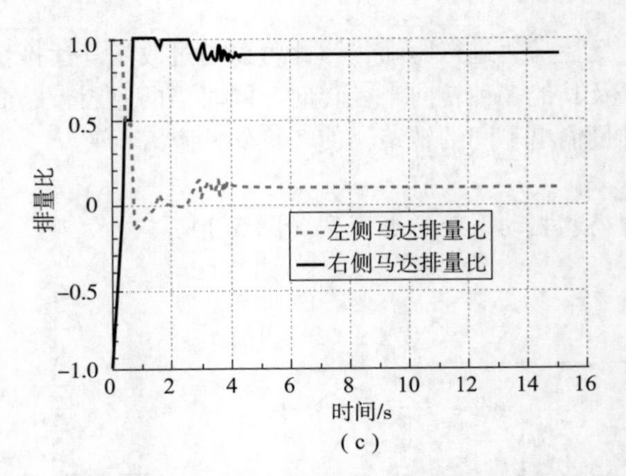

（c）

图 5.15　保持直行工况（左侧履带所受阻力 < 右侧履带所受阻力）（续）

（c）排量比

和图 5.16 分别展示了左右侧履带所受阻力不同时，履带转速和两侧马达排量的变化曲线，从图中可以看出，不论两侧履带所受阻力如何变化，两侧履带的转速都基本保持一致，具有良好的保持直行特性。

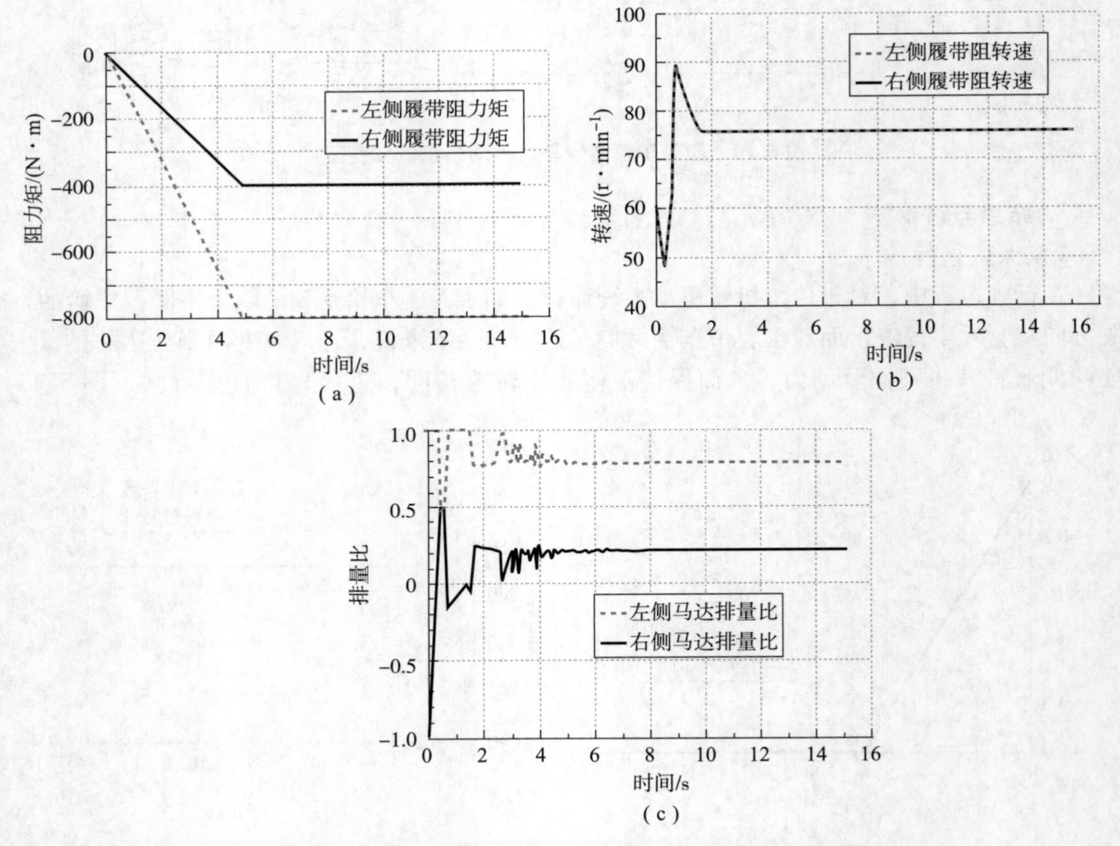

图 5.16　保持直行工况（左侧履带所受阻力 > 右侧履带所受阻力）

（a）阻力矩；（b）转速；（c）排量比

2）不同转向半径下转向

履带车辆主要通过两侧履带速差进行转向，转向过程中转向半径 R 与两侧履带速度 v_1、v_2 的关系如式（5.1）：

$$R = \left(1 + \frac{v_1}{v_2}\right) \bigg/ \left(1 - \frac{v_1}{v_2}\right) \tag{5.1}$$

通过对目标转向半径的设置，对变量马达排量进行 PID 反馈控制，得到转向半径分别为 5 m、10 m、20 m 时的两侧履带转速如图 5.17 所示。从图中可以看出，该系统可以实现多种转向半径进行转向。

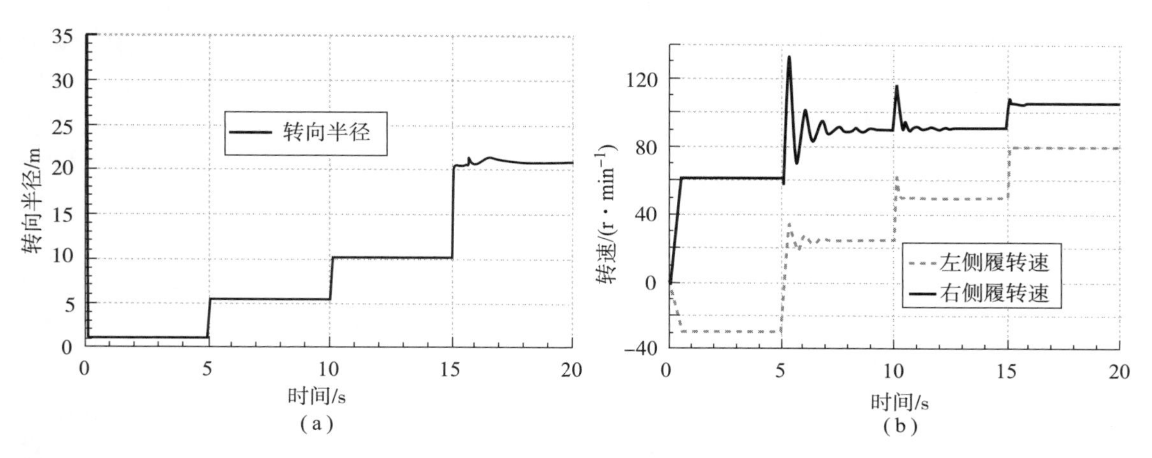

图 5.17　不同转向半径下履带转速

（a）转向半径；（b）转速

3）中心转向

履带车辆两侧马达驱动系统的另一个特点是可以进行中心转向，图 5.18 展示了进行中心转向时，两侧履带转速的变化曲线。

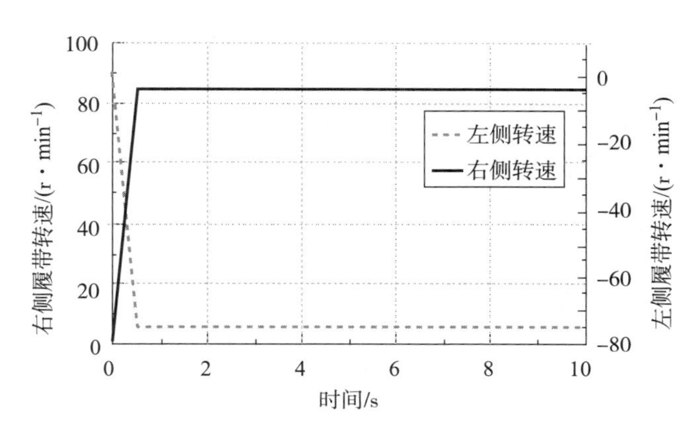

图 5.18　中心转向工况履带转速

5.3 车辆液压操纵系统仿真

车辆液压操纵系统是指不以传递功率为主要目的，而是以控制车辆的转向、制动、变速器的换挡、悬挂系统减振等动作为目的的液压系统。这几种系统的共同特点是其执行元件都是液压缸。

5.3.1 液压助力转向系统

为了使车辆转向轻便，保证行驶安全，一般重型汽车、大型客车和乘用车采用助力转向装置。助力转向装置主要分为液压助力、气压助力和电助力三种。液压助力转向装置，就是在机械转向系统中增设液压助力转向装置，借助液压传动所产生的动力，减轻驾驶员的操作力，并使汽车改变行驶方向的装置。应该说明的是，在液压动力失效的情况下，驾驶员凭借纯机械转向机构仍然能够实现转向功能，液压系统只是起助力作用，所以叫液压助力转向系统。

1. 工作原理

如图 5.19 所示，助力转向系统主要由转向液压泵、转向控制阀、机械转向器（螺杆螺母式转向器）及转向动力缸等组成。转向控制阀阀芯与机械转向器中的转向螺杆连为一体，两端设有两个止推轴承。由于阀芯的长度比阀体的宽度稍大，所以两个止推轴承端面与阀体端面之间有轴向间隙 h，使阀芯连同转向螺杆一起能在阀体内做轴向移动。转向控制阀体内安装有回位弹簧，有一定的预紧力，将两个反作用柱塞顶向阀体两端，滑阀两端的挡圈正好卡在两个反作用柱塞的外端，使滑阀在不转向时一直处于阀体的中间位置。滑阀上有两道油槽 C、B，阀体的相应配合面上有三道油槽 A、D、E。转向液压泵由发动机通过带或齿轮来驱动，压力油经油管流向控制阀，再经控制阀流向动力缸左右两腔。

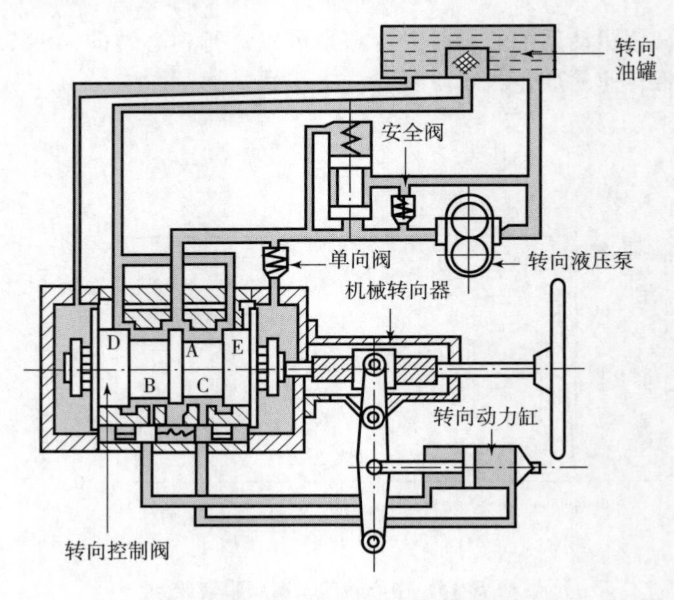

图 5.19　液压助力转向系统示意图

1）汽车直线行驶

转向控制阀阀芯在回位弹簧和反作用阀的作用下处于中间位置，转向动力缸两端均与回油孔道连通，液压泵输出的油液通过进油道量孔进入转向控制阀阀体的环槽 A，然后分成两路：一路通过环槽 B 和环槽 D，另一路流过环槽 C 和环槽 E。由于阀芯在中间位置，两路油液经回油孔道流回油箱，整个系统内油路相通，油压处于低压状态。

2）汽车向左转弯

转向螺杆（左旋螺纹）逆时针方向转动，与转向轴制成一体的转向控制阀阀芯和转向螺杆克服回位弹簧及反作用阀一侧的油压的作用力而向左移动。此时，环槽 A 与环槽 C，环槽 B 与环槽 D 分别连通，而环槽 C 与环槽 E 使进油道和转向动力缸的右腔相通，形成高压回路；环槽 B 与环槽 D 使回油道和左腔相通，形成低压回路。在油压差的作用下，活塞向左移动，而转向螺母向右移动。纵拉杆也向左移动，带动转向轮向左偏转。由于系统压力很高（一般为 8 MPa 以上），汽车转向主要依靠转向动力缸产生的推力，驾驶员作用于转向盘的转向力矩基本上是打开滑阀所需的力矩，一般为 5 ~ 10 N · m，最大不超过 10 N · m，因而转向操纵十分轻便。

3）汽车向右转弯

转向控制阀阀芯左移，油路改变流通方向，转向动力缸提供力的方向相反。

在转向过程中，助力缸的油压随转向阻力而变化，二者相互平衡。汽车转向时，动力缸只提供动力，而转向过程仍由驾驶员通过方向盘进行控制。

2. 模型与设置

利用 AMESim 对车辆液压助力转向系统进行建模，如图 5. 20 所示，主要由机械部分和液压部分两部分组成。其中液压部分采用 4 个节流阀等效上述滑阀结构，以扭杆的变形量作为节流阀开关信号，对助力液压缸运动方向进行控制，从而实现助力转向。主要仿真参数如表 5. 3 所示。

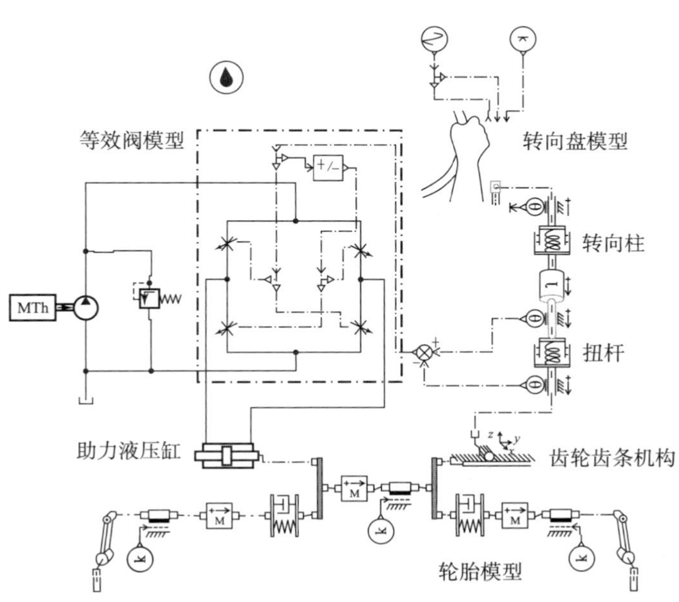

图 5. 20　液压助力转向系统模型

表 5.3　液压助力转向系统仿真参数

参数	数值	单位
转向柱刚度	1800	N · m/rad
扭杆刚度	100	N · m/rad
转向盘转动惯量	0.1	kgm^2
齿条齿形角	0.349	rad
小齿轮的基圆半径	12.33	mm
齿条机构及当量负载总质量	20	kg
转向阻力	1 000	N

3. 结果与讨论

输入信号使方向盘转角不断增加，在 5 s 时刻增加到 180°，之后保持不变，进行持续转向，经过仿真可以得到齿条位移、方向盘转矩以及液压缸助力变化、液压缸压力变化，如图 5.21 所示。

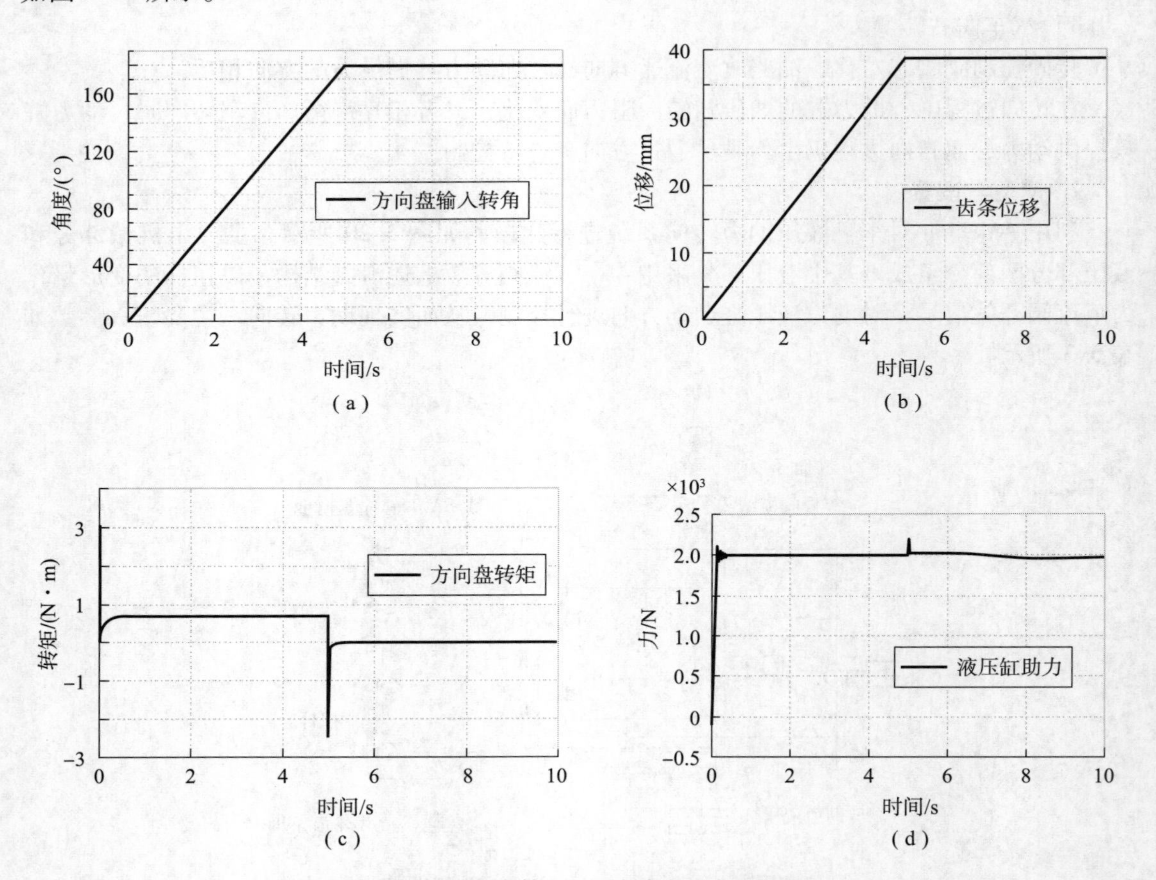

图 5.21　方向盘转向工况各参数变化曲线图

(a) 方向盘输入转角；(b) 齿条位移；(c) 方向盘转矩；(d) 液压缸助力

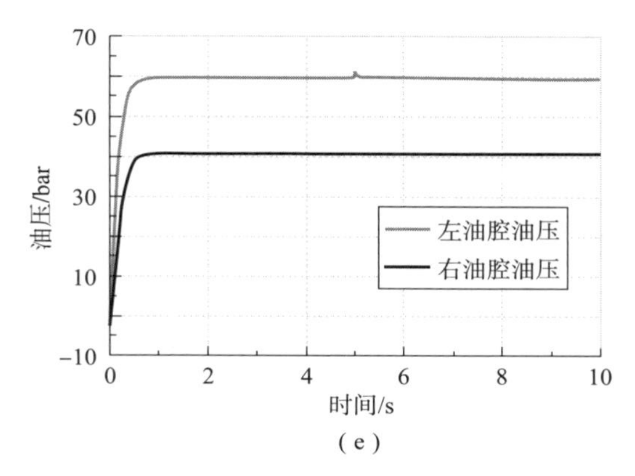

图 5.21　方向盘转向工况各参数变化曲线图（续）

（e）油压

输入信号使方向盘转角不断增加，在 5 s 时刻增加到 180°，随后在 7 s 时刻恢复至 0°转角，经过仿真可以得到齿条位移、方向盘转矩以及液压缸助力变化，如图 5.22 所示。

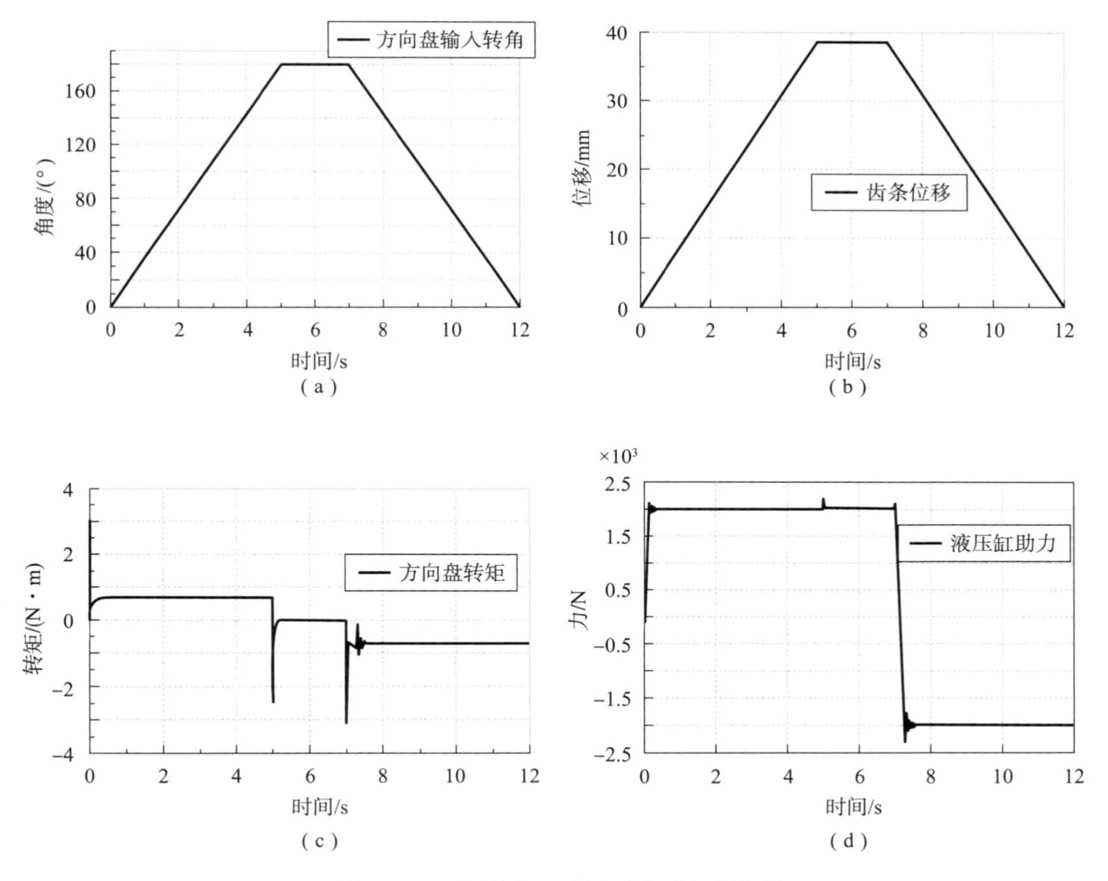

图 5.22　方向盘回正工况各参数变化曲线图

（a）方向盘输入转角；（b）齿条位移；（c）方向盘转矩；（d）液压缸助力

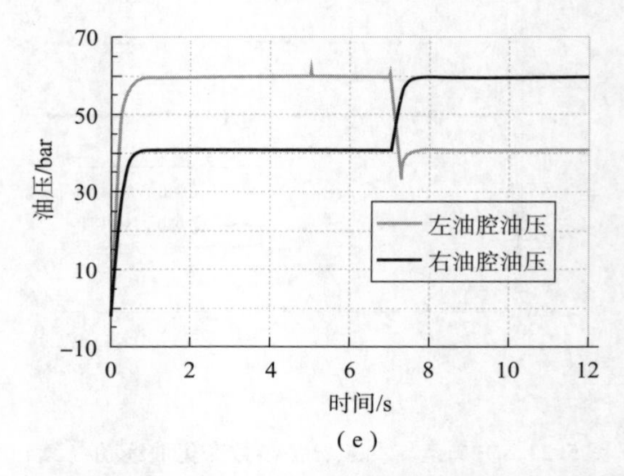

(e)

图 5.22　方向盘回正工况各参数变化曲线图（续）

(e) 油压

从图 5.22 可以看出方向盘转矩小于 10 N · m，主要用于打开滑阀，使油液进出液压缸实现助力过程。当方向盘转角不变时，滑阀液压缸油液压力也不变，在液压缸助力的情况下，车辆完成持续转向；当方向盘需要回正或者反向转向时，液压缸油液进出方向改变，使液压缸输出力方向改变，从而实现助力车轮回正或者车辆反向转向。

5.3.2　车辆 CVT 变速箱液压操纵系统

车辆无级变速器（continuously variable transmission，CVT）采用金属带和工作直径可变的主、从动轮相配合来传递动力，可以实现传动比的连续改变，从而得到传动系与发动机工况的最佳匹配。

1. 工作原理

带式无级变速器由金属带、工作轮、液压泵、起步离合器和控制系统等组成。图 5.23 所示为钢带 CVT 的结构，它以 ECU（电子控制单元）及手动换挡阀作为输入，经由电液控制系统处理后对 CVT 的执行机构进行控制，从而满足车辆的无级变速要求。

电液控制系统是 CVT 变速箱的核心，主要用于实现夹紧力控制、速比控制和起步离合器控制，图 5.24 为其示意图。

当前 CVT 轿车上采用的电液控制系统可分为单压力回路和双压力回路两种电液控制方案。

图 5.23　钢带 CVT 的结构

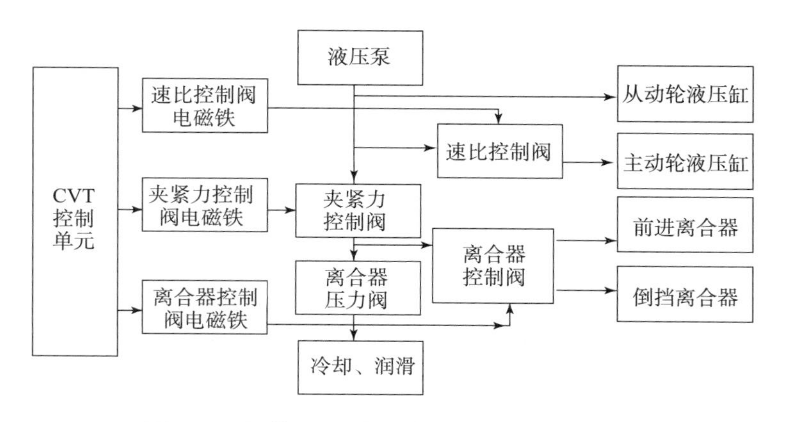

图 5.24　钢带 CVT 变速箱液压控制系统示意图

1）单压力回路

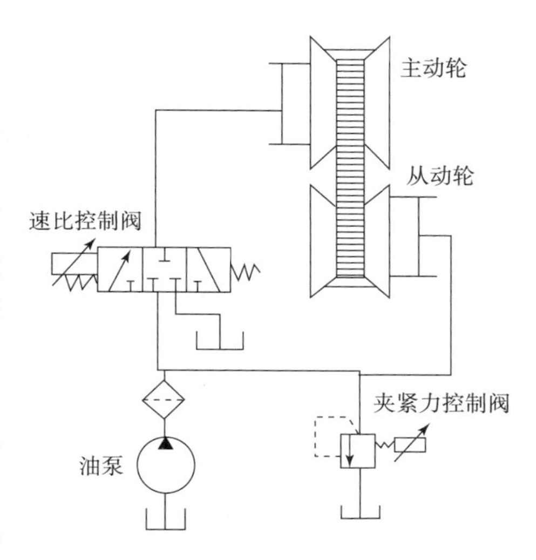

图 5.25　钢带 CVT 变速箱单压力回路

图 5.25 所示的单压力回路中，主、从动轮的工作压力均由夹紧力控制阀控制调节，为了保证对速比的较好控制，主动轮需要较大的驱动力，所以在结构上，主动轮液压缸的面积为从动轮液压缸面积的 1.7 ~ 2 倍，以保证在相同的液压力下获得较大的驱动力。主调压阀的作用是维持液压系统的最高工作压力。

夹紧力控制阀由电控系统根据从动轮液压缸的压力传感器的信号进行自行调节，改变其输出压力，实现对目标夹紧力的跟踪控制。

速比控制阀是三位三通电液比例控制阀，由电控系统根据主动轮和从动轮的转速传感器信号进行自动调节，以保证输入主动轮内的油压稳定。

CVT 单级调压回路具有结构简单、所需控制阀数量少、控制变量少等优点，具有较高的实用价值，目前国内研究的 CVT 液压控制系统基本上都是基于单压力控制回路的系统。

CVT 单压力回路中，由于夹紧力控制和速比控制采用同一压力值，在控制过程中两系统之间存在相互耦合作用，最终影响控制精度。另外，由于主动轮液压缸尺寸较大，缸内的液体产生较大的离心油压，也会影响速比的精确控制。

2）双压力回路

图 5.26 所示为钢带 CVT 变速箱双压力回路，在此回路中，通过高、低压控制阀的控制，满足了夹紧力和速比控制的要求。由于速比控制和夹紧力控制的液压缸压力通过高压控制阀和低压控制阀来分别控制调节，可以有效地克服单压力回路的不足，所以主、从动轮液压缸通常做成相同的尺寸。而且这种变速器在从动带轮的输出轴上增加了一个起步离合器（图中未画出），即使汽车在停车时，CVT 传动装置仍然能正常改变速比，可以保证汽车以最大速比状态启动。与单压力回路相比，双压力回路变速器的性能得到了提高，但是它结构复杂，控制阀数量较多，使控制策略变得复杂，成本较高。

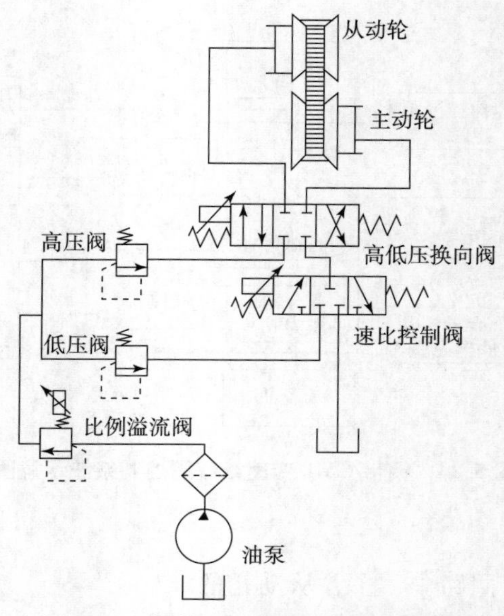

图 5.26　钢带 CVT 变速箱双压力回路

2. 模型与设置

利用 AMESim 建立 CVT 系统仿真模型，如图 5.27 所示。该仿真模型主要包括液压部分、机械传动部分和控制部分。其中液压部分主要由液压泵、速比控制阀、夹紧力控制阀和主从动液压缸组成；机械传动部分主要由发动机、离合器、无级变速器、主减速器、中间减速机构和差速器等组成；控制部分主要包括速比控制和夹紧力控制。

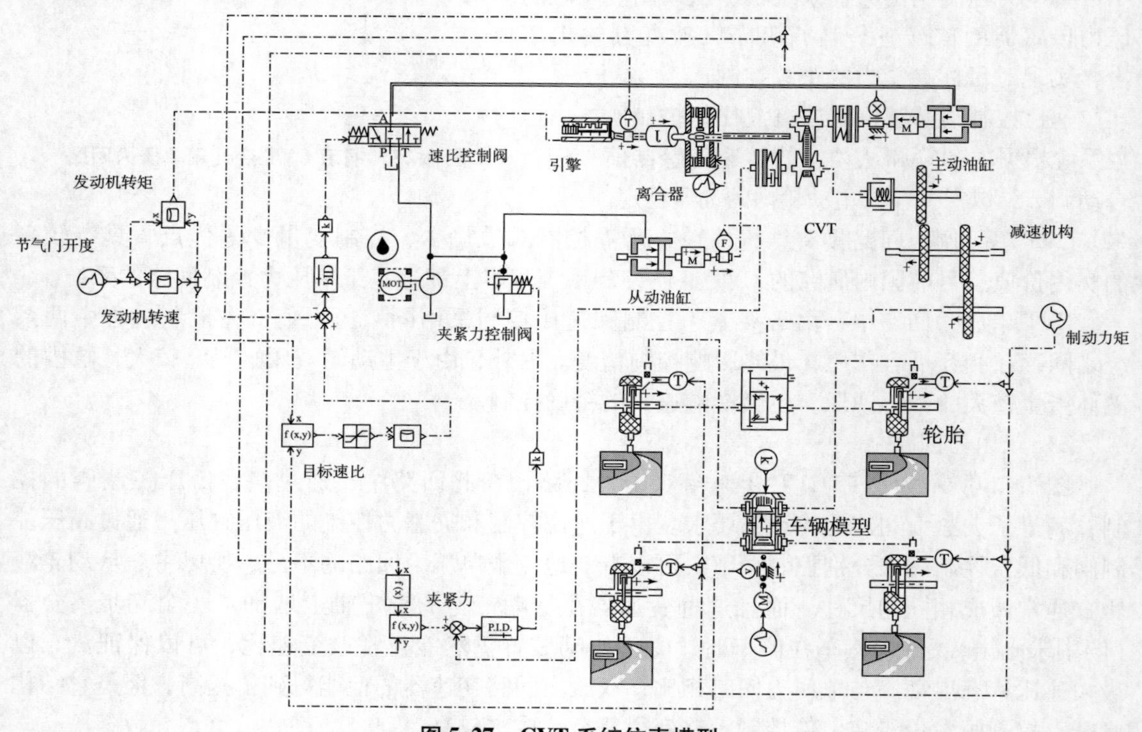

图 5.27　CVT 系统仿真模型

本模型采用 PID 控制算法进行速比调节和夹紧力控制。就速比调节而言，PID 控制器的输入为主动带轮轴向位移和目标速比所对应的位移的偏差，输出电磁换向阀的控制信号，其控制原理如图 5.28 所示。夹紧力控制是调节比例溢流阀的输入信号，其 PID 控制器输入从动轮液压缸的压力和目标压力的差值，输出控制电压，其控制原理如图 5.29 所示。也就是说根据车辆的实际行驶工况确定目标量，与实际量进行比较，通过 PID 控制算法后得到相应的控制量，作用在速比调节阀和夹紧力控制阀上控制主动带轮液压缸的流量和从动带轮液压缸的压力，实现速比的调节和夹紧力的控制。

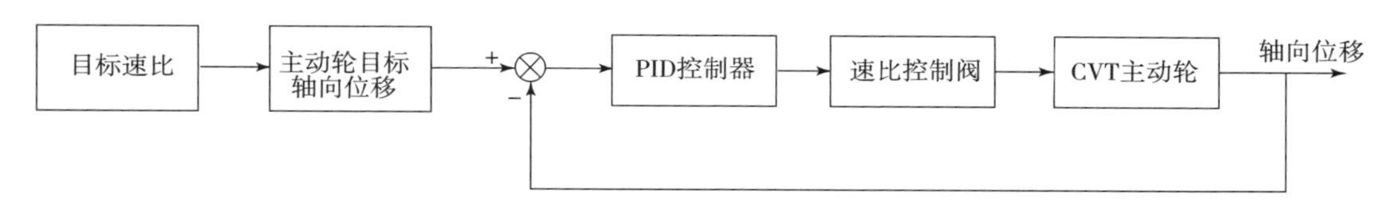

图 5.28　速比 PID 控制原理

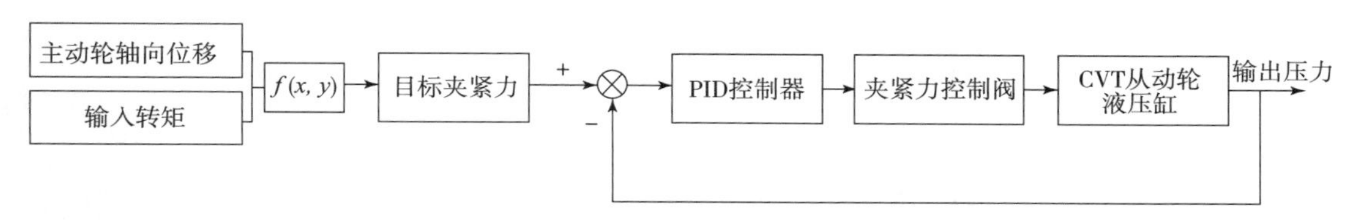

图 5.29　夹紧力 PID 控制原理

1）目标速比确定

根据发动机最佳动力性工作曲线可以确定任意节气门开度下最大功率对应的发动机转速，再由当前车速就可以计算出任意节气门开度下的目标速比 i，如图 5.30 所示，在任意发动机转速下的速比计算公式如式（5.2）：

$$i = \frac{0.377 r n_e}{i_0 u_a} \tag{5.2}$$

式中，r 为车轮半径，m；n_e 为发动机转速，r/min；u_a 为车速，km/h；i_0 为传动比。

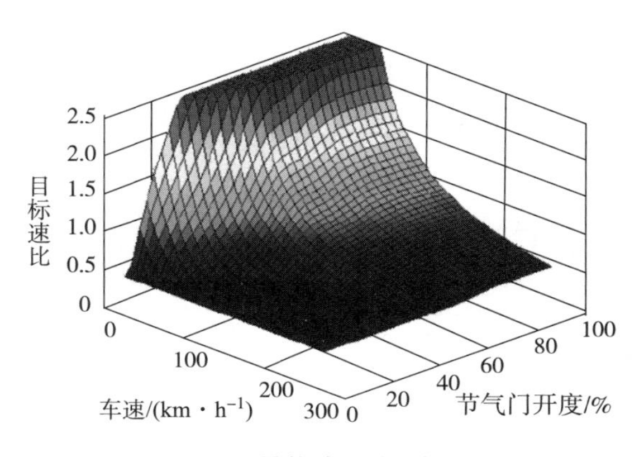

图 5.30　最佳动力性目标速比

同时主动轮的轴向位移与速比之间存在确定关系，此处不展开叙述，通过计算得到主动轮轴向位移和速比的对应关系如图 5.31 所示。

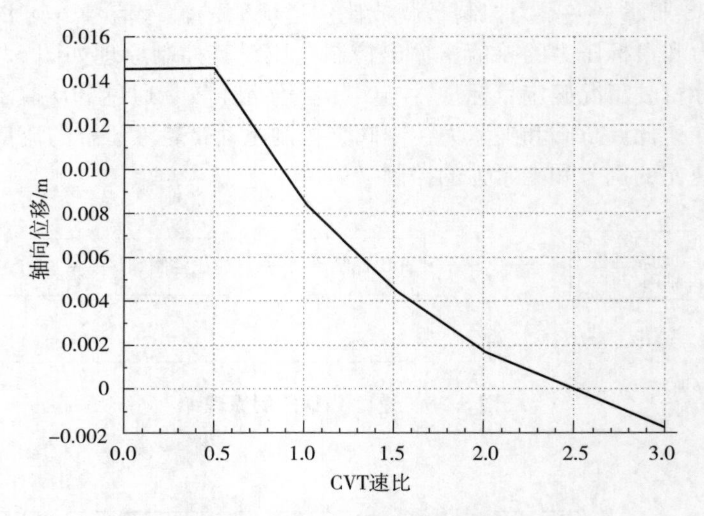

图 5.31 主动轮轴向位移与速比的对应关系

2）目标夹紧力的确定

主、从动带轮油缸压力与金属带轮和带上所受的压力有密切的关系。在实际控制中，我们可以根据转矩传递关系以及 CVT 输入转矩确定从动轮夹紧力的大小，从动轮夹紧力与带轮组输入转矩的关系为

$$F_s = \frac{T_{\text{in}}\cos \alpha/2}{2\mu R_p} \tag{5.3}$$

式中，T_{in} 为输入转矩；α 为带轮锥角；μ 为摩擦系数；R_p 为主动轮半径，根据几何关系可得 $R_p = \frac{x_p}{2\tan \alpha/2} + R_{p\min}$，$x_p$ 表示主动带轮的轴向位移，$R_{p\min}$ 表示最小主动带轮半径。

该仿真模型中汽车及 CVT 的主要参数如表 5.4 所示。

表 5.4 汽车 CVT 的主要参数

参数	数值	单位
整车质量	1 400	kg
车轮半径	0. 3	m
主减速比	4. 8	
二级减速比	1. 4	
CVT 速比范围	0. 5 ~ 2. 5	
主动轮最大工作半径	0. 068 1	m
从动轮最大工作半径	0. 074	m
主动轮最小工作半径	0. 029 6	m

续表

参数	数值	单位
从动轮最小工作半径	0.032 7	m
带轮半锥角	11	
带长	0.594	m
带轮中心距	0.14	m
主动轮油缸柱塞直径	65	mm
从动轮油缸柱塞直径	50	mm

3. 结果与讨论

1）起步工况

以 30% 油门开度起步时，首先 CVT 速比维持在最大值运行，车速增加，发动机转速上升，当到达一定值以后速比逐渐减小。随着车速的增加，车的加速度逐渐减小，CVT 速比逐渐减小。图 5.32（a）、（b）、（c）、（d）分别展示了以 30% 油门开度起步加速过程中的节气门开度、车速、速比和夹紧力变化曲线。

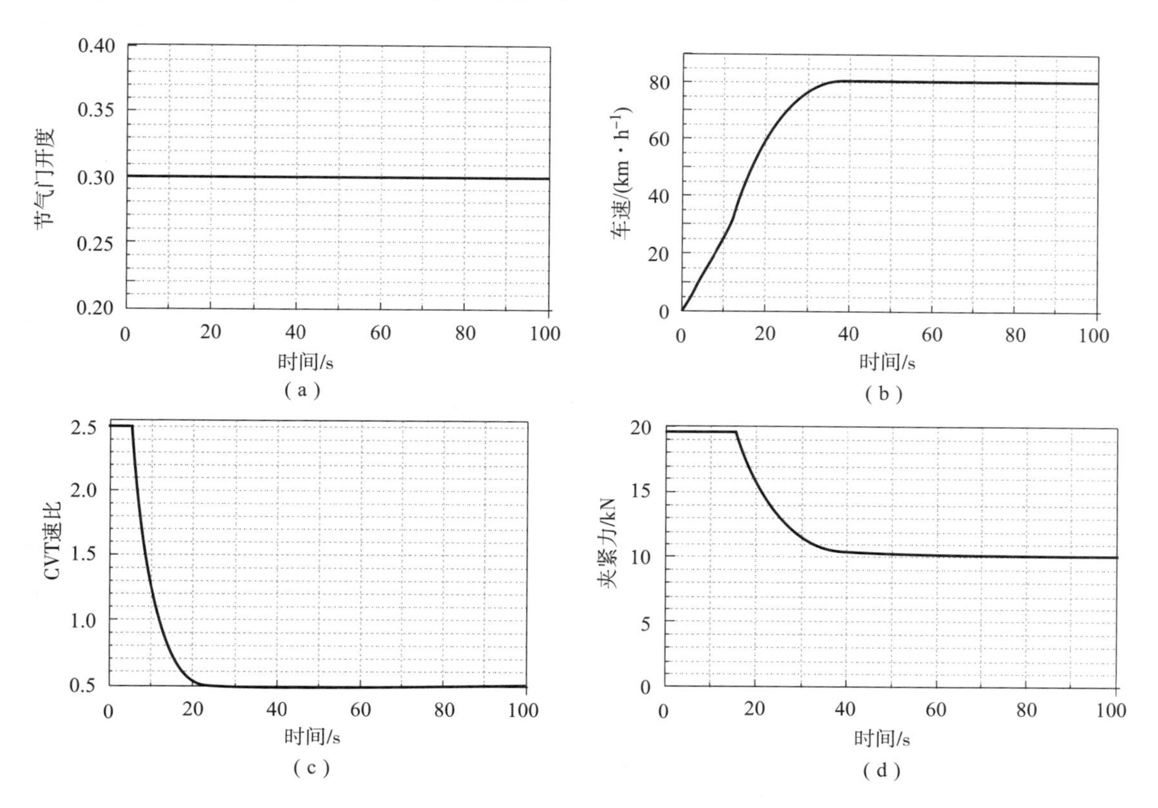

图 5.32　起步工况各参数变化曲线图

（a）节气门开度；（b）车速；（c）速比；（d）夹紧力

2）加速工况

汽车以30%油门开度运行一段时间后，突然加大油门开度，仿真结果如图5.33所示。以30%油门开度起步，经过40 s后，使油门开度增加到80%，发动机转速迅速增加，同时目标速比也变大，在此以后发动机转速维持在目标转速，随着车速的增加，目标速比逐渐减小。

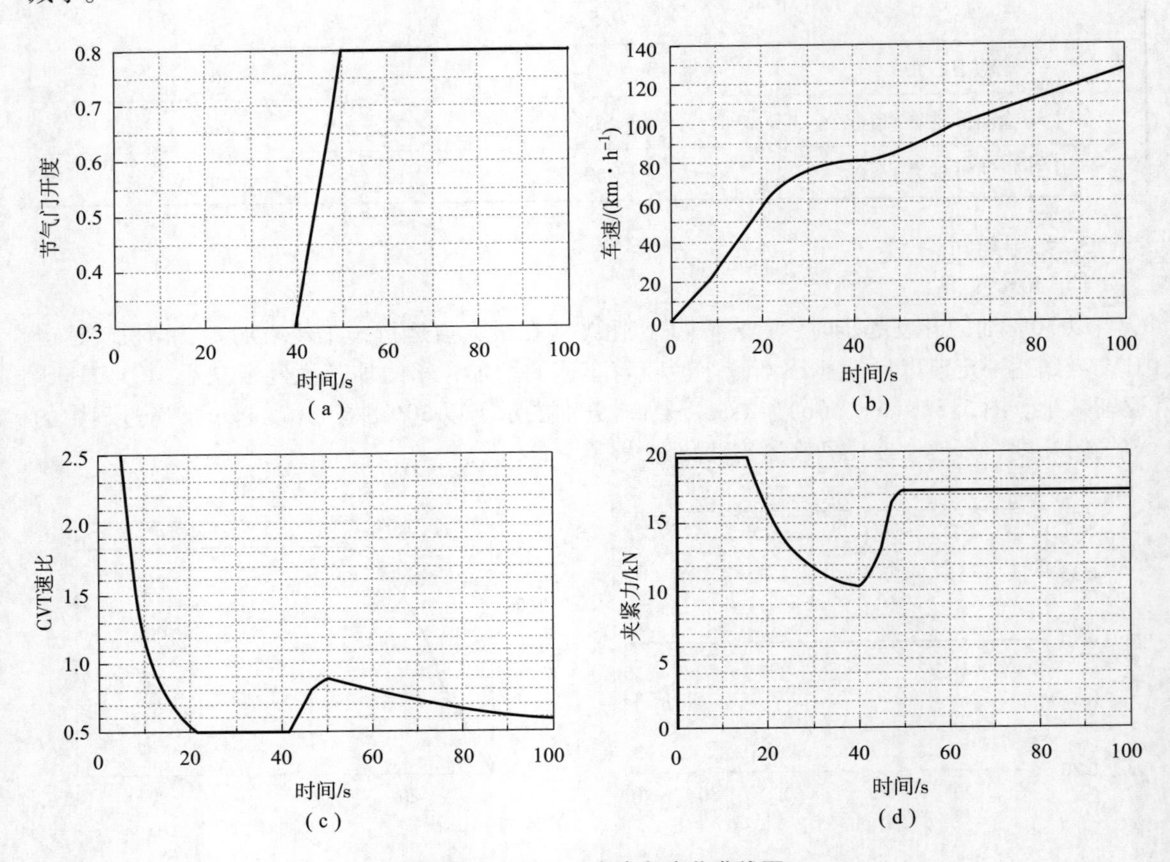

图5.33　加速工况各参数变化曲线图

(a) 节气门开度；(b) 车速；(c) 速比；(d) 夹紧力

3）减速工况

汽车以80%节气门开度运行一段时间以后，在50 s时快速松油门，同时车轮受到一个100 N·m的制动力矩，得到节气门开度、车速、速比和夹紧力变化曲线如图5.34所示。从图中可以看出车辆在40 s内速度减为零。

5.3.3　车辆液压制动系统

按照制动能量的传递方式，车辆制动系统可分为机械式、液压式、气压式和电磁式等几种。小型乘用车的制动器多为液压式制动器，而且集成了防抱死功能，即防抱死制动系统（anti－lock brake system，ABS）。下面介绍一下汽车ABS的组成及工作原理、工作过程、模型与结果。

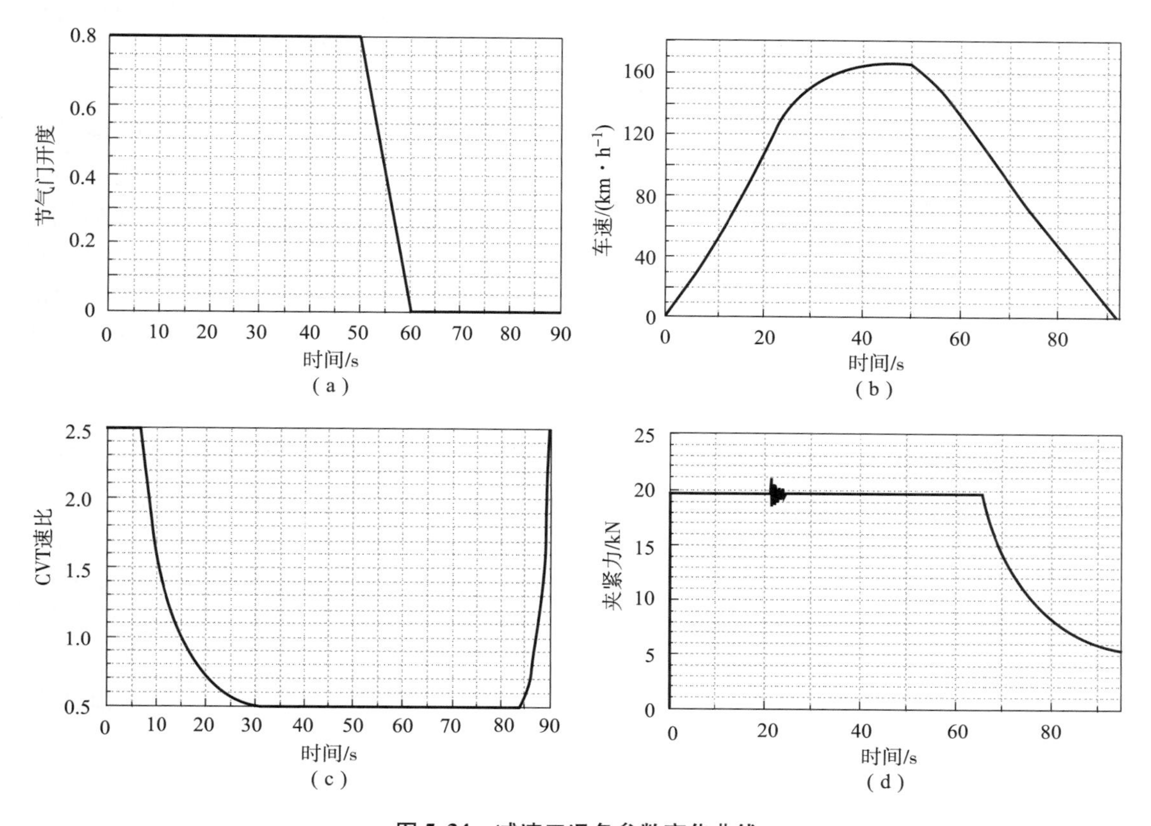

图 5.34　减速工况各参数变化曲线

（a）节气门开度；（b）车速；（c）速比；（d）夹紧力

1. 组成及工作原理

ABS 是在普通制动系统的基础上增加了传感器、ABS 执行机构和 ABS 电脑三部分。图 5.35 所示为车辆 ABS 示意图。

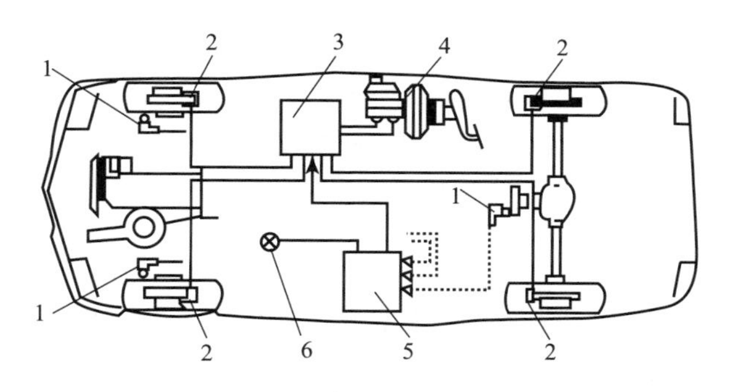

图 5.35　车辆 ABS 示意图

1—轮速传感器；2—轮缸；3—液压调节器；4—制动主缸；5—ABS ECU；6—报警灯

1）ABS ECU

ABS ECU 接收车速、轮速、减速等传感器的信号，计算出车速、轮速、滑移率和车轮的减速度、加速度，并将这些信号加以分析，判断各车轮的滑移情况后，向 ABS 执行机构下达控制指令来调节各车轮制动器的制动油压，控制各种执行器工作。

2）传感器

ABS 采用的传感器包括轮速传感器和汽车减速度传感器两种。轮速传感器利用电磁感应原理（霍尔原理）检测车轮速度，并把轮速转换成脉冲信号送至 ECU。一般轮速传感器都安装在车轮上，有些后轮驱动的车辆将检测后轮速度的传感器安装在差速器内，通过后轴转速来检测，故又称为轴速传感器。目前，国内外 ABS 控制车速范围是 15 ~ 160 km/h，并将逐渐扩大到 8 ~ 260 km/h，甚至更大。霍尔效应式轮速传感器适应面更广，现已得到广泛的应用。汽车减速度传感器（G 传感器）用来检测汽车制动时的减速度，以识别冰雪、覆油等易滑路面。

3）执行机构

ABS 执行机构主要由制动压力调节器和 ABS 报警灯组成。根据工作原理的不同，液压制动系统装用的制动压力调节器有循环式（压力调节器通过电磁阀直接控制制动压力）和可变容积式（压力调节器通过电磁阀间接控制制动压力）两种。

图 5. 36 所示为循环式制动压力调节器，主要由电磁阀、电动液压泵和蓄能器等组成。其中电磁阀 2 的结构及工作原理如图 5. 37 所示，阀上有 3 个孔，分别通向制动主缸、制动轮缸和蓄能器。汽车在制动过程中，ECU 控制电磁阀线圈的电流的大小，使 ABS 处于升压、保压和减压三种状态。制动压力调节器串接在制动主缸和轮缸之间，通过电磁阀直接或间接地控制轮缸的制动压力。

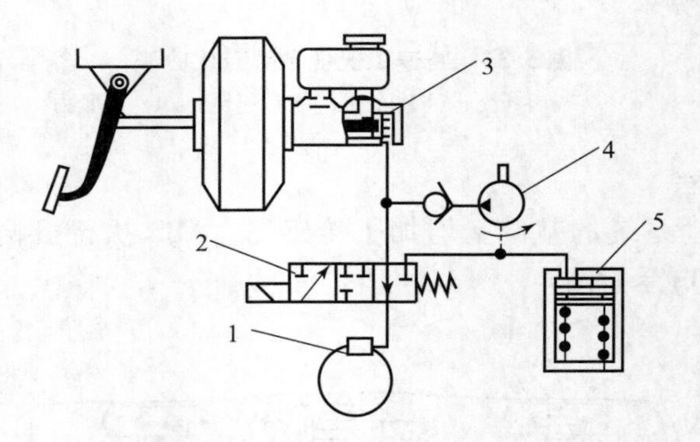

图 5. 36　循环式制动压力调节器

1—制动轮缸；2—电磁阀；3—制动主缸；4—电动液压泵；5—蓄能器

2. 工作过程

下面以循环式制动压力调节器为例，介绍汽车 ABS 系统的工作过程。

1）常规（升压）制动过程

如图 5. 38 所示，电磁阀线圈电流为“0”，电磁阀处于“升压”位置。制动主缸与轮缸、蓄能器相通，轮缸压力由制动主缸控制，电动回油泵不工作，ABS 不工作。

2）保压制动过程

如图 5. 39 所示，ECU 控制使电磁阀线圈电流约为最大电流的一半，电磁阀芯上移，电磁阀处于“保压”位置，所有通路都断开。电动回油泵不工作，轮缸内制动压力保持现有状态。

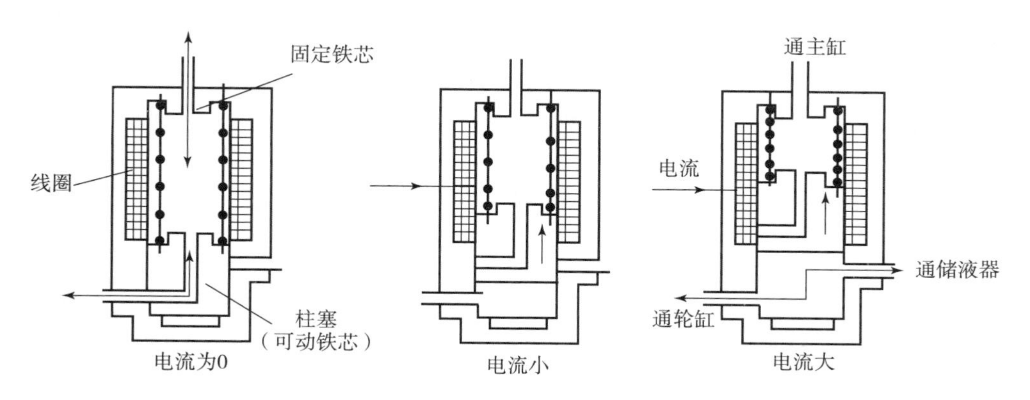

图 5.37 三位三通电磁阀的结构及工作原理

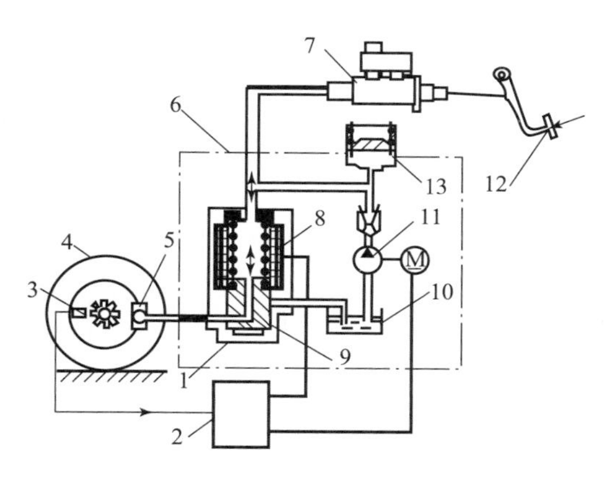

图 5.38 常规制动过程

（a）循环式制动压力调节器常规制动过程

1—电磁阀；2—ECU；3—传感器；4—车轮；5—轮缸；
6—液压部件；7—主缸；8—线圈；9—阀芯；
10—储液器；11—回油泵；12—踏板；13—蓄能器

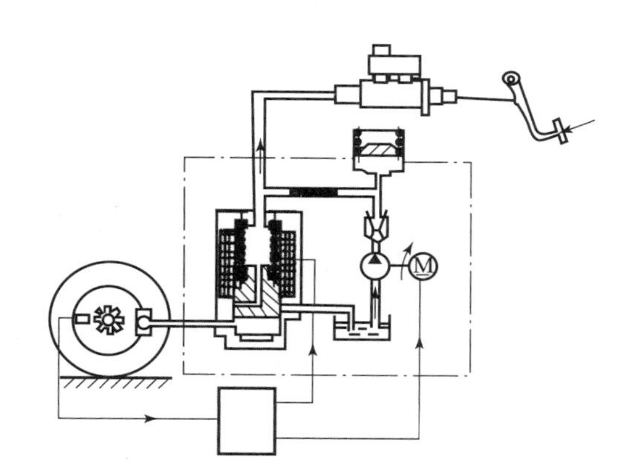

图 5.39 保压制动过程

3）减压制动过程

如图 5.40 所示，ECU 控制使电磁阀线圈电流为最大电流，阀芯处于最上边的“减压”位置。轮缸与储液罐接通，轮缸油压下降。同时电动回油泵工作，将储液罐内的制动液泵到主缸和蓄能器中。

3. 模型与结果

1）简化模型

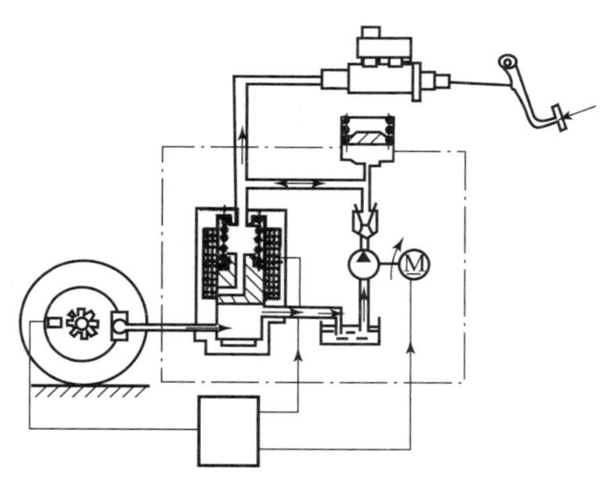

图 5.40 减压制动过程

利用 AMESim 搭建液压 ABS 如图 5.41 所示，主要包括制动踏板、主缸、电磁阀、回油泵、蓄能器和轮缸等。踏下制动踏板，电磁阀 2 打开，电磁阀 1 关闭，制动液通过节流阀进入轮缸，实现系统增压；当电磁阀 1 和电磁阀 2 均处于关闭状态，轮缸内压力保持，实现保压制动；当电磁阀 1 打开，电磁阀 2 关闭，同时回油泵开始工作，使制动液流向低压蓄能器，并经回油泵将制动液泵回主缸，使轮缸压力降低，制动力减小，从而实现减压制动。

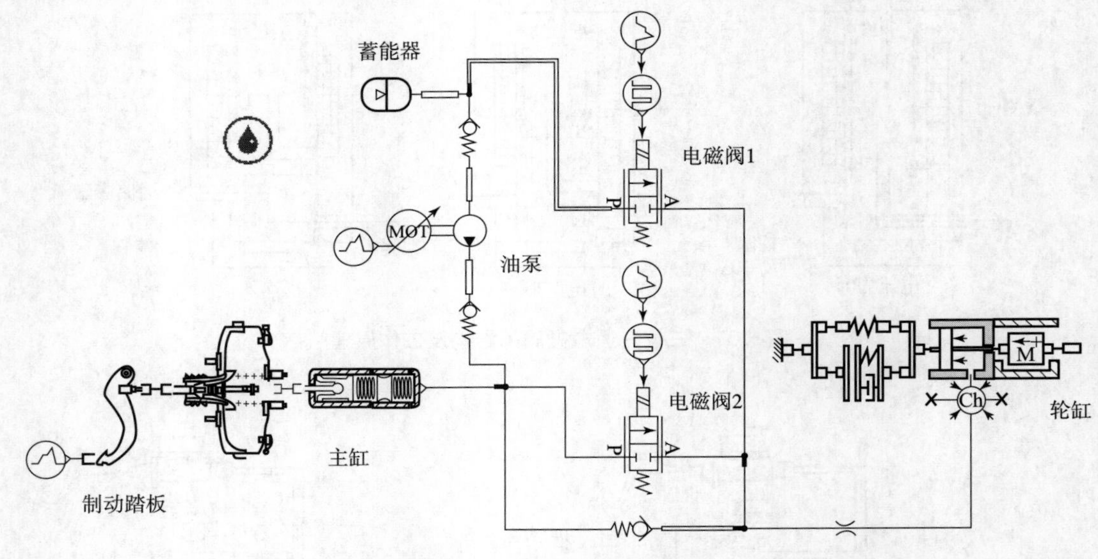

图 5.41　液压 ABS 简化模型

设置参数如表 5.5 所示。

表 5.5　液压 ABS 简化模型主要设置参数

参数名称	数值	单位
主缸柱塞直径	25	mm
轮缸柱塞直径	35	mm
轮缸质量	0. 1	kg
轮缸弹簧刚度	1 000	N/mm
制动加力器比例	6	
油泵排量	100	cc/r
蓄能器气体预设压力	10	bar
电磁阀 PWM 信号频率	200	Hz

通过仿真得到的增压、保压、减压过程中轮缸的压力变化如图 5.42 所示。从图中可以看出，在系统增压阶段，轮缸压力逐渐上升；在 10 s 时刻，系统进入保压状态，轮缸压力维持不变；之后设置电磁阀和电动泵参数，使系统进入减压阶段。

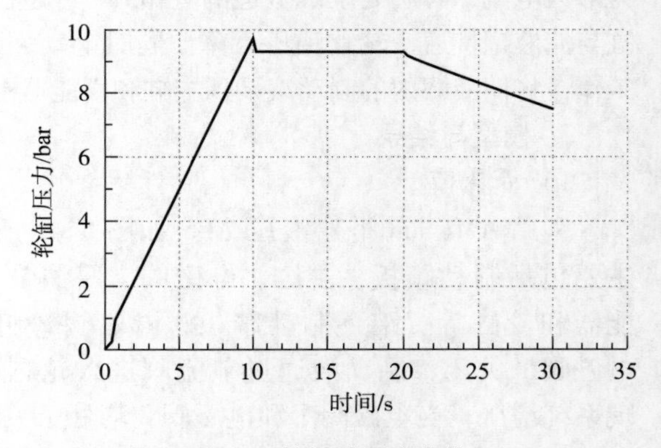

图 5.42　轮缸的压力变化

2）复杂模型

利用 AMESim 在 ABS 液压制动系统简化模型基础上加入车辆模型和控制模型，如图 5.43 所示，当制动踏板刚踏下时，车轮滑移率较小，电磁阀 2 打开使系统处于增加制动的状态，随着制动力矩的不断增加，滑移率不断增加，当滑移率达到一定值后，关闭电磁阀 2，使系统处于保压制动的状态。滑移率继续增加，当滑移率超出一定的范围，则打开电磁阀 1，同时使回油泵工作，轮缸压力开始减小，系统减压制动工作。

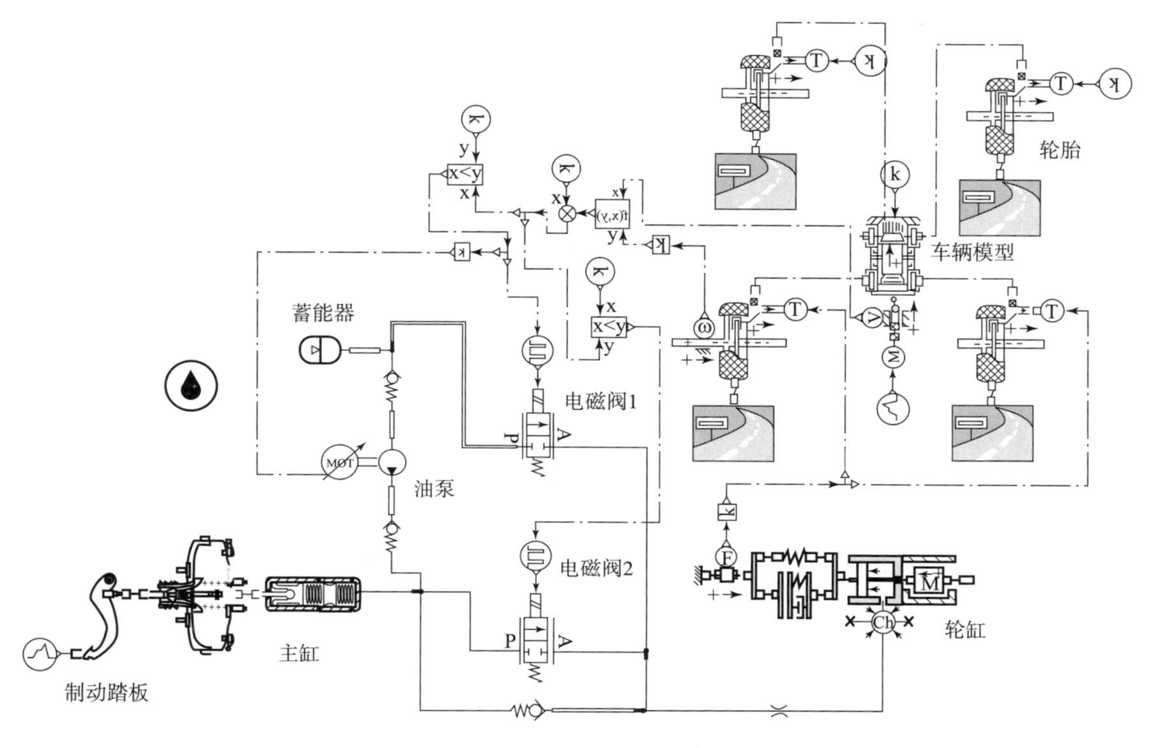

图 5.43　液压 ABS 复杂模型

液压 ABS 车辆模型仿真参数如表 5.6 所示。

表 5.6　液压 ABS 车辆模型仿真参数

参数名称	数值	单位
车辆质量	500	kg
轮胎半径	0.3	m
理想滑移率	0.2	—

设定车辆初始速度为 20 m/s，进行仿真，得到结果如图 5.44 所示。从仿真结果可以看出，在对车辆的制动过程中，系统刚开始处于增压状态，制动力矩逐渐增加，随着制动力矩的增加，车轮滑移率也在逐渐增加，当滑移率增加到设定的理想滑移率时，系统进入保压状态，制动力矩保持不变。车辆停止后，系统进入减压状态，制动力矩逐渐减小。

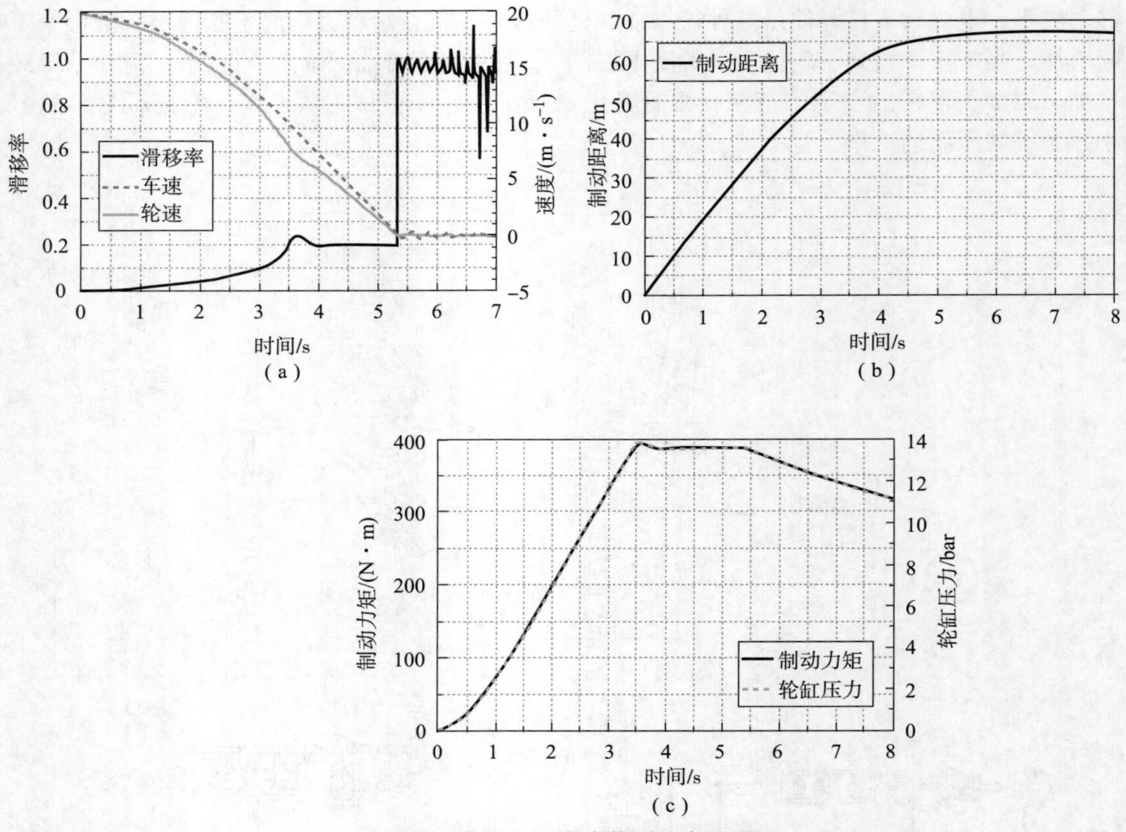

图 5.44 液压 ABS 复杂模型仿真结果图

(a) 滑移率；(b) 制动距离；(c) 制动力矩

5.3.4 其他液压操纵系统介绍

1. 车辆 AT 变速器液压操纵系统

电控液力机械自动变速器（AT）是目前使用最普遍的一种自动变速器，主要由液力变矩器、行星齿轮变速机构和电子液压控制系统三大部分组成，其中电子液压控制系统又分为电子控制系统和液压控制系统两部分。图 5.45 所示为液压控制系统的组成示意图。

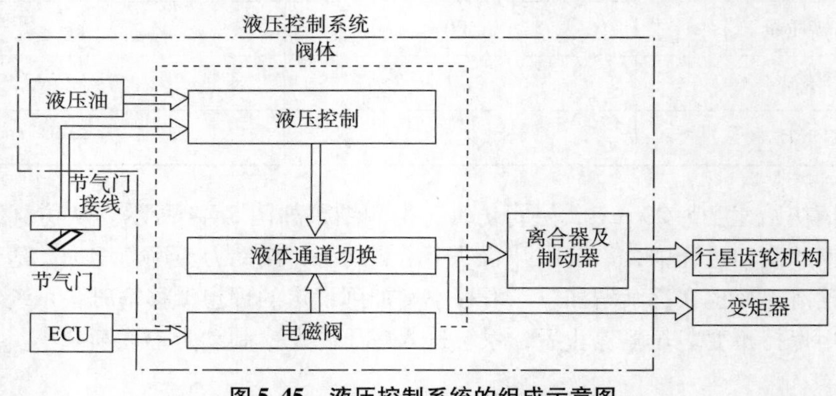

图 5.45 液压控制系统的组成示意图

电子控制系统包括微机、各种传感器、电磁阀及控制电路等，它将控制换挡的参数（如车速、油门开度等）通过传感器变为电信号，经过微机的处理，将控制信号作用于换挡电磁阀，通过液压控制系统中离合器、制动器的结合或分离来实现换挡。

液压控制系统由动力元件、执行机构和控制机构组成。动力元件是液压泵，执行机构包括各离合器、制动器的液压缸，控制机构包括主油路调压阀、手动阀、换挡阀及锁止离合器控制阀等。

图5.46为艾里逊公司的3000系列六速自动变速器的传动简图，主要由液力变矩器、闭锁离合器CL、旋转离合器C1、C2、制动离合器C3～C5和三排行星齿轮组成。动力从输入端输入，当闭锁离合器CL不工作时，动力直接经过液力变矩器传至旋转离合器C1、C2输入端口；而当闭锁离合器CL工作时，动力完全经其传递至旋转离合器C1、C2输入端口。变速器共有5个活塞缸，分别控制5个离合器的结合和分离，如表5.7所示。

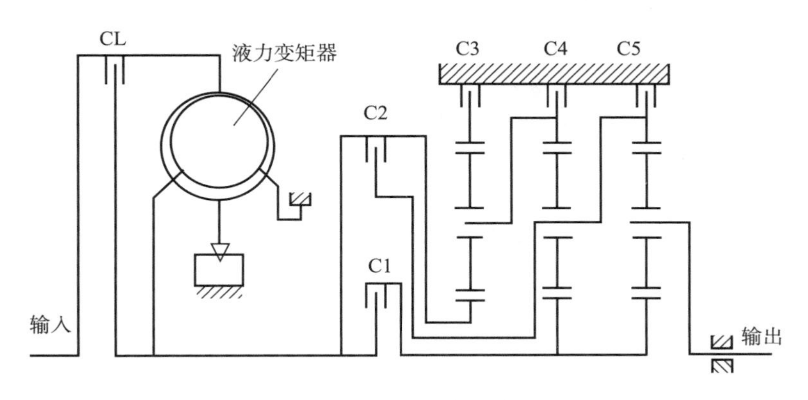

图5.46　变速箱传动简图

表5.7　离合器工作表

挡位	离合器					
	CL	C1	C2	C3	C4	C5
N（空挡）						ON
1		ON				ON
2	ON	ON			ON	
3	ON	ON		ON		
4	ON	ON	ON			
5	ON		ON	ON		
6	ON		ON		ON	
R（倒挡）				ON		ON

2. 车辆AMT液压操纵系统

电控机械自动变速器（automated mechanical transmission，AMT）在现有的手动变速器基础上增加了一套自动换挡机构，融合了液力自动变速器和手动变速器的优点。

电控机械自动变速器（图 5.47）由换挡操纵机构和电控部分组成。电控部分由换挡控制参数检出传感器（油门开度、车速传感器、发动机转速传感器等）、控制器、换挡电磁阀和执行机构等组成。检出车速和油门开度等信号，输入控制器，经控制器分析处理，按控制器内换挡规律控制软件向电磁阀输出换挡指令，电磁阀输出压力油，推动油缸进行离合器分离、接合和变速器换挡操作。

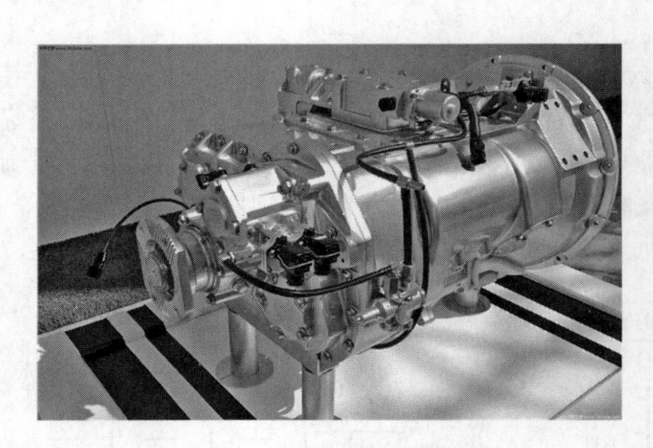

图 5.47　AMT 变速箱外观图

图 5.48 所示为电控机械自动变速器液压控制系统，整个系统有 3 个液压缸，分别实现主离合器接合控制及选挡、换挡控制。

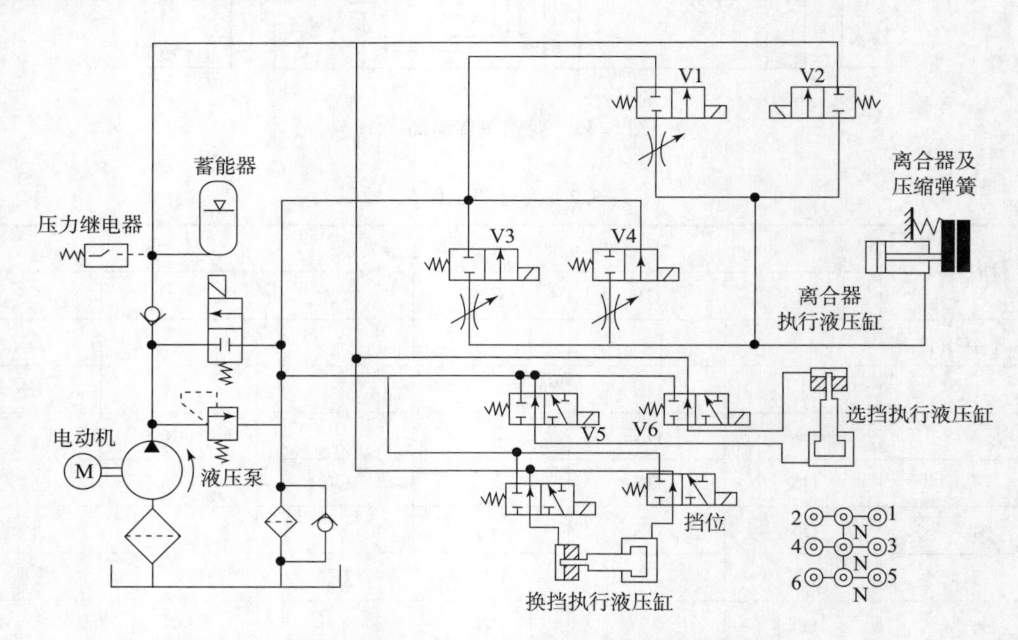

图 5.48　电控机械自动变速器液压控制系统

主离合器控制属于比例操纵，要控制离合器的分离程度，司机通过踏板行程（位移感觉）和踏板力（力的感觉）来控制主离合器的接合程度，因此在图 5.48 中设有主离合器行程传感器检测行程，掌握主离合器的分离接合程度。变速器换挡属于开关操纵，变速器操纵机构设有位置开关，用来检测选挡和换挡是否到位。

5.4　车辆液压辅助系统仿真

车辆系统中，液压不仅可以作为驱动、操纵和作业系统，还可以作为辅助系统完成特定功能，如本节介绍的润滑散热系统和车辆液压悬架。

5.4.1　润滑散热系统

车辆的润滑散热系统包括发动机润滑散热、变速箱润滑散热等。润滑散热方式有强制供油、飞溅润滑和油雾润滑等方式。对于高速高负荷的摩擦表面，或者不易通过飞溅润滑的部位，例如发动机曲轴主轴承、连杆轴承、凸轮轴轴承和摇臂轴轴承，行星变速箱中的行星轮轴承，湿式离合器等，需要用油泵强制供油，即压力润滑，以保证润滑可靠。对于大型低速柴油机的气缸套，为了减小与活塞的摩擦也采用强制供油润滑。

润滑冷却系统一般由润滑油泵、滤油器、定压阀或安全阀、热交换器等组成。润滑油泵把润滑油供给各摩擦表面的泵油件；滤油器起过滤润滑油中颗粒污染物的作用，以免金属屑、硬质颗粒等杂质混入摩擦表面；定压阀或安全阀可调定润滑压力，或在滤油器堵塞时使润滑油旁通供应给摩擦表面；热交换器可以将润滑油冷却到适于系统工作的温度。

图 5.49 为内燃机润滑散热系统示意图。内燃机工作时，润滑油泵通过滤网从油底壳将润滑油吸入，提高油压后泵出，经油路送入机油冷却器和粗滤器。滤清后的润滑油，一路流往曲轴主轴颈和连杆轴颈后从摩擦表面流出，有部分润滑油被飞溅到气缸壁面、凸轮表面和活塞销处，然后流回油底壳；另一路流往凸轮轴轴承处，再经油路送至气门摇臂轴轴承处，然后流回油底壳。从润滑油泵输出的油流经精滤器，精滤后直接流回油底壳。

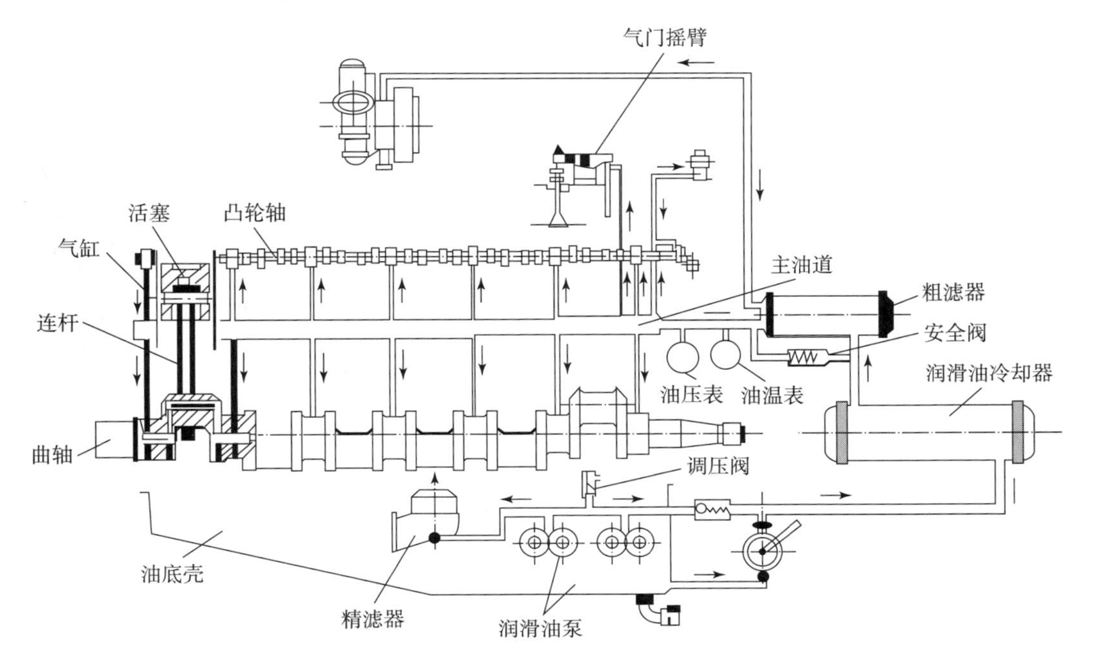

图 5.49　内燃机润滑散热系统示意图

1. 工作原理

本小节以某大功率混合动力变速箱为例，开展其液压润滑系统仿真研究，如图 5. 50 所示。为使结构尽量紧凑，液压系统采用压力油箱的结构形式，控制油泵从压力油箱吸油，由精滤器过滤后，进入液压操纵系统。通过二次定压，将液压操纵系统的泄油用于耦合机构左侧和右侧的润滑。回油泵从油底壳吸油，经粗滤和散热器后回压力油箱。除耦合机构外，其他各部件的润滑都从压力油箱取油，包括前传动、输入传动、风扇传动、转向机构和左右汇流排等部分。

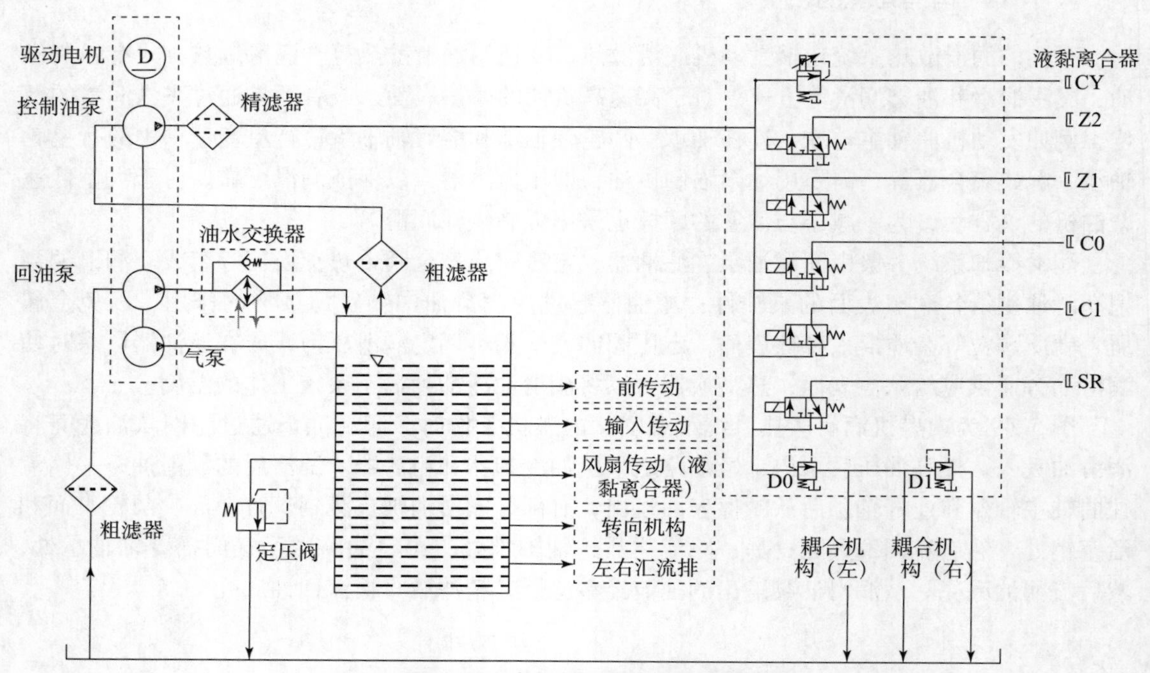

图 5. 50　液压润滑系统设计方案

由于变速箱总体设计需求，压力油箱是一个复杂的由几个部分组成的容器，各部分之间通过油路相连，如图 5. 51 所示。进行该润滑系统仿真研究的目的有二。其一，需要校核压力油箱各部分之间的流量，仿真验证是否油液在各个部分之间形成有效循环，防止出现“死体积”，保证压力油箱的油液都能有效参与系统的操纵和润滑。其二，该油液系统的润滑用油和操纵用油均出自压力油箱，而操纵用油并非连续的，因此要研究当操纵件动作时，对系统润滑流量的影响，以分析两者间的耦合关系。

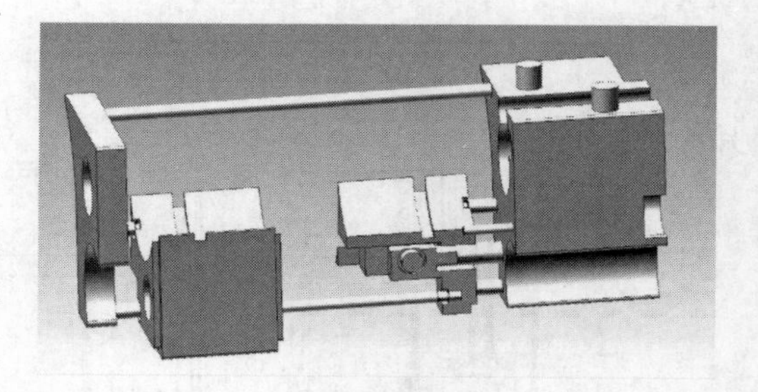

图 5. 51　压力油箱结构图

2. 模型与设置

依据压力油箱分布，各通路以及各点润滑流量。搭建 AMESim 仿真模型如图 5. 52 所示。

图 5. 52 中，压力油箱由 4 个部分组成，各部分之间通过插管方式连接为一体。每个压力油箱由相应的润滑通路流向各润滑点，油液经润滑后回到油底壳，回油泵从油底壳吸油供

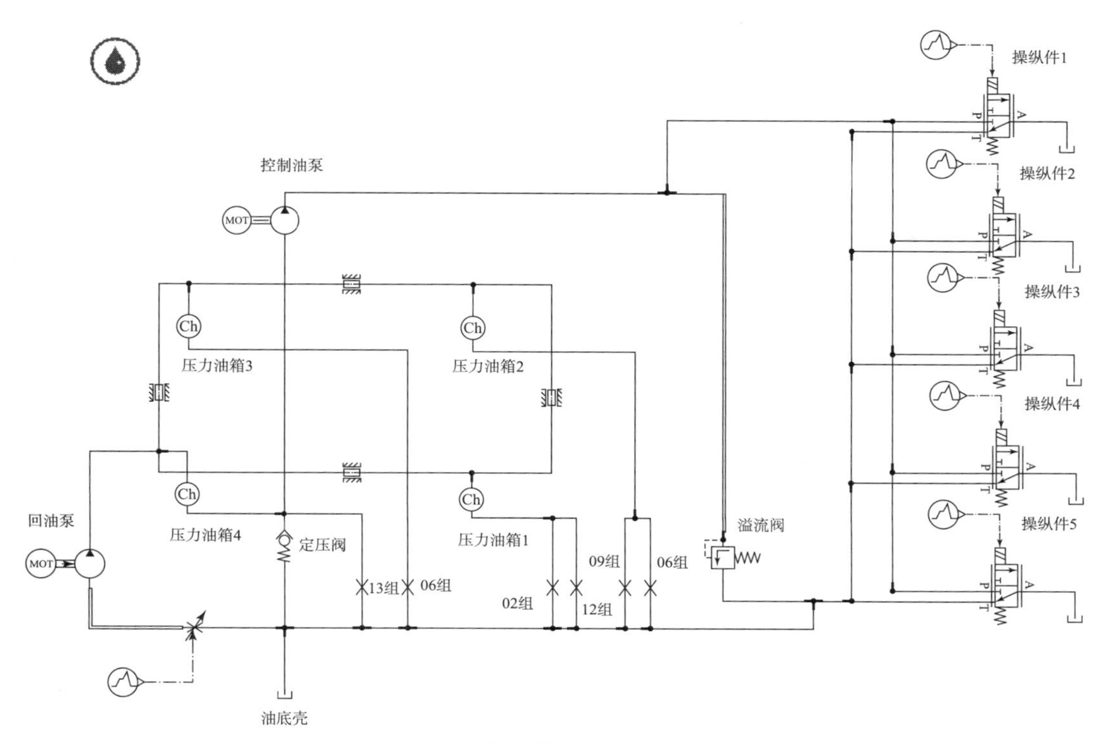

图 5.52　压力油箱 AMESim 仿真模型

给压力油箱 4。控制油泵自压力油箱 4 吸油供给各操纵件用油，多余的油液经过溢流阀给左右耦合机构润滑后回油底壳。模型中，06 组表示左右汇流排，09 组为前传动，12 组表示风扇传动，02 组表示输入传动，13 组表示转向机构，各部分需求润滑流量由节流孔来设定。

3. 结果与讨论

首先，分析操纵离合器或制动器的流量和油压变化，仿真分析结果分别如图 5.53 和图 5.54 所示。

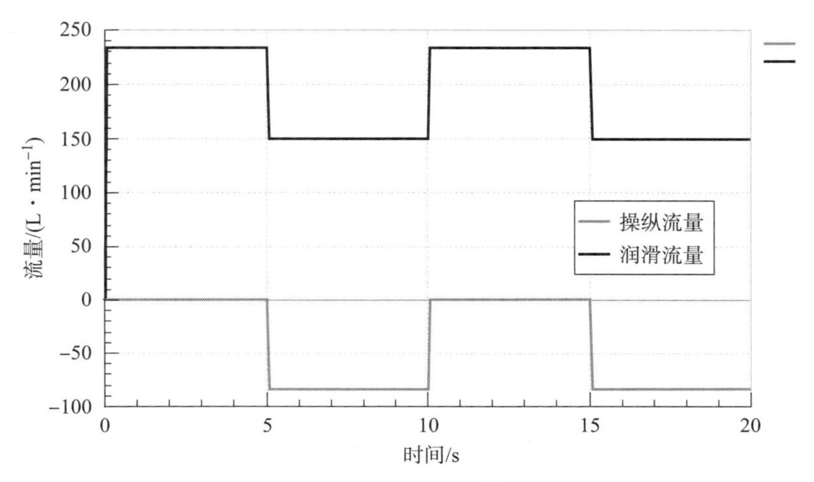

图 5.53　流量分配情况

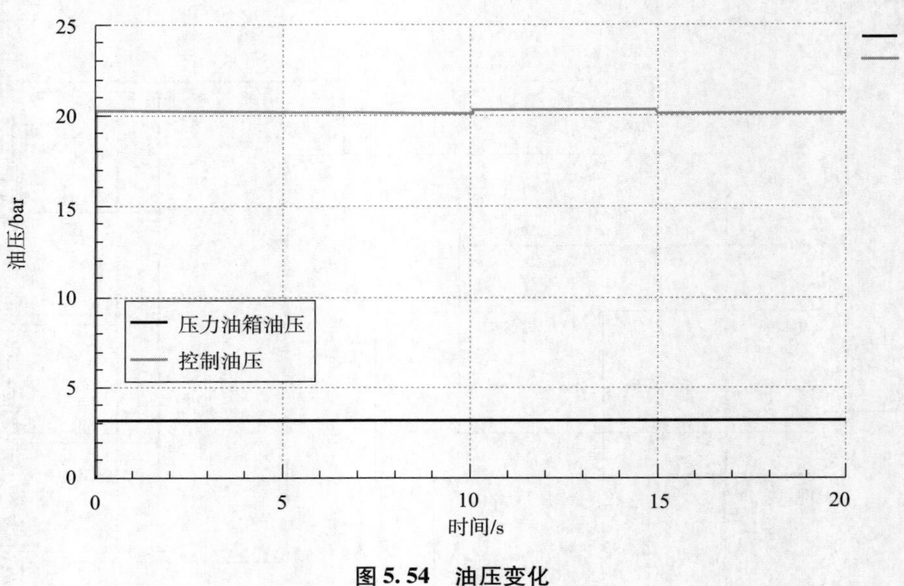

图 5.54　油压变化

由图可知，当操纵离合器或制动器的时候，虽然润滑流量会短暂受到影响，但控制油压和润滑油压基本维持稳定。

其次，分析各个压力油箱之间的压力和流量，如图 5.55 和图 5.56 所示。由图可知，由于油液流动方向和管路节流作用，4 个压力油箱压力会稍有区别，其中 3 和 4 压力较高，但都处于正常压力范围。

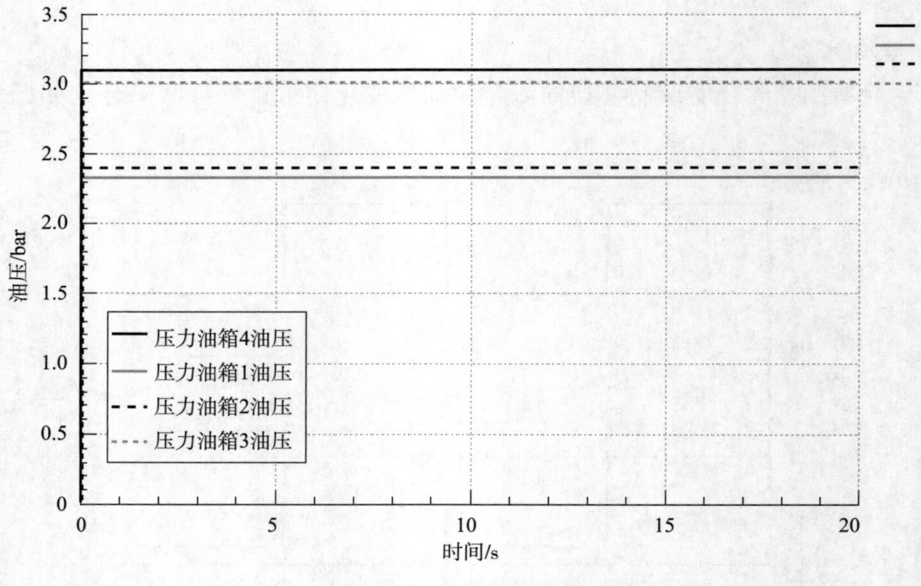

图 5.55　压力油箱压力

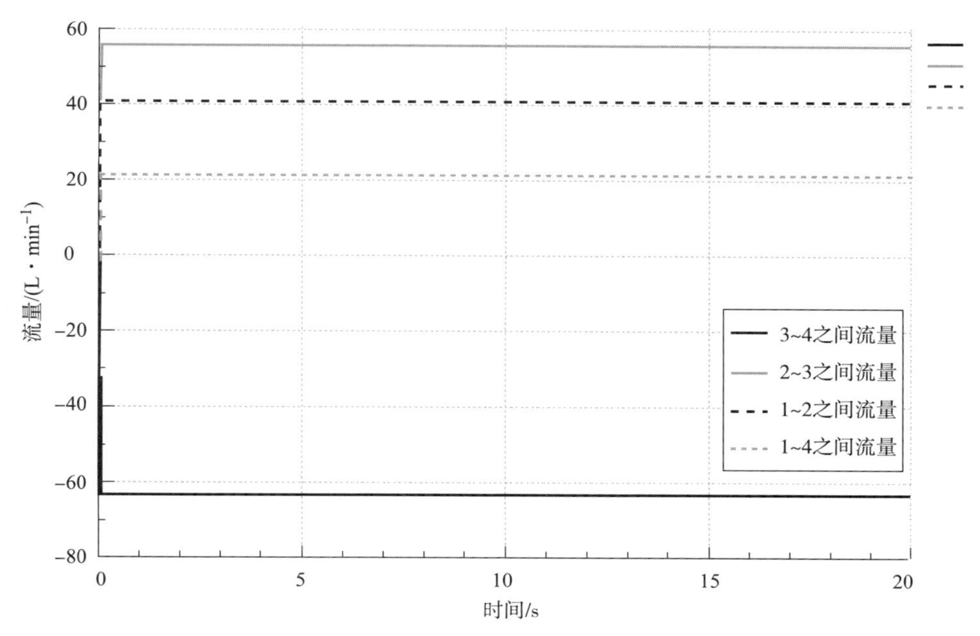

图 5.56　压力油箱之间流量

由各个油箱之间的流量可知，油液在整个压力油箱的流动示意如图 5.57 所示。

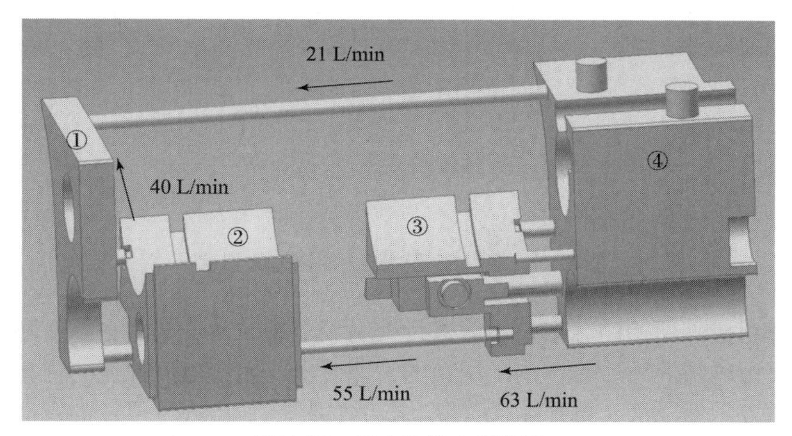

图 5.57　压力油箱之间流量

①—压力油箱 1；②—压力油箱 2；③—压力油箱 3；④—压力油箱 4

最后，倘若出现车辆倾斜或某种原因，吸油不足情况下润滑系统流量和压力油箱压力变化如图 5.58 和图 5.59 所示。

由图可知，吸油不足会造成流量和压力的短暂波动，但只要时间不长，就不会对系统形成严重的影响。但要注意的是，为了保证操纵油压的稳定，仍需要避免吸油的问题，这点可以通过适当加大油底壳的油量来保证。

5.4.2　车辆液压悬架

汽车悬架是车身与车桥或车轮之间的弹性连接部件，主要由弹性元件、导向装置及减振

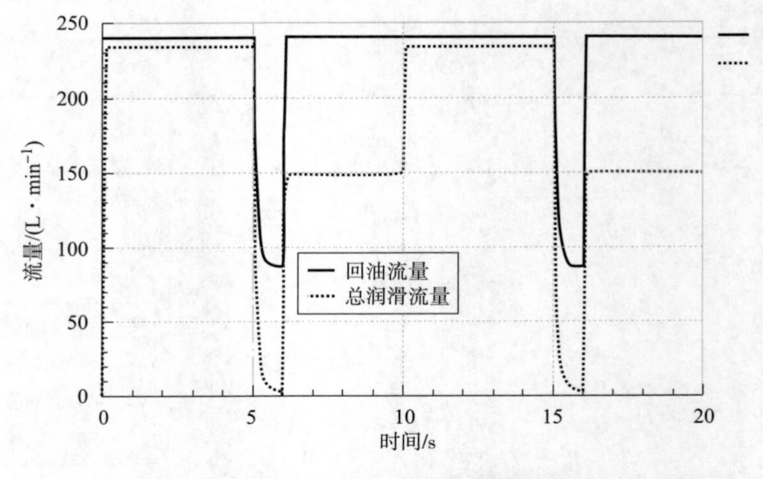

图 5.58　吸油不足时润滑流量变化

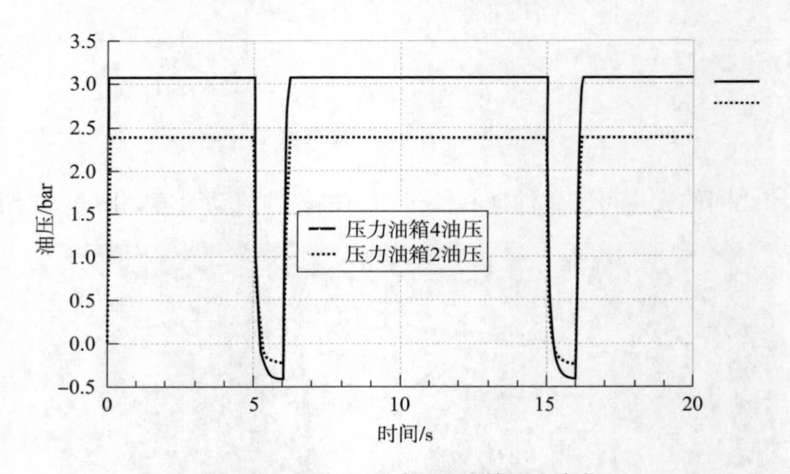

图 5.59　吸油不足时压力油箱压力变化

器三个基本部分组成。原始的悬架是不能进行控制调节的被动悬架，在多变环境或性能要求高且影响因素复杂的情况下，难以满足期望的性能要求。随着电液控制、计算机技术的发展以及传感器、微处理器及液、电控制元件制造技术的提高，出现了可控的智能悬架系统，即电子控制悬架系统。

电子控制悬架既能使车辆具有软弹簧般的舒适性，又能保证车辆具有良好的操纵稳定性。而对于传统的悬架系统，一旦参数选定，在车辆行驶过程中就无法进行调节，因此使悬架性能的进一步提高受到很大限制。目前轿车上采用的电子控制悬架系统基本上具有三个功能，一是车高调节功能，不管车辆负载在规定范围内如何变化，都可以保证车高一定，大大减小汽车在转向时产生的侧倾。当车辆在凸凹不平的道路上行驶时，其可提高车身高度，当车辆高速行驶时，又可使车身高度降低，以减小风阻并提高其操纵稳定性。二是衰减力调节功能，可提高车辆的操纵稳定性，在急转弯、急加速和紧急制动时抑制车辆姿态的变化，减小俯仰角、后仰角、侧倾角。三是控制悬架系统减振力和弹性元件的弹性或刚性系数的功能，利用弹性元件弹性或刚性系数的变化，控制车辆起步时的姿势。

电子控制悬架系统按悬架系统结构形式，可分为电控空气悬架系统和电控液压悬架系统两种。在此主要介绍电控液压悬架系统的组成和工作原理。

1. 组成和工作原理

电子控制液压悬架系统由动力源、压力控制阀、液压悬架缸、传感器、ECU 等组成。图 5.60 所示为电控液压悬架系统的工作原理。作为动力源的液压泵产生压力油，供给各车轮的液压悬架缸，使其独立工作。当汽车转向发生侧倾时，汽车外侧车轮液压缸的油压升高，内侧车轮液压缸的油压降低，油压信号被送至 ECU，ECU 根据此信号来控制车身的侧倾。由于在车身上分别装有上下、前后、左右、车高等高精度的加速度传感器，这些传感器信号送入 ECU 并经分析后，对油压进行调节，可使转弯时的侧倾最小。同理，在汽车紧急制动、急加速或在恶劣路面上行驶时，液压控制系统对相应液压缸的油压进行控制，使车身的姿势变化最小。电控液压悬架系统液压控制油路如图 5.61 所示。

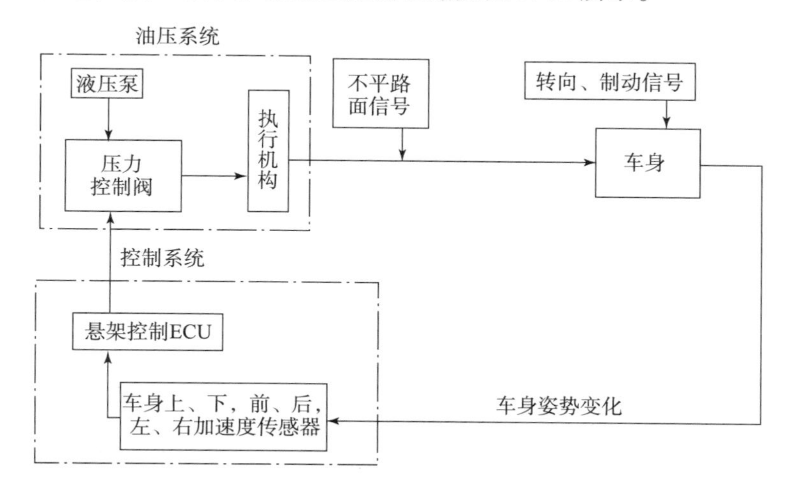

图 5.60　电控液压悬架系统的工作原理

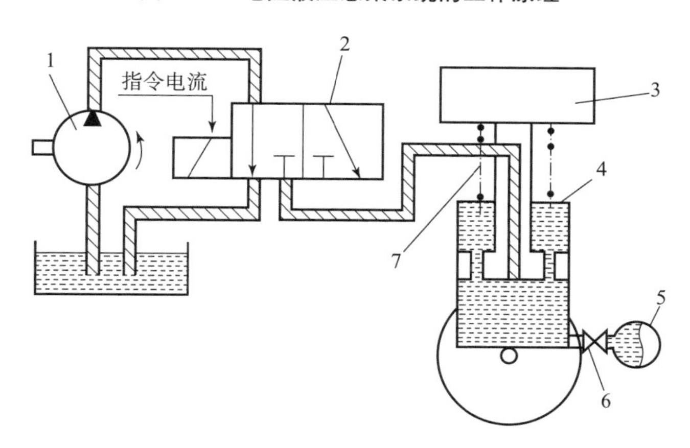

图 5.61　电控液压悬架系统液压控制油路

1—液压泵动力源；2—压力控制阀；3—车身；4—液压悬架缸；5—油气室；6—节流孔；7—弹簧

2. 模型与设置

用 AMESim 对车辆液压主动悬架进行模型搭建与仿真，如图 5.62 所示。

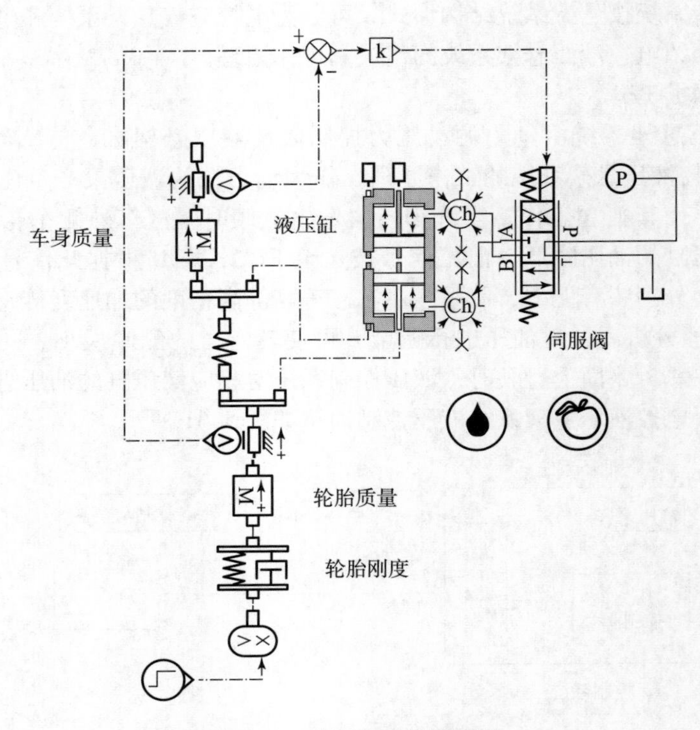

图 5.62　液压主动悬挂模型

该仿真模型中汽车及 CVT 的主要参数如表 5.8 所示。

表 5.8　液压主动悬挂模型主要参数

参数	数值	单位
车身质量	300	kg
车身悬架刚度	8 000	N/m
轮胎质量	30	kg
轮胎刚度	100 000	N/m
重力加速度	10	m/s^2
轮胎阻尼	100	$N/(m\cdot s^{-1})$
泵供油压力	10	MPa
液压缸直径	12	mm

3. 结果与讨论

在模型中，以不同的信号输入简化随机路面激励，通过仿真得到液压悬架系统响应。分别输入阶跃信号、正弦信号、斜坡信号，仿真得到不同路面激励下车身和轮胎的响应。仿真结果如图 5.63 ~ 图 5.65 所示。

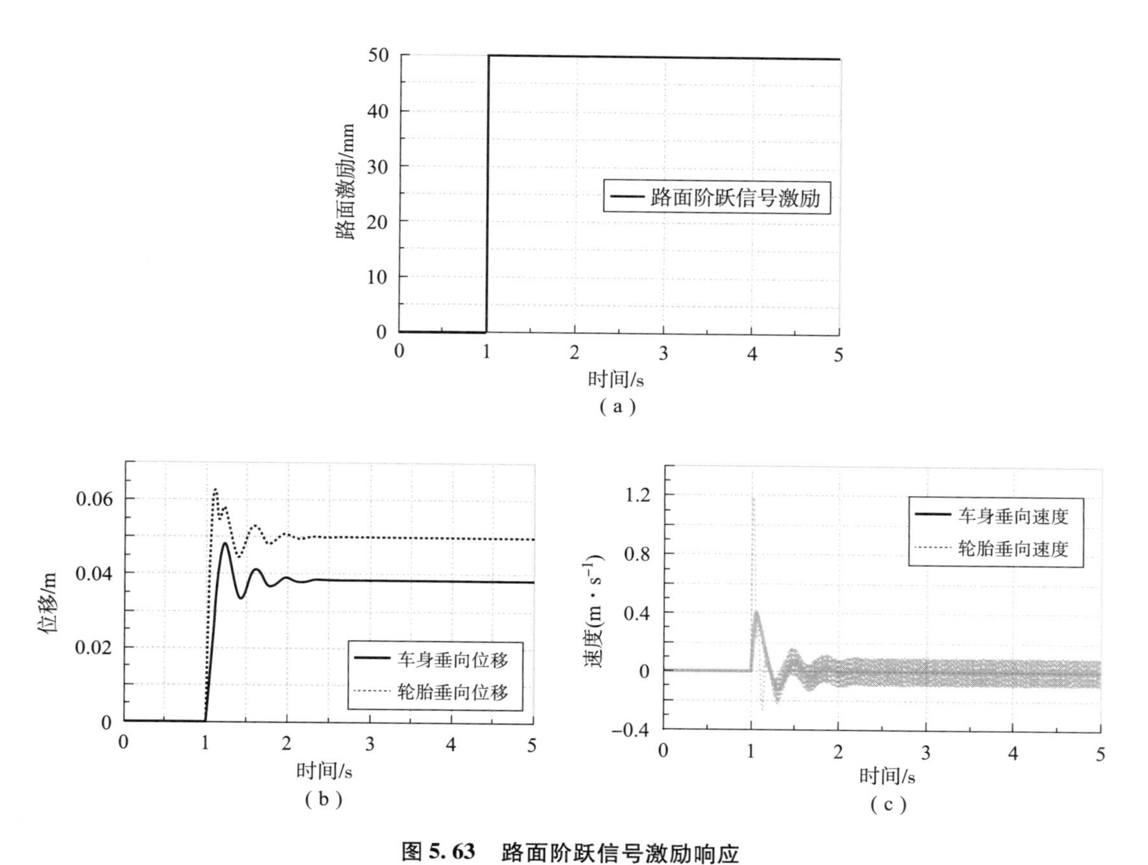

图 5. 63　路面阶跃信号激励响应

(a) 路面激励信号；(b) 车身垂直位移变化曲线；(c) 车身垂直速度变化曲线

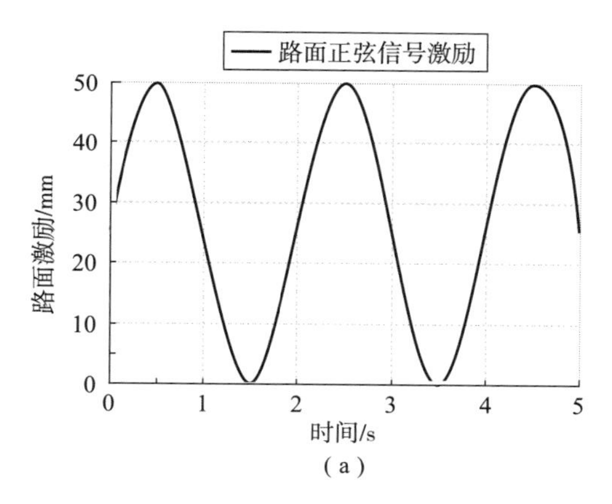

图 5. 64　路面正弦信号激励响应

(a) 路面激励信号

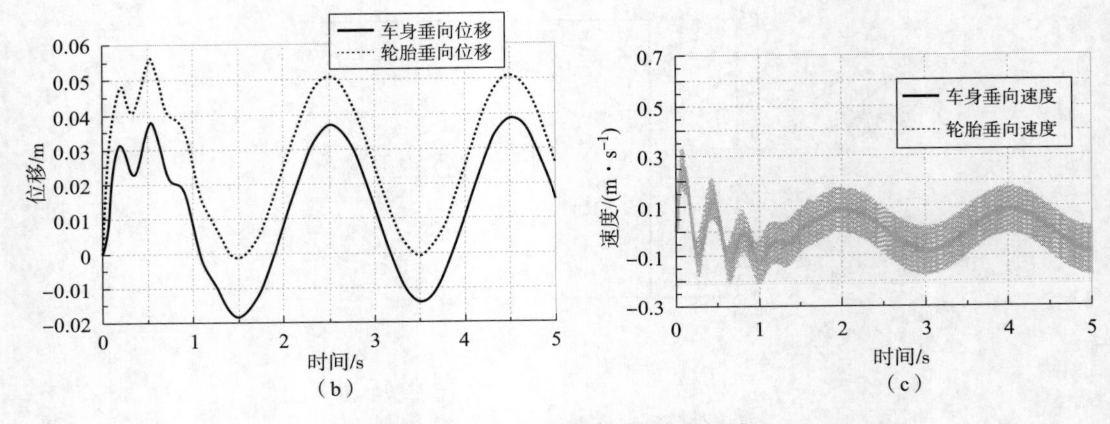

图 5.64　路面正弦信号激励响应（续）

（b）车身垂直位移变化曲线；（c）车身垂直速度变化曲线

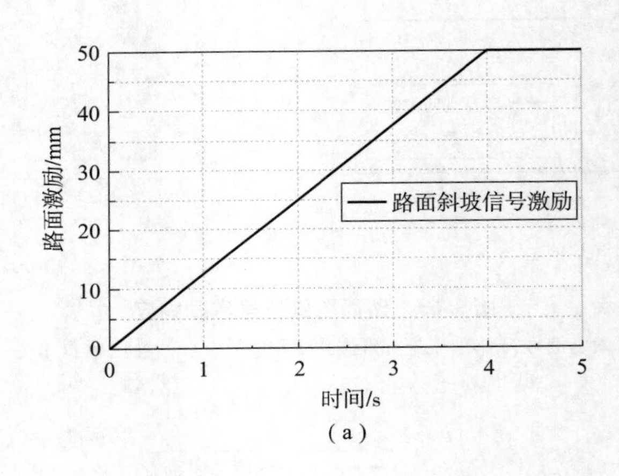

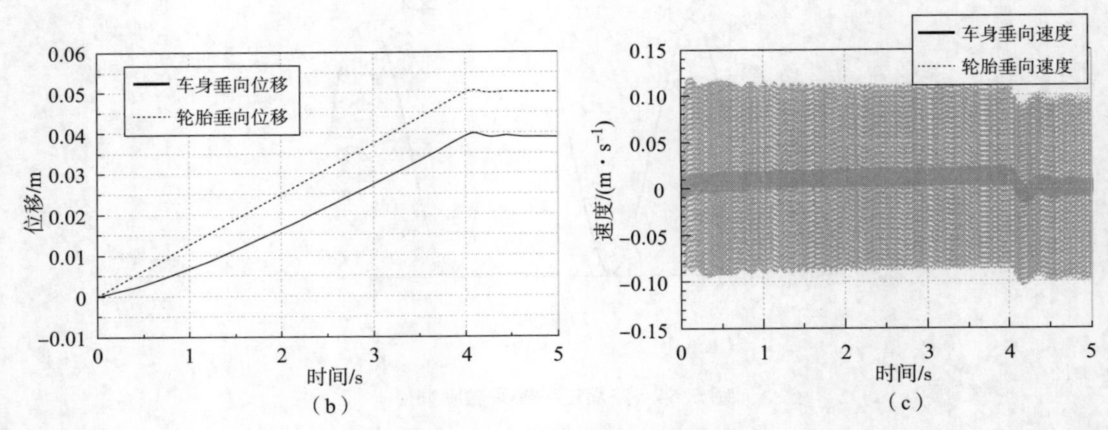

图 5.65　路面斜坡信号激励响应

（a）路面激励信号；（b）车身垂直位移变化曲线；（c）车身垂直速度变化曲线

5.5 车辆 ABS 联合仿真

在车辆制动过程中，ABS 装置能够根据各个车轮制动情况自动调节轮缸压力，将滑移率控制在一定的范围内，防止车轮抱死，达到提高车辆制动稳定性和缩短车辆制动距离的目的。前文中已经介绍了 ABS 的原理和结构，并搭建了 AMESim 模型进行了仿真。本节将重点利用 AMESim 液压系统建模的广泛特点和 Matlab/Simulink 控制建模的强大功能，建立精度更高的 ABS 模型，然后应用 AMESim 和 Simulink 联合仿真技术，根据轮速和滑移率等信号不断对高速电磁阀进行开闭控制，使其在增压、保压、减压 3 种状态下切换工作，从而调节制动器制动力来调节系统滑移率，使系统滑移率保持在期望滑移率附近，实现对防抱死制动系统的研究。

5.5.1 模型搭建与设置

ABS 联合仿真模型由三部分组成：单轮车辆模型、Stateflow 逻辑控制模块以及 AMESim 液压系统模型。主要联合仿真过程为在 AMESim 中搭建液压 ABS 模型，并在 Matlab/Simulink 环境下建立车辆模型和控制策略。在制动过程中，制动器产生的制动力通过接口输入 Simulink 车辆模型中，Simulink 中的控制模块根据控制逻辑判断，通过接口把回油泵电机和电磁阀的控制信号输入 AMESim 液压系统模型中，进而控制回油泵电动机的启停，以及电磁阀的开关。

1. 液压系统模型

参考前文 ABS 的原理和结构，利用 AMESim 软件搭建液压系统模型，如图 5.66 所示，其参数设置见表 5.5，与 5.3.3 节 ABS 液压参数相同。

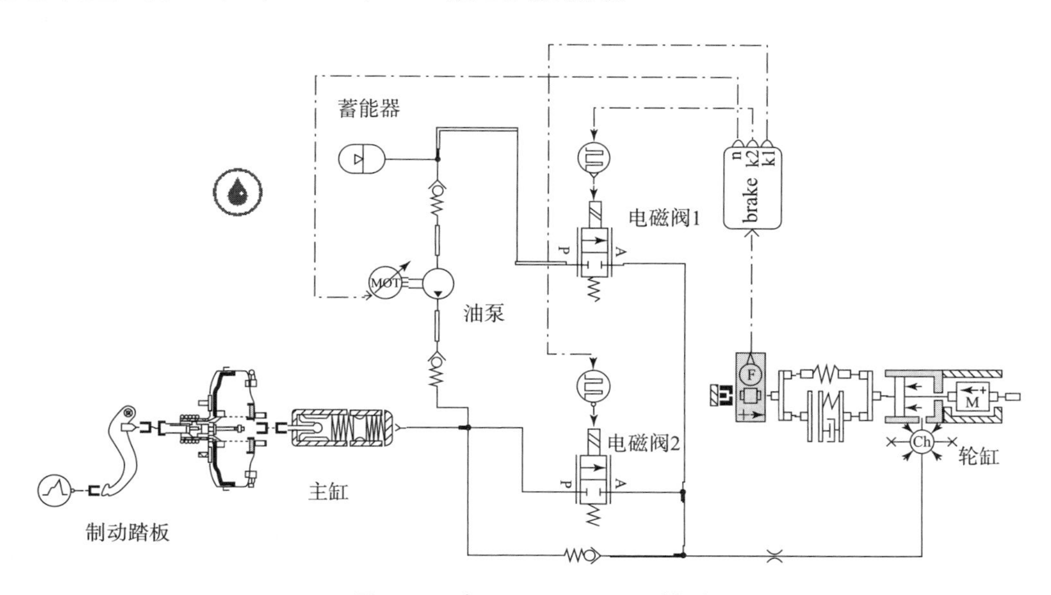

图 5.66 液压 ABS AMESim 模型

2. 单轮车辆模型

1）车辆二自由度模型

为方便对问题的分析，暂不考虑空气阻力、车轮滚动阻力及加速阻力等因素，只考虑车体纵向运动和车轮转动，可得车辆的二自由度模型如下。

车辆运动方程：

$$M\dot{V} = -F_x \tag{5.4}$$

车轮运动方程：

$$I\dot{\omega} = F_x r - T_b \tag{5.5}$$

车轮纵向摩擦力：

$$F_x = N\mu \tag{5.6}$$

定义滑移率为

$$S = 1 - \frac{\omega}{V/r} \tag{5.7}$$

式中，M 为车辆质量；V 为车辆速度；F_x 为地面制动力；I 为车轮转动惯量；ω 为车轮转动角速度；r 为车轮滚动半径；T_b 为制动力矩；μ 为附着系数；N 为车轮对地面的法向反力。

2）轮胎双线性模型

为简化仿真计算，本模型用一种双线性模型来简化轮胎模型，如图 5.67 所示，轮胎模型可用两个直线方程来表达：

$$\begin{aligned} \mu &= \frac{\mu_h}{S_c}S \\ \mu &= \frac{\mu_h - \mu_g S_c}{1 - S_c} - \frac{\mu_h - \mu_g}{1 - S_c} \end{aligned} \tag{5.8}$$

式中，S_c 为最佳滑移率，取 0.2；S 为车轮滑移率；μ_g 为滑移率为 100% 时的附着系数，取 0.75；μ_h 为峰值附着系数，取 0.9；μ 为附着系数。

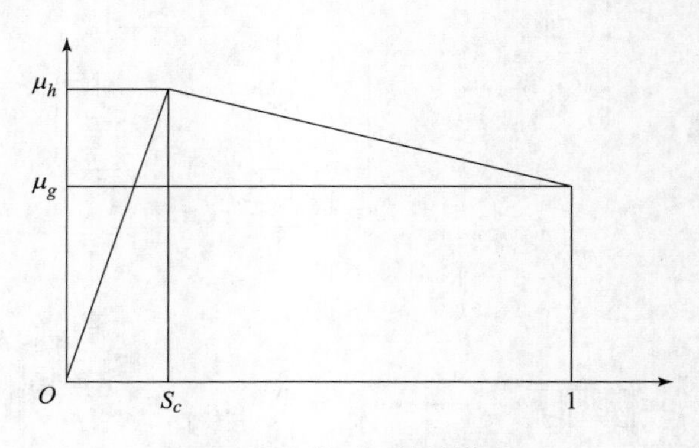

图 5.67　轮胎双线性模型

参考上述车辆二自由度模型以及轮胎双线性模型，可以建立单轮车辆的 Simulink 模型，如图 5.68 所示。

3. Stateflow 逻辑控制模型

根据有限状态机理论，可以依据由一种状态转换至另一种状态的条件，并将每对可转换

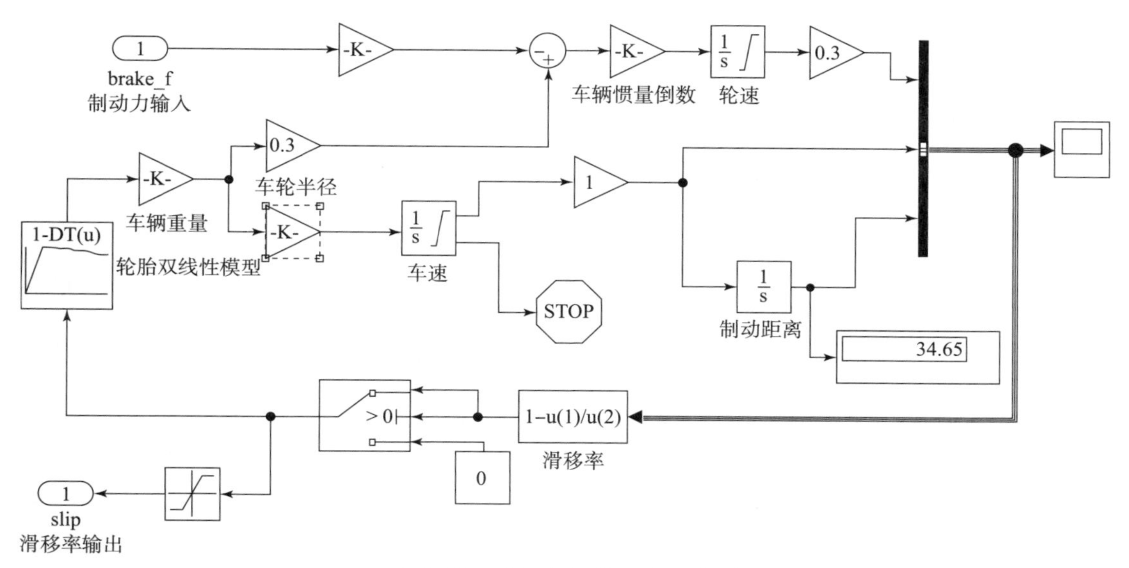

图 5.68　单轮车辆 Simulink 模型

的状态均设计出状态迁移的事件，从而构造出状态迁移图。针对制动过程中出现的制动压力增压、保压、减压等过程的切换，采用有限状态机理论对其进行事件驱动。通过对输入的偏差信号进行判断，当 Stateflow 控制策略判断后的结果满足进入下一个逻辑状态时，则进行跳转。这样，使系统在不断加压、减压、保压这 3 种状态之间工作，通过调节制动器制动力使系统滑移率达到期望值。Stateflow 控制策略流程如图 5.69 所示。

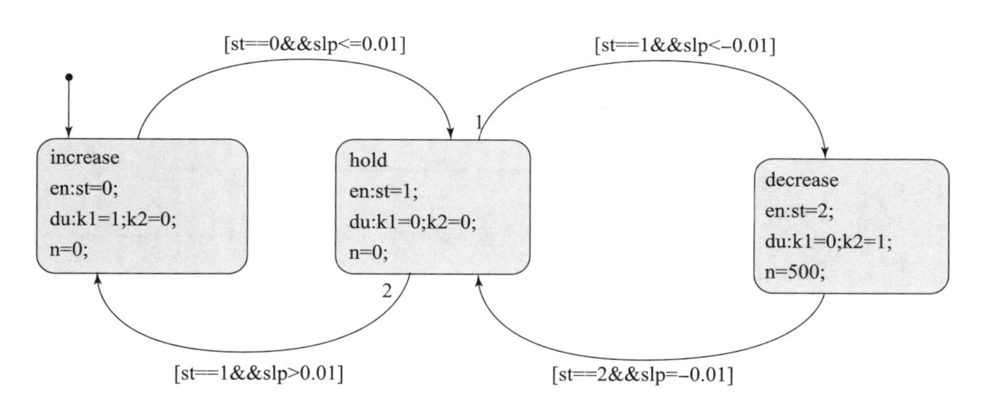

图 5.69　Stateflow 状态转换图

在此模块中，输入量为 PID 控制器中的实际滑移率和期望滑移率的偏差 slp，输出量为进油电磁阀信号 k_1 、回油电磁阀信号 k_2 和回油泵电机控制信号 n 。主要控制逻辑流程如图 5.70 所示。

4. Simulink 仿真模型

图 5.71 为单轮车辆 ABS 的 Simulink 仿真模型，采用 PID 控制器对实际滑移率与参考滑移率的偏差进行控制，通过状态机对不同的输出结果做出决定，选择采取增压、保压或者减压的动作来制动。

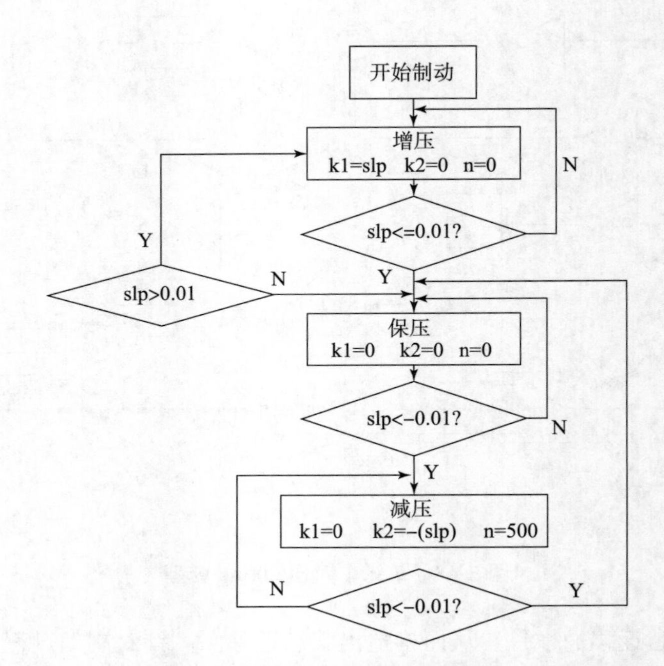

图 5.70 ABS 控制逻辑流程图

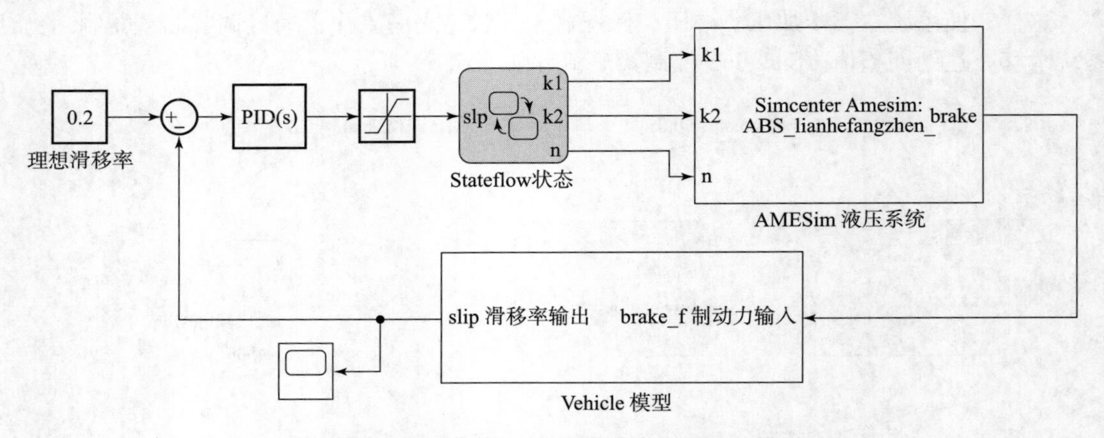

图 5.71 单轮车辆 ABS 控制系统 Simulink 模型

5.5.2 仿真结果与讨论

制动开始时，给定制动踏板 400 N 的踏板制动力。车辆初速度为 20 m/s，车辆的 1/4 质量为 300 kg，车轮转动惯量为 2.16，车轮半径为 0.3 m，在路面进行仿真，得到的滑移率、车轮转速与车身速度、制动距离以及制动力的变化曲线如图 5.72 所示。由图可知，系统达到了期望的最佳滑移率 0.2，同时，轮速很好地跟踪了车速，达到了理想控制状态，验证了控制算法的正确性。

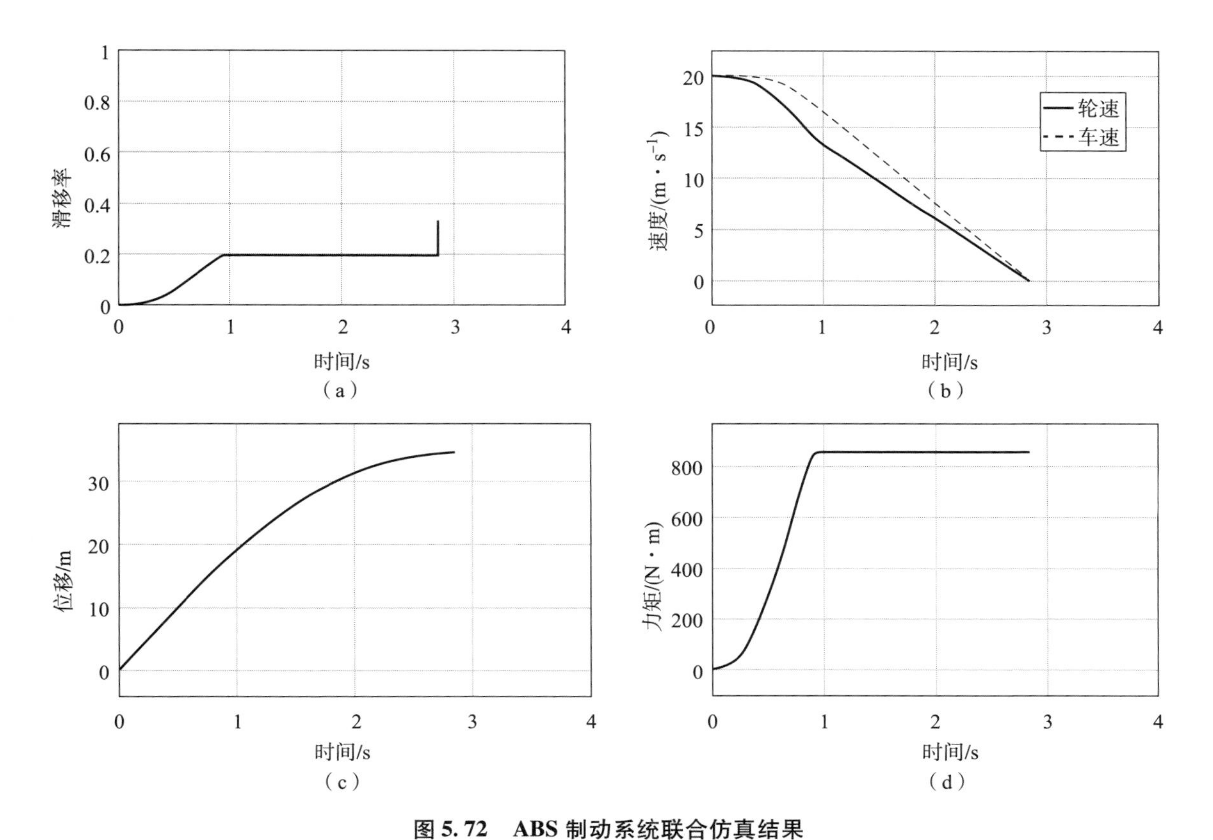

图 5.72　ABS 制动系统联合仿真结果

(a) 滑移率变化曲线；(b) 车速和轮速变化曲线；(c) 制动距离变化曲线；(d) 制动力矩变化曲线

下篇　基于计算流体力学的车辆流体系统仿真与应用

第 6 章

计算流体力学理论

6.1 流体力学基本理论

流体力学是连续介质力学的分支，是一门研究流体现象及其力学特征的科学。

6.1.1 研究对象

流体力学的研究对象是流体，包括气体和液体。流体与固体最大的不同在于其流动性。流体没有固定的形状，也不能承受拉力。在静止状态下，流体也不能承受剪切力，否则会破坏平衡状态，引起流动。而不同的流体也不尽相同。液体虽然没有固定的形状，但有固定的体积，虽然不抗拉但抗压，而气体并不具备这些性质。流体与固体的对比如表 6.1 所示。

表 6.1 流体与固体的对比

分类		体积	形状	抗拉	抗压	抗剪切
固体		√	√	√	√	√
流体	液体	√	×	×	√	静止状态 ×
	气体	×	×	×	×	静止状态 ×

6.1.2 流体的连续介质假设

流体质点：指含有大量分子且能保持其宏观力学特性的微小体积的流体单元，具有质量、重量和体积。

连续介质：流体由无数连续分布的质点所组成，质点之间没有间隙，而是完全充满着所占空间的连续体。

6.1.3 流体的主要物理属性

1. 密度与重度

密度指特定体积内质量的度量，定义为式（6.1）。

$$\rho = \lim_{\Delta V \to 0} \frac{\Delta M}{\Delta V} \tag{6.1}$$

对于均值流体，表达式可以简化为式（6.2）。

$$\rho = \frac{M}{V} \tag{6.2}$$

重度指物体因地球引力表现出的重力特性，对于均值流体，指作用在单位体积上的重力。重度的定义式和计算式见式（6.3）和式（6.4）。

$$\gamma = \lim_{\Delta V \to 0} \frac{\Delta G}{\Delta V} \tag{6.3}$$

$$\gamma = \rho g \tag{6.4}$$

2. 压缩性与膨胀性

压缩性指流体在外力所用下，其体积或密度可以改变的性质。压缩性常用体积压缩系数 β 和体积弹性模量 E 表示，分别见式（6.5）和式（6.6）。

$$\beta = \frac{-\Delta V/V}{\Delta \rho} \tag{6.5}$$

$$E = 1/\beta \tag{6.6}$$

膨胀性指在一定压强下，单位温度升高引起的体积相对变化率，通常用体积膨胀系数 α 表示。

$$\alpha = \frac{\mathrm{d}V/V}{\Delta T} \tag{6.7}$$

3. 黏性

黏性来源于内聚力和分子间的动量交换，用来描述运动状态下流体抵抗剪切变形的能力。黏性可以用动力黏度 μ 和运动黏度 υ 表示。

$$\mu = \frac{\tau}{\mathrm{d}u/\mathrm{d}y} \tag{6.8}$$

$$\upsilon = \frac{\mu}{\rho} \tag{6.9}$$

4. 液体的表面张力和毛细现象

表面张力是液体特有的性质，指在液体的自由表面上，分子间引力作用引起的微小拉力，以圆形的露珠为例。另一个直观的例子是毛细现象，指放在液体中的细管，由于表面张力的作用会产生液面的上升或下降。

6.1.4 作用于流体上的力

流体不能承受集中力，只能承受分布力。分布力分为表面力和质量力。

质量力作用在流体质点上，其大小与流体质量成正比，例如重力和电磁力。单位质量力可以由质量力微分获得，见式（6.10）。

$$f = \lim_{\Delta V \to 0} \frac{\Delta F}{\Delta m} \tag{6.10}$$

表面力是一种接触力，单位面积上流体承受的表面力为应力，见式（6.11）。

$$p_n = \lim_{\delta A \to 0} \frac{\delta F}{\delta A} \tag{6.11}$$

6.1.5 流体流动的描述

描述流体流动可以从流体质点和流场两个方面入手，并依此分为拉格朗日法和欧拉法。

1. 拉格朗日法

着眼于各质点的运动情况，通过综合所有质点的运动情况获得流体运动规律。

流体质点坐标：

$$\begin{cases} x = x(a,b,c,t) \\ y = y(a,b,c,t) \\ z = z(a,b,c,t) \end{cases} \tag{6.12}$$

流体质点速度：

$$\begin{cases} u_x = \dfrac{\partial x}{\partial t} = \dfrac{\partial x(a,b,c,t)}{\partial t} \\ u_y = \dfrac{\partial y}{\partial t} = \dfrac{\partial y(a,b,c,t)}{\partial t} \\ u_z = \dfrac{\partial z}{\partial t} = \dfrac{\partial z(a,b,c,t)}{\partial t} \end{cases} \tag{6.13}$$

流体质点加速度：

$$\begin{cases} a_x = \dfrac{\partial u_x}{\partial t} = \dfrac{\partial^2 x(a,b,c,t)}{\partial t} \\ a_y = \dfrac{\partial u_y}{\partial t} = \dfrac{\partial^2 y(a,b,c,t)}{\partial t} \\ a_z = \dfrac{\partial u_z}{\partial t} = \dfrac{\partial^2 z(a,b,c,t)}{\partial t} \end{cases} \tag{6.14}$$

2. 欧拉法

着眼于各空间点的运动情况，通过综合流场中所有被研究空间点上流体质点的运动规律来获得流场运动特性。

流速场：

$$\begin{cases} u_x = u_x(x,y,z,t) \\ u_y = u_y(x,y,z,t) \\ u_z = u_z(x,y,z,t) \end{cases} \tag{6.15}$$

压强场：

$$p = p(x,y,z,t) \tag{6.16}$$

密度场：

$$\rho = \rho(x,y,z,t) \tag{6.17}$$

加速度的时间变化率：

$$\boldsymbol{a} = \frac{\partial u}{\partial t} + (\boldsymbol{u} \cdot \nabla)\boldsymbol{u} \tag{6.18}$$

$$\begin{cases} a_x = \dfrac{\partial u_x}{\partial t} + u_x \dfrac{\partial u_x}{\partial x} + u_y \dfrac{\partial u_x}{\partial y} + u_z \dfrac{\partial u_x}{\partial z} \\ a_y = \dfrac{\partial u_y}{\partial t} + u_y \dfrac{\partial u_y}{\partial y} + u_x \dfrac{\partial u_y}{\partial x} + u_z \dfrac{\partial u_y}{\partial z} \\ a_z = \dfrac{\partial u_z}{\partial t} + u_z \dfrac{\partial u_z}{\partial z} + u_x \dfrac{\partial u_z}{\partial x} + u_y \dfrac{\partial u_z}{\partial y} \end{cases} \tag{6.19}$$

3. 两种方法的比较

拉格朗日法和欧拉法的对比如表6.2所示。

表6.2 拉格朗日法和欧拉法的对比

项目	拉格朗日法	欧拉法
描述对象	有限质点的轨迹	所有质点的顺时参数
表达式	复杂	简单
反映参数空间分布	×	√
描述流体运动变形	×	√

6.1.6 流体流动的分类

流体流动可以分为层流、过渡流和紊流。

流速较低时，流体分层流动，互不混合，称为层流；随着流速增大，流体的流线波浪状摆动，摆动的频率及振幅随流速的增加而增加，称为过渡流；当流速增加到很大时，流线不再清楚可辨，流场中有许多小漩涡，称为紊流。

这种变化可以用雷诺数来量化。雷诺数用来比较黏滞力和惯性力对流场的影响。一般管道雷诺数 $Re<2\ 100$ 为层流状态，$Re>4\ 000$ 为紊流状态，之间为过渡状态。

6.2 计算流体力学基础

计算流体力学（computational fluid dynamics，CFD）是20世纪60年代伴随计算科学与工程迅速兴起的一门学科分支。其基本定义是通过计算机进行数值计算，模拟流体流动时的各种相关物理现象。

6.2.1 CFD的发展

CFD在数值研究方面有两个主要方向：一是在简单的几何外形下通过数值方法获得基本的物理规律和现象；二是为解决工程实际需要，通过CFD进行预测，为工程设计提供依据。

CFD方法是利用计算数学，将流场的控制方程离散到一系列网格节点上以获得其离散的数值解的方法。任何流动都应该遵守流体流动的基本方程，即质量守恒定律、动量守恒定律和能量守恒定律。这些定律可以数学描述为控制方程。

求解的数学方法主要分为有限差分法、有限元法和有限面积法。这些方法可以将计算域离散为一系列的网格并建立离散方程组，由猜测值出发迭代推进方程求解，直到满足收敛条件。近年来也涌现出很多无网格方法。

6.2.2 计算流体力学的求解过程

CFD计算过程一般遵循以下步骤。

（1）建立问题的物理模型，再抽象为数学、力学模型。

（2）建立几何形体及其空间影响区域，将外表面和整个计算区域进行网格划分。

（3）加入初始条件和边界条件。

（4）选择适当的算法，设定控制求解过程和精度的条件并求解。

（5）结果后处理。

6.2.3　流体力学的连续性方程

任何流动都应该满足质量守恒定律，即单位时间内流体微元体中质量的增加，等于同一时间间隔内流入该微元体的净质量。根据质量守恒定律，可写出旋转油道配流机构内部润滑油流动的质量守恒方程，也称连续性方程，即

$$\frac{\partial \rho}{\partial t} + \mathrm{div}(\rho \boldsymbol{U}) = 0 \tag{6.20}$$

式中，ρ 为流体介质的密度；t 为时间；$\boldsymbol{U}$ 为速度矢量。

6.2.4　流体力学的动量方程

动量守恒定律也是任何流动系统都必须满足的基本定律，即微元体中流体动量对时间的变化率等于外界作用在该微元体上的各种力之和。根据动量守恒定律，可写出行星变速机构内润滑油流动在 x、y、z 三个方向上的动量守恒方程，即

$$\begin{cases} \dfrac{\partial(\rho u)}{\partial t} + \mathrm{div}(\rho u \boldsymbol{U}) = \mathrm{div}(\mu \cdot \mathbf{grad} u) - \dfrac{\partial p}{\partial x} + S_x \\ \dfrac{\partial(\rho v)}{\partial t} + \mathrm{div}(\rho v \boldsymbol{U}) = \mathrm{div}(\mu \cdot \mathbf{grad}\ v) - \dfrac{\partial p}{\partial y} + S_y \\ \dfrac{\partial(\rho w)}{\partial t} + \mathrm{div}(\rho w \boldsymbol{U}) = \mathrm{div}(\mu \cdot \mathbf{grad}\ w) - \dfrac{\partial p}{\partial z} + S_z \end{cases} \tag{6.21}$$

式中，u、v、w 为流体在 x、y、z 三个坐标方向上的速度；μ 为层流动力黏度；P 为流体介质的压力；S 为动量方程广义源项。

6.2.5　流体力学的能量方程

任何流动系统都需要满足能量守恒方程，即微元体中能量变化率等于流入微元体的净热流量与微元受到的体积力和表面力做功功率之和。流体能量 E 是内能 i、动能 K 和势能 P 的和，表达式如下：

$$\frac{\partial(\rho T)}{\partial t} + \mathrm{div}(\rho u T) = \mathrm{div}\left(\frac{k}{c_p}\mathbf{grad}\ T\right) + S_T \tag{6.22}$$

式中，c_p 为比热容；T 为温度；k 为流体的传热系数；S_T 为黏性耗散项。

6.2.6　流体力学基本方程的初始及边界条件

所有的流体运动都需要满足基本方程组，但求解时需要确定边界条件。对于非定常问题还需要制定初始条件，方程才有唯一确定的解。

初始条件指在初始时刻流体运动应该满足的条件。

$$t = t_0, \begin{cases} \boldsymbol{v}(\boldsymbol{r},t_0) = \boldsymbol{v}_0(\boldsymbol{r}) \\ p(\boldsymbol{r},t_0) = p_0(\boldsymbol{r}) \\ \rho(\boldsymbol{r},t_0) = \rho_0(\boldsymbol{r}) \\ T(\boldsymbol{r},t_0) = T_0(\boldsymbol{r}) \end{cases} \tag{6.23}$$

式中，$\boldsymbol{v}_0(\boldsymbol{r})$，$p_0(\boldsymbol{r})$，$\rho_0(\boldsymbol{r})$，$T_0(\boldsymbol{r})$ 为已知函数。

边界条件指边界上方程组的解应满足的条件，基本类型有以下几种。

1. 入口边界条件

入口边界条件即指定入口处流动变量的值。

速度入口边界条件：定义流动速度和流动入口的流动属性相关的标量，仅适用于不可压缩流。

压力入口边界条件：定义入口压力及其他标量属性，在可压缩流和不可压缩流中都适用。压力入口边界条件也可以用来定义外部或无约束流的自由边界。

质量流量入口边界条件：用于已知入口质量流量的可压缩流动。

2. 出口边界条件

压力出口边界条件：需要在出口边界处指定表压。在求解过程中，如果出口边界流动反向，则回流条件需要指定。

质量出口边界条件：在解决问题前出口的压力和速度未知时可以使用。

3. 固体壁面边界条件

对于黏性流动，可以设置壁面为无滑移边界，也可以指定壁面切向速度分量，给出壁面切应力，从而模拟壁面滑移。

4. 对称边界条件

这是指应用于计算的流体区域对称的情况。在对称轴或对称平面上没有对流通量，所以垂直边界的速度分量为0，任何量的梯度也为0。

5. 周期性边界条件

这是指适用于流动的几何边界、流动和换热周期性重复的情况。

6.2.7 数值模拟方法

1. 有限差分法

有限差分法是指将求解区域划分为差分网格，用网格节点代替连续的求解域，然后将偏微分方程的导数用差商代替，最后求解有限个未知数的差分方程组。这种方法发展较早也较成熟，但求解边界条件较复杂。

2. 有限元法

有限元法是指将求解域任意分为适当形状的微小单元，在每个单元构造插值函数，再将局部单元总体合成，形成嵌入了指定边界条件的代数方程组并求解。有限元法求解较慢，在CFD软件中只被FIDAP所采用。

3. 有限体积法

有限体积法（FVM）将计算区域划分为网格，使每个网格点周围有一个互不重复的控制体积，将待解的微分方程对每个控制体积积分得到离散方程。不论网格划分的粗细，有限体积法都可以实现积分守恒。由于Fluent是基于有限体积法的，本书将主要介绍这种方法。

4. MPS

尽管上述数值模拟方法在自由表面流动问题中发展较成熟，但还存在网格生成困难以及无法处理大变形自由面流动的问题。无网格法是一种直接用粒子来离散问题域的方法，其中有一种预估-修正粒子法，即采用预估和修正两个步骤求解不可压缩流体的连续方程和N-S方程。本书会涉及预估-修正粒子法中的移动粒子半隐式方法（moving particle semi-Implicit method，MPS）。MPS是基于拉格朗日粒子的无网格方法，通过核函数建立粒子间的相互联系，使用Gradient算子和Laplacian算子来离散控制方程，使得这种方法更易于处理自由面流动问题。

6.2.8 常用的CFD软件

1. CFX

该软件采用有限容积法、拼片式块结构化网络，在适体坐标系上进行离散，变量的布置采用同位网格方式。它可以计算不可压缩及可压缩流动、耦合传热、多相流、化学反应、气体燃烧等问题。

2. FIDAP

该软件采用有限元法，可以接受Patran、ANSYS和ICEMCFD等软件生成的网格。该软件可以计算可压缩流及不可压缩流、层流与湍流、单相与两相流、牛顿流体及非牛顿流体的流动问题。

3. Fluent

该软件采用有限容积法。此方法应用广泛，是本书采用的方法。它包含结构化网格及非结构化网格两个版本。在结构化网格版本中有适体坐标的前处理软件，同时也可以纳入Patran、ANSYS和ICEMCFD等软件生成的网格。软件能计算可压缩及不可压缩流动、含有粒子的蒸发、燃烧过程、多组分介质的化学反应过程等问题。

4. PHOENICS

这是第一个投放市场的CFD商业软件，它提出了一些为后来软件所采用的基本算法。该软件可计算大量的实际工作问题，其中包括城市污染预测、叶轮中的流动、管道流动。

5. STAR-CD

该软件采用有限容积法和非结构化网格，在世界汽车工业中应用广泛。它可以计算稳态与非稳态流动、牛顿流体及非牛顿流体的流动、多孔介质中的流动、亚声速及超声速流动。

6.3 有限体积法

6.3.1 有限体积法的概念

有限体积法是计算流体力学中常用的一种数值算法，基于积分形式的守恒方程描述每个控制体。有限体积法将计算区域划分为网格，并使每个网格点周围有一个互不重复的控制体积，将微分方程在每个控制体积上积分，从物理观点来构造离散方程，即构造有限大小体积上某种物理量守恒的表示式。

有限体积法的基本思想：子域法加离散。

离散方程的物理意义：因变量在有限大小的控制体积中的守恒原理。

与有限单元法和有限差分法相比，有限体积法适用于流体计算时可以应用于不规则网格，也适用于并行，即使在粗网格条件下也能显示准确的积分守恒。

由于 Fluent 采用的是有限体积法，本书将以有限体积法为例介绍数值模拟的基础知识。

6.3.2 有限体积法原理

三维对流扩散方程的微分守恒方程如下：

$$\frac{\partial(\rho\phi)}{\partial t}+\frac{\partial(\rho u\phi)}{\partial x}+\frac{\partial(\rho v\phi)}{\partial y}+\frac{\partial(\rho w\phi)}{\partial z}=\frac{\partial}{\partial x}\left(K\frac{\partial\phi}{\partial x}\right)+\frac{\partial}{\partial y}\left(K\frac{\partial\phi}{\partial y}\right)+\frac{\partial}{\partial z}\left(K\frac{\partial\phi}{\partial z}\right)+S_{\phi} \tag{6.24}$$

式中，ϕ 代表对流扩散物质函数，如温度和浓度。

式（6.24）用梯度和散度表示：

$$\frac{\partial}{\partial t}(\rho\phi)+\mathrm{div}(\rho u\phi)=\mathrm{div}(K\mathrm{grad}\ \phi)+S_{\phi} \tag{6.25}$$

将式（6.25）在时间 Δt 内对控制体体积 CV 积分，可得

$$\int_{CV}\left(\int_{t}^{t+\Delta t}\frac{\partial}{\partial t}(\rho\phi)\,\mathrm{d}t\right)\mathrm{d}V+\int_{t}^{t+\Delta t}\left(\int_{A}n(\rho u\phi)\,\mathrm{d}A\right)\mathrm{d}t=\int_{t}^{t+\Delta t}\left(\int_{A}n(K\mathrm{grad}\ \phi)\,\mathrm{d}A\right)\mathrm{d}t+\int_{t}^{t+\Delta t}\int_{CV}S_{\phi}\mathrm{d}V\mathrm{d}t \tag{6.26}$$

式中，散度积分用 Green 公式化为面积分，A 为控制体表面积。

该方程的物理意义是：Δt 时间段内、控制体体积 CV 内 $\rho\phi$ 的变化，加上 Δt 内通过控制体表面的对流量 $\rho u\phi$，等于 Δt 内通过控制体表面的扩散量与 Δt 内控制体体积 CV 内源项的变化之和。

以一维非定常热扩散方程为例，如式（6.27）。

$$\rho c\frac{\partial T}{\partial t}=\frac{\partial}{\partial x}\left(k\frac{\partial T}{\partial x}\right)+S \tag{6.27}$$

在 Δt 时间段和控制体体积 CV 内积分：

$$\int_{t}^{t+\Delta t}\left(\int_{CV}\rho c\frac{\partial T}{\partial t}\mathrm{d}V\right)\mathrm{d}t=\int_{t}^{t+\Delta t}\left(\int_{CV}\frac{\partial}{\partial}\left(k\frac{\partial T}{\partial x}\right)\mathrm{d}V\right)\mathrm{d}t+\int_{t}^{t+\Delta t}\int_{CV}S\mathrm{d}V\mathrm{d}t \tag{6.28}$$

式中，A 为控制体面积；Δx 为控制体宽度；ΔV 为控制体体积；$\overline{S}$ 为控制体中平均源强度。设 P 点 t 时刻温度为 T_P^0，而 $t+\Delta t$ 时刻温度为 T_P，则可得

$$\rho c(T_P-T_P^0)\Delta V=\int_{t}^{t+\Delta t}\left[k_eA\frac{T_E-T_P}{\delta x_{PE}}-k_wA\frac{T_P-T_W}{\delta x_{WP}}\right]\mathrm{d}t+\int_{t}^{t+\Delta t}\overline{S}\Delta V\mathrm{d}t \tag{6.29}$$

t 时刻温度已知，式（6.29）为 $t+\Delta t$ 时刻 T_P、T_E 和 T_W 3 个节点的关系式。只要列出所有相邻 3 个节点上的方程，给出边界条件，就可以求解代数方程组。

6.3.3 流场迭代求解方法

1. SIMPLE

SIMPLE（压力耦合方程组的半稳式方法）属于压力修正法的一种，应用广泛。其基本思想是：对给定的压力场求解离散形式的动量方程，从而得到速度场。为提高准确性，对压力场进行修正。修正原则是：修正后的压力场对应的速度场可以满足这一迭代层次上的连续型方程。

2. SIMPLEC

SIMPLEC（SIMPLE－Consistent）与 SIMPLE 基本原理一致，不同在于通量修正方法上有所改进，加快了收敛速度。

3. PISO 算法

PISO（基于压力的隐式算子分裂）算法是基于压力速度校正之间的高度近似关系的一种算法。其主要思想是移除了 SIMPLE 和 SIMPLEC 中压力校正环节的重复计算，取而代之的是一个或更多 PISO 循环。循环后的校正速度会更接近满足连续性方程和动量方程。为提高计算效率，PISO 算法额外执行了相邻校正和偏斜校正。

PISO 算法在每个迭代中花费更多的 CPU 时间，但极大减少了迭代次数。

6.3.4 Fluent 简介

1. Fluent 发展历史

1975 年，谢菲尔德大学（UK）开发了 Tempest。

1983 年，美国的流体技术服务公司 Creature 推出 Fluent。

1988 年，Fluent Inc. 成立。

1995 年，Fluent Inc. 收购最大对手 FDI 公司（FIDAP）。

1997 年，收购 Polyflow 公司（黏弹性和聚合物流动模拟）。

2006 年，被 ANSYS 收购。

2. Fluent 求解问题的流程

通过 Fluent 对实际问题进行数值求解计算，一般分为 3 部分：前处理、求解、后处理。其中，前处理主要是将实际问题处理为 Fluent 可以识别的形式，以便下一步进行数值计算。求解主要是 Fluent 读取前处理数据，进行求解计算，得到计算域的物理量。后处理是将求解器所得到的物理量数据进行处理，通过视频、图片以及表格等方式将所得到的物理量更加直观、清晰、一步了然地展示给用户。

1）前处理

首先，将实际物理问题抽象简化。一般的实际问题都是非常复杂的，在处理的过程中，必须进行简化处理。然后，构建简化后的流体计算域的几何模型，合理地处理计算域可以减少计算量，如流体域是具有周期性的流动，可以将模型处理为具有周期性的计算域。最后，将计算域划分为网格单元。网格数量以及质量对数值计算结果有一定的影响，因此，划分网格的过程中，应该根据计算域的特点合理地划分，提高网格质量。计算域生成网格后，为下一步导入 Fluent 求解器做好了准备。

2）求解

Fluent 求解器读取生成的网格文件，在 Fluent 求解器中，首先需要检查网格质量，是否存在负体积网格。然后，设置计算域的介质属性，选取所需的计算模型。比如，实际问题涉及气液两相流可以选择 VOF（Volume of Fluid）模型或者 Level－set 模型，以及层流或湍流模型，组分传输模型，化学反应模型，辐射模型等。除此之外，需设置计算域的边界条件，包括进出口边界条件以及运动边界条件等。最后设定求解控制参数，如离散格式，其按松弛因子对计算域进行初始化，设定所需监测的物理量。

3）后处理

Fluent 自身拥有后处理功能，可以通过 Fluent 后处理功能得到所需的流场速度、压力等云图、流线图、矢量图、等值线图等。除此之外，常见的后处理软件有 CFD - Post、Tecplot、ParaView、EnSight 等。

6.4 MPS 原理

6.4.1 MPS

移动粒子半隐式方法是基于 Lagrange 粒子的一种无网格方法，采用预估 - 修正的半隐式方法来求解流体控制方程。MPS 用粒子代替网格来离散求解域，采用粒子数密度的变化来识别自由表面。粒子间用核函数实现相互作用，应用算子 Gradient 模型和 Laplacian 算子模型离散控制方程。控制方程采用 Lagrange 形式的 Navier - Stokes 方程，不需要离散对流项，数值收敛性更好。

6.4.2 粒子数密度模型

粒子数密度反映了流场中粒子的分布状态。保持粒子数密度不变即为保持流体密度不变，保证流体的不可压缩性。粒子数密度 $\langle n \rangle_i$ 是 i 粒子在核函数的控制域内与其周围粒子核函数数值的累加，即

$$\langle n \rangle_i = \sum_{j=1}^{N} W(|\boldsymbol{r}_i - \boldsymbol{r}_j|, h) \tag{6.30}$$

式中，N 为粒子 i 的相邻粒子；$W(|\boldsymbol{r}_i - \boldsymbol{r}_j|, h)$ 为核函数；h 为光滑长度或有效半径；$\boldsymbol{r}_i$ 为粒子 i 的位移矢量；$\boldsymbol{r}_j$ 为粒子 j 的位移矢量。

液体密度 ρ 的计算公式为

$$\langle \rho \rangle_i = \frac{M}{V} = \frac{m\langle n \rangle_i}{\int_V W(|\boldsymbol{r}_i - \boldsymbol{r}_j|, h)\,\mathrm{d}V} \tag{6.31}$$

其中，m 为单个粒子的质量。由式（6.31），流体密度与粒子数密度成正比，所以只要保持粒子数密度为定值 n_0，就可以保证流体不可压缩性。

实际中常用的 Poisson 方程形式如下：

$$\nabla^2 p_{k+1} = -\frac{\rho}{(\Delta t)^2} \frac{\langle n^* \rangle - n_0}{n_0} \tag{6.32}$$

6.4.3 Gradient 算子模型

Gradient 算子基于数学概念离散粒子间的相互作用，主要用来离散压力梯度。定义梯度矢量为 $(\varphi_j - \varphi_i)\dfrac{\boldsymbol{r}_j - \boldsymbol{r}_i}{|\boldsymbol{r}_j - \boldsymbol{r}_i|^2}$，对粒子 i 有效半径内所有粒子的梯度矢量加权求和，得到粒子 i 的 Gradient 矢量：

$$\langle \nabla\varphi \rangle_i = \frac{d}{n^0} \sum_{j=1}^{N} \left[(\varphi_j - \varphi_i) \frac{\boldsymbol{r}_j - \boldsymbol{r}_i}{|\boldsymbol{r}_j - \boldsymbol{r}_i|^2} W(|\boldsymbol{r}_i - \boldsymbol{r}_j|, h) \right] \tag{6.33}$$

式中，d 为空间维数；n^0 为初始粒子数密度。

由式（6.33），两粒子距离小时，梯度会很大，驱使粒子运动以满足流体的连续性方程，而间距过小时会产生斥力，以防止粒子过于聚集。

考虑到负压力梯度导致的不稳定问题，采取以下形式的 Gradient 算子模型：

$$\langle \nabla \varphi \rangle_i = \frac{d}{n^0} \sum_{j=1}^{N} \left[(\varphi_j - \widehat{\varphi}_i) \frac{\boldsymbol{r}_j - \boldsymbol{r}_i}{|\boldsymbol{r}_j - \boldsymbol{r}_i|^2} W(|\boldsymbol{r}_i - \boldsymbol{r}_j|, h) \right] \tag{6.34}$$

其中，$\widehat{\varphi}_i$ 是粒子 i 有效半径内粒子 j 的最小值。

6.4.4　Laplacian 算子模型

Laplacian 算子模型用来离散二阶导数项。在 MPS 中，粒子的扩散仅限于核函数的控制范围 r_e 之内，用核函数作为传递函数代替高斯函数。以初始分布为 δ 函数的空间求解扩散问题为例，物理量在 Δt 时间内的增量为

$$\Delta \delta^2 = 2d\nu_t \Delta t \tag{6.35}$$

式中，d 为空间维数；ν_t 为黏滞系数。从而得到 Δt 时间内从粒子 i 转移到粒子 j 的物理量为式（6.36），粒子 j 转移到粒子 i 同理。

$$\Delta \varphi_{i\to j} = \frac{2d\nu_t \Delta t}{\lambda n_i} \varphi_i W(|\boldsymbol{r}_i - \boldsymbol{r}_j|, h) \tag{6.36}$$

式（6.36）中的 λ 用来补偿有限范围的核函数近似无限范围的高斯函数带来的误差，计算公式为

$$\lambda = \frac{\int_V W(|\boldsymbol{r}_i - \boldsymbol{r}_j|, h)\, r^2 dV}{\int_V W(|\boldsymbol{r}_i - \boldsymbol{r}_j|, h)\, dV} \tag{6.37}$$

考虑物理量的守恒，用 n_0 代替 n_i 和 n_j 。用 Δt 内粒子 i 与各相邻粒子物理量输送量叠加得到总的物理量输送：

$$\Delta \varphi_i = \sum_{j\neq i} (\Delta \varphi_{j-i} - \Delta \varphi_{i\to j}) = \frac{2d\nu_t \Delta t}{\lambda n_0} \sum_{j\neq i} (\varphi_j - \varphi_i) W(|\boldsymbol{r}_i - \boldsymbol{r}_j|, h) \tag{6.38}$$

物理量 φ 在时域内的扩散也可认为属于 Laplacian 方式：

$$\frac{\mathrm{d}\varphi_i}{\mathrm{d}t} = \nu_t \nabla^2 \varphi_i \tag{6.39}$$

将式（6.38）和式（6.39）联立，可得最终的 Laplacian 算子模型：

$$\langle \nabla^2 \varphi \rangle_i = \frac{2d}{\lambda n_0} \sum_{j=1}^{N} [(\varphi_j - \varphi_i) W(|\boldsymbol{r}_i - \boldsymbol{r}_j|, h)] \tag{6.40}$$

其中，

$$\lambda \approx \frac{\sum_{j=1}^{N} [|\boldsymbol{r}_j - \boldsymbol{r}_i|^2 W(|\boldsymbol{r}_i - \boldsymbol{r}_j|, h)]}{\sum_{j=1}^{N} W(|\boldsymbol{r}_i - \boldsymbol{r}_j|, h)} \tag{6.41}$$

6.4.5　shonDy 软件简介

由苏州舜云工程软件有限公司开发的 shonDy 软件是一款基于运动粒子法的三维高性能数值计算软件。使用该软件，用户只需要将指定格式的 CAD 几何模型导入该软件便可启动

计算，无须复杂的网格划分，需要模拟的流体域或者固体会被离散为可以运动的粒子，压力、速度和温度等物理量随流体单元一起运动。

shonDy 软件最大的特点是流体和固体的运动从本质上内在耦合，这一点传统有限体积法无法实现。另外，粒子法可以模拟复杂运动条件下的流体自由界面，包括溅射现象，应用前景广阔。

6.5 本章小结

本章首先从概念和原理出发，介绍了流体力学的基础知识，再介绍了常用的 CFD 软件及 CFD 求解流程，最后着重讲解了 Fluent 采用的有限体积法和 shonDy 软件采用的 MPS。

第 7 章

润滑系统流动分析

7.1　润滑系统流动概述

润滑系统作为车辆的五大系统之一，其性能的优良性直接关系到相关零部件的使用寿命和整车的运行状态。当车辆行驶时，传动系统中的众多零件在紧密配合下做高速相对运动，如滚动轴承与主轴、轴瓦与轴承衬以及齿轮副等。无论零件表面加工多么精细，若不及时润滑散热，高速运动引起的干摩擦不仅会增加传动系统的功率消耗，还会加速零件表面的磨损，最终导致零件表面烧损，影响整个传动系统的效率。润滑系统的功用就是将足量、适温、洁净的润滑剂输送到可能存在干摩擦的零件表面，及时带走多余的产热、减少摩擦磨损、提高传动系统的可靠性和延长零部件寿命。根据传动系统结构和工作条件的不同，润滑方式可分为压力润滑、飞溅润滑和润滑脂润滑，其中压力润滑就是利用润滑油泵等压力源将一定压力的润滑剂供给到需要润滑的零件表面，本章计算案例就是基于这种润滑方式。

图 7.1 为某变速机构润滑油路结构图。定压润滑油从进油口流入管道，从 8 个出油口流出，分别对各轴承零件进行润滑，本章将根据此润滑油路结构利用 ANSYS/Fluent 对其供油流量等信息进行仿真计算。

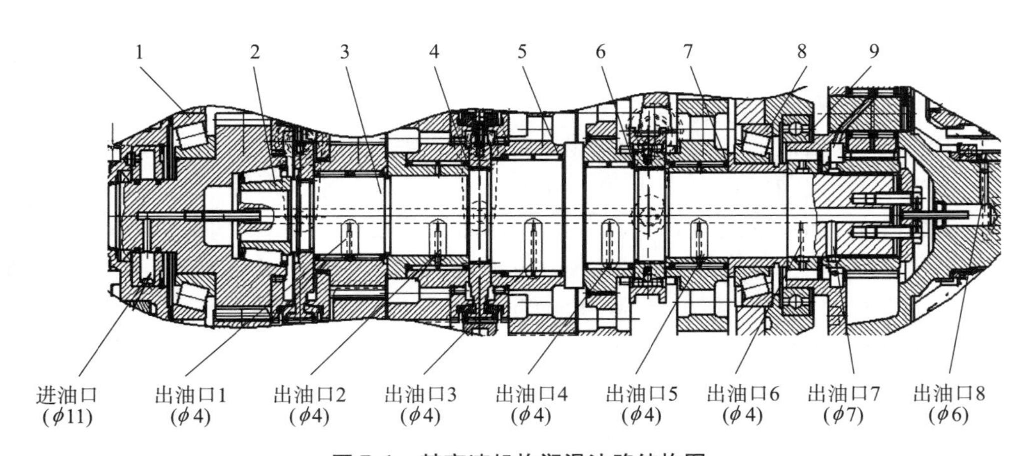

图 7.1　某变速机构润滑油路结构图

1—轴承 1；2—轴承 2；3—轴承 3；4—轴承 4；5—轴承 5；
6—轴承 6；7—轴承 7；8—轴承 8；9—轴承 9

本算例主要展示怎么去解决如下问题。

（1）网格划分。

（2）求解设置（边界条件、求解器、残差及相关监测器设置等）。

（3）计算结果后处理（压力云图、流量计算、流线图等）。

7.2　问题的描述

将实际润滑系统流域图简化为图 7.2 所示的三维图，进油口供油压力为 0.25 MPa，出油口 1 ~ 出油口 8 为 8 个出油口，出口压力为大气压。为了简化计算，忽略主轴、轴承等零件的旋转运动对润滑油路的影响，只做稳态仿真。

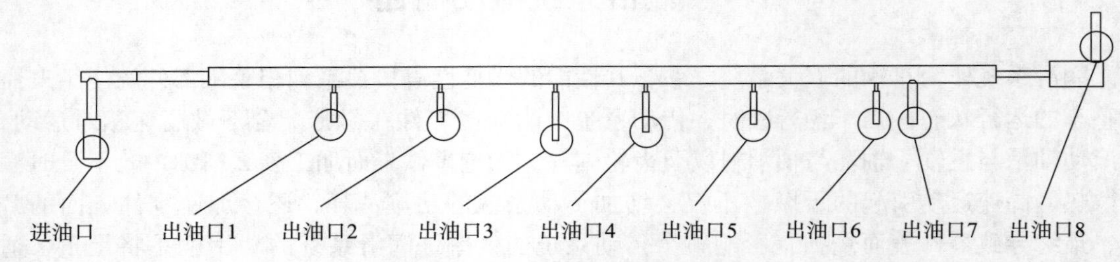

图 7.2　润滑系统流域简化三维图

7.3　润滑系统流动求解计算

7.3.1　几何模型的建立

本算例基于上文所述的变速机构建立的流场模型是润滑系统进油口到 8 个出油口间的流动区域。流场区域呈线性。为保证仿真模型的准确性，润滑油路的各部分功能及尺寸说明如下。

（1）进油口：进油形式为 1 个 $\phi11$ 的定压进油口进油，传输油道为 $\phi6$ 和 $\phi6.5$，将润滑油供入 $\phi12$ 的中心轴主油道。

（2）出油口 1：出油形式为 1 个 $\phi4$ 出油口出油，主要用于润滑轴承 1、2。

（3）出油口 2：出油形式为 1 个 $\phi4$ 出油口出油，主要用于润滑轴承 3。

（4）出油口 3：出油形式为 1 个 $\phi4$ 出油口出油，主要用于润滑轴承 4。

（5）出油口 4：出油形式为 1 个 $\phi4$ 出油孔出油，主要用于润滑轴承 5。

（6）出油口 5：出油形式为 1 个 $\phi4$ 出油孔出油，主要用于润滑轴承 6。

（7）出油口 5：出油形式为 1 个 $\phi4$ 出油孔出油，主要用于润滑轴承 7。

（8）出油口 7：出油形式为 1 个 $\phi7$ 出油孔出油，主要用于润滑轴承 8、9。

（9）出油口 8：出油形式为 1 个 $\phi6$ 出油孔出油，主要用于润滑行星排。

根据上述润滑系统结构和尺寸，利用 SolidWorks、PRO/E 以及 UG 等绘图软件绘制三维流场模型，并导出另存为 lubr. x_t。

提示： ANSYS/Fluent 识别的三维模型格式比较多，常用的有 igs、x_t、sat 格式等，可将其他建模软件绘制的流场模型直接导入，读者根据实际情况自己把握。

7.3.2　网格划分

1. 利用 ANSYS/Workbench 启动 Fluent

双击打开“ANSYS/Workbench”后，先单击菜单栏中的保存按钮对计算案例进行命名和保存，注意保存路径中不能出现任何中文字符。

保存后右键将“Fluid Flow（Fluent）”拖入工程界面，也可双击打开，如图 7.3 所示。此模块将几何结构建立、网格划分、求解计算以及结果后处理集成在一起，本章算例将利用此模块中的 Mesh 部分进行网格划分。

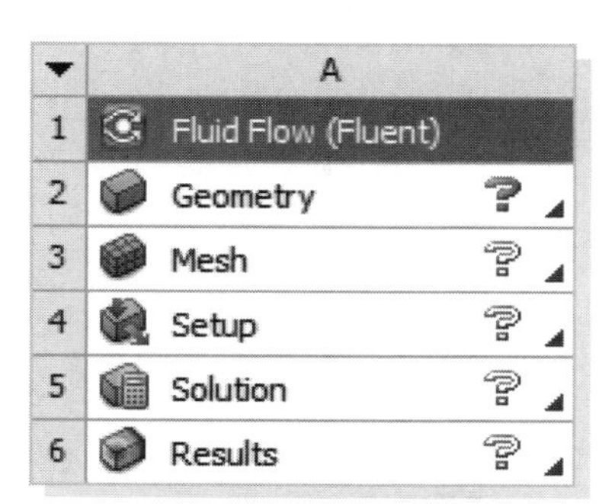

图 7.3　Fluent 集成求解模块

2. 导入几何模型

顺次单击“Fluid Flow（Fluent）”→“Geometry”→“Import External Geometry File”按钮，选择“lubr. x_t”打开，如图 7.4 所示。

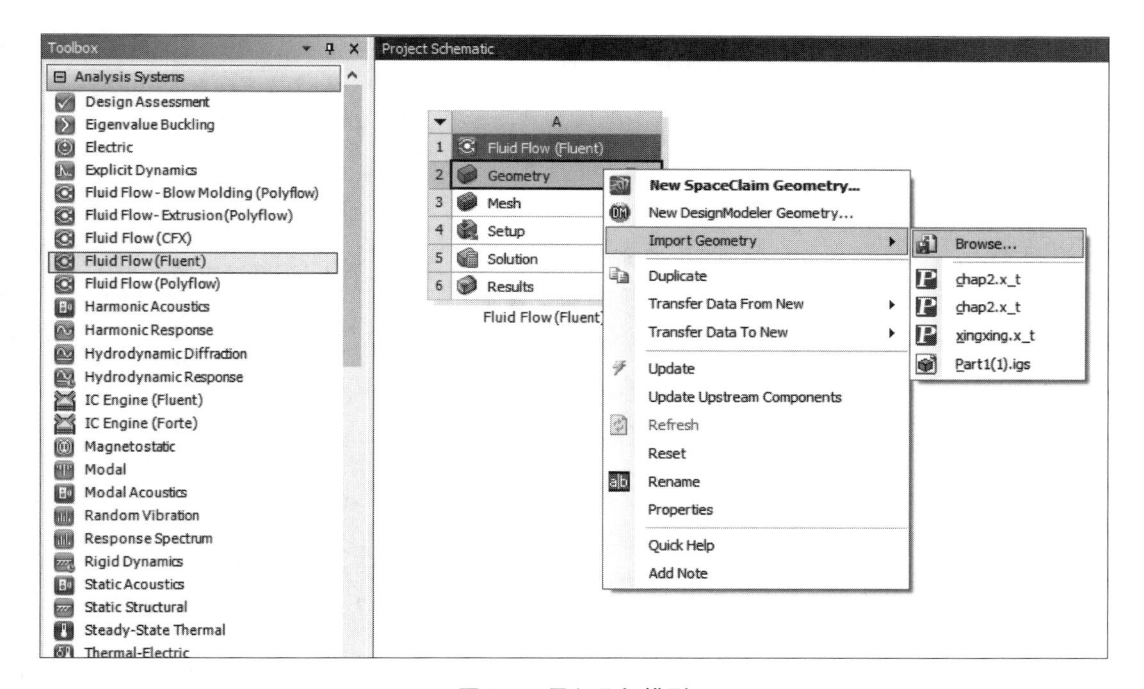

图 7.4　导入几何模型

3. 定义模型边界类型

双击“Mesh”，进入 Meshing 页面。

首先选择要定义的进油口平面，右击该平面，选择“Create Named Selection”，将其命名为“inlet”，并单击“OK”按钮确认，如图 7.5 所示。

提示： 可在上方菜单栏按钮中控制鼠标的选择类型，分别为点、线、面、体，避免误选。

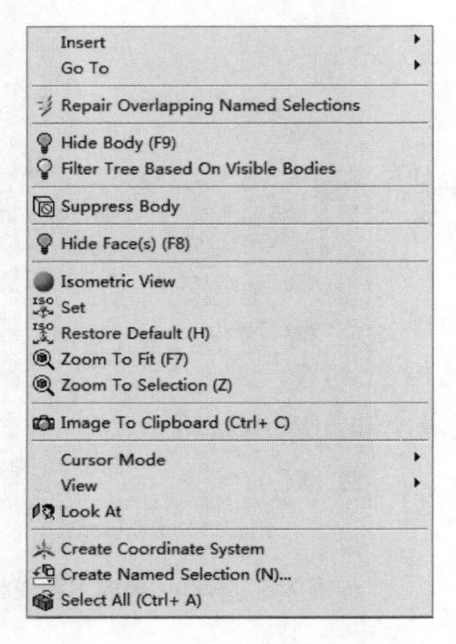

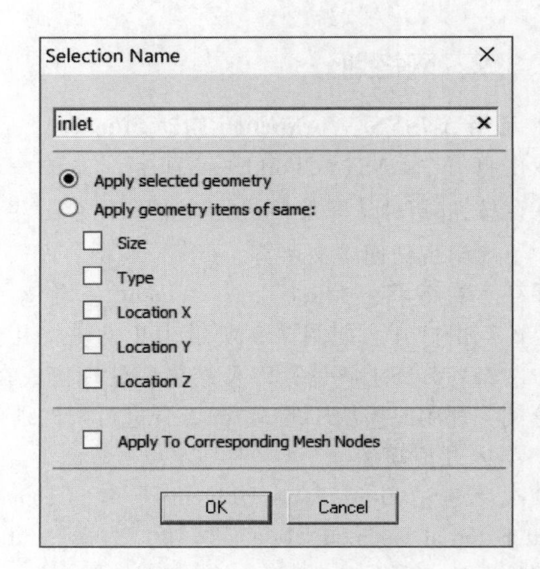

图 7.5　定义进油口平面

使用同样的方法定义其余 8 个出油口平面，模型中其余面在后续的计算中可被软件自动识别为壁面，可不做处理，定义完所有边界后在左侧模型树 Named Selections 中查看，如图 7.6 所示。

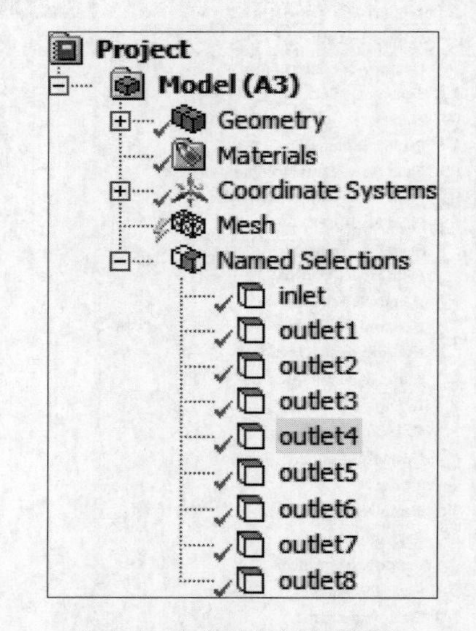

图 7.6　定义边界后的模型树

4. 定义网格类型和尺寸并生成网格

顺次单击 “Mesh”→“Insert”→“Sizing” 按钮（图 7.7），选择整个模型后单击 “Apply” 按钮，然后在 “Element Size” 栏中填入 0.7 后定义全局网格尺寸为 0.7 mm。

提示：一定要注意尺寸单位，可在菜单栏上方的 Units 中选择合适的单位。

当流体在管道中流动时，在近壁面区域黏性力在动量、热量和质量交换中起主导作用，特别是润滑油这种运动黏度较大的流体，为了更好地描述流体在近壁面处的流动特性，可对模型进行膨胀层（Inflation）设置，在壁面附近生成边界层网格来解决层流问题。而在远离壁面的位置，惯性力对流动的影响远大于黏性力，就可以使用四面体网格。

顺次单击 “Mesh”→“Inset”→“Inflation” 按钮，选择整个模型后单击 “Apply” 按钮，在 “Boundry” 栏中选择边界层所在面，也就是油路管道的壁面。在图 7.8 中可设置边界层的尺寸特性，其中 “Transition Ratio” 是指最后单元体和四面体区域第一单元层间的尺寸变化，当 Mesh 模块设置为 Fluent 求解器时，默认值是 0.272，这是因为 Fluent 求解器是以单元为中心的，其网格单元等于求解单元。“Maximum Layers” 是指边界层的层数。“Growth Rate” 是指网格的生长率，即后一层网格与前一层网格的厚度比值，本算例皆保持默认设置即可。

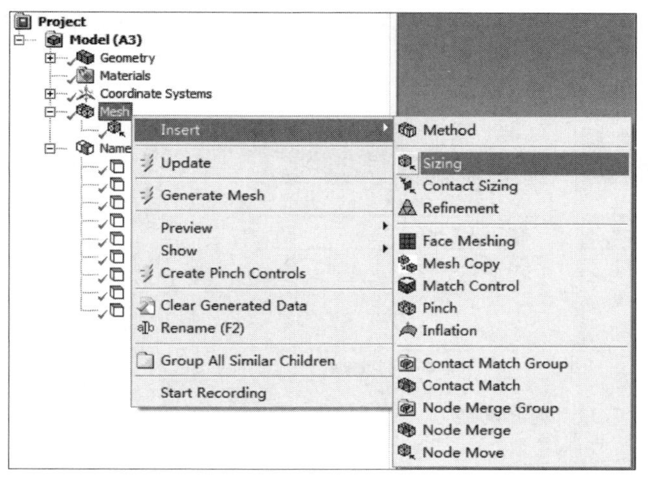

(a)

Scope	
Scoping Method	Geometry Selection
Geometry	1 Body
Definition	
Suppressed	No
Type	Element Size
Element Size	0.7 mm
Advanced	
Defeature Size	Default (0.17807 mm)
Behavior	Soft
Growth Rate	Default (1.2)
Capture Curvature	No
Capture Proximity	No

(b)

图 7.7　定义网格类型及全局网格尺寸

(a) 定义网格类型；(b) 定义全局网格尺寸

Scope	
Scoping Method	Geometry Selection
Geometry	1 Body
Definition	
Suppressed	No
Boundary Scoping Method	Geometry Selection
Boundary	21 Faces
Inflation Option	Smooth Transition
Transition Ratio	Default (0.272)
Maximum Layers	5
Growth Rate	1.2
Inflation Algorithm	Pre

图 7.8　膨胀层网格设置

完成上述设置后，单击“Generate Mesh”按钮生成网格，如图 7.9 所示，模型的边界层细节如图 7.10 所示。

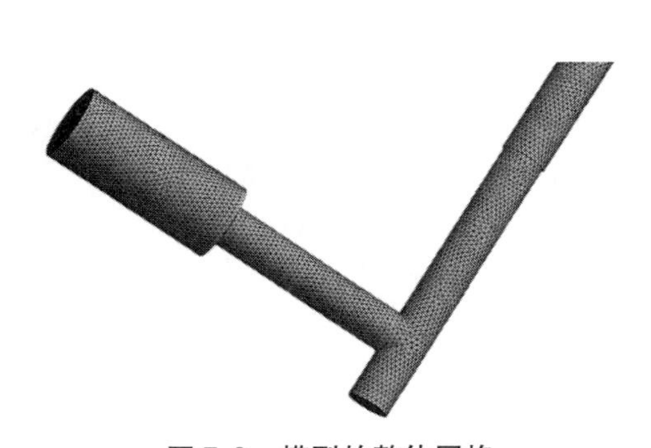

图 7.9　模型的整体网格

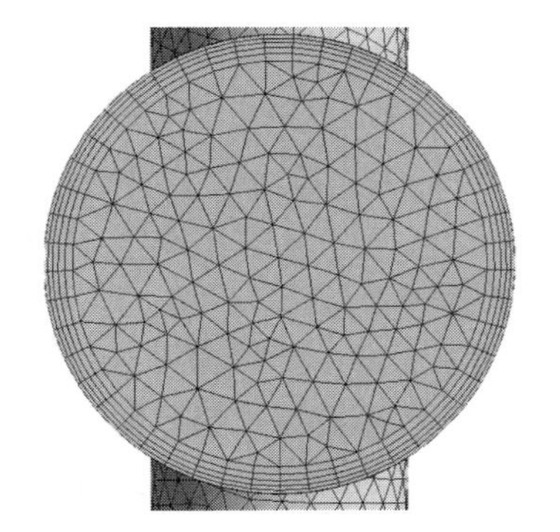

图 7.10　模型的边界层细节

5. 更新网格

返回主界面后可看到在 Mesh 栏中出现闪电符号，此时单击菜单栏上方的“Update

Project”按钮，更新完成后再观察发现 Mesh 栏变为对钩符号，如图 7.11 所示，然后便可以继续后边的求解设置。

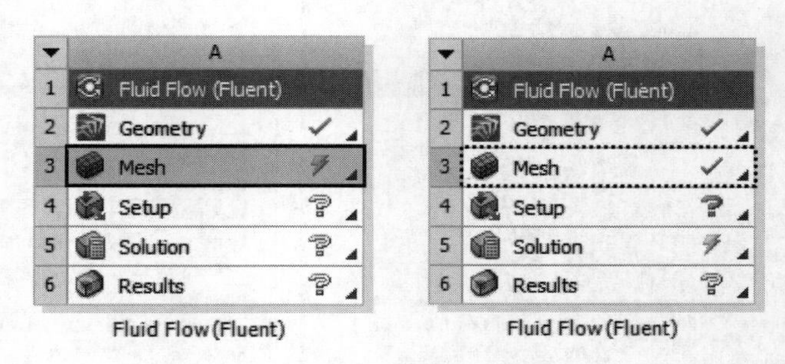

图 7.11　更新网格

7.3.3　计算设置

1. 启动求解器

在 Workbench 界面双击“Setup”按钮，启动 Fluent 求解器，设置如图 7.12 所示，由于本算例使用的是三维模型，Dimension 处自动识别为 3D 且不可修改。在“Processing Options”中设置“Parallel”并行计算，求解器数量设置为 2，这与使用的计算机 CPU 核数有关，设置完成后单击“OK”按钮便进入 Fluent 求解设置界面。

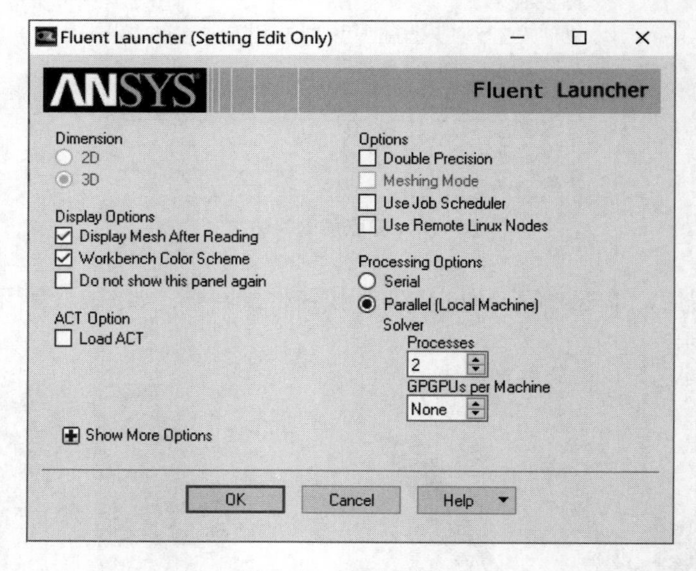

图 7.12　启动求解器

2. 检查网格并设置求解器类型

顺次单击“General”→“Check”按钮进行网格检查，检查结果显示在消息输出窗口中，如图 7.13 所示，注意最小网格尺寸一定不能为负，否则会计算失败。同时设置求解器 Solver，由于研究的润滑油属于不可压缩流体，选择 Pressure – Based 类型，同时本案例为稳态计算，设置为 Steady。

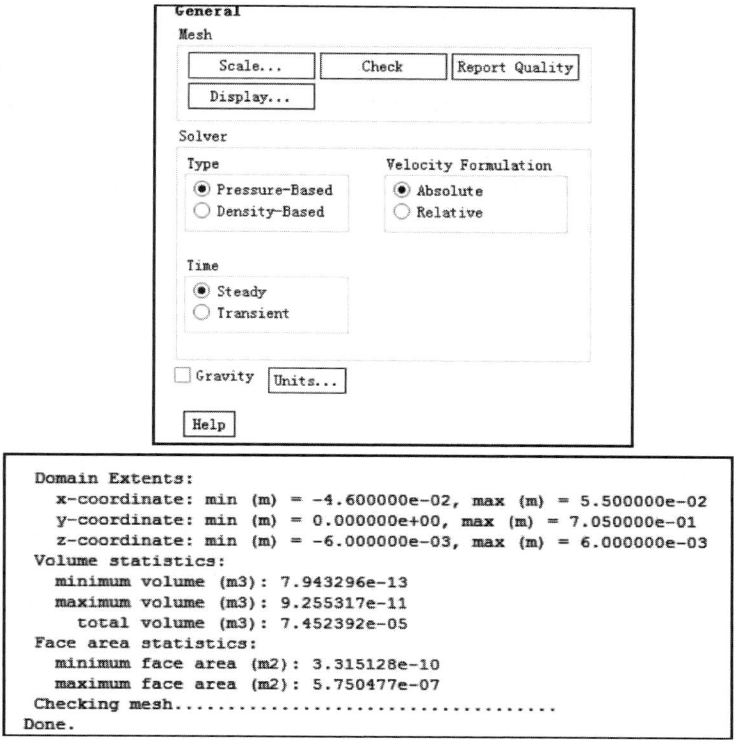

```
Domain Extents:
  x-coordinate: min (m) = -4.600000e-02, max (m) = 5.500000e-02
  y-coordinate: min (m) = 0.000000e+00, max (m) = 7.050000e-01
  z-coordinate: min (m) = -6.000000e-03, max (m) = 6.000000e-03
Volume statistics:
  minimum volume (m3): 7.943296e-13
  maximum volume (m3): 9.255317e-11
    total volume (m3): 7.452392e-05
Face area statistics:
  minimum face area (m2): 3.315128e-10
  maximum face area (m2): 5.750477e-07
Checking mesh.................................
Done.
```

图 7.13　General 参数面板

3. 选择湍流模型

在左侧模型树中顺次单击“Models”→“Viscous”，选择湍流模型为“k－epsilon”，其余参数保持默认即可，单击“OK”按钮，如图 7.14 所示。

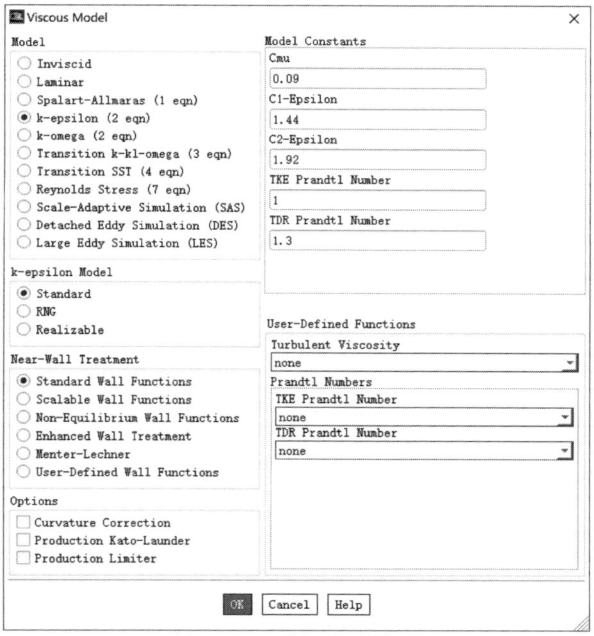

图 7.14　选择湍流模型

4. 设置流体的物理属性

在左侧模型树中顺次单击 “Materials”→“Fluid” 按钮，右击 “New” 按钮后在弹出的 “Creat/Edit Materials” 界面中打开右侧的 “Fluent Database” 选项，如图 7.15 所示，即可在 “Fluent Database Materials” 菜单栏中选择合适的流体类型并单击下方的 “Copy” 按钮确认，此处选择的是 “fuel - oil - liquid”。完成后便可在左侧模型树中查看新添加的流体介质，当然也可以再次单击修改流体属性，如密度、黏度等，本算例保持默认即可。

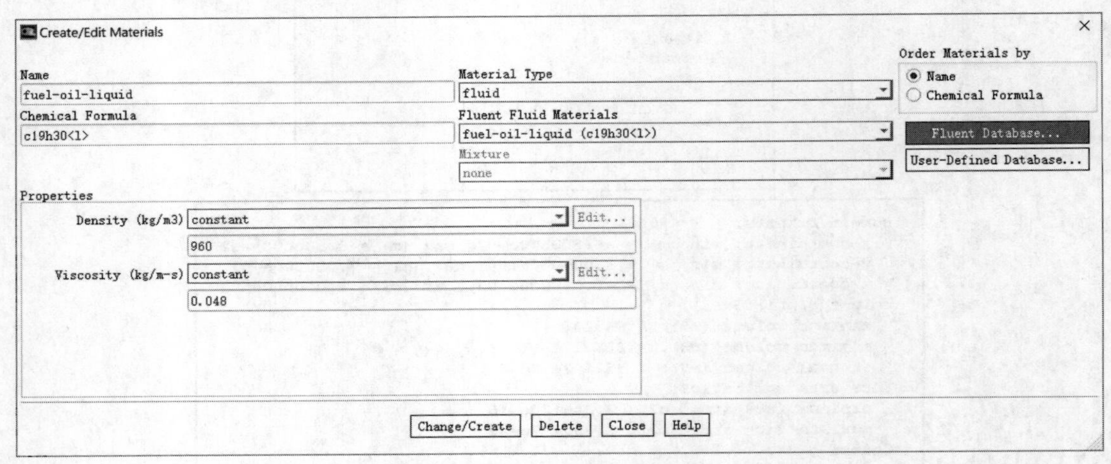

图 7.15　设定润滑油流体属性

5. 设置边界条件

在左侧模型树中单击 “Cell Zone Conditions” 按钮，选择流场打开后在 “Material Name” 栏中选择上一步添加的 “fuel - oil - liquid”，单击 “OK” 按钮，如图 7.16 所示。

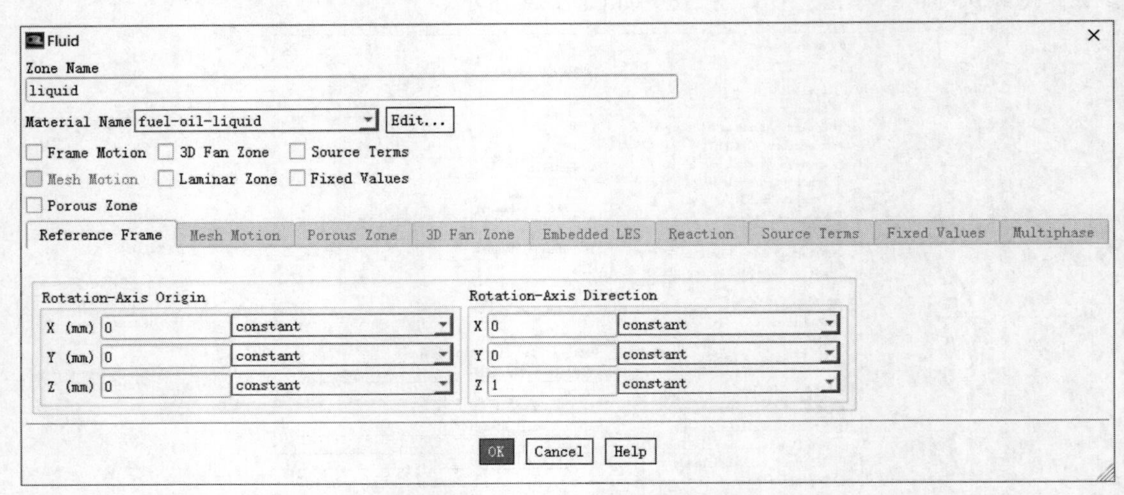

图 7.16　流场区域内流体类型选择

在左侧模型树中顺次单击 “Boundary Conditions”→“Inlet”→“Type” 按钮，将入口类型定义为压力入口（pressure - inlet），供油压力为 0.25 MPa，如图 7.17 所示。同理设置出油口 outlet1 ~ outlet8 类型为压力出口（pressure - outlet），其压力设置为 0（即大气压）。

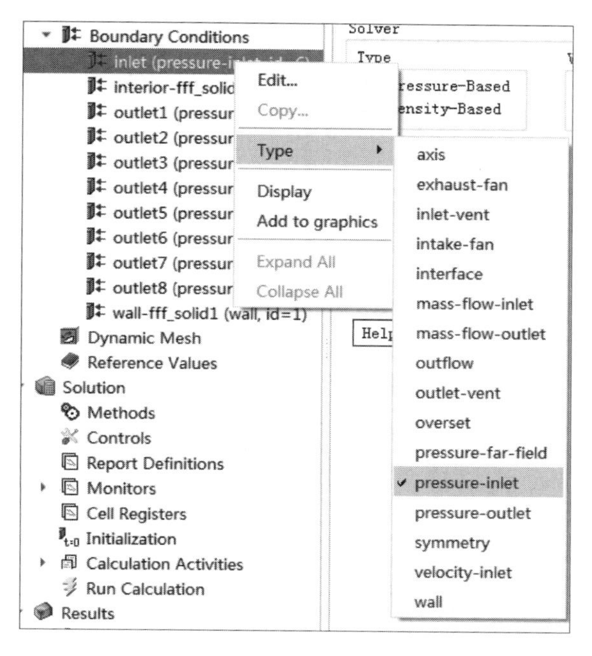

图7.17　进油口类型设定

6. 求解方法设置及其控制

在左侧模型树中顺次单击“Solutions”→“Methods”按钮，将Pressure方程的离散格式选择为SIMPLE，其余参数保持默认即可，如图7.18所示。

在左侧模型树中顺次单击“Solutions”→“Controls”按钮，此处可设置松弛因子的数值，当算例压力梯度较大或者是网格质量较差时，可根据经验调大松弛因子来加速收敛，由于本算例模型较为简单，可不做修改，保持默认。

7. 流场初始化

双击“Initialization”按钮，在初始化方法中选择标准方法（Standard Initialization）。在“Compute from”栏中选择inlet，其余参数由此计算得出，保持默认即可，如图7.19所示，单击Initialize进行初始化。

8. 设置残差和质量流量监测器

设置残差监测器。单击模型树中的“Monitors”按钮，选择“Residual”，如图7.20所示。一般情况下，残差下降至10^{-3}即可认为计算已经稳定，为了保证计算结果的可靠性，设置湍流动能和湍流耗散率的残差小于10^{-3}，其余残差小于10^{-5}。

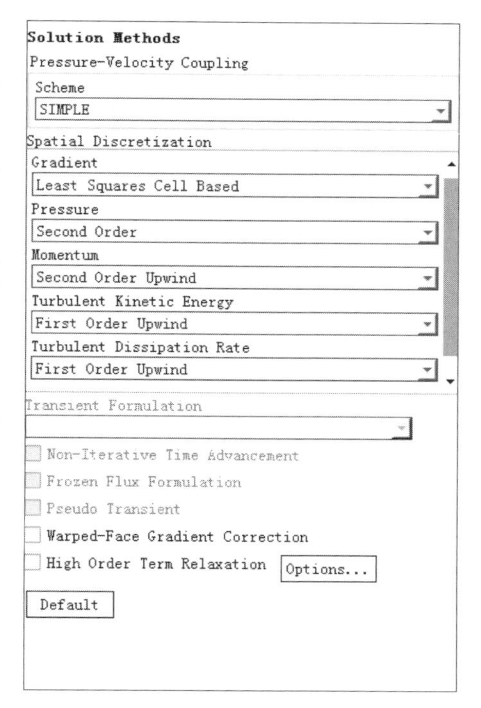

图7.18　求解方法设置

Solution Initialization
Initialization Methods
Hybrid Initialization
Standard Initialization
Compute from
inlet
Reference Frame
Relative to Cell Zone
Absolute
Initial Values
Gauge Pressure (pascal)
0
X Velocity (m/s)
-22.82178
Y Velocity (m/s)
0
Z Velocity (m/s)
0
Turbulent Kinetic Energy (m2/s2)
1.953128
Turbulent Dissipation Rate (m2/s3)
686.6459
Initialize Reset Patch...
Reset DPM Sources Reset Statistics

图 7.19　流场初始化

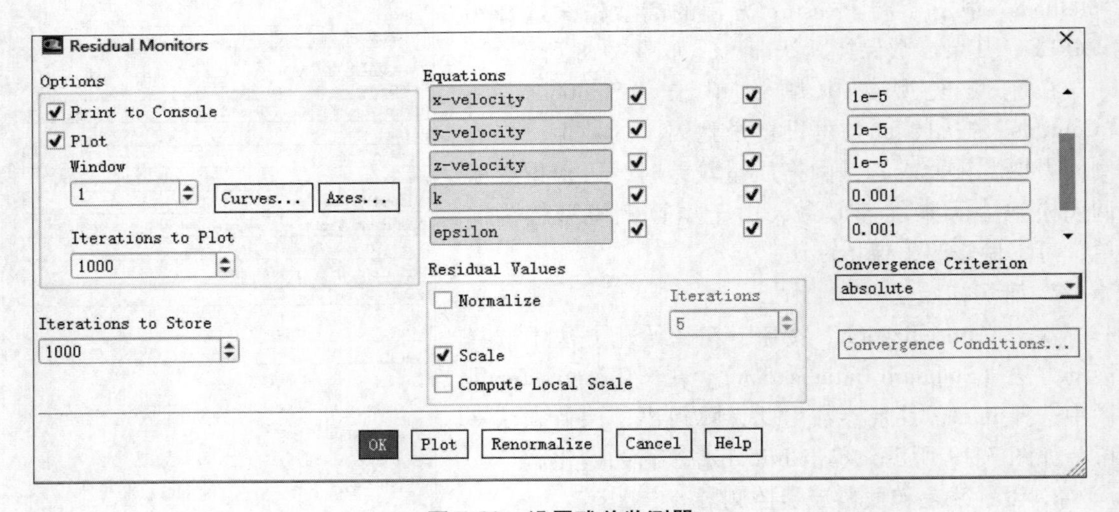

图 7.20　设置残差监测器

设置质量流量监测器。在左侧模型树中顺次单击“Solution”→“Report Definitions”按钮，打开后再单击“New”→“Surface Report Mass”→“Flow Rate”按钮，在“Surfaces”中选择所有的进出油口，勾选“Report File”和“Report Plot”以便于后续的读档和观察，如图 7.21 所示。

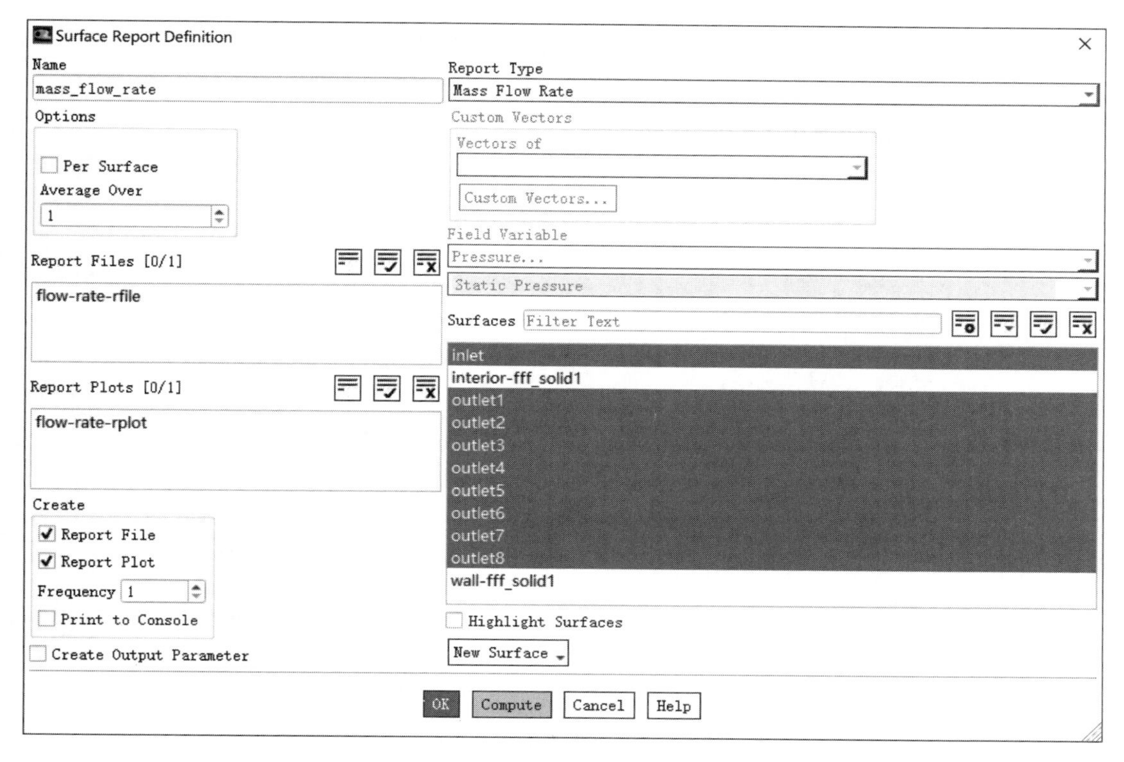

图 7.21　设置流量监测器

9. 迭代计算

首先单击菜单栏上方的“File/Save Project”按钮保存算例设置，然后双击“Run Calculations”按钮，迭代步数设置为 500，如图 7.22 所示。单击“Calculate”按钮开始迭代计算。

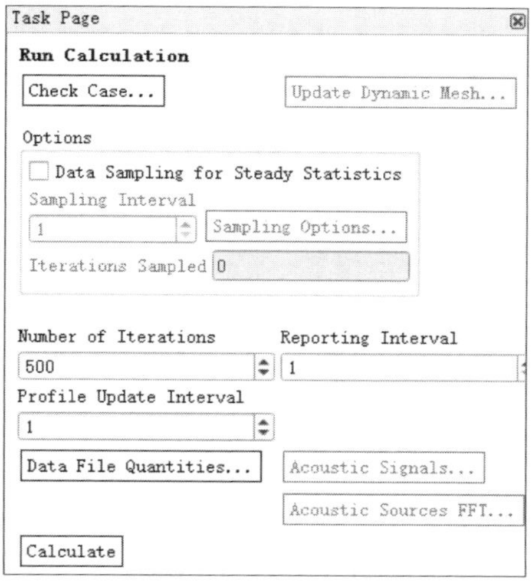

Task Page
Run Calculation
Check Case...　Update Dynamic Mesh...
Options
Data Sampling for Steady Statistics
Sampling Interval
1　Sampling Options...
Iterations Sampled 0
Number of Iterations　Reporting Interval
500　1
Profile Update Interval
1
Data File Quantities...　Acoustic Signals...
Acoustic Sources FFT...
Calculate

图 7.22　设置迭代次数

7.4　计算结果后处理

1. 残差及流量监测显示

迭代残差变化及监测面质量流量变化如图 7.23 和图 7.24 所示。

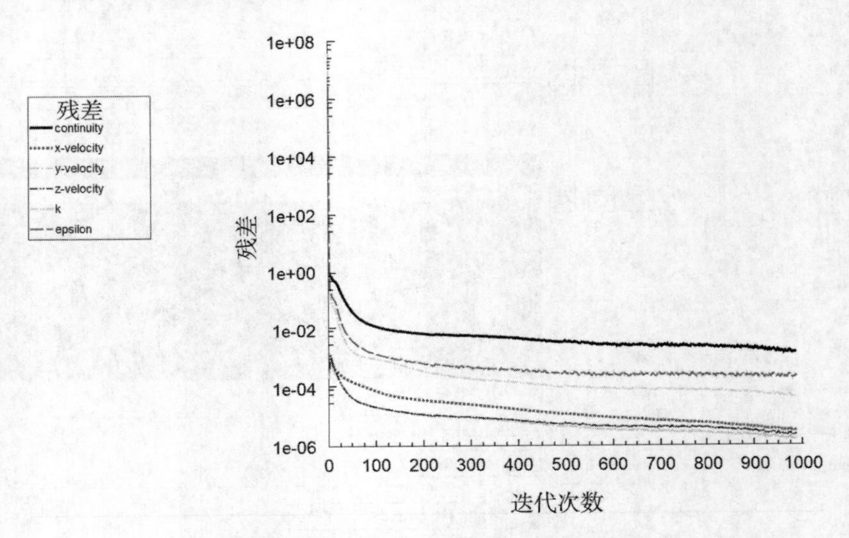

图 7.23　迭代残差变化（书后附彩插）

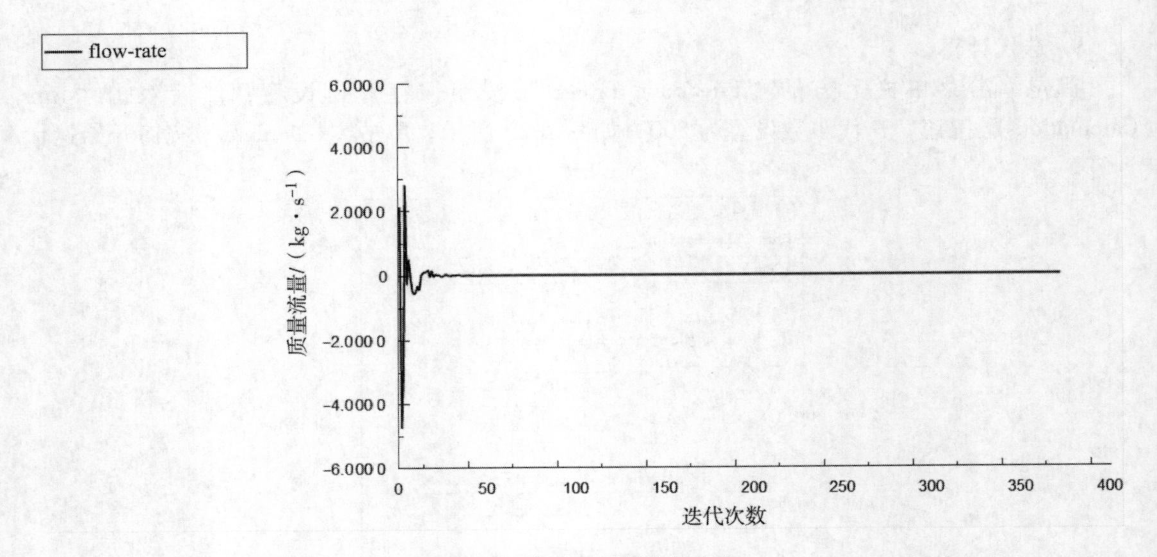

图 7.24　监测面质量流量变化

2. 进出油口流量计算

经过上面的迭代计算，在 Fluent 中顺次单击 “Report”→“Fluxes”→“Mass Flow Rate” 按钮，选择需要计算质量流量的进出油口平面，单击下方的 “Compute” 按钮即可在右侧的 “Results” 中查看相应的质量流量数值，如图 7.25 所示，同时可以得到进出油口的净质量流

量差为 2.239×10^{-4} kg/s，在适当的计算误差范围内，可认为迭代计算已收敛。

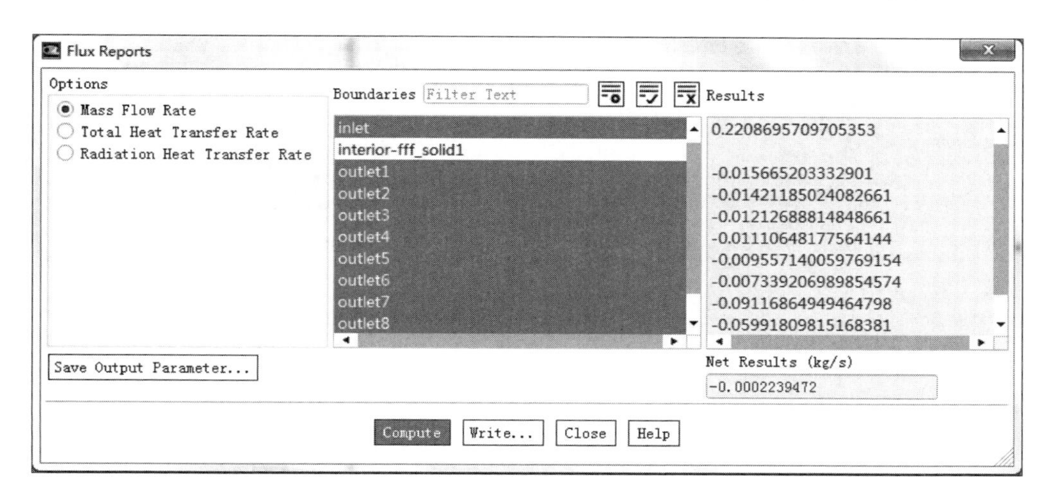

图 7.25　进出油口流量计算

3. 创建后处理显示平面

关闭 Fluent/Setup，返回 Workbench 主界面，双击“Results”按钮进行后处理。首先单击“Location Plane”按钮，创建 Plane1，与 *XY* 平面重合，读者也可根据实际情况选择合适的创建平面方法（三坐标平面法、点与法线创建法、三点创建法），设置如图 7.26 所示。

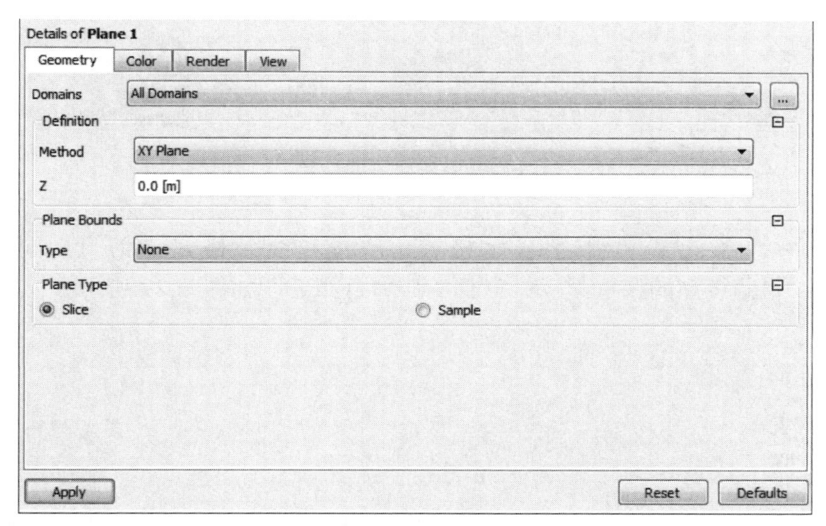

图 7.26　创建后处理显示平面

4. 结果后处理

创建 Contour。右键顺次选择“Plane1”→“Insert”→“Contour”即可，如图 7.27 所示。

压力云图显示。打开已创建的 Contour，在 Variable 下拉列表框中选择“Pressure”，单击“Apply”按钮确定，同时可在“#of Contours”栏中输入不同的数值调整云图的色彩梯度，如图 7.28 所示。

为了尽可能地使云图显示更加美观，可在左侧模型树中单击“Default Legend View 1”

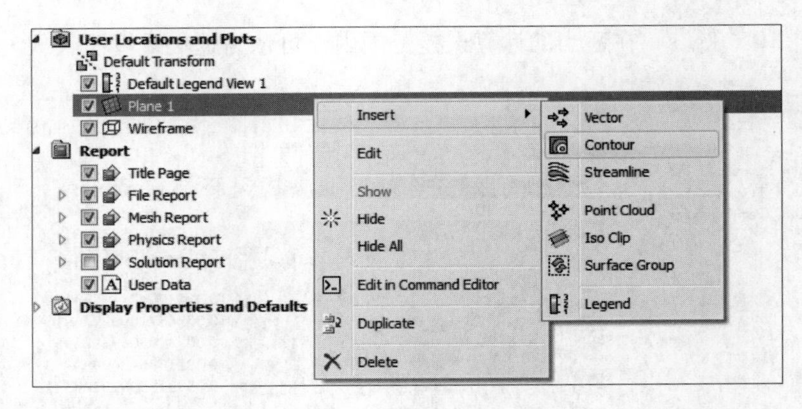

图 7.27　创建 Contour

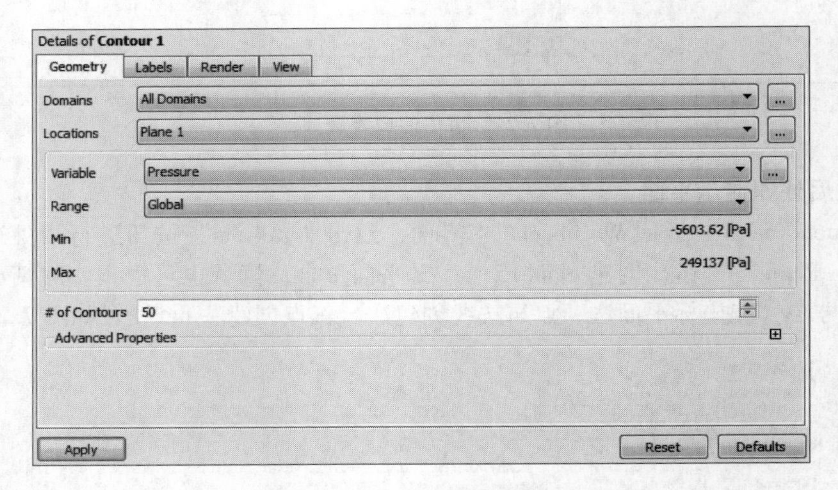

图 7.28　压力云图设置

按钮更改颜色标尺条的文字/数字显示格式、位置和线条格式等信息，同时取消勾选"Wireframe"以隐藏模型的线框显示，得到的压力分布云图如图 7.29 所示。

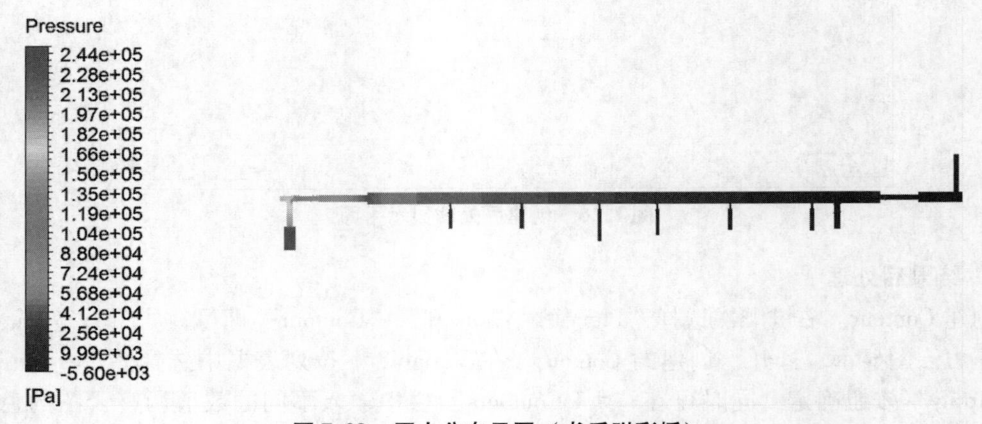

图 7.29　压力分布云图（书后附彩插）

流线图 Streamline 和速度矢量图 Vector 设置方法同上，如图 7. 30 和图 7. 31 所示。

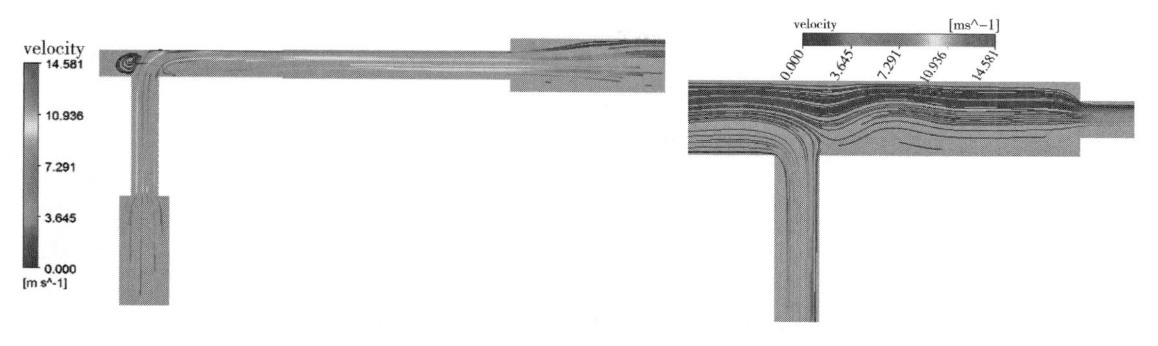

图 7. 30　局部速度流线图（书后附彩插）

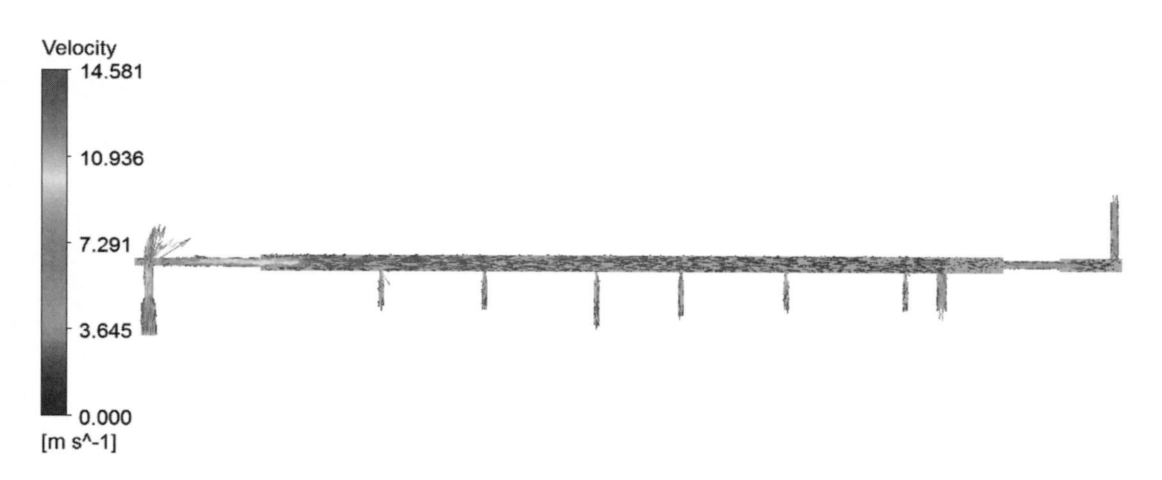

图 7. 31　流速矢量图（书后附彩插）

7. 5　本章小结

本章利用 Fluent 对润滑系统管道分流模型进行压力和流量的计算，其中涉及网格划分、残差设置和数据结果的后处理等操作，为后续 Fluent 的学习打下了基础。

第8章 湿式离合器流场分析

8.1 湿式离合器流动概述

湿式离合器高速旋转时内部形成的复杂油气两相流动会对离合器的性能产生影响，因而需要对湿式离合器内的两相流动特性展开研究。湿式离合器的物理模型如图8.1所示，润滑油从中心流入湿式离合器内，而后经离合器对偶片间隙及沟槽流出。通过润滑油泵实现油液的循环利用，并维持润滑油入口处的流量恒定。

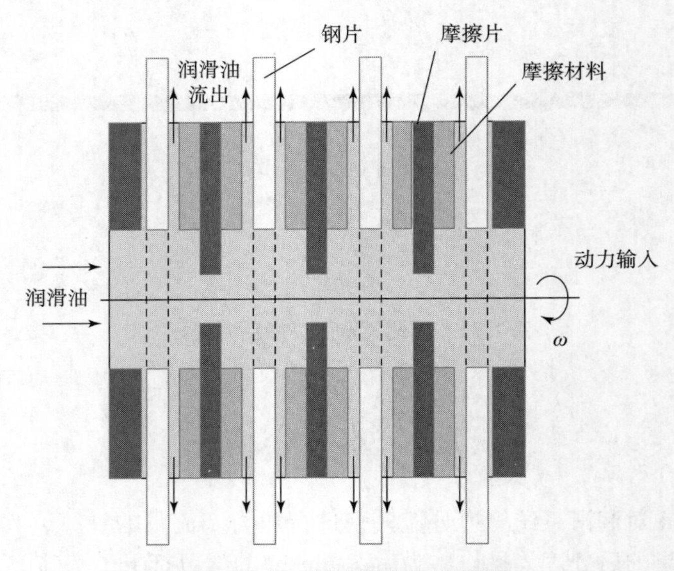

图8.1 湿式离合器的物理模型

本教程的目的是展示在Fluent中使用VOF模型求解车辆传动系统中湿式离合器气液两相流场以及动静盘轴向力与转矩计算问题。

本算例主要展示怎么去解决如下问题。

（1）周期网格设定。

（2）VOF模型，旋转边界条件的设定。

（3）监测轴向力和转矩的设定。

（4）对数据结果进行后处理。

8.2　问题的描述

本案例对湿式离合器对偶片间流场油气两相流场计算。根据湿式离合器物理模型，将其简化为两个同轴旋转的圆盘，如图 8.2 所示。r_1 和 r_2 分别为同轴圆盘的内外径，两圆盘之间的间隙为 H，旋转圆盘沿 z 轴旋转。下圆盘表面光滑，保持静止，上圆盘以 ω 的转速绕轴旋转。由于湿式离合器对偶片间的润滑油与外界相通，在油气交界面易形成油气两相交界面。

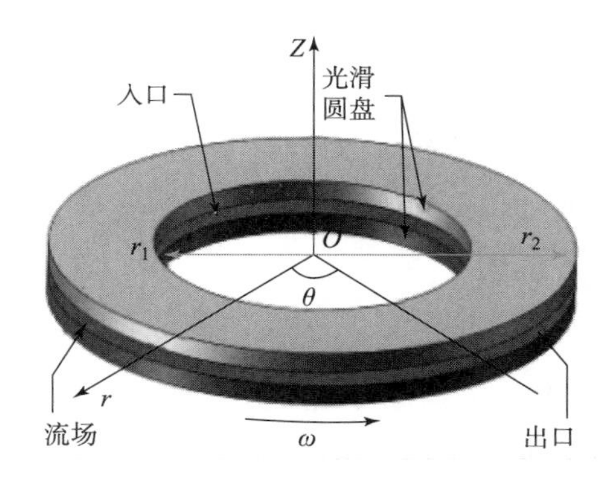

图 8.2　湿式离合器简化模型

8.3　湿式离合器油气两相流计算

8.3.1　几何模型的建立

本算例建立的流场模型是两圆盘之间的流动区域。流场区域都具有很强的轴对称性。为了简化计算，降低计算成本，在圆周方向上截取了 36°角的区域，即整个流场区域的 1/10 作为计算域，计算几何模型如图 8.3 所示。采用周期网格对计算模型进行周期性的处理，能够在保证计算精度和准确性的同时大大地节省计算时间。

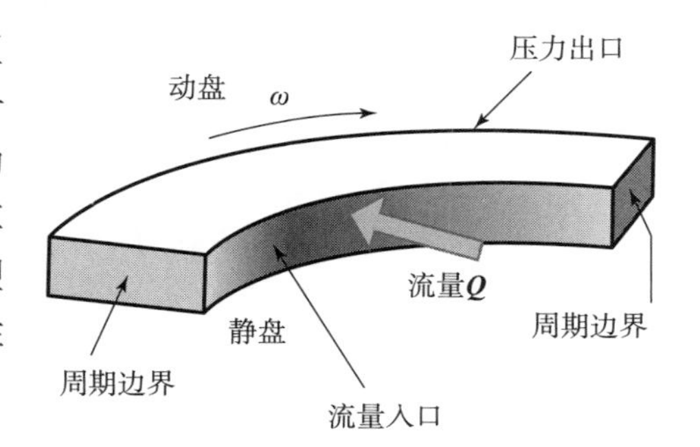

图 8.3　计算几何模型

8.3.2　网格的划分

运用 ICEM CFD 处理计算网格，采用结构化六面体网格对计算域进行划分。为了更好地模拟圆盘间隙流场的流动细节，在圆盘壁面附近对网格进行加密。网格划分结果图如图 8.4 所示。

图 8.4　网格划分结果图

8.3.3　Fluent 前处理设置

1. 启动 Fluent

从开始菜单中选择 Fluent 19.2，启动界面参数设置。

以 3D、双精度方式启动 Fluent 19.2 并设置 Working Directory 为当前工作路径，如图 8.5 所示。

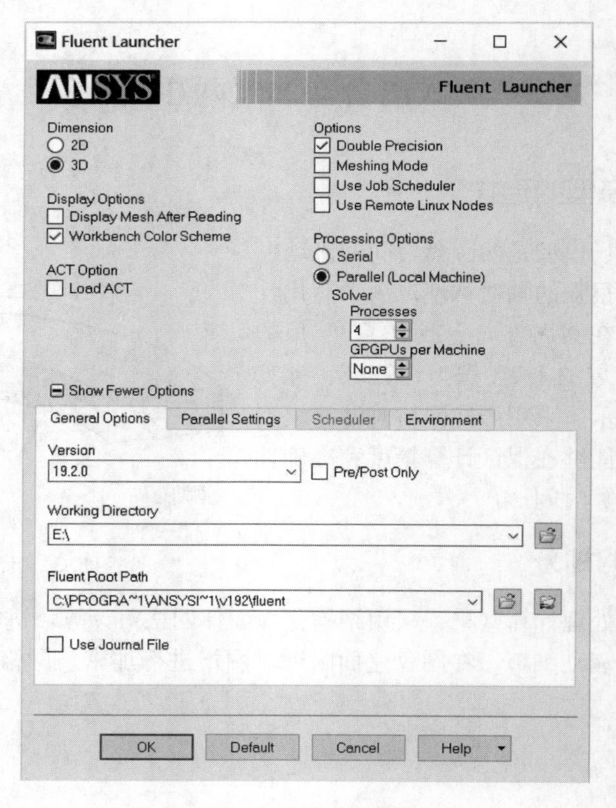

图 8.5　启动面板

2. 导入网格模型

依次单击选择“File”→“Read”→“Mesh”按钮，在弹出的文件选择对话框中选择网格文件 disk. mesh，单击“OK”按钮。

在“Setting Up Domain”标签页下工具栏单击“Display”按钮显示网格。生成的计算网格如图 8.6 所示。

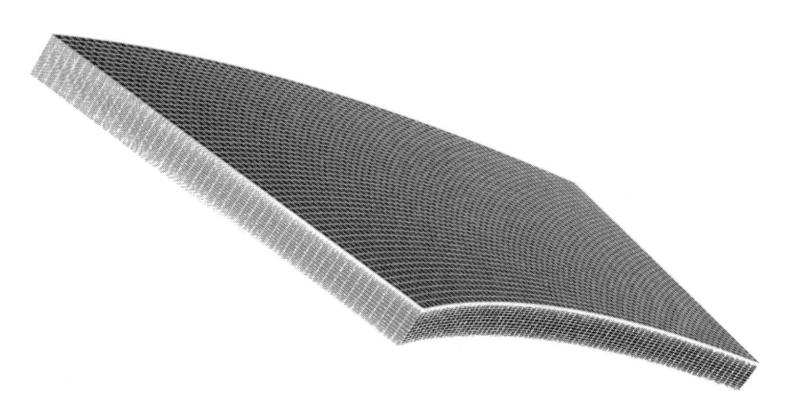

图 8.6　计算网格

3. General 设置

双击模型树下节点 General，弹出 General 参数面板，保持默认设置，如图 8.7 所示。

图 8.7　General 参数面板

对参数面板进行如下设置。

单击参数面板中的“Scale...”按钮。弹出“Scale Mesh”对话框，设置“View Length Unit In”项为 mm，如图 8.8 所示。其符合尺寸要求，无须进行尺寸缩放。

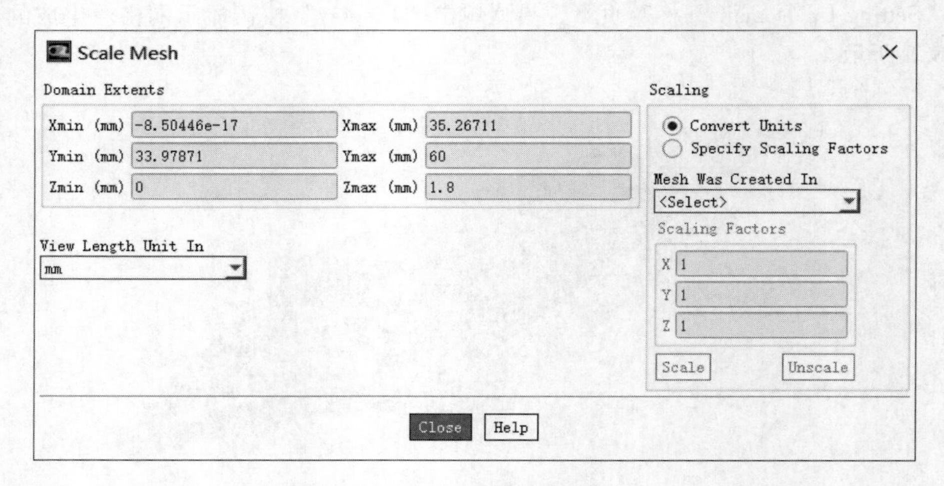

图 8.8　Scale Mesh 对话框

单击“Check”按钮，输出网格信息如图 8.9 所示。从图 8.9 可以看出，网格尺寸分布为：x 轴：－8.50e－20～3.53e－02 m；y 轴：3.39e－02～6.00e－02 m；z 轴：0～1.8e－03 m。

```
Domain Extents:
  x-coordinate: min (m) = -8.504456e-20, max (m) = 3.526711e-02
  y-coordinate: min (m) = 3.397871e-02, max (m) = 6.000000e-02
  z-coordinate: min (m) = 0.000000e+00, max (m) = 1.800000e-03
Volume statistics:
  minimum volume (m3): 1.485255e-12
  maximum volume (m3): 2.078654e-11
    total volume (m3): 1.038149e-06
Face area statistics:
  minimum face area (m2): 3.824327e-09
  maximum face area (m2): 2.001168e-07
```

图 8.9　网格检查信息

最小网格体积参数 minimum volume 为 1.485255e－12，为大于 0 的值，符合计算要求。

4. Models 设置

双击模型树节点“Models”，在右侧 Models 列表中双击“Multiphase”按钮，弹出多相流模型设置对话框，选择“Volume of Fluid”，在“Body Force Formulation”项中勾选“Implicit Body Force”，如图 8.10 所示。

由于光滑圆盘间隙小，为层流流动，Viscous（Laminar）保持默认层流模型。

5. Materials 设置

单击“Materials”→“Fluid”→“air”，右击选择“Edit”。在弹出的对话框单击“Fluent Database”按钮，在弹出的对话框中选择“Water－liquid（h2o <1>）”，然后单击“Copy”按钮，将“Create/Edit Materials”界面下的“Name”更改为 Oil，将“Properties”中

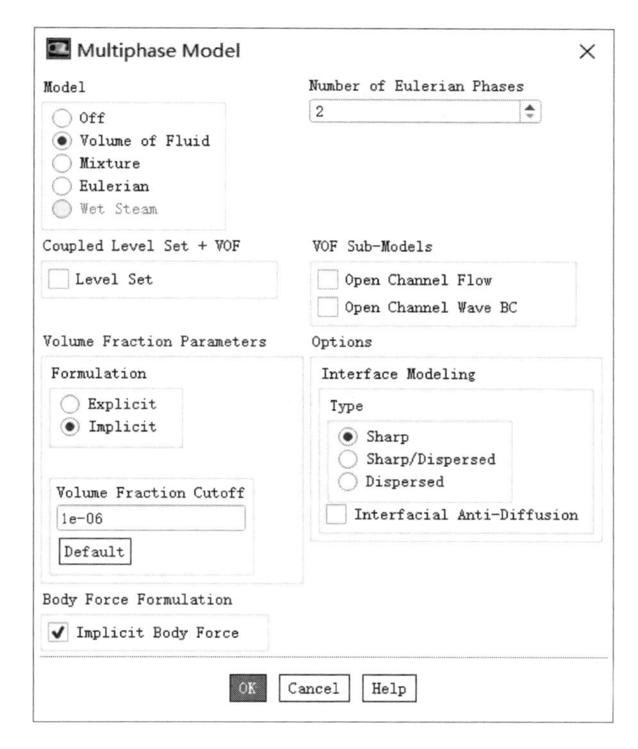

图 8.10　多相流模型的设置

“Density” 修改为 855 kg/m^3，“Viscosity” 修改为 0.065 kg/(m · s)，如图 8.11 所示。

图 8.11　设定油液属性

6. Phases 设置

单击 “Multiphase (Volume of Fluid)”→“Phases”，设置空气为主项，单击 “phase1 - primary Phase” 按钮，在弹出的对话框中将 “Name” 更改为 “air”，单击 “OK” 按钮。设

置油液为次相，单击“phase2 – Secondar Phase”，在弹出的对话框的“Phase Material”中选择“oil”，将“Name”更改为“oil”。如图 8.12 所示。

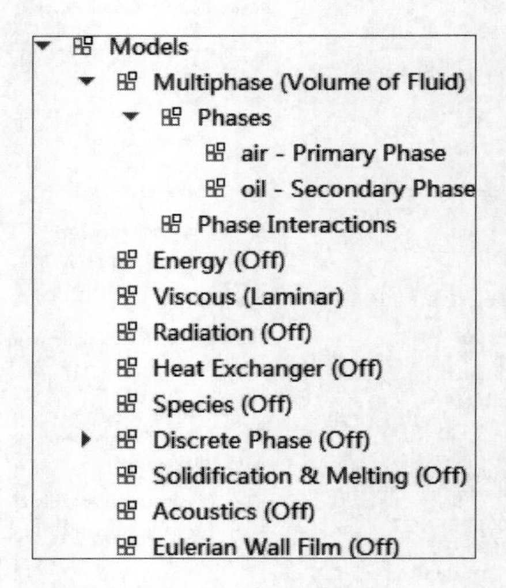

图 8.12　相的设定

单击“Phase Interactions”按钮，在弹出的对话框中单击“Surface Tension”按钮，勾选“Surface Tension Force Modeling”，然后在“Adhesion Options”下勾选“Wall Adhesion”，在“none”下拉列表框中选择“constant”，设定表面张力系数为 0.03 N · m。如图 8.13 所示。

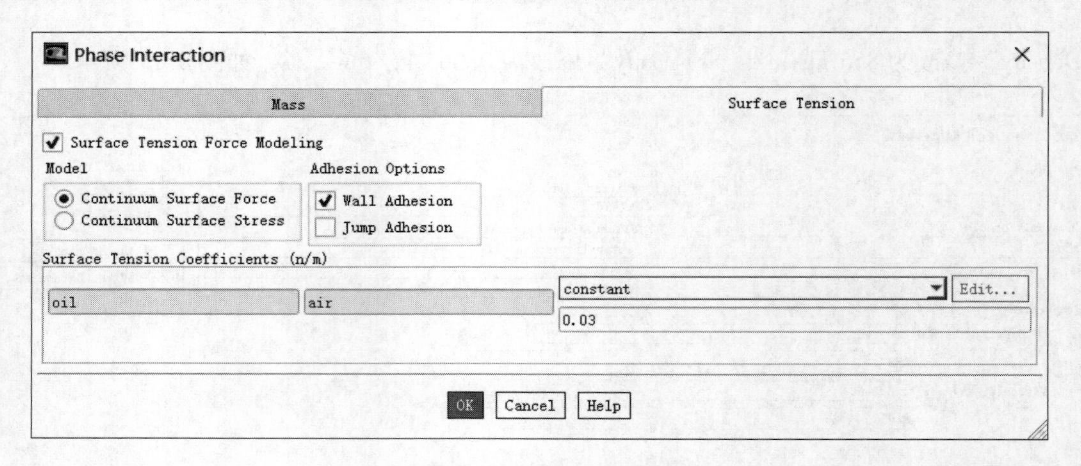

图 8.13　表面张力的设定

7. Cell zone conditions 设置

保持默认设置。

8. Boundary Conditions 设置

双击模型树节点“Boundary Conditions”，在右侧弹出的“Task Page”框中单击“inlet”按钮，在“Type”项中选择“mass – flow – inlet”，如图 8.14 所示。

双击“inlet”，在弹出的对话框中，在“Direction Specification Method”下拉列表框中选择“Normal to Boundary”，如图 8.15 所示。

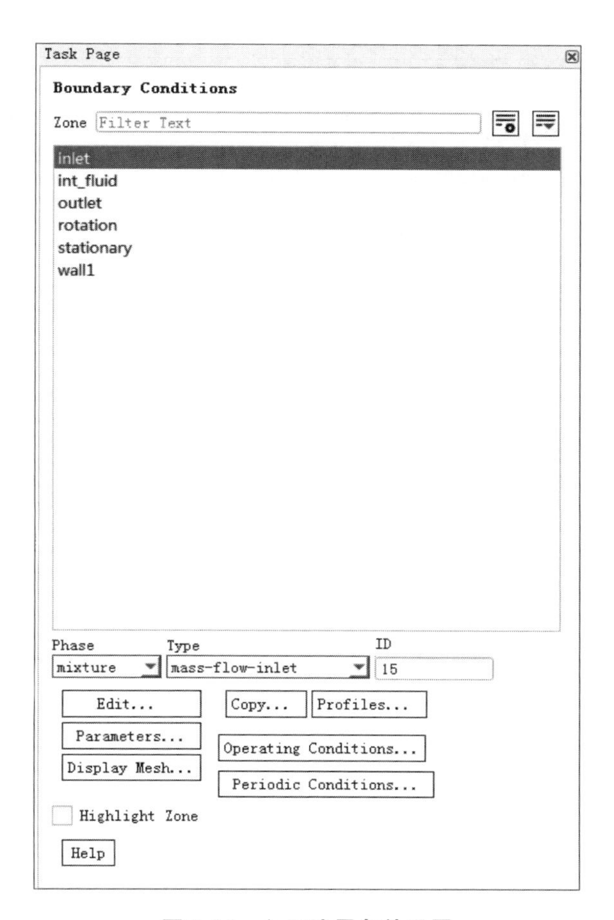

图 8.14　入口边界条件设置

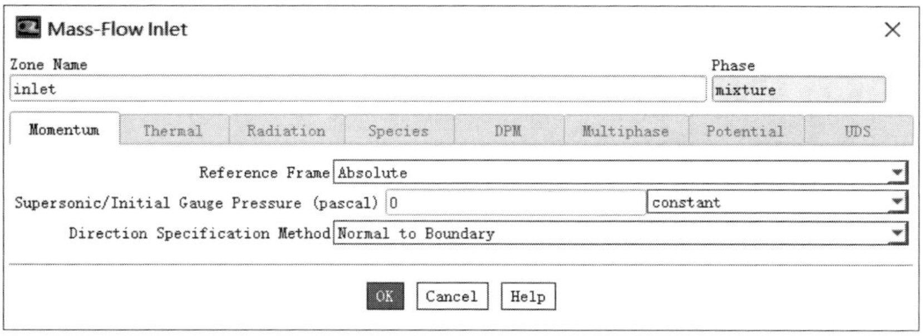

图 8.15　边界入口方向设定

在模型树节点“Boundary Conditions”下，选择“inlet”，双击“oil”按钮，在弹出的对话框中，选择“Mass Flow Specification Method”项中的“Mass Flow Rate”。在“Mass Flow Rate（kg/s）”中输入 0.000 285（20 mL/min），单击“OK”按钮，如图 8.16 所示。

流场出口与大气相通，出口边界设为压力出口，单击“outlet”按钮，在“Type”项中选择“pressure – outlet”，如图 8.17 所示。

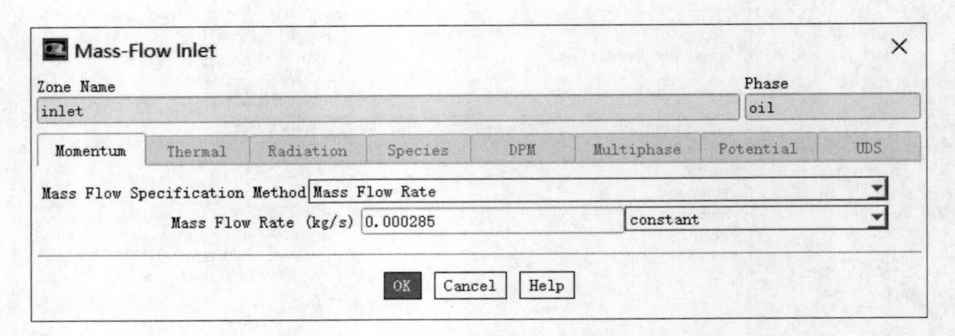

图 8.16　入口质量流量设定

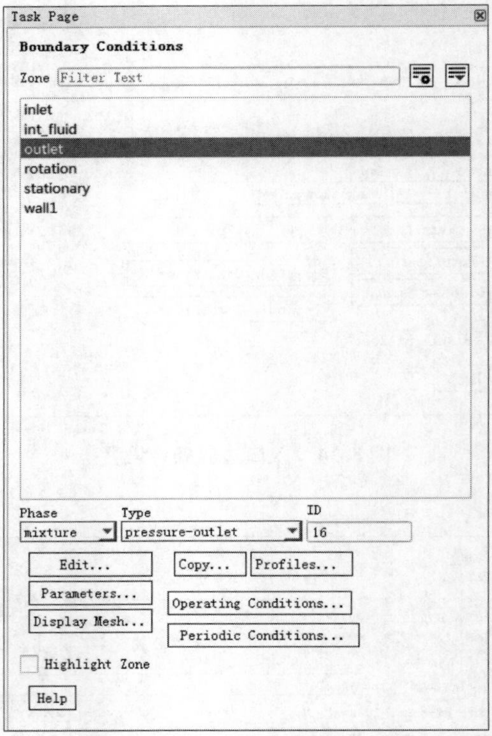

图 8.17　出口边界条件设置

单击“Edit”按钮，保持默认标准大气压（相对压力为 0），单击“OK”按钮，如图 8.18 所示。

在模型树节点“Boundary Conditions”下，选择“rotation”，在“Type”项中默认为“wall”，单击“Edit”按钮，在弹出对话框“Wall Motion”项中选择“Moving Wall”，在“Motion”项中选择“Rotational”。将转速设置为 18.85 rad/s，设置旋转盘表面接触角为 10，单击“OK”按钮，如图 8.19 所示。

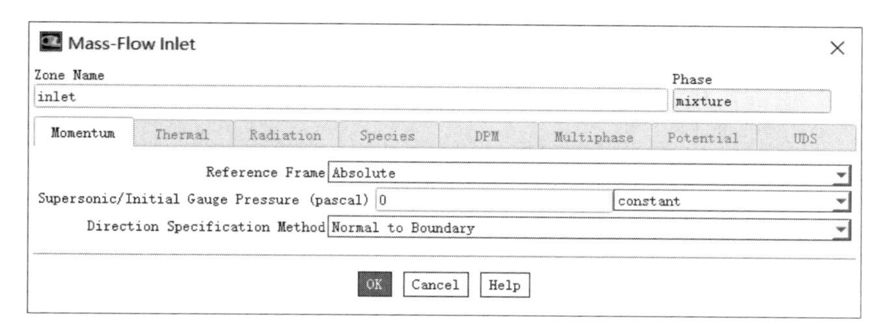

图 8.18　出口压力设定

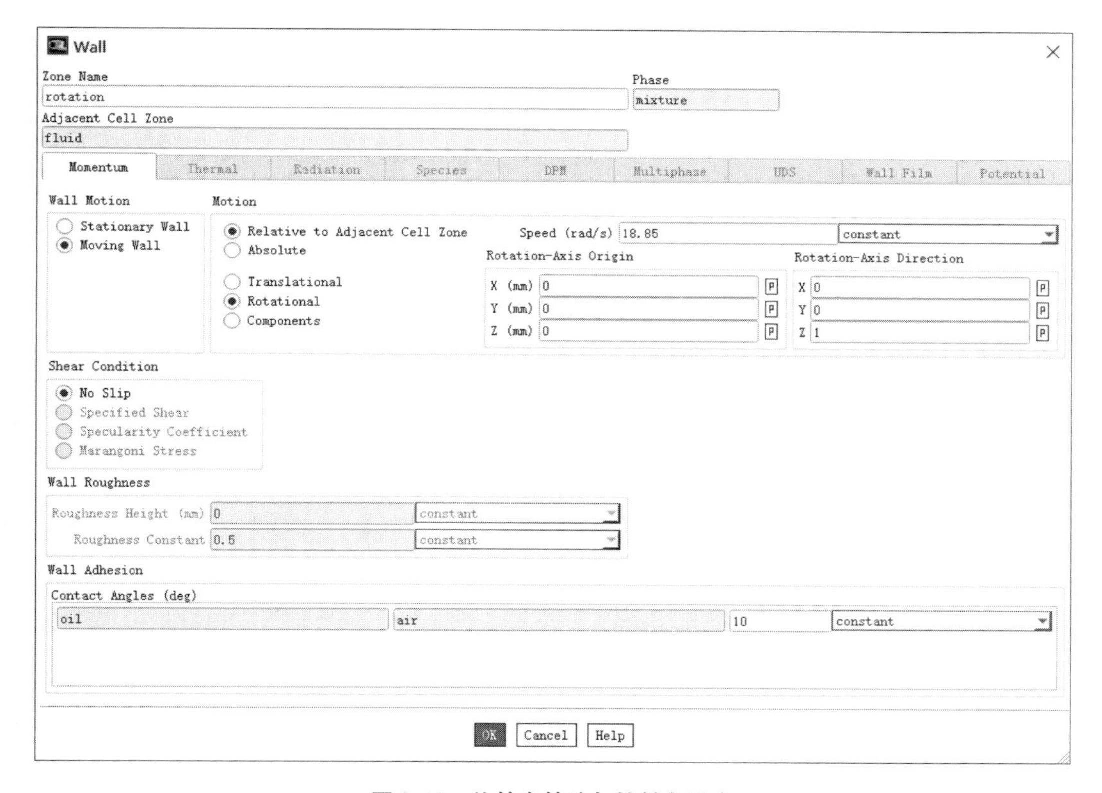

图 8.19　旋转盘转速与接触角设定

在模型树节点“Boundary Conditions”下，选择“stationary”，将“Type”默认为“wall”，单击“Edit”按钮，在弹出的对话框中选择“Stationary Wall”，设置静止盘表面接触角为 7，单击“OK”按钮，如图 8.20 所示。

9. Solution Methods 设置

双击模型树“Solution”节点下的“Methods”按钮，设置“Pressure – Velocity Coupling”项下“Scheme”选择“SIMPLE”。设置“Spatial Discretization”项下“Pressure”选择“Body Force Weighted”离散格式。“Volume Fraction”选择“Modified HRIC”离散格式。“Momentum”选择“Second Order Upwind”离散格式，如图 8.21 所示。

Wall
Zone Name
stationary
Phase
mixture
Adjacent Cell Zone
fluid
Momentum
Thermal
Radiation
Species
DPM
Multiphase
UDS
Wall Film
Potential
Wall Motion
Stationary Wall
Moving Wall
Motion
Relative to Adjacent Cell Zone
Shear Condition
No Slip
Specified Shear
Specularity Coefficient
Marangoni Stress
Wall Roughness
Roughness Height (m) 0
constant
Roughness Constant 0.5
constant
Wall Adhesion
Contact Angles (deg)
oil
air
7
constant
OK
Cancel
Help

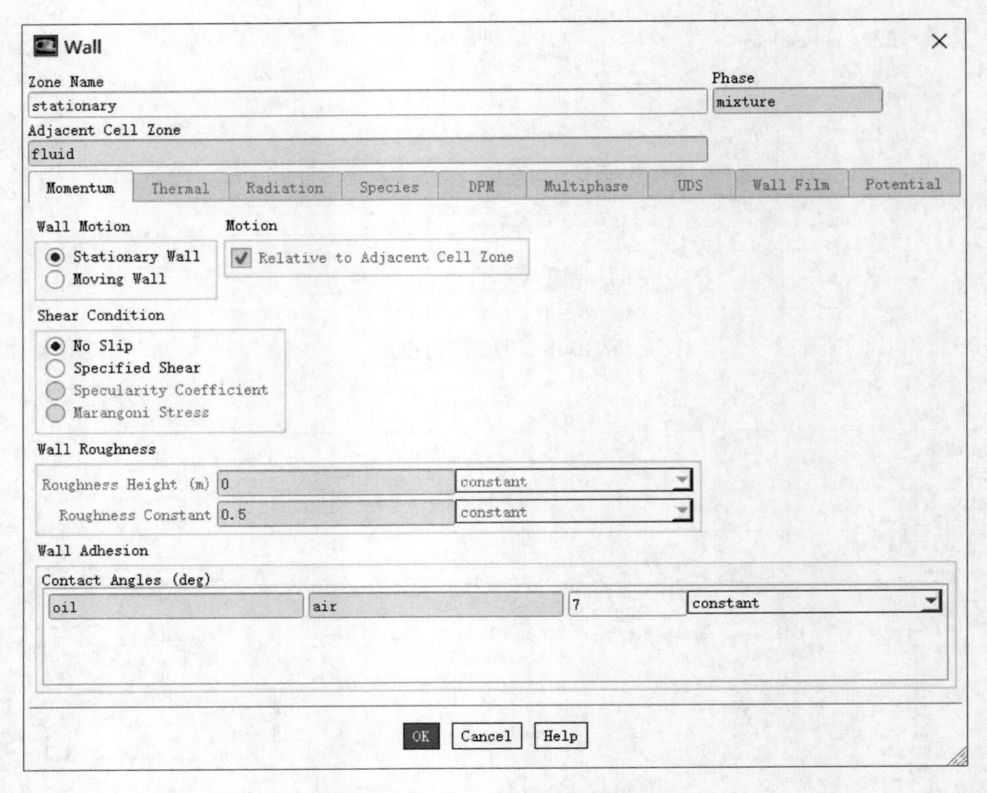

图 8.20　静止盘接触角设定

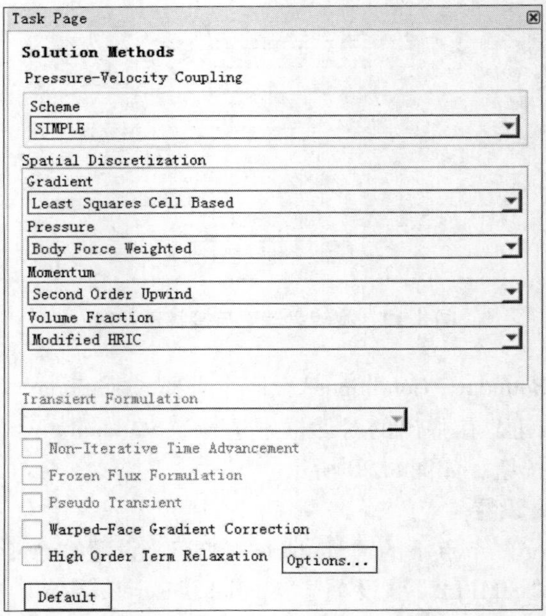

Task Page
Solution Methods
Pressure-Velocity Coupling
Scheme
SIMPLE
Spatial Discretization
Gradient
Least Squares Cell Based
Pressure
Body Force Weighted
Momentum
Second Order Upwind
Volume Fraction
Modified HRIC
Transient Formulation
Non-Iterative Time Advancement
Frozen Flux Formulation
Pseudo Transient
Warped-Face Gradient Correction
High Order Term Relaxation
Options...
Default

图 8.21　选择离散算法

10. Solution controls 设置

Solution controls 保持默认值，如图 8.22 所示。

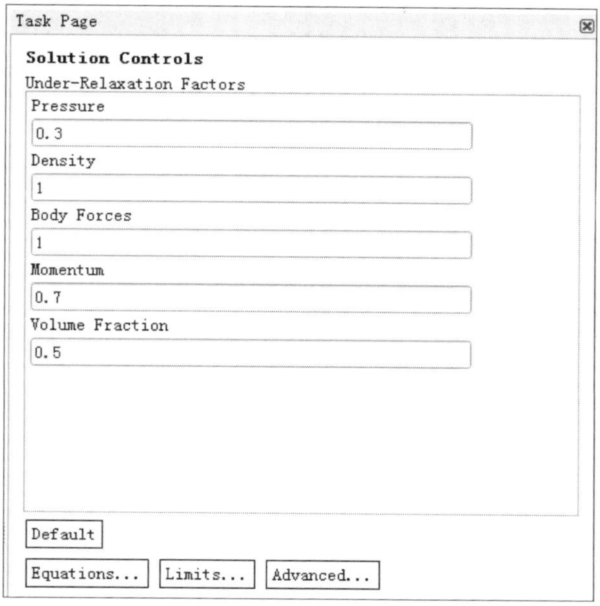

Task Page
Solution Controls
Under-Relaxation Factors
Pressure
0.3
Density
1
Body Forces
1
Momentum
0.7
Volume Fraction
0.5
Default
Equations...
Limits...
Advanced...

图 8.22　求解控制参数设定

11. Monitors 设置

右击“Report Definitions”，单击“Edit”按钮，在弹出的对话框中单击“New”→“Force Report”→“Force”按钮，如图 8.23 所示。

New
Edit...
Delete
Expression...
Surface Report
Volume Report
Force Report
Flux Report
DPM Report
User Defined...
Drag...
Lift...
Moment...
Force...
Edit...

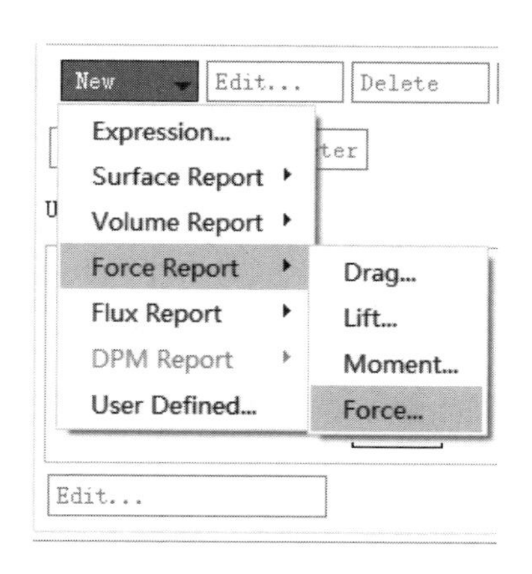

图 8.23　监测力设定

在弹出的对话框中，单击“rotation”按钮，将“Name”修改为“force - rotation”，在“Force Vector”项中（X，Y，Z）分别改成（0，0，1），勾选“Report Files”“Report Plots”“Print to Console”，单击“OK”按钮。如图 8.24 所示。用同样方法监测静止盘所受的轴向力。

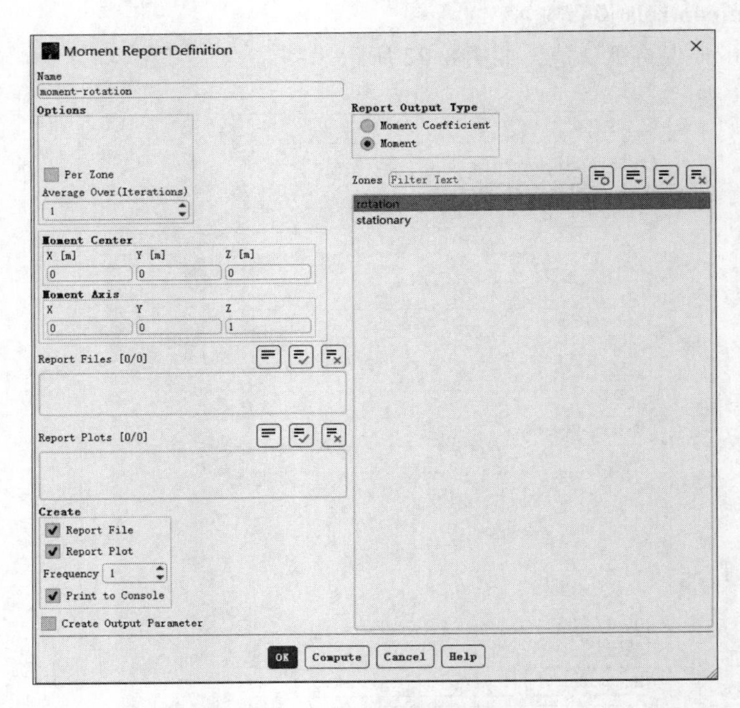

图 8.24　旋转面转矩设定

右击“Report Definitions”，单击“Edit”按钮，在弹出的对话框中单击“New”→“Force Report”→“Moment”，如图 8.25 所示。

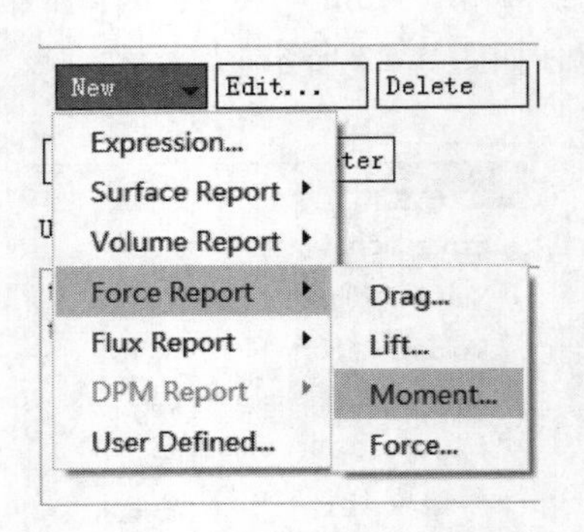

图 8.25　监测转矩设定

在“Force Report”后选择“Moment”，在弹出的对话框中单击“rotation”按钮，将“Name”修改为“moment - rotation”，在“Report Output Type”项中选择“Moment”，勾选“Report Files”“Report Plots”“Print to Console”，单击“OK”按钮。如图 8.26 所示。同样方法设定静止盘的转矩。

12. Solution Initialization 设置

在“Initialization Methods”项下选择“Standard Initialization”，“Compute from”选择“inlet”，“oil Volume Fraction”填写 1，单击“Initialize”按钮，如图 8.27 所示。

图 8.26　旋转面转矩设定

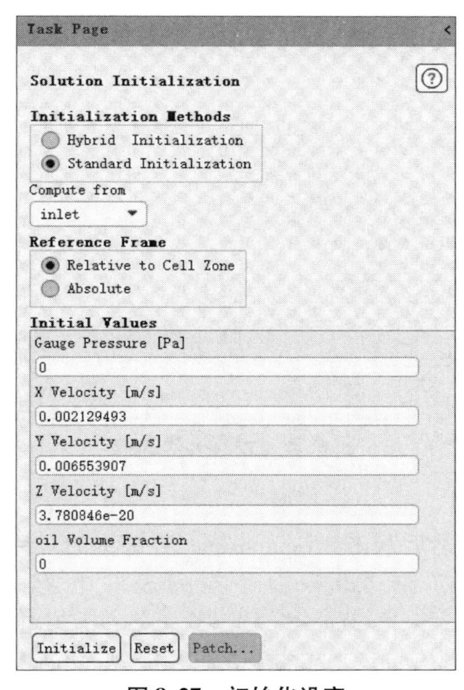

图 8.27　初始化设定

13. Calculation Activities 设置

双击"Autosave (Every Iteration)",在弹出的对话框中,"Save Data File Every (Iterations)"填写50次迭代步保存一次,在"File Name"项中选择保存的路径,如图8.28所示。

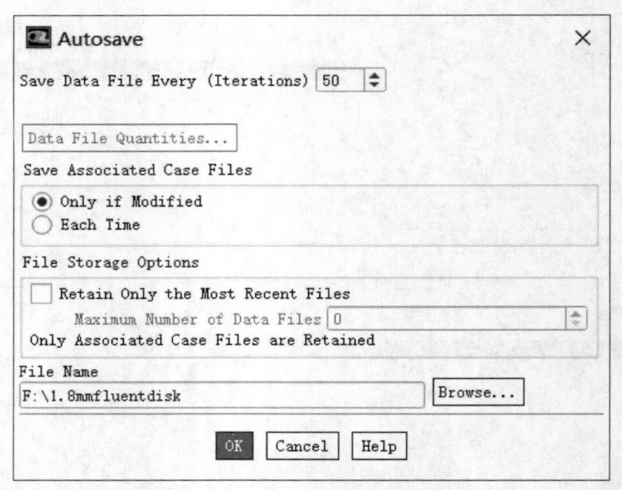

图8.28 自动保存设定

14. Run calculation 设置

双击"Run Calculation",在右侧面板中,"Number of Iterations"迭代步数为20 000步,如图8.29所示。

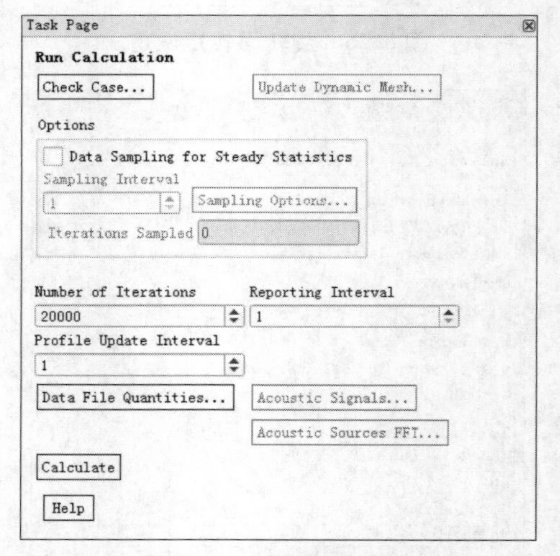

图8.29 设置迭代次数

15. 查看初始化结果

单击"Results"按钮,然后双击"Contours",在弹出的对话框中,在"Contours of"下拉列表框中选择"Phases",在"Phase"下拉列表框中选择"oil",取消勾选"Auto Range",将"Max"改为1,将"surfaces"栏下全部选中。单击"Colormap Options"按钮,在弹出的对话框中,在"Currently Defined"项下选择"bgr",单击"Apply"按钮,如图8.30所示。然后单击"Save/Display"按钮,如图8.31所示。

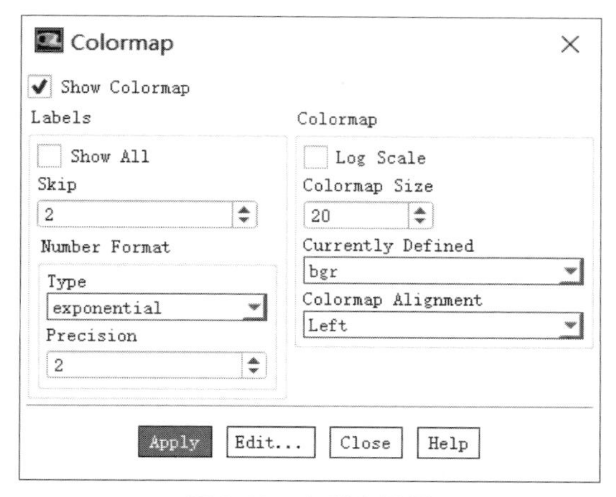

图 8.30　色彩盘设置

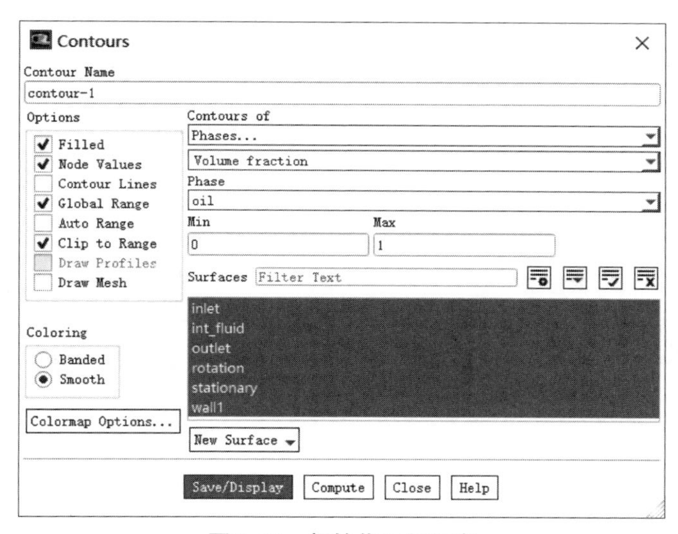

图 8.31　初始化云图设定

在显示窗口可以看到初始时离合器光滑圆盘间隙内的油气状态。由于本算例在初始时油液充满整个圆盘间隙，所以初始时间隙内液体体积分数为 1 是正确的，显示初始化云图，如图 8.32 所示。

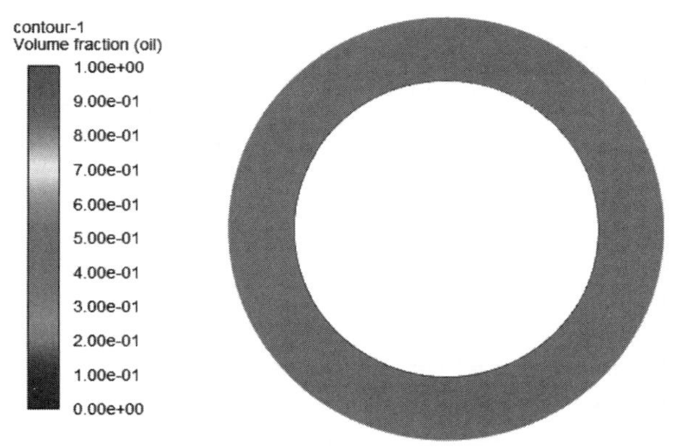

图 8.32　初始化后云图（书后附彩插）

16. 保存 case

单击“File”→“write”→“case”按钮保存 case。

计算残差曲线如图 8.33 所示。

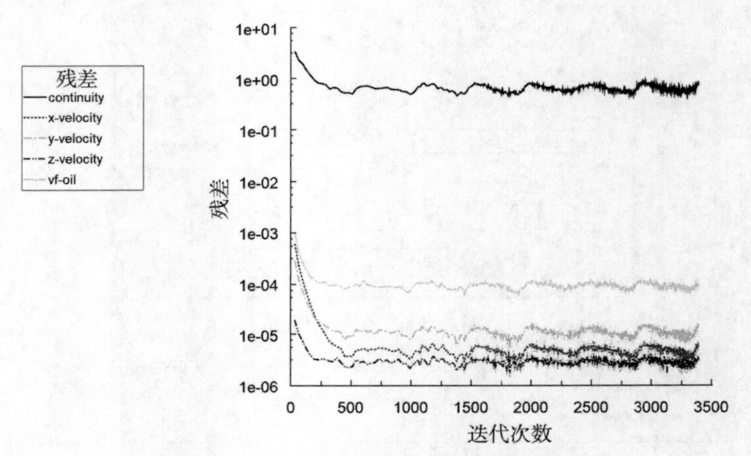

图 8.33 计算残差（书后附彩插）

8.3.4 计算结果后处理

1. 设置图形窗口背景颜色

Fluent 默认图形背景颜色为蓝白梯度色，通常将图形背景设置为白色，方便放入文档中。要将其改变为纯白色，需要用 TUI 命令。具体步骤如下。

双击模型树节点“Graphics”，单击右侧面板中“Options...”按钮，弹出图形选项设置对话框，如图 8.34 所示。

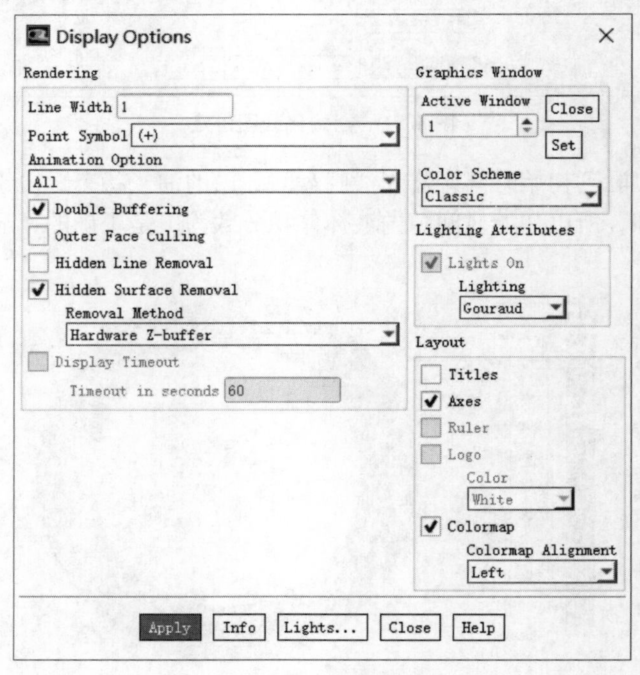

图 8.34 图形选项

设置“Color Scheme”为“Classic”。

单击“Apply”按钮，此时背景变为黑色。

在 TUI 窗口中输入命令“display/set/colors/background”，在颜色输入提示后输入“white”。

继续输入命令“display/set/colors/foreground”，在颜色输入提示后输入“black”。

回到图 8.34 的图形选项对话框中，单击“Apply”按钮。

此时图形背景变为白色。

2. 查看油气两相分布图

单击“Results”按钮，然后双击“Contours”按钮，在弹出的对话框中，在“Contours of”下拉列表框中选择“Phases”，在“Phase”下拉列表框中选择“oil”，在“Surfaces”中将所有都选中，如图 8.35 所示。

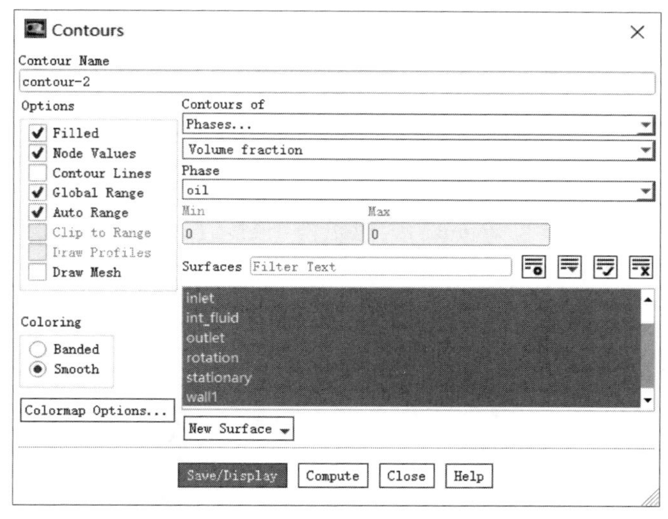

图 8.35　气液两相云图设定

单击“Save/Display”按钮，然后在“Viewing”标签栏下单击“Views”按钮，在弹出的对话框的“Periodic Repeats”项下单击“Define...”按钮，在弹出的对话框“Associated Surface”项下全部选择，单击“Set”按钮，将显示全部云图，如图 8.36 所示。

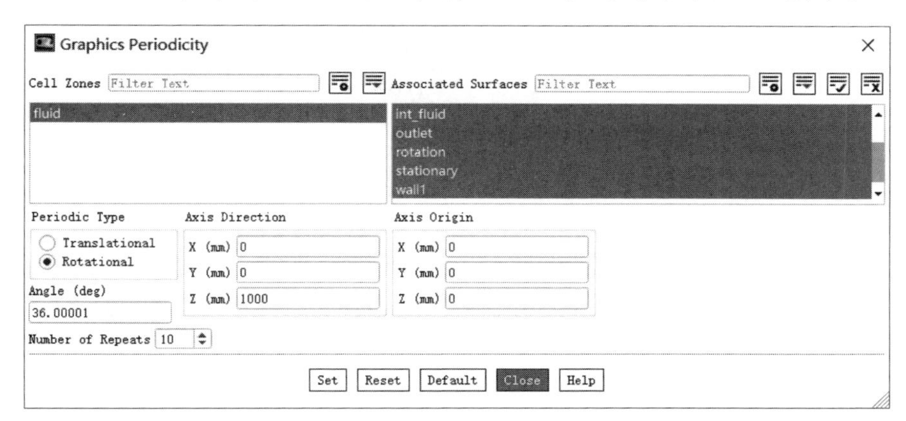

图 8.36　显示全部云图设定

可以得到图 8. 37 所示结果云图，可以看到离合器光滑圆盘内充满了油液，为全液相流。

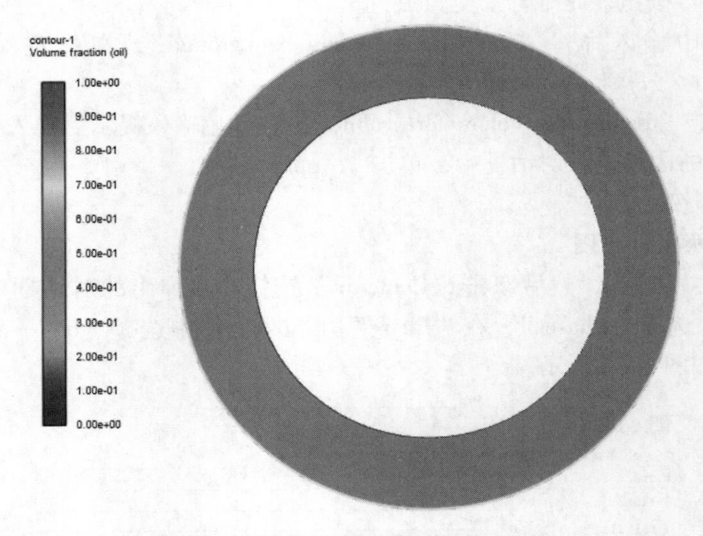

图 8. 37　全液相流云图（书后附彩插）

将旋转圆盘转速设定为 300 r/min，其他条件不变。按上述步骤进行计算，可以得到光滑圆盘气液分层云图。如图 8. 38 所示。

图 8. 38　气液分层流云图（书后附彩插）

3. 查看转矩和轴向力

可以通过监测窗口观察每一个迭代步力矩与轴向力的变化，也可以通过 Console 窗口查看每一个迭代步所检测的数值。除此之外，可以通过单击“Report Definitions”下的定义所检测的相应的转矩与力矩，在弹出的对话框中单击“Compute”按钮，可以在 Console 窗口看到计算迭代最后一步的结果，如图 8. 39 所示。

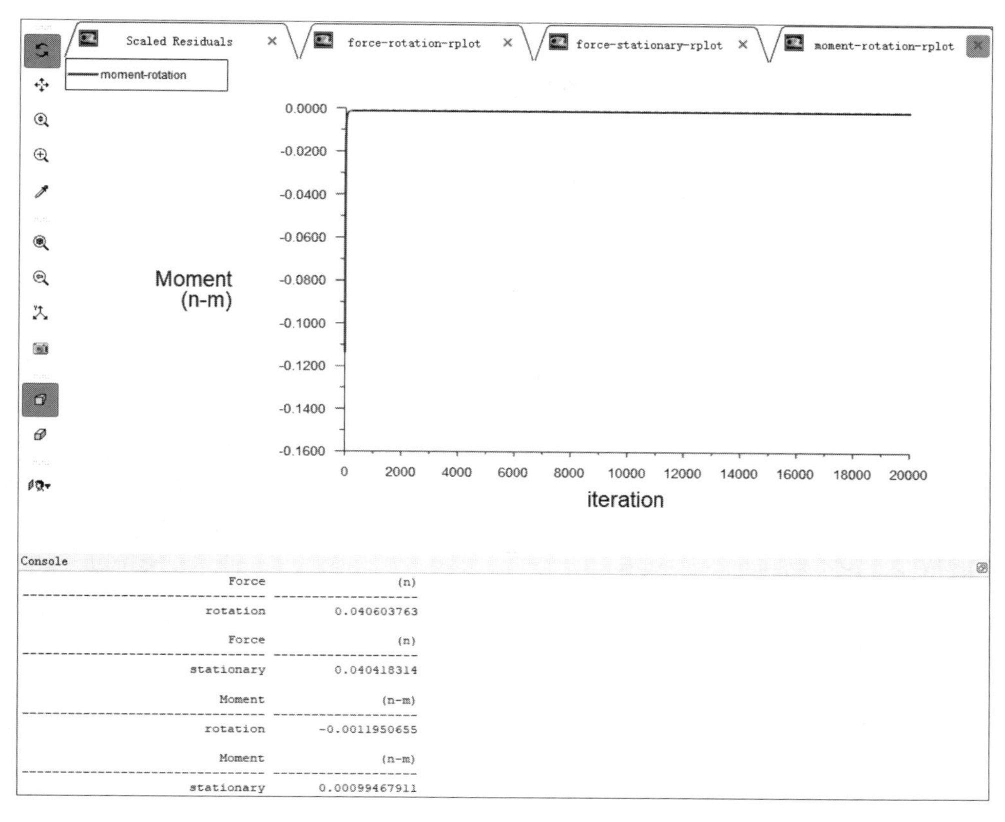

图 8.39　静止盘转矩监测图

8.4　本章小结

本章主要介绍了如何使用 VOF 模型对离合器光滑圆盘间隙流场、转矩和轴向力的计算。其中，涉及初始化后光滑圆盘间隙内流场云图的查看、窗口背景颜色的修改、将计算结果显示为全周期等。

第 9 章
滚动轴承流场分析

9.1 滚动轴承流动概述

滚动轴承是机械传动中应用非常广泛的一类机械元件，其工作性能对整个传动系统的动力性与可靠性至关重要。滚动轴承在高速运转的工况下会产生大量的热量，从而影响轴承刚度性能及高速性能，而且摩擦磨损会影响轴承的可靠性和使用寿命，轴承润滑可以有效减少摩擦磨损和轴承产生的热量，降低温升。

本教程的目的是展示在 Fluent 中使用 VOF 模型求解滚动轴承流场与传热计算问题。

本算例主要展示怎么去解决如下问题。

(1) 了解滚动轴承流动与传热的数值模拟方法。

(2) 运用 VOF 模型计算轴承润滑流场，观察轴承流动特征。

(3) 对数据结果进行后处理。

9.2 问题描述

球轴承在工作时，其热量的传递过程十分复杂。球轴承热量的传递主要有两个途径，如图 9.1 所示。一部分热量通过油液的对流运动，将轴承摩擦产生的热量传递到润滑油上，润滑油再经过过滤，冷却后循环使用；另一部分热量传递到套圈、滚动体及保持架等固体介质上，然后通过热传导的形式传递到暴露在周围相对开放环境的固体介质外表面，最后通过外界空气的对流传热作用将热量散发到周围环境中。另外，整个轴承系统的外表面还通过热辐射的作用与周围的环境存在热量的交换，由于其换热功率较小，在建立传热模型时将其忽略。

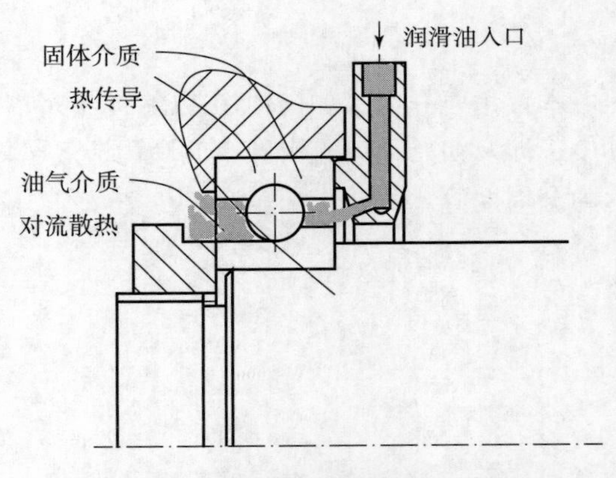

图 9.1 球轴承润滑与散热示意图

对喷油润滑球轴承而言，轴承内部流场润滑油与轴承滚动体和保持架之间存在相互作用，同时还与轴承内的气体相互作用，使轴承内部处于油气两相流动的状态，而喷油润滑方式下的高速球轴承内部油气两相流动特征将更加强烈，且其对球轴承内热量的散发起决定性作用，从而影响球轴承的温度分布。因此本章基于 SKF7210 角接触球轴承建立轴承内腔两相流场及包含轴、轴承内外圈、轴承座的固体区域的耦合传热模型，建模的几何区域如图 9.2 所示，轴承部分参数如表 9.1 所示。

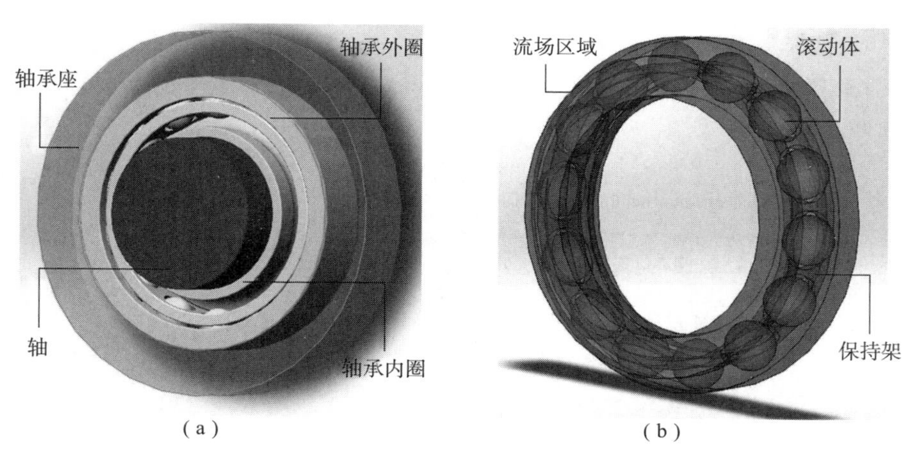

图 9.2　球轴承流固耦合传热区域

（a）固体传热区域；（b）轴承内部流场区域

表 9.1　轴承部分参数

轴承型号	内径 D_i/mm	外径 D_o/mm	宽度 B/mm	滚动体直径 D_b/mm	初始接触角 α_0/(°)	滚动体个数 Z
SKF7210	50	90	20	12.186	40	14

本算例所给定喷油参数及工作转速如表 9.2 所示。

表 9.2　喷油参数及工作转速

参数	数值
喷油流量	3 L/min
喷油速度	10 m/s
喷油口径	2.5 mm
工作转速	10 000 r/min
保持架及滚子转速	4 140 r/min

提示：保持架及滚子转速可由式（9.1）计算求得：

$$n_m = \frac{1}{2}n_i\left(1 - \frac{D_{b\cos\alpha}}{d_m}\right) \tag{9.1}$$

式中，n_i 为轴承内圈的旋转速度；D_b 为滚动体直径；α 为轴承接触角；d_m 为轴承节圆直径。

9.3　滚动轴承流场求解计算

9.3.1　导入网格模型

在 ANSYS/Workbench 中拖入 Fluent 模块，Dimension 选择 3D，并根据自身计算机性能选择并行计算，如图 9.3 所示。

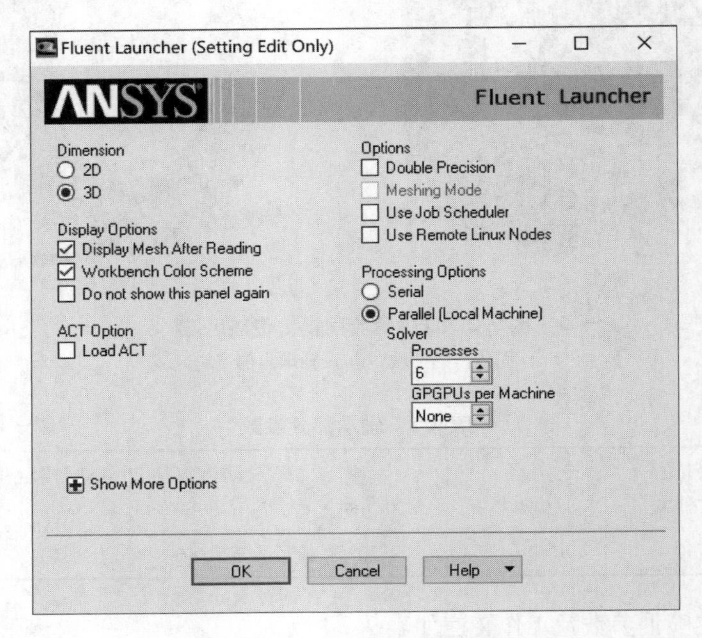

图 9.3　Fluent 启动设置

单击 “File Import Mesh”，选择已划分好网格的滚动轴承流场计算模型 meh. 文件，单击 “OK” 按钮即可，如图 9.4、图 9.5 所示。

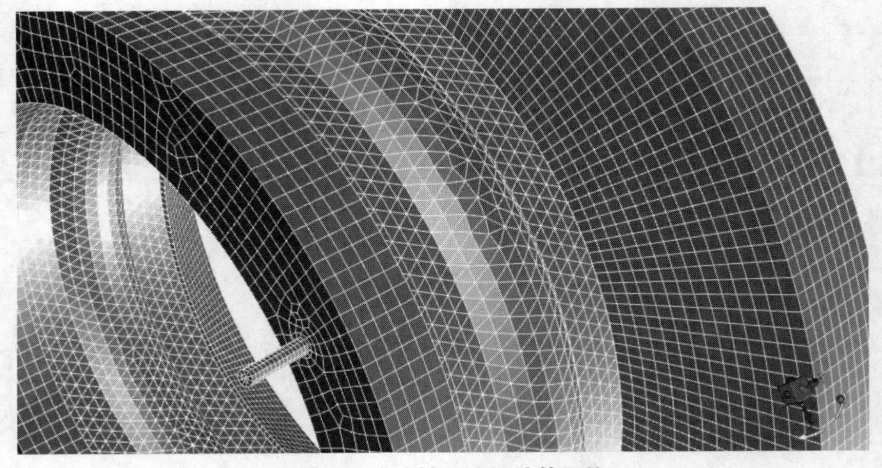

图 9.4　滚动轴承流场计算网格

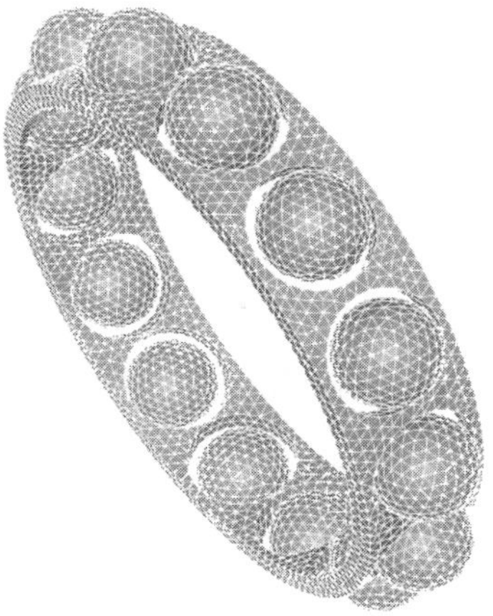

由图9.4可以看出，整个滚动轴承流场计算模型可大致划分为四部分，包括喷嘴流场、前流场、轴承腔流场、后流场，并采用组合网格的方法进行网格划分。由于前流场与喷嘴相邻且喷嘴的尺寸相对较小，所以前流场采用了六面体主导的网格类型，轴承腔流场由于保持架和滚子的存在，结构较为复杂且需考虑滚子与轴承内外圈径向间隙，所以采用了四面体网格类型，而后流场结构简单，所以全部由尺寸较大的六面体网格组成。在前流场与轴承腔流场、轴承腔流场与后流场之间设置两对 Interface 面，以便进行数据传递。

图9.5　保持架与滚子网格

9.3.2　计算设置

1. 检查网格并设置求解器类型

为了描述轴承腔相对于轴承两端面附近流域的相对运动，采用多重参考模型（MRF）进行数值模拟，多重参考模型是一种定常计算模型，因此选择 Steady 稳态计算，设置求解器类型为 pressure－based，同时激活重力选项并设置重力方向为 Y 轴负方向，General 设置如图9.6所示。

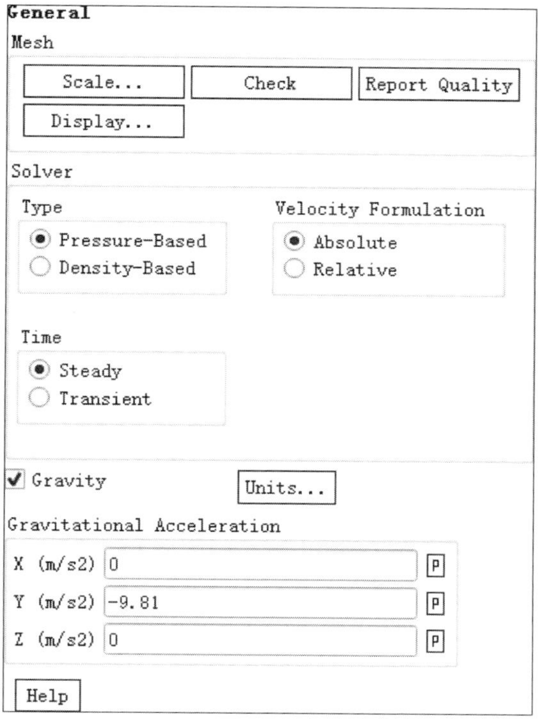

图9.6　General 设置

提示：在上方菜单栏中顺次单击“Viewing”→“Options”按钮，勾选“Axes”即可显示坐标轴。

单击“Units”选项修改角速度单位为“rpm”，如图9.7所示。

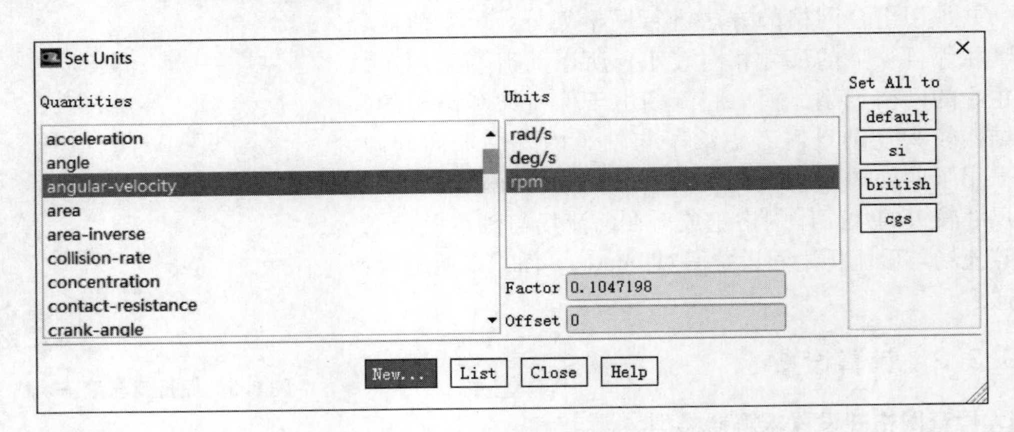

图9.7　修改角速度单位

2. 选择计算模型

多相流模型选择为VOF（Volume of Fluid）类型，欧拉相数目默认为2，体积分数选择Implicit格式，由于本案例轴承高速旋转导致流场压力梯度较大，可勾选Implicit Body Force加速计算收敛，防止发散，如图9.8所示。

本案例涉及传热计算，所以需打开能量计算选项，双击“Energy”按钮，并勾选“Energy Equation”，如图9.9所示。

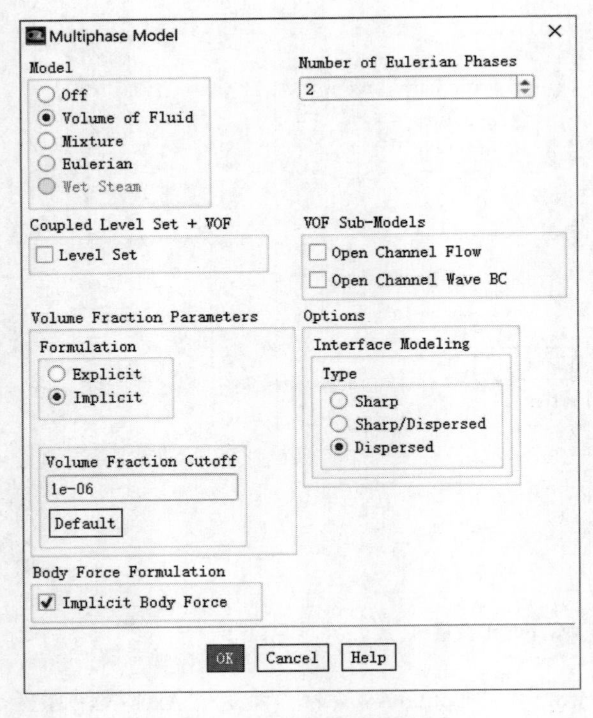

图9.8　多相流模型设置

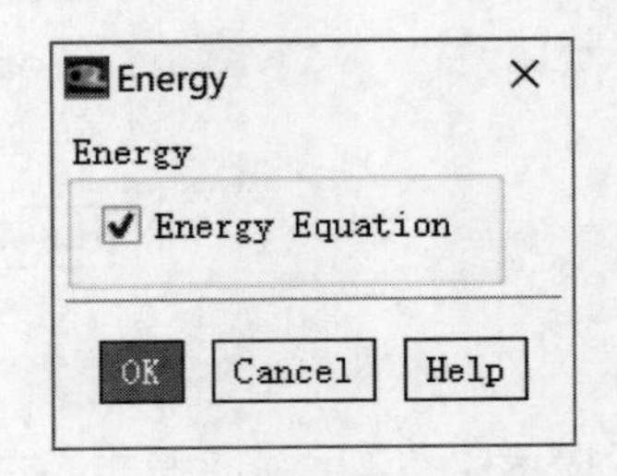

图9.9　传热计算设置

湍流模型选择 k – epsilon/RNG 模型，同时勾选“Swirl Dominated Flow”以提高计算精度，其余保持默认即可，如图 9.10 所示。

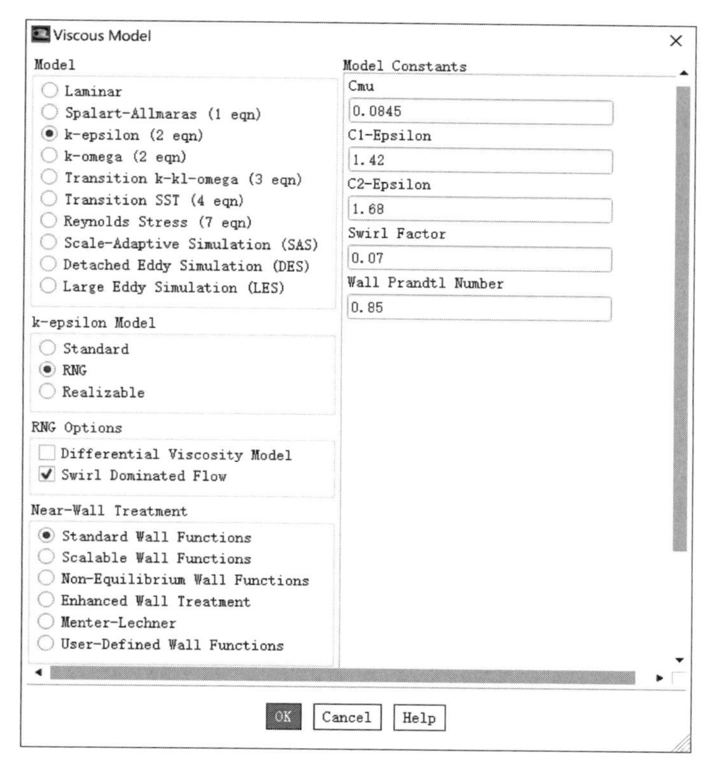

图 9.10　湍流模型设置

3. 设置流体的物理属性

在 Materials 中添加空气和润滑油两种流体介质，设置空气密度为 1.225 kg/m^3，黏度为 2.19×10^{-5} Pa·s，导热系数为 0.024 2 W/m·k；润滑油密度为 884 kg/m^3，黏度为 0.02 Pa·s，导热系数为 0.15 W/m·k。然后在左侧模型树中顺次单击“Models”→“Multiphase”→“Phase”按钮，设置可压缩相空气为主相，不可压缩相润滑油为次相，如图 9.11 所示。

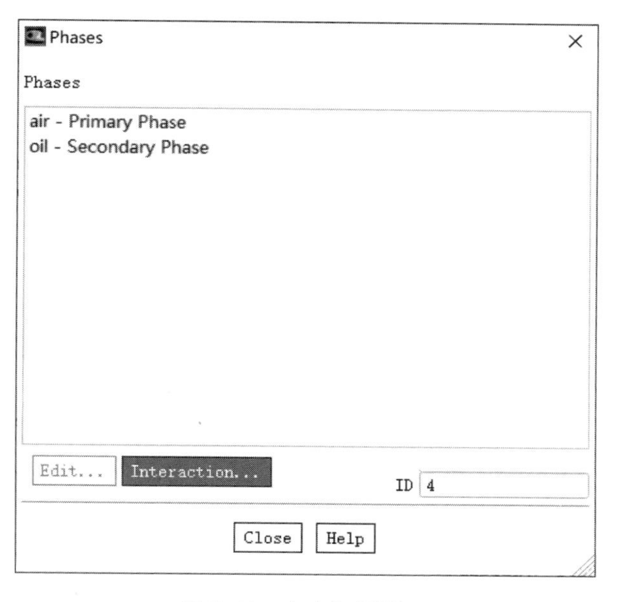

图 9.11　主次相设置

4. 边界条件设置

为了描述轴承腔相对于轴承两端面附近流域的相对运动，采用多重参考模型（MRF）进行数值模拟，具体设置如图 9.12 所示。

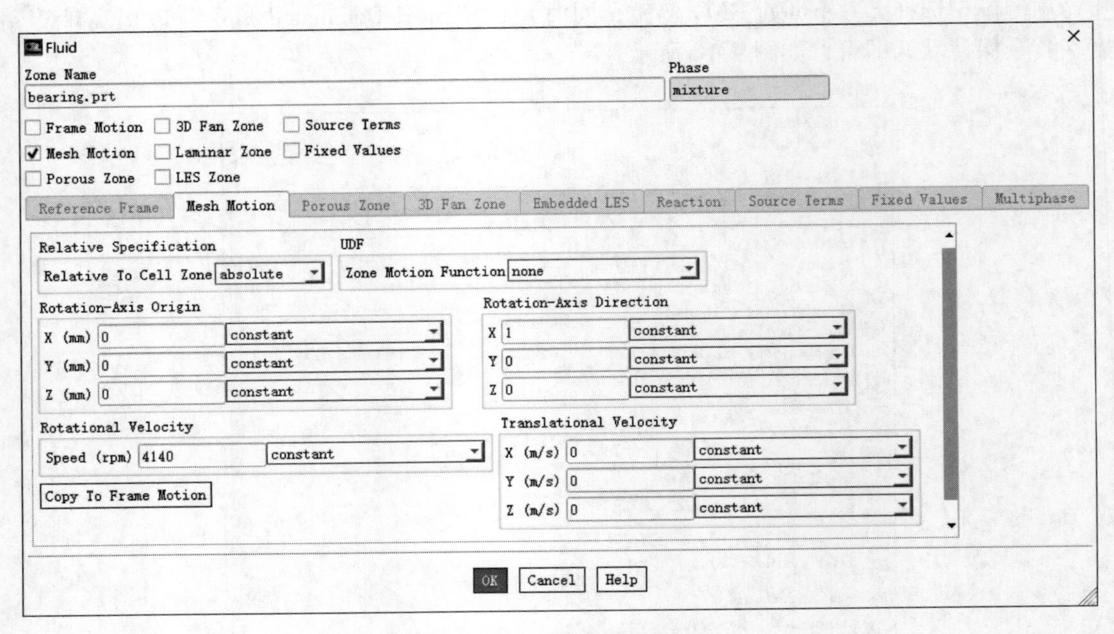

图 9.12　轴承腔流场区域设置

喷嘴入口设置为质量入口（mass－flow－inlet）类型，大小为 0.044 2 kg/s，如图 9.13 所示。

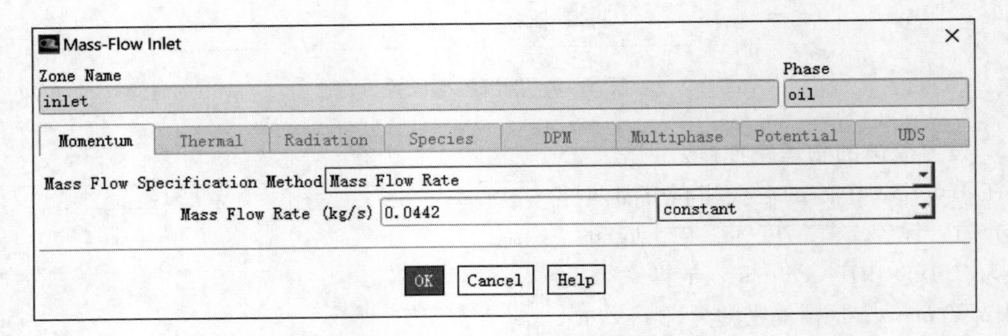

图 9.13　喷嘴入口质量流量设置

外边界传热条件分别依据经验公式给定相应的对流换热系数，自由流温度设置为室温 25 ℃。热源以体热源的形式添加到内外圈滚道薄层，产热功率为 1.27 kW。由于本算例边界较多，具体步骤不再一一详列，边界条件设置汇总如表 9.3 所示。

表 9.3　边界条件设置汇总

名称	设置
轴	旋转运动（10 000 r/min）
内圈	随轴旋转运动，滚道薄层添加热源
外圈	静止，滚道薄层添加热源

续表

名称	设置
内圈滚道薄层	随内圈做旋转运动，添加体热源
外圈滚道薄层	静止，添加体热源
滚珠及保持架	旋转运动（4 140 r/min）
轴承内部流场	随滚珠和保持架做旋转运动
轴承附近左右流域	静止
喷嘴流域	静止
轴承座	静止
14 个球体与流场接触面	耦合传热条件（随所属区域一起运动）
保持架与流场接触面	耦合传热条件（随所属区域一起运动）
轴承内外圈与内部流场接触面	采用 MRF 方法，设置成一对 interface，并使数据可交换勾选 coupled 选项允许流固界面有热量的交换
轴承内外圈左右两端面	根据经验公式设置对流换热系数，自由流温度设置为 25 ℃
轴承外圈外表面	与轴承座内表面设置成一对 interface，分区划分网格，并使数据可交换勾选 coupled 选项允许流固界面有热量的交换
轴承座内表面	与轴承外圈外表面设置成一对 interface
轴承座左右两端面及轴承座外表面	根据经验公式设置对流换热系数，自由流温度设置为 25 ℃
轴承内圈内表面	与轴侧面设置成一对 interface，并使数据可交换勾选 coupled 选项允许流固界面有热量的交换
轴侧面	与轴承内圈内表面设置成一对 interface
轴两端面	根据经验公式设置对流换热系数，自由流温度设置为 25 ℃
左右两端面	压力出口边界，压力为标准大气压
喷嘴入口	质量流量入口边界（0.044 2 kg/s）

5. 求解方法设置及其控制

采用 SIMPLEC 对轴承内的两相流动进行压力速度耦合求解，压力项采用 PRESTO 格式，动量、湍流动能、湍流耗散率均采用二阶迎风格式进行离散，如图 9.14 所示。

为了避免在求解非线性方程的过程中可能出现发散问题，可采用欠松弛迭代的方法，增大松弛因子，如图 9.15 所示。

6. 设置残差和质量流量监测器

为了防止计算误判断为收敛状态，调整残差监测器中各变量为 10^{-5}，如图 9.16 所示。

设置进出口面的流量监测，在 surface 中选中 inlet、outlet1 与 outlet2，并勾选左侧“Report File”和“Report Plot”以便随时在计算过程中观测进出口的流量变化，然后单击“OK”按钮即可，如图 9.17 所示。

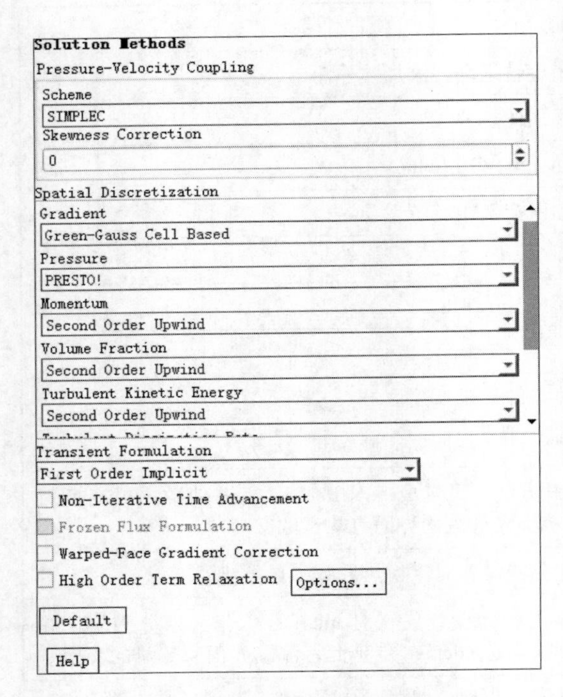

图 9.14　求解方法设置

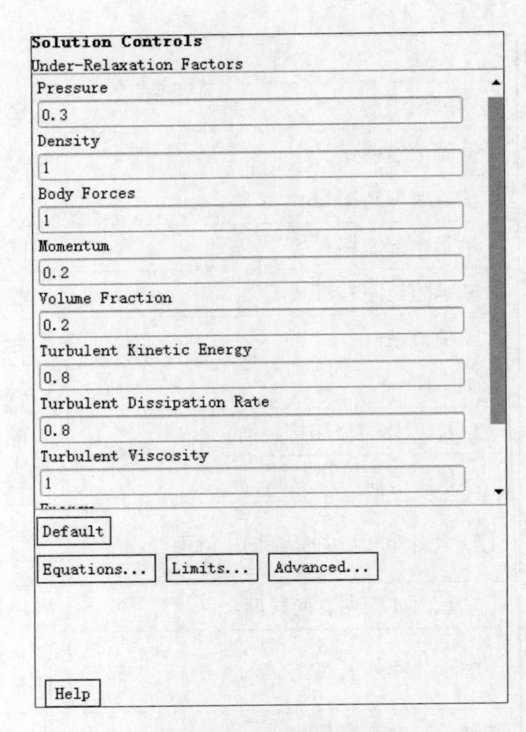

图 9.15　松弛因子设置

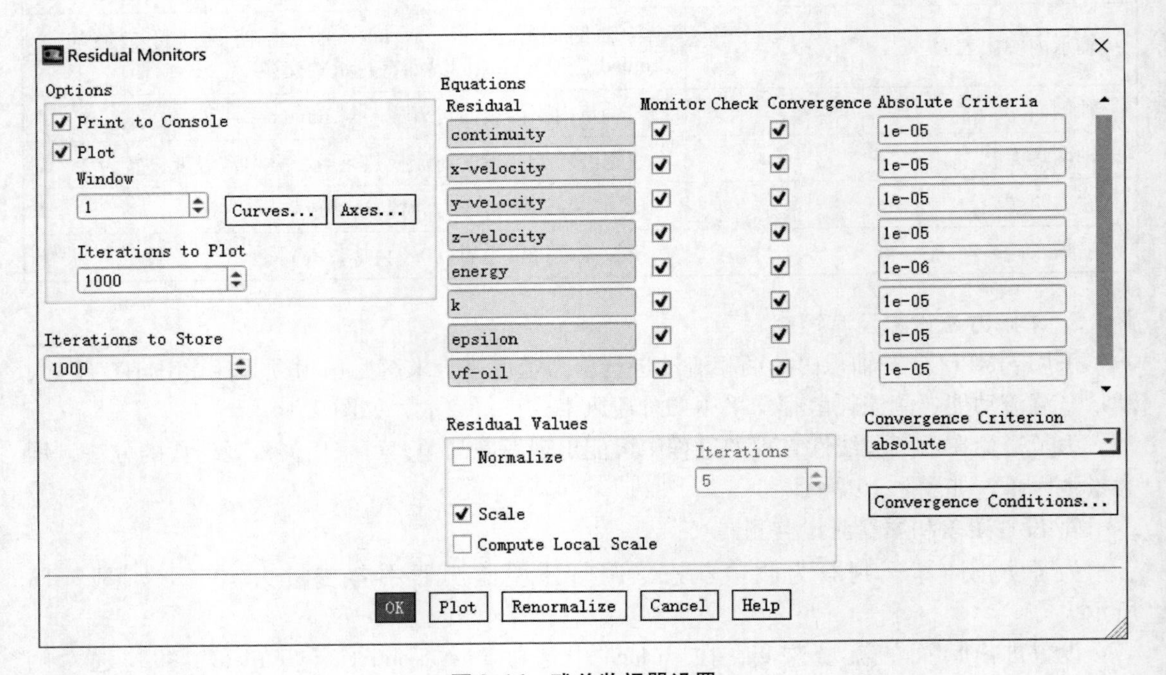

图 9.16　残差监视器设置

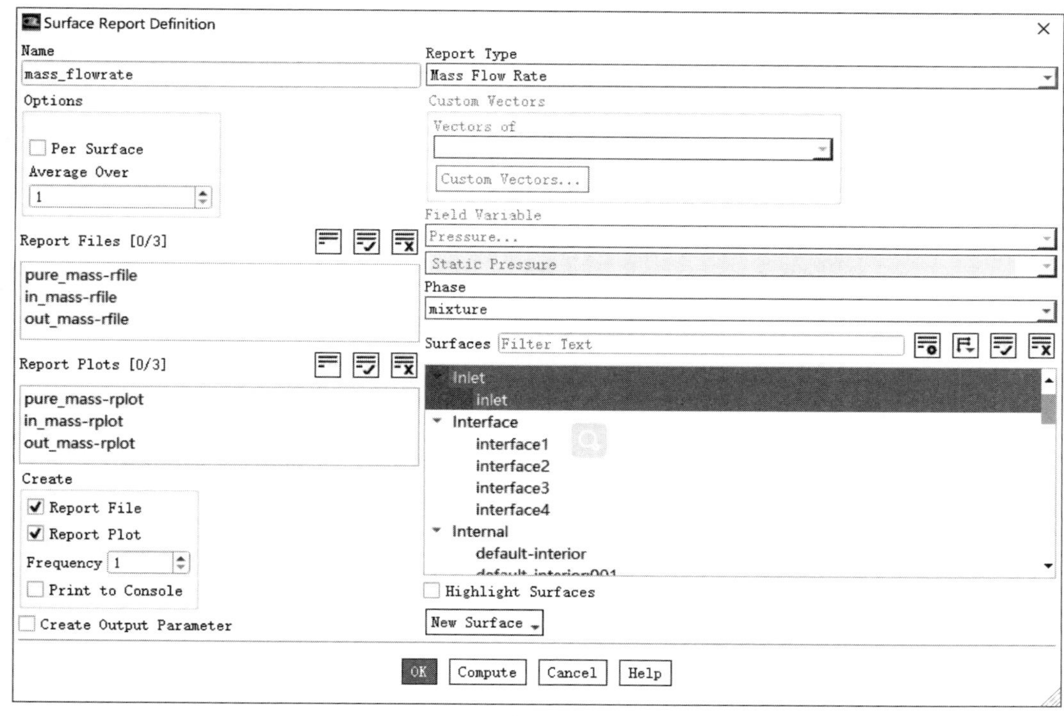

图 9.17　进出口流量监测设置

7. 流场初始化

初始化方法选择标准方法（Standard Initialization），“Compute from”栏中选择“Inlet”，其余保持默认即可，如图 9.18 所示。

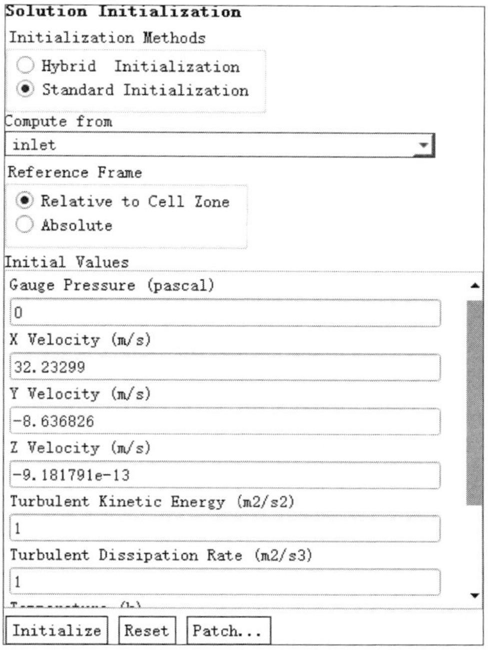

Solution Initialization
Initialization Methods
Hybrid Initialization
Standard Initialization
Compute from
inlet
Reference Frame
Relative to Cell Zone
Absolute
Initial Values
Gauge Pressure (pascal)
0
X Velocity (m/s)
32.23299
Y Velocity (m/s)
-8.636826
Z Velocity (m/s)
-9.181791e-13
Turbulent Kinetic Energy (m2/s2)
1
Turbulent Dissipation Rate (m2/s3)
1
Initialize　Reset　Patch...

图 9.18　初始化设置

8. 迭代计算设置

迭代步数设置为10 000，设置完成后单击“Calculate”按钮开始迭代计算，如图9.19所示。

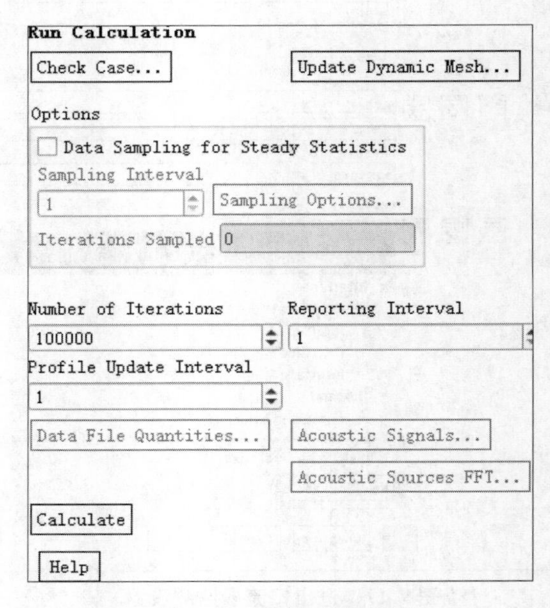

图9.19　迭代计算设置

提示：由于本算例需要设置的边界条件较多、速度梯度大且网格较复杂，所以一定要认真检查，若计算条件设置无误但在计算过程中出现意外中断的情况，这可能与前部分设置的松弛因子和柯朗数都有一定的关系，或者是计算网格质量较差，需要重新画网格以提高网格质量。

9.3.3　计算结果后处理

1. 打开Results模块

本章将利用ANSYS/Results模块对计算结果进行后处理，Results模块相较于Fluent自带的后处理操作更加简便，功能更加多样化。在计算收敛后单击左上方的“Save Project”按钮保存，然后关闭Fluent模块，将Results模块拖入“ANSYS Workbench”中，左键连接Fluent模块与Results模块，计算结果直接导入Results模块中，如图9.20所示，同样也可以单独打开Results模块后再导入.dat文件。

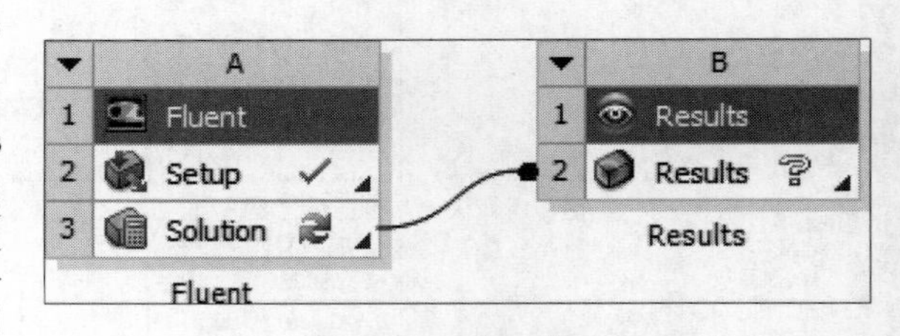

图9.20　Results模块

2. 调节色彩标签细节特征

双击左侧模型树的“Default Legend View 1”，打开后如图9.21所示，在“Definition”中，修改“Title Mode”可调整色彩标签抬头的显示内容，通过选择“Vertical”和

“Horizontal” 可调整色彩标签水平显示或者是垂直显示，在 “Location” 中可以调整色彩标签的位置，当 X、Y 栏中选择 “None” 时就可以修改 “Position” 中的数值任意调整位置；在 “Appearance” 中可以调整色彩标签的尺寸及数值显示方式等内容，读者可根据自身需要设置合适的色彩标签细节特征。

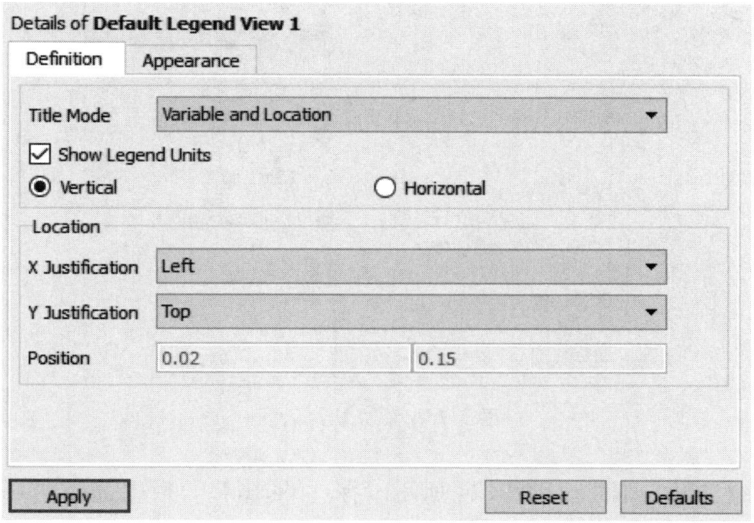

图 9. 21　颜色标签设置

3. 建立轴承横切面

在上方菜单栏中单击 Location 按钮，选择 “Plane”，命名后单击 “OK” 按钮，如图 9. 22 所示，在 “Definition” 中定义横切面的位置单击 “Apply” 按钮即可。

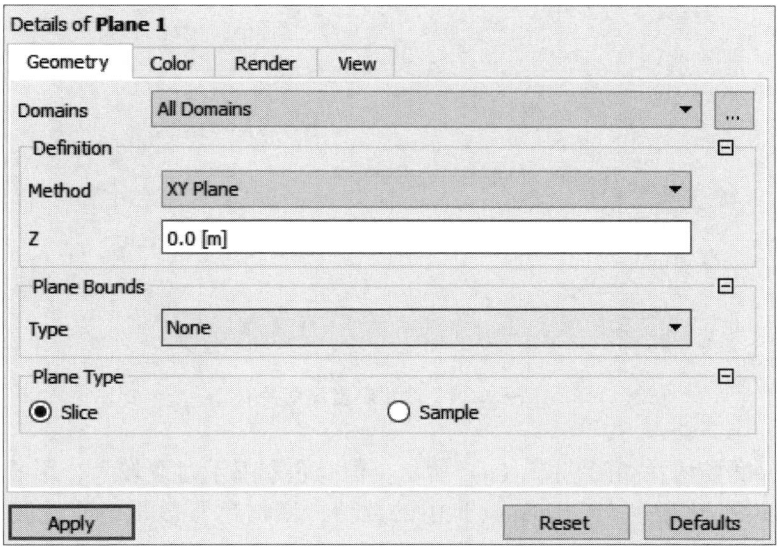

图 9. 22　plane 设置

4. 建立轴承流固耦合传热区域温度场切片

在新建立的横切面上顺次单击“Insert”→“Contour”按钮，如图9.23所示，命名后单击“OK”按钮即可。

Insert
Edit
Show
Hide
Hide All
Edit in Command Editor
Duplicate
Delete
Vector
Contour
Streamline
Point Cloud
Iso Clip
Surface Group
Legend

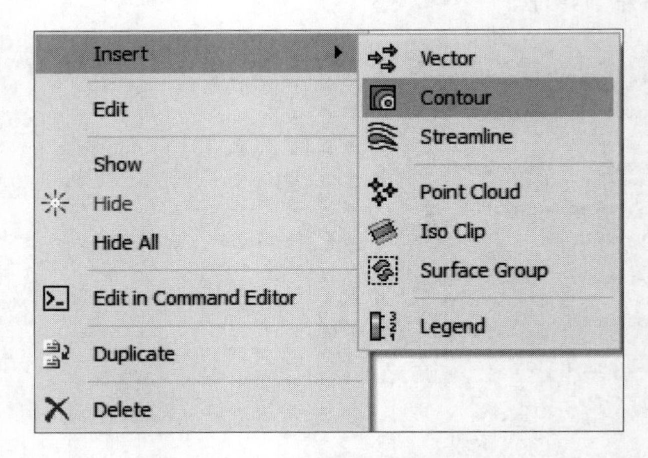

图9.23　建立切片云图

双击已建立的切片云图，如图9.24所示，在“Variable”栏中选择“Temperature”，温度显示范围选择“Global”，即根据结果自动调整，设置完成后单击“Apply”按钮即可。

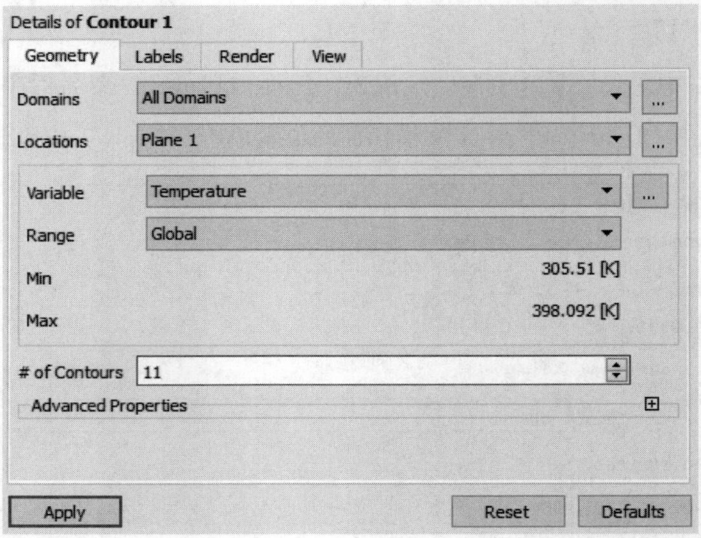

Details of Contour 1
Geometry
Labels
Render
View
Domains
All Domains
Locations
Plane 1
Variable
Temperature
Range
Global
Min
305.51 [K]
Max
398.092 [K]
# of Contours
11
Advanced Properties
Apply
Reset
Defaults

图9.24　设置温度场切片

设置好的温度场切片如图9.25（a）所示，但是色彩显示过渡较大，影响分析效果，可以适当地增大图9.24中“#of contours”中的数值，增加色彩数量，使过渡更加平滑，如图9.25（b）所示。

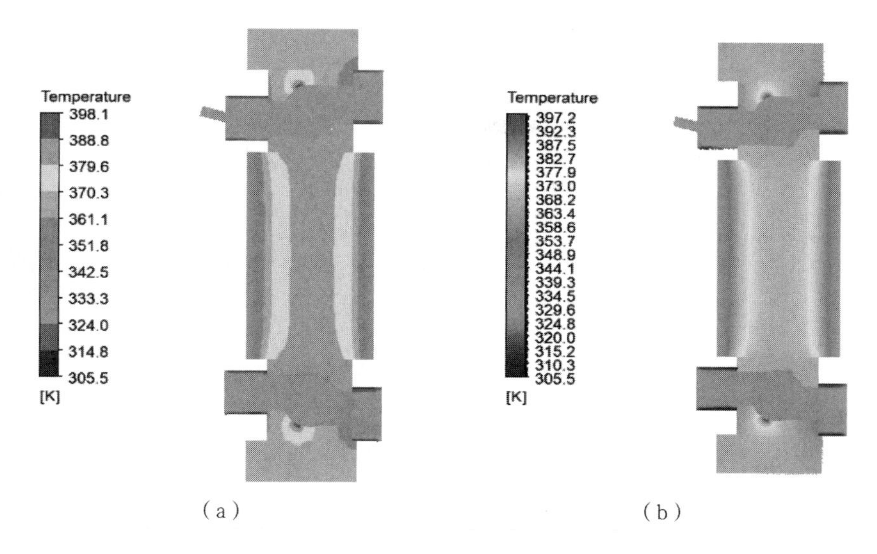

图 9.25　轴承流固耦合传热区域温度场切片（书后附彩插）

（a）过渡较大的温度场切片；（b）过渡平滑的温度场切片

5. 轴承内部两相流场的油气分布云图

单击上方菜单栏中 按钮，命名后单击“OK”按钮，如图 9.26 所示。在“Domains”中选择要显示的区域，在“Variable”栏中选择“Oil. Volume Fraction”，即油液体积分数，在“Range”栏中调整色彩标签的显示范围，单击“Apply”按钮即可。

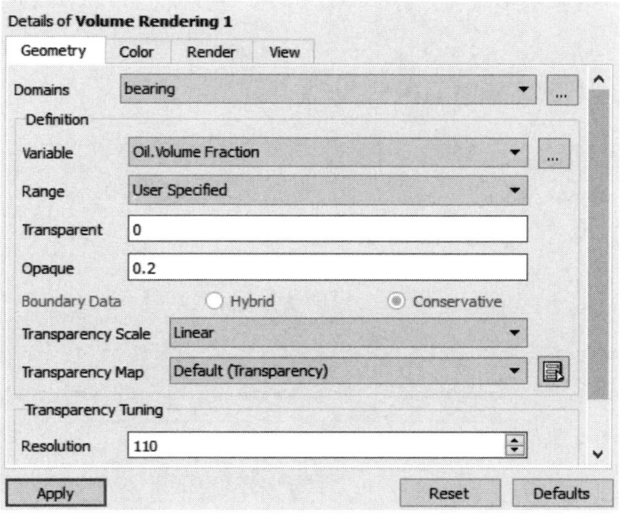

图 9.26　油气分布云图设置

得到的油气分布云图如图 9.27 所示，可在左侧模型树中单击“Wireframe”按钮对所显示的框线进行设置。

同理，在“Variable”栏中选择“temperature”即可得到轴承内部两相流场的温度分布云图，如图 9.28 所示。

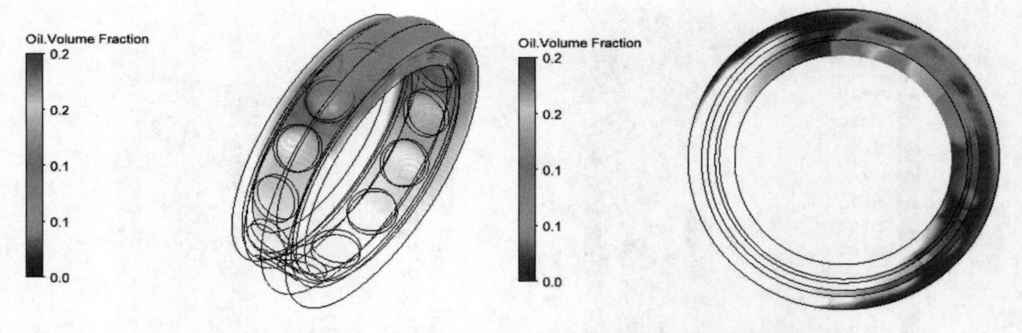

图 9.27　轴承内部两相流场的油气分布云图（书后附彩插）

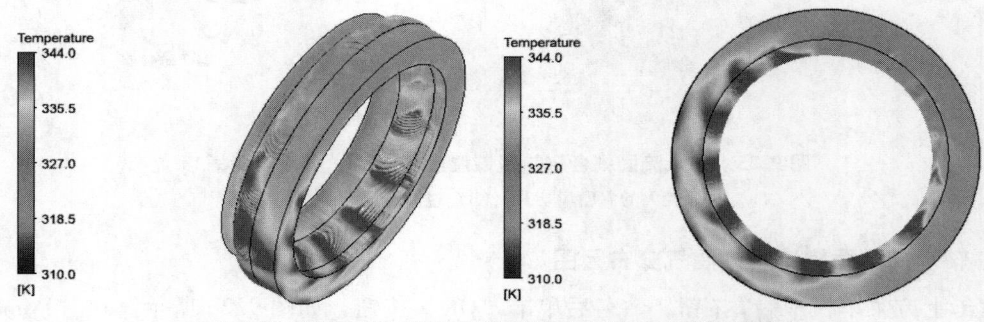

图 9.28　轴承内部两相流场的温度分布云图（书后附彩插）

6. 轴承内部流线图

单击上方菜单栏中按钮，命名后单击“OK”按钮，如图 9.29 所示。流线起始位置“Start From”栏中选择质量入口 inlet，在“#of Points”栏中设置合适的流线数量，单击“Apply”按钮即可，得到的流线图如图 9.30 所示。

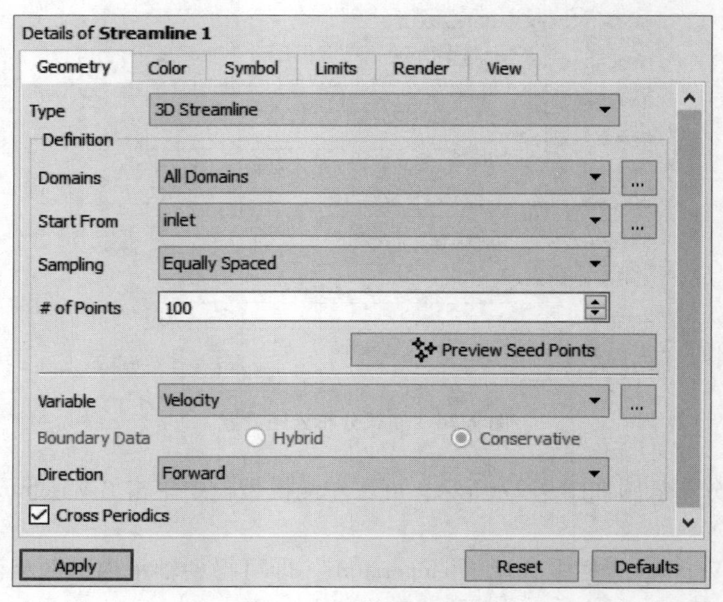

图 9.29　流线图设置

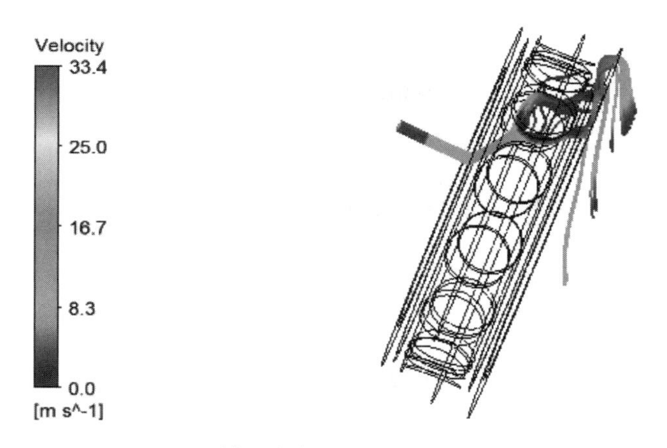

图 9.30　轴承内部流线图（书后附彩插）

9.4　本章小结

本章通过建立的角接触轴承模型主要介绍了如何利用 VOF 模型和 MRF 模型进行流固耦合传热计算，包括求解方程设置、边界条件设置和监测器设置等；另外介绍了如何利用 ANSYS 中的 Results 模块对计算结果进行后处理，包括切片云图设置、两相体积分数分布云图设置和流线图设置等。

第 10 章

减速器搅油流场分析

10.1　减速器内部流动概述

齿轮在传动过程中的动力传递是通过每对齿轮齿面间的相互作用实现的，为避免齿面的直接接触摩擦，通常会在齿轮箱中添加润滑油，可使齿轮在传动过程中实现飞溅润滑，从而保护齿轮、延长使用寿命。飞溅润滑条件下的齿轮传动功率损失可分为有载功率损失和无载功率损失。当汽车正常行驶时，主要处在高速低载的工况下，其功率损失以无载功率损失为主，无载功率损失包括风阻功率损失和搅油功率损失。其中，搅油功率损失占齿轮传动功率损失的 30%，严重制约着传动系统的效率。

本教程的目的是展示在 shonDy 中求解车辆齿轮箱中齿轮搅油功率损失及润滑流场计算问题。

本算例主要展示怎么去解决如下问题。

（1）如何使用 MPS 粒子法软件 shonDy 计算齿轮箱中齿轮搅油润滑。

（2）通过 shonDy 软件对计算结果后处理。

（3）通过 ParaView 软件对计算结果后处理。

10.2　问题的描述

本案例对减速器搅油流场以及搅油损失进行计算。减速器为二级减速器，由输入轴、中间轴和输出轴组成，其模型如图 10.1 所示。输入轴转速为 1 500 r/min，输出轴转速为 164.14 r/min，油液的体积为 0.001 m^3。

图 10.1　减速器模型

10.3　减速器搅油流场计算

10.3.1　shonDy 前处理

1. 启动 shonDy

选择菜单中“File”中的“New Case”打开项目新建对话框。如图 10.2 所示。

2. 创建新项目

在项目新建对话框中输入项目名称以及路径，单击“OK”按钮创建新项目，如图 10.3 所示。

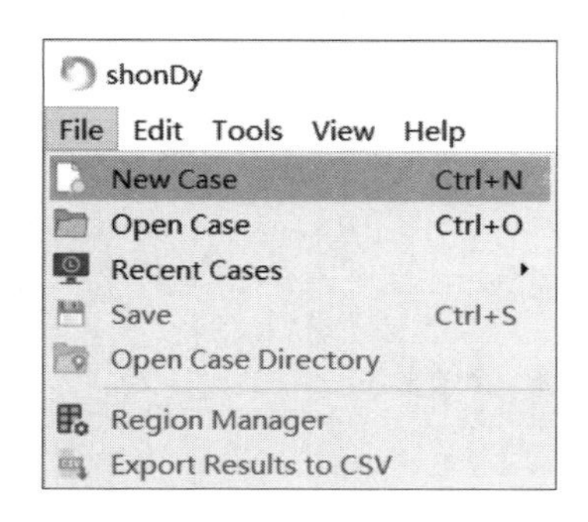

图 10.2　新建项目框图

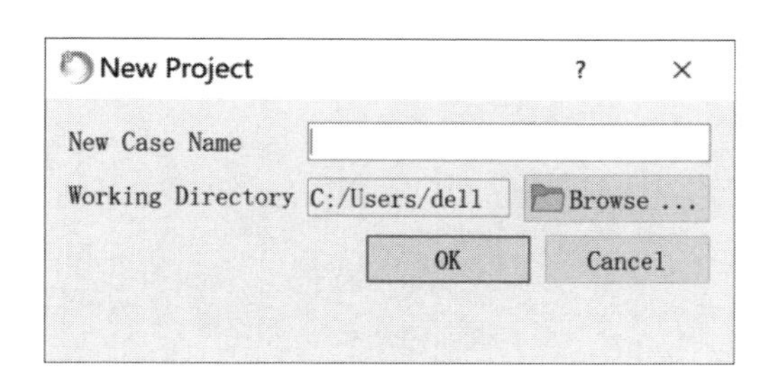

图 10.3　项目名称及工作路径图

3. 导入固体模型

单击菜单“File”中的“Region Manger”按钮打开几何模型导入界面，如图 10.4 所示。

单击“Import Geometry”按钮，批量选择需要导入的 STL 格式几何文件，如图 10.5 所示。

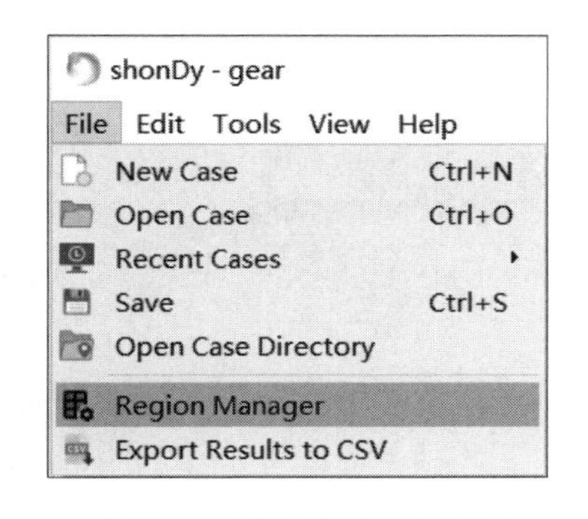

图 10.4　固体模型导入界面

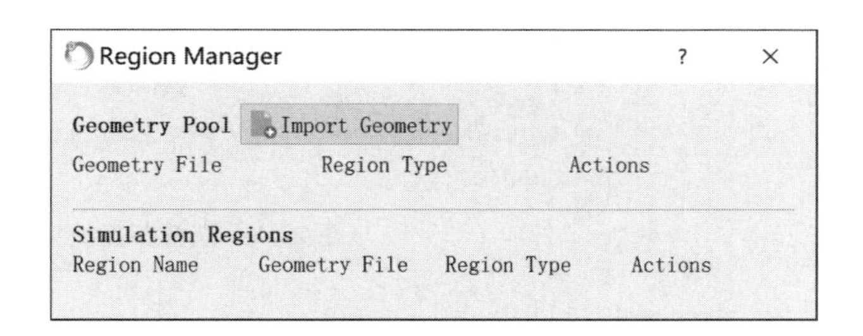

图 10.5　Import Geometry 界面

单击“Add To Region”按钮，将几何模型导入软件，Add To Region 界面如图 10.6 所示。

4. 创建液体区域

单击 Add Fluid Region 按钮，创建流体区域，如图 10.7 所示。

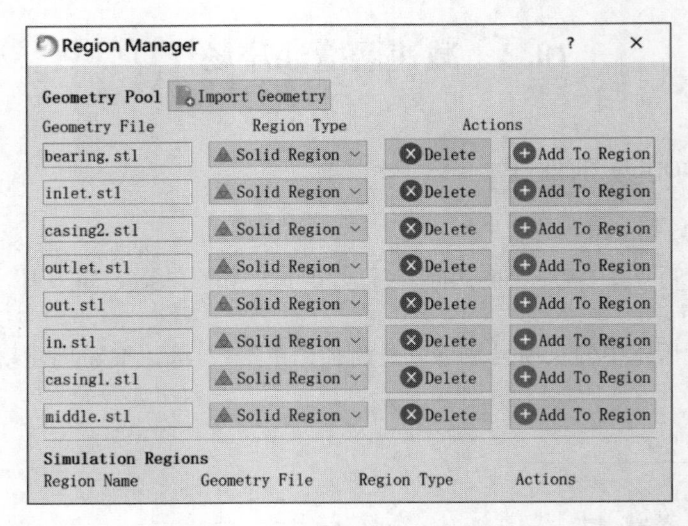

图 10.6 Add To Region 界面

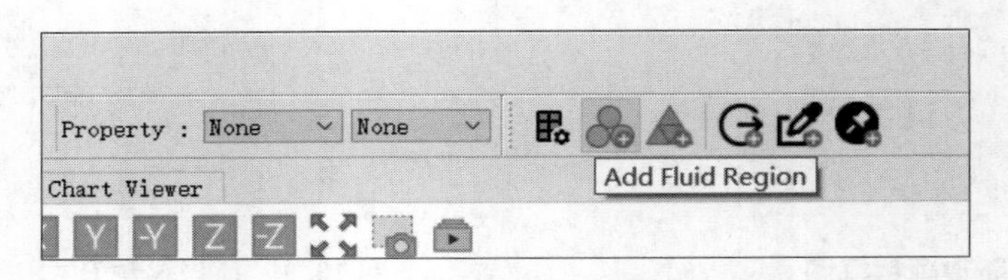

图 10.7 创建流体区域界面

选择流体的生成方式，可以用几何模型、流体液面以及喷射口三种方式定义，这里使用液面来定义。单击“Fluid Region”，将“Name”修改为“oil”，在“Fluid Region Type”下拉列表框中选择“From liquid level”，如图 10.8 所示。

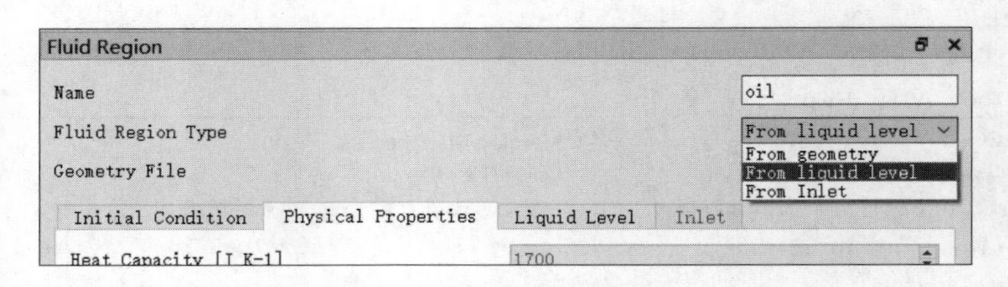

图 10.8 选择创建流体域类型

5. 壳体透明化设置

选定所要修改 Solid Region 的部件，单击“casing2”按钮，将“Opacity”调至所需的透明度。同样方法更改“casing1”透明度，如图 10.9 所示。

6. 定义液位点

定义完成的流体域，如图 10.10 所示，蓝色面为液面，通过右侧“Center”数据更改液位点位置，这里可以选取（0.07，0，－0.02），基本原则为液面上的红点位于空腔内且不

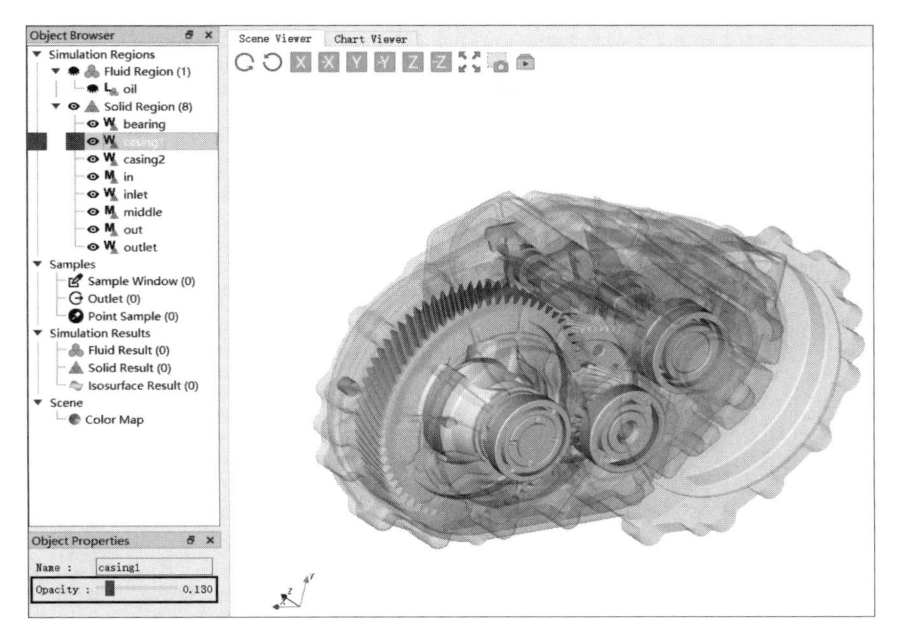

图 10.9　透明度设置

与任何几何模型重叠。通过“user defined direction”定义液面方向，选取 $-y$ 为液面方向。使用“Use Filled Volume”定义流体的体积，本算例体积为 0.001 m^3。

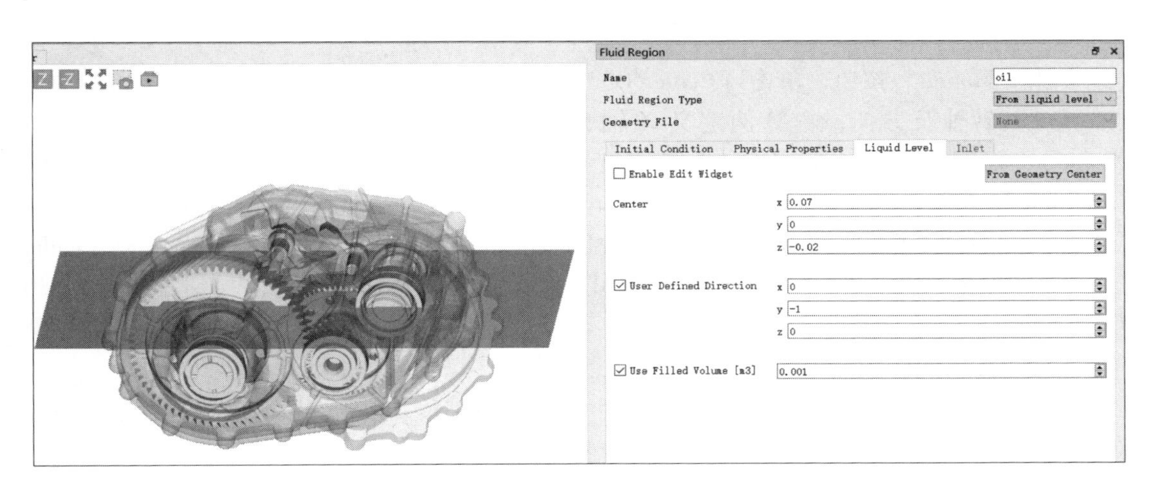

图 10.10　液位点及体积设定界面（书后附彩插）

7. 流体材料属性

单击“Fluid Region”按钮中的“Physical Properties”，对流体的属性进行定义，定义完成后单击“Apply”按钮，如图 10.11 所示。

8. 定义运动

双击模型树下的“in”，选择几何模型的类型，旋转体选择“Fixed Motion”，如图 10.12 所示。

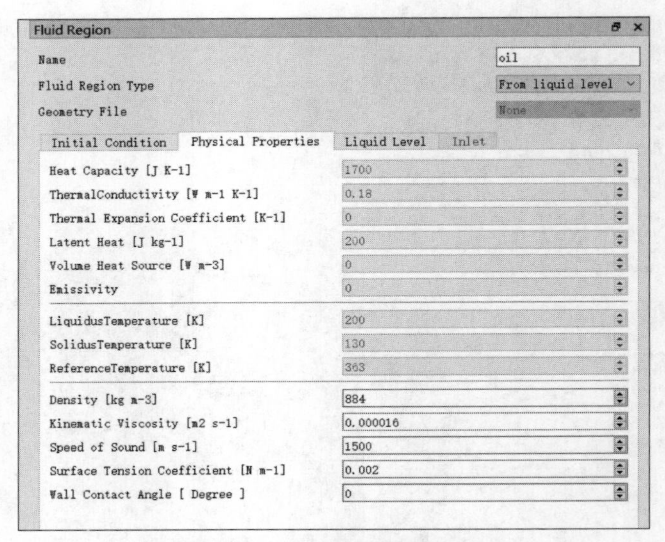

图 10.11　流体属性设定界面

图 10.12　固体域类型选择

单击“Motion”按钮，单击“Center Of Mass”按钮，这时软件会自动定义旋转的中心点。定义旋转轴及方向，本算例定义 Z 轴为旋转轴，且旋转方向为顺时针，因此修改“Rotation Axis”为（0，0，1），旋转速度定义有两种方式，分别为“Constant Angular Velocity”和“Time Dependent Angular Velocity”。“Constant Angular Velocity”为定值，“Time Dependent Angular Velocity”可以设定随时间变化的转速。这里选择“Constant Angular Velocity”值为 1 500，“Unit”为默认的 RPM。定义完成后单击“Apply”按钮，如图 10.13 所示。

其他齿轮以同样的方式定义，但需要注意方向和传动比的关系。

本算例分别定义中间齿轮转速 485.29 r/min，旋转轴及方向为（0，0，−1），输出齿轮转速 164.14 r/min，旋转轴及方向为（0，0，1）。

10.3.2　求解设置

单击右下角的“Run Simulation”按钮，对求解参数进行设置，设定界面如图 10.14 所示。

1. 计算域的设定

单击“Domain Setting”按钮勾选“Dimension”中 x、y、z 进行三维计算，单击“Auto Detect”按钮，可以发现出现一个长方体将计算模型框起来，这定义了计算的计算域，操作界面如图 10.15 所示。

Solid Region
Name
in
Solid Region Type
Fixed Motion
Geometry File
in.stl
Momentum Boundary
No Slip
Initial Condition
Physical Properties
Motion
Surface Probes
Translation Velocity [m s-1]
Constant Translation Velocity
x 0
y 0
z 0
Time Dependent Translation Velocity
Edit Table
Angular Velocity [rpm]
Center of Mass
Unit
RPM
Rotation Center
x -0.000001335
y 0.000009326
z 0.012986154
Rotation Axis
x 0
y 0
z 1
Constant Angular Velocity
1500
Time Dependent Angular Velocity
Edit Table
Revolution Motion [rpm]
Unit
RPM
Center of Mass
Reset
Apply
Fluid Region
Solid Region
Run Simulation

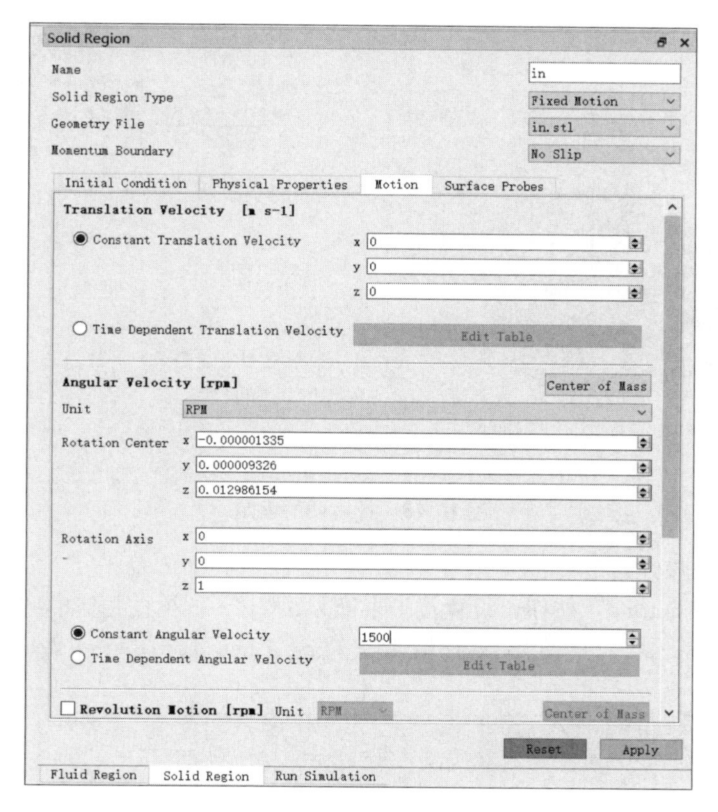

图 10.13　输入齿轮转速的设定

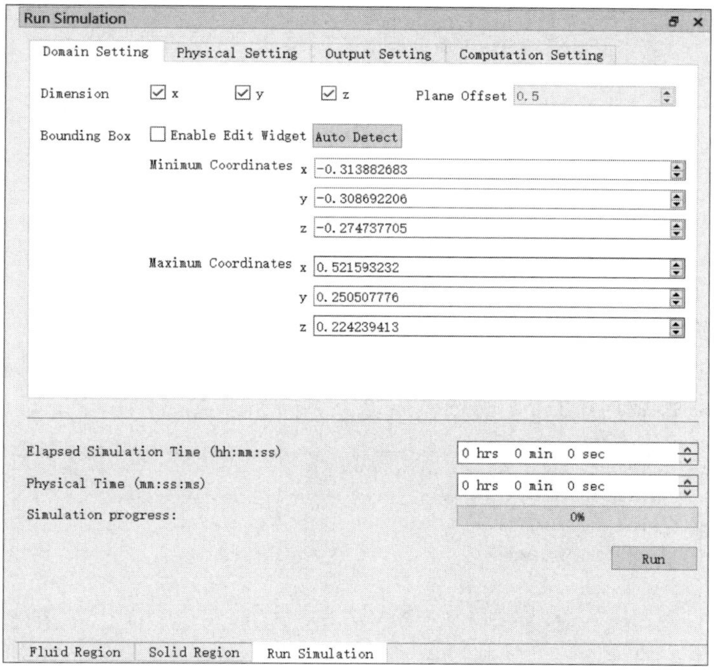

Run Simulation
Domain Setting
Physical Setting
Output Setting
Computation Setting
Dimension
x
y
z
Plane Offset 0.5
Bounding Box
Enable Edit Widget
Auto Detect
Minimum Coordinates
x -0.313882683
y -0.308692206
z -0.274737705
Maximum Coordinates
x 0.521593232
y 0.250507776
z 0.224239413
Elapsed Simulation Time (hh:mm:ss)
0 hrs 0 min 0 sec
Physical Time (mm:ss:ms)
0 hrs 0 min 0 sec
Simulation progress:
0%
Run
Fluid Region
Solid Region
Run Simulation

图 10.14　求解参数设定界面

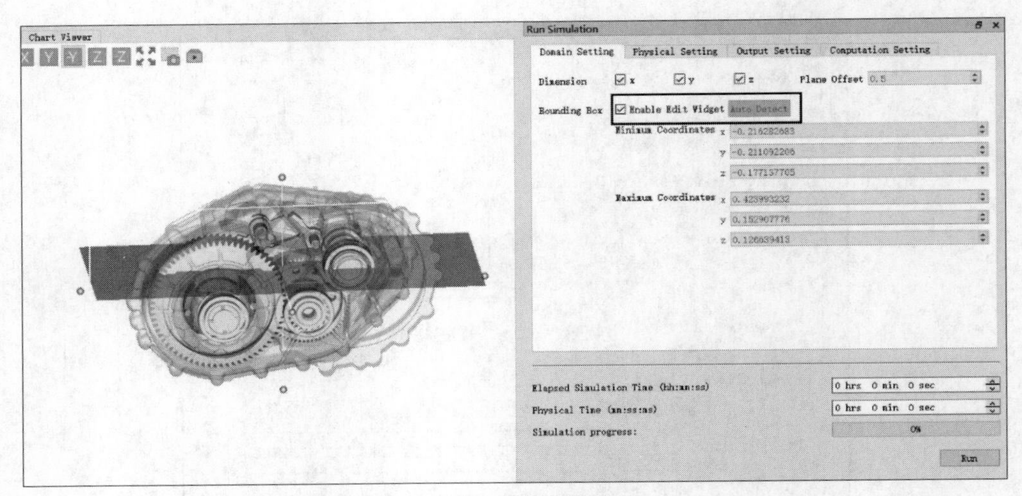

图 10.15　计算域的设定

2. 粒子半径的设定

单击“Physical Setting”按钮，设置粒子半径为0.001 m。根据几何模型设置重力方向，这里选择（0，－9.8，0），并使用湍流模型，勾选“Use Turbulence Model”，操作界面如图 10.16 所示。

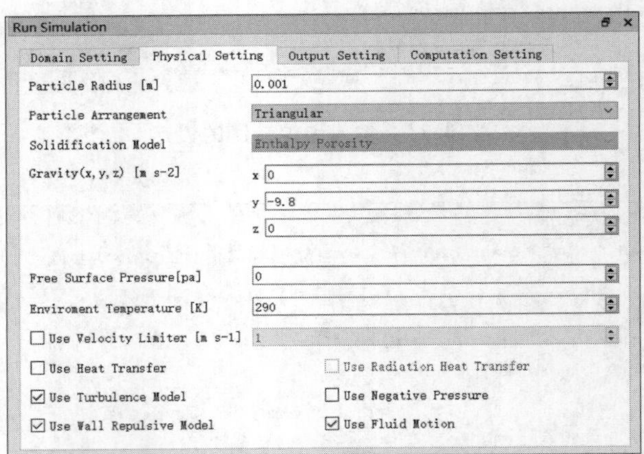

图 10.16　粒子半径的设定

3. 数据输出设定

“Write Interval for results”输出的为可视化数据，“Write Interval for Samples”输出的为数字数据。本算例保持默认设定，数据输出设定界面如图 10.17 所示。

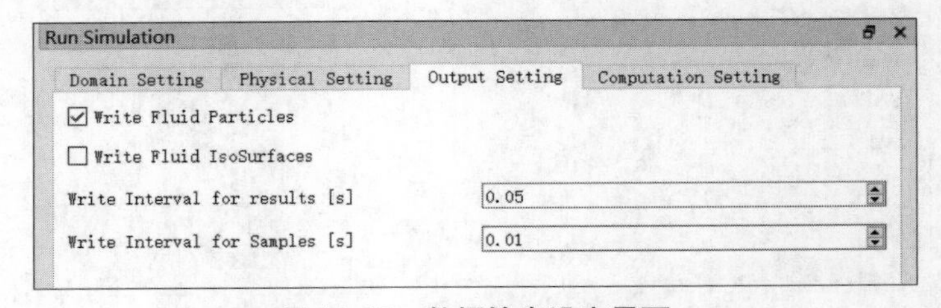

图 10.17　数据输出设定界面

4. 计算设定

单击“Computation Setting”按钮，设置相应的压力求解方法、泊松方程迭代次数、速度修正次数、克朗数、时间步长、计算时间以及计算核数。本算例“Pressure Equation Type”选择“Implicit Method”，“Maximum Pressure Iterations”为默认值 200，“Number of Velocity Corrections”为默认值 1，“Courant Number”为默认值 0.1，“Delta Time”为 0.000 1 s，“End Time”为 10 s。计算设定界面如图 10.18 所示。

Run Simulation

Domain Setting | Physical Setting | Output Setting | Computation Setting

Pressure Equation Type	Implicit Method
Maximum Pressure Iterations	200
Number of Velocity Corrections	1
Courant Number	0.1
DeltaTime [s]	0.0001
EndTime [s]	10
Restart Time	
Number of Cores	12

图 10.18　计算设定界面

设置完成后单击菜单中的“Save”按钮，单击“Run”按钮或者菜单栏中的小人图标开始进行计算，在计算时单击菜单栏中的“View Log”按钮，可观看计算进程，如计算发生错误，也可在此查看。计算信息界面如图 10.19 所示。

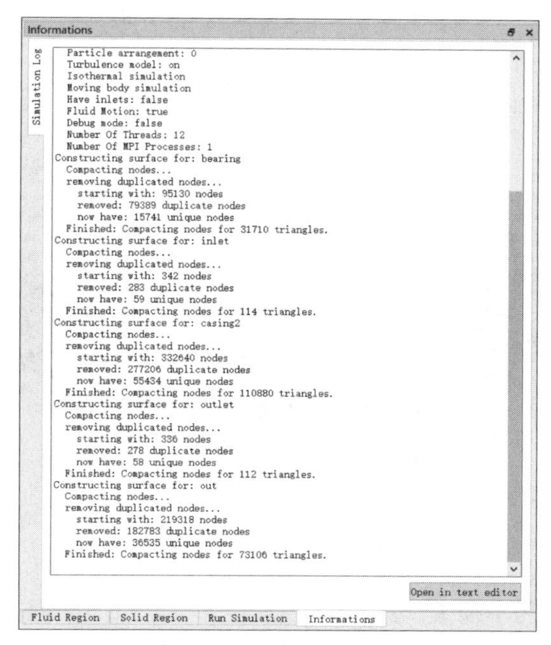

图 10.19　计算信息界面

10.3.3 计算结果后处理

1. 软件后处理

1）查看结果

单击菜单栏中的“Reload Result Data”按钮，加载计算结果，操作界面如图 10.20 所示。

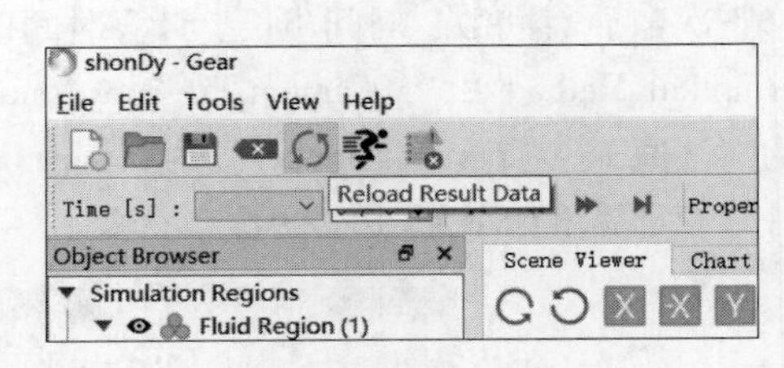

图 10.20 加载计算结果

2）查看云图

在“Time”中可以选择想要查看的某一时刻的计算结果，在“Property”中修改想要查看计算结果的选项，选择 Pressure，计算压力云图如图 10.21 所示，采用同样方法可以查看速度云图，如图 10.22 所示。

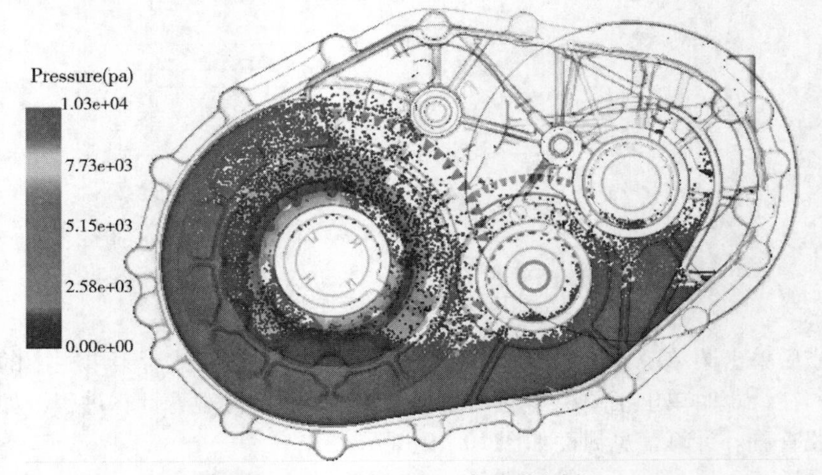

图 10.21 压力云图（书后附彩插）

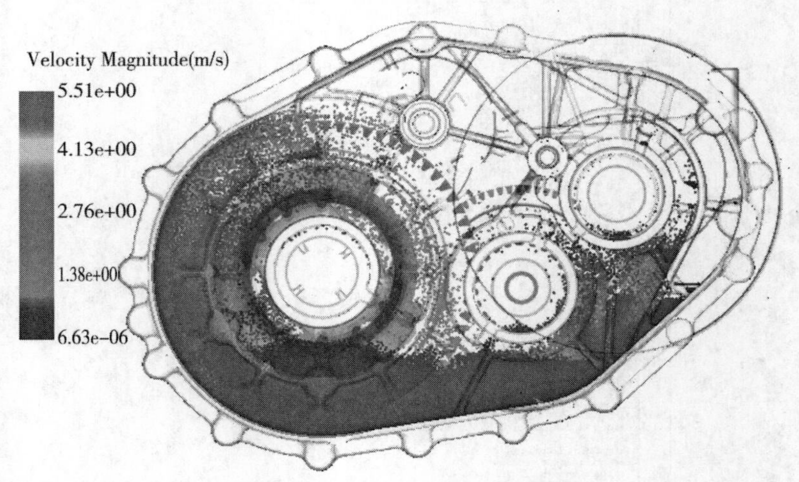

图 10.22 速度云图（书后附彩插）

3）查看搅油力矩及功率损失

单击结果显示界面中选择“Chart Viewer”显示数据信息，选择想要查看的部件数据，

选择 X 轴和 Y 轴输出数据类型。也可以将数据输出为文本，通过其他软件对数据进行处理。选择 X 轴为“Time”，Y 轴为“Churning Loss”，查看输入齿轮、中间齿轮、输出齿轮的搅油功率损失，如图 10.23 所示。

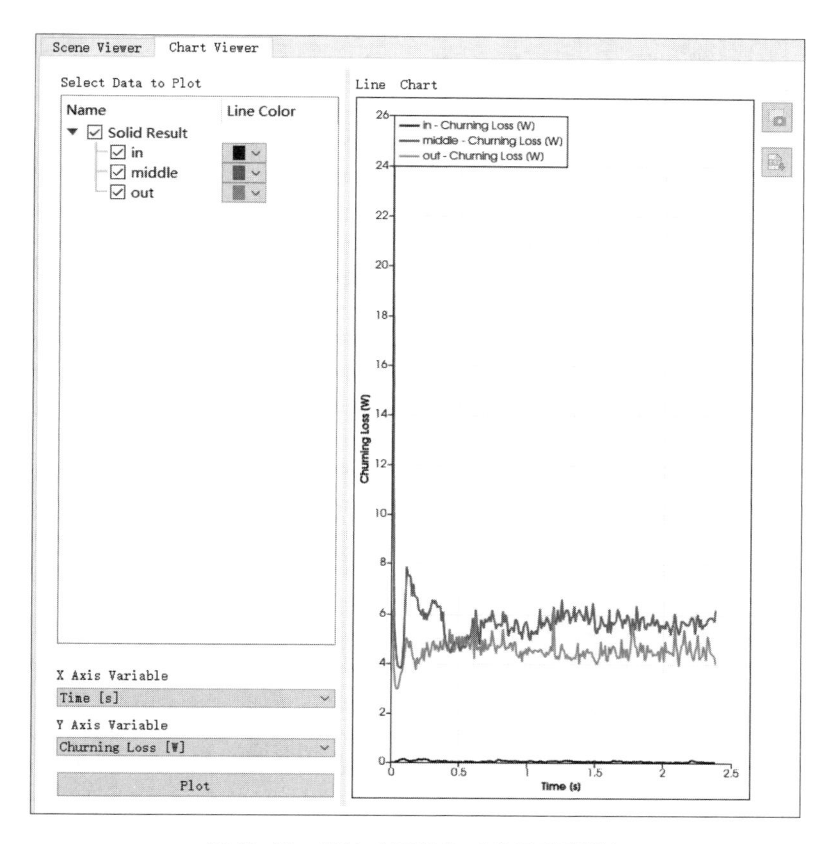

图 10.23　搅油功率损失（书后附彩插）

选择 X 轴为“Time”，Y 轴为“Torque Z”，查看输入齿轮、中间齿轮、输出齿轮的搅油力矩，如图 10.24 所示。

2. ParaView 软件后处理

1）启动 ParaView

启动 ParaView 软件，单击“Open”按钮，选择“oil. pvd”文件，如图 10.25 所示。

单击“oil. pvd”前的眼睛，在物理量显示选项中选择“velocity”。在“Time”下拉列表框中选择最终时间，单击“Apply”按钮，如图 10.26 所示。

2）过滤粒子

首先选中“oil. pvd”，然后单击“Threshold”按钮，在“Scalars”下拉列表框中选择“numberDensity”，将“Minimum”调到最小，将“Maximum”调到最大，最后单击“Apply”按钮，操作界面如图 10.27 所示。

3）查看结果

在物理场选择下拉列表框中选择“numberDensity”，在“Time”选项中选择想要查看的时刻结果，操作界面如图 10.28 所示。

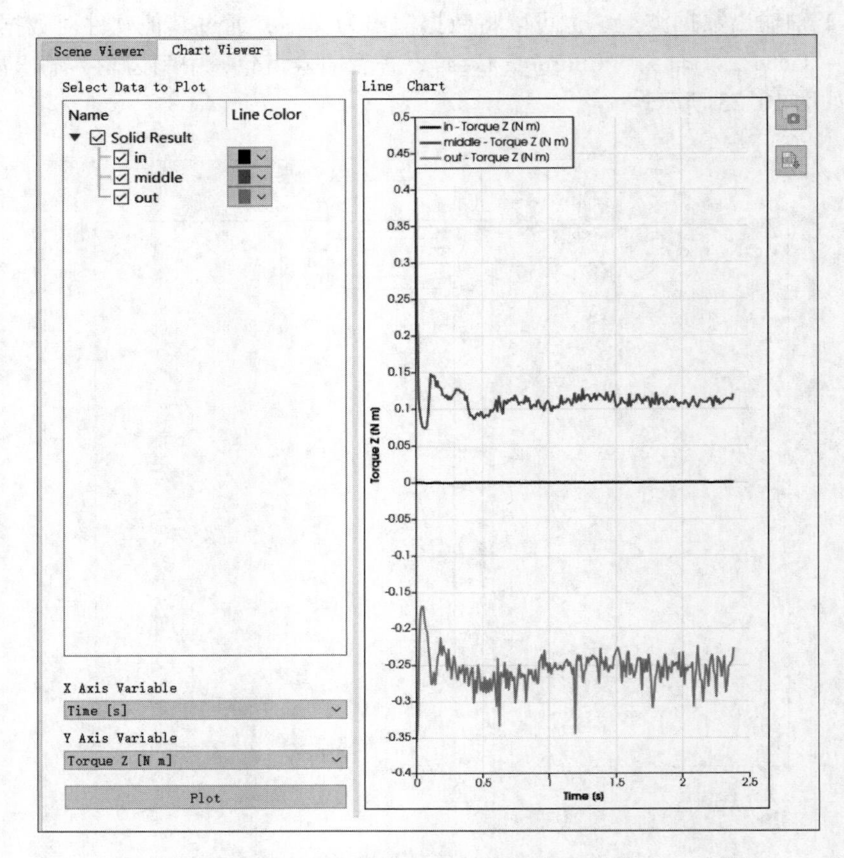

图 10.24　搅油力矩（书后附彩插）

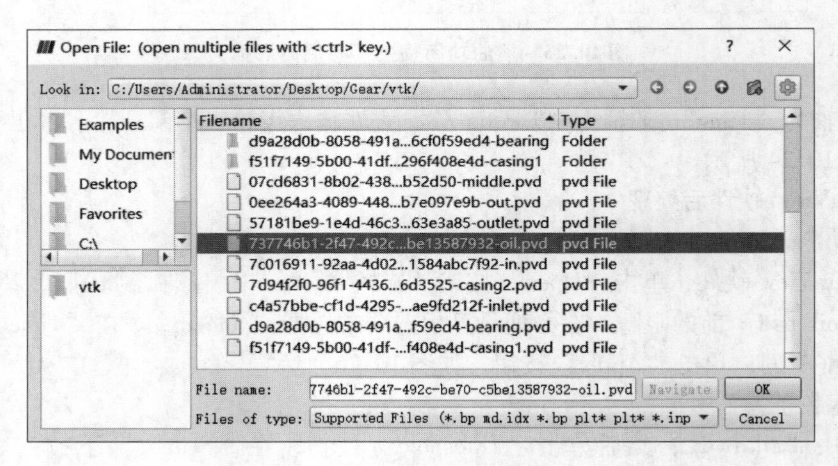

图 10.25　加载计算结果界面

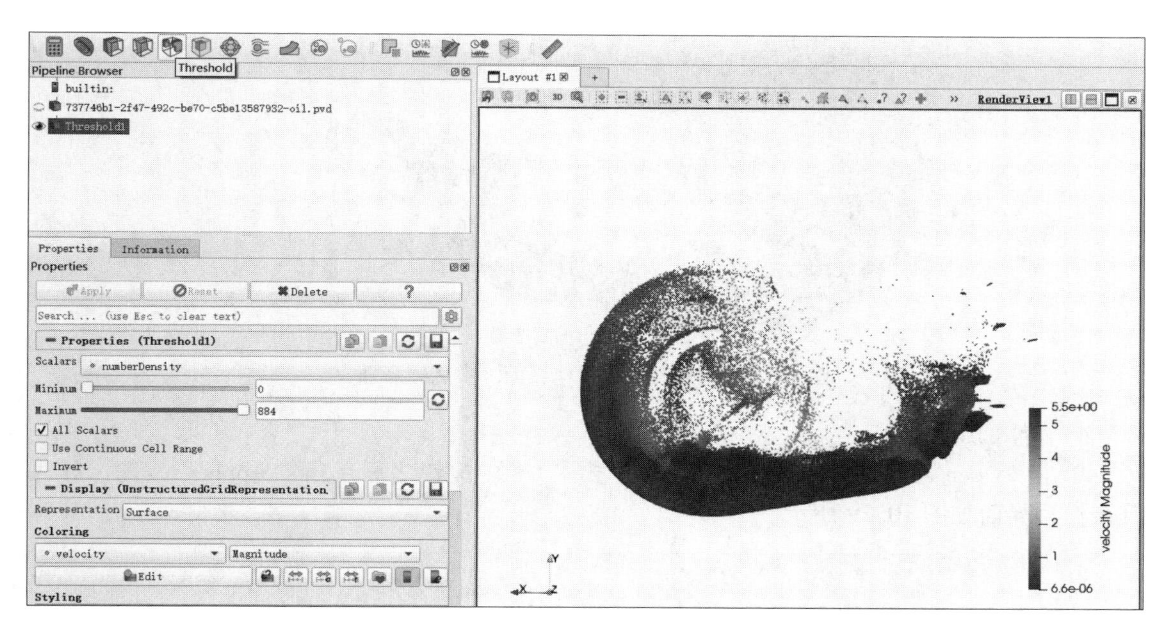

图 10.26　显示流体结果（书后附彩插）

图 10.27　过滤粒子操作界面（书后附彩插）

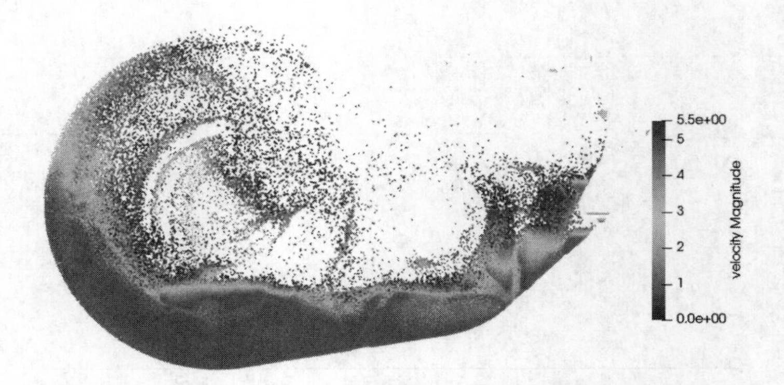

图 10.28　查看粒子数操作界面（书后附彩插）

4）导入其余模型

单击“Open”按钮，选择其余模型，单击“OK”按钮之后单击“Apply”按钮，导入其余模型界面如图 10.29 所示。

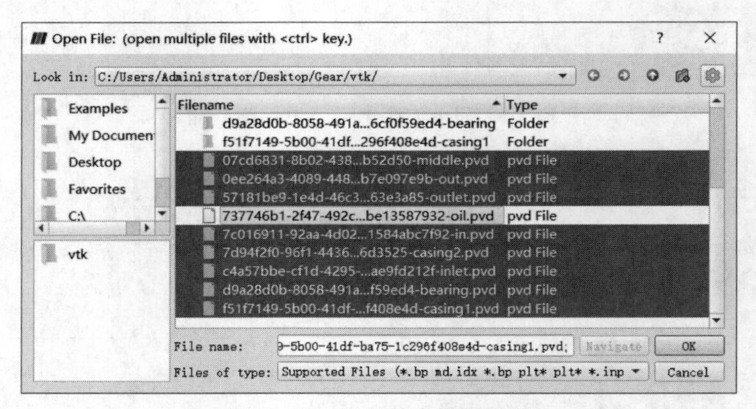

图 10.29　导入其余模型界面

5）调整透明度

选择想要调整透明度的部件，将“Opacity”值调整到所需透明度，本算例分别调整“casing1”和“casing2”，调整透明度之后效果如图 10.30 所示。

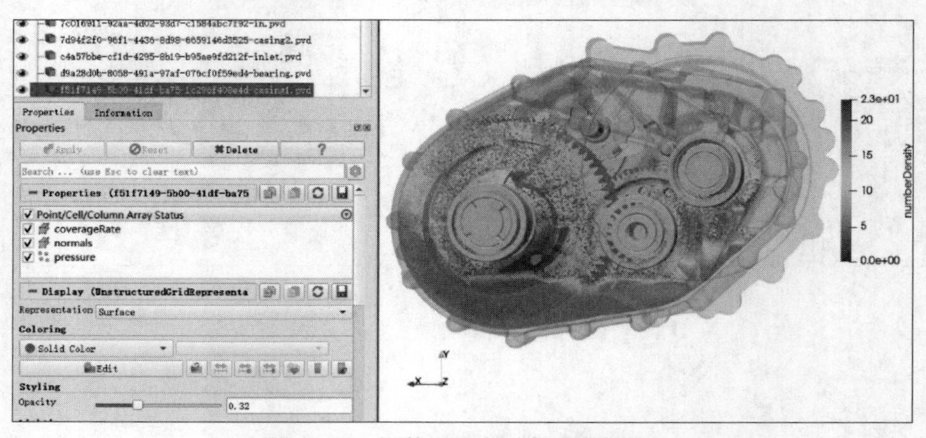

图 10.30　调整透明度（书后附彩插）

6）速度矢量渲染

选中“Threshold”，单击“Glyph”按钮，在“Orientation Array”下拉列表框中选择“velocity”，调整适当的箭头因子值“Scale Factor”，“Glyph Mode”选择“All Points”，单击“Apply”按钮。在物理场下拉列表框中可以选择所需要的物理场，本算例选择粒子数，速度矢量渲染结果如图 10. 31 所示。

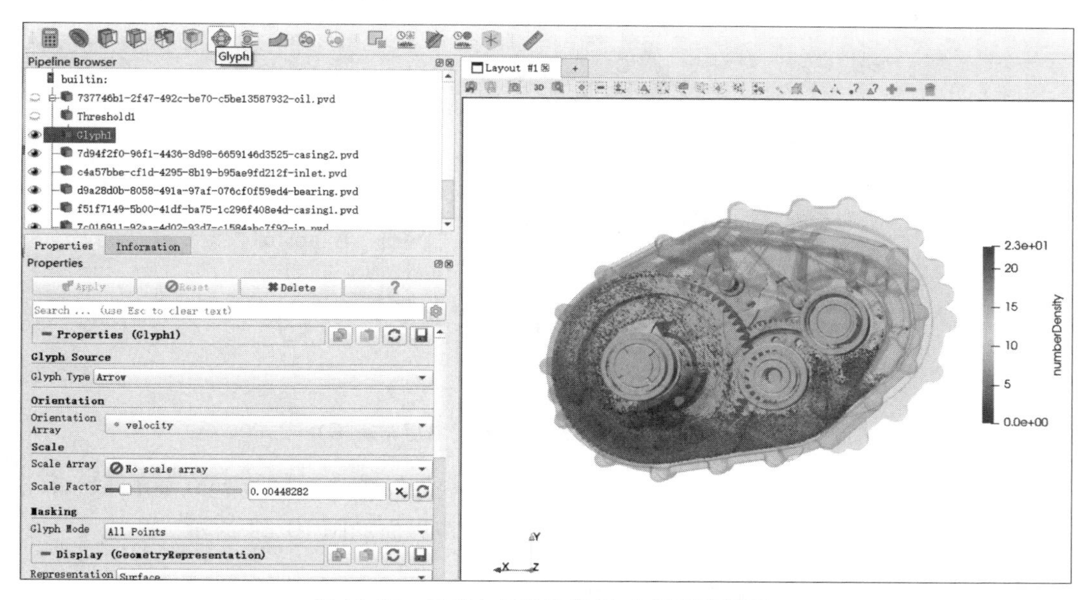

图 10. 31　速度矢量渲染结果（书后附彩插）

7）液体效果渲染

选中“Threshold”，单击“Filers”按钮选择“point interpolation”中的“SPH Volume Interpolator”，操作界面如图 10. 32 所示。

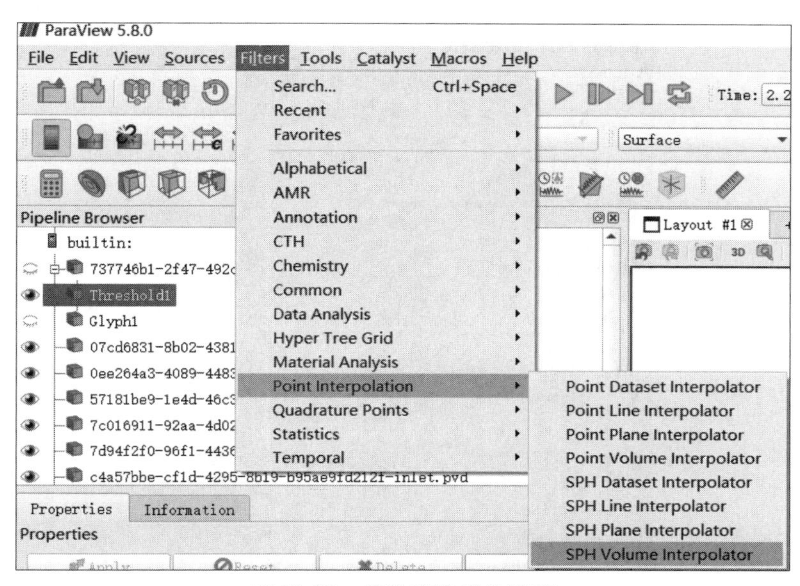

图 10. 32　液体渲染操作界面

拖动节点使三维框图包含液体区域有两种方法，一种是分别拖动6个节点，另一种可以通过Ctrl+鼠标右键整体进行扩大区域，使黑色框包含计算区域，扩大后结果如图10.33所示。

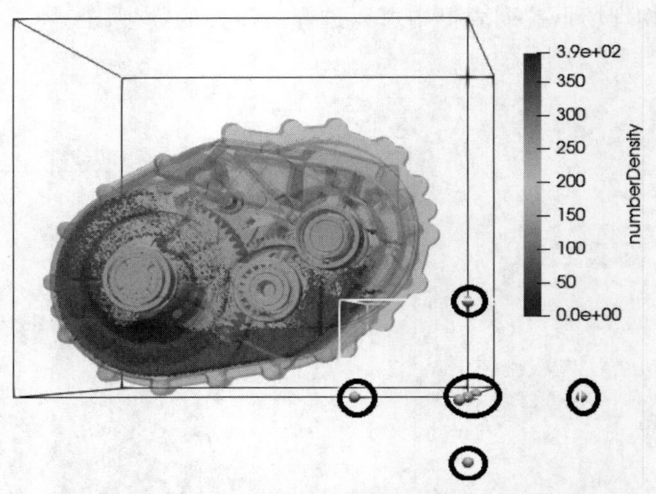

图10.33　扩大液体渲染区域（书后附彩插）

滑动“Properties”的下拉列表框，找到“Spatial Step”输入粒子半径0.001，将分辨率“Resolution”均修改为500，单击“Apply”按钮，操作界面如图10.34所示。

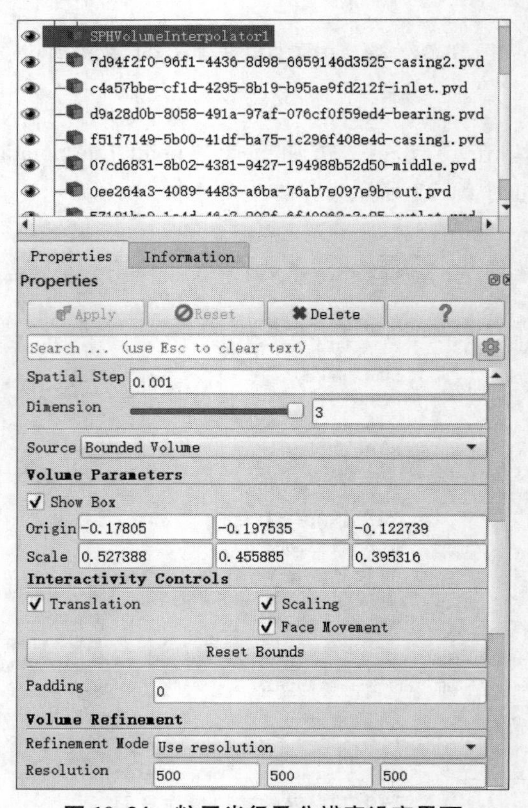

图10.34　粒子半径及分辨率设定界面

选中“SPHVolumeInterpolator”，单击“Contour”按钮，调整“Value Range”值，使粒子渲染效果满足需求，本算例选取值为 0.08。单击“Apply”按钮，最后单击“Rescale to Data Range”按钮，会自动调整当前云图物理量值范围，操作界面如图 10.35 所示。

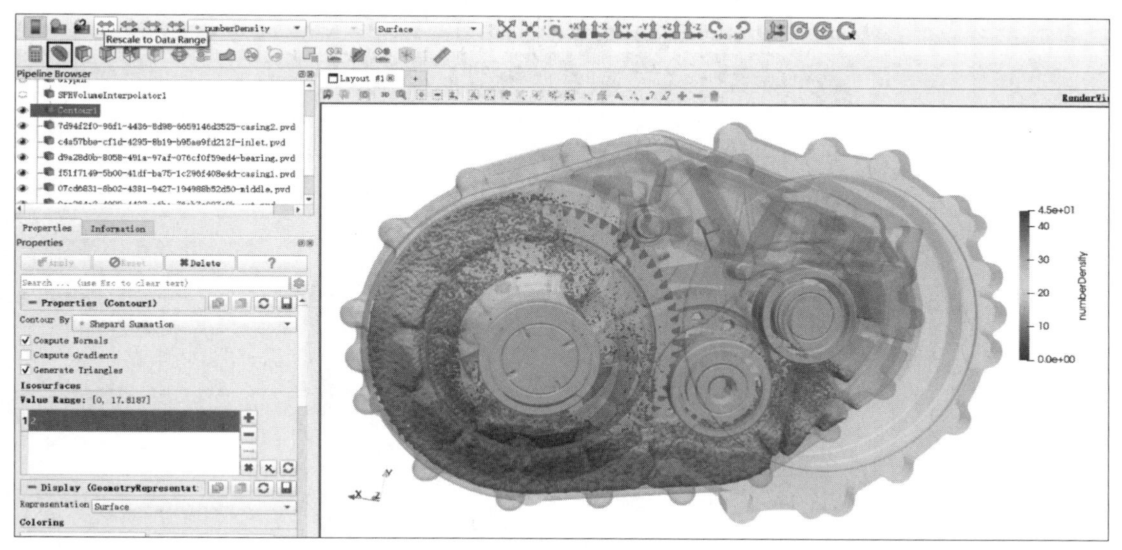

图 10.35　渲染效果操作界面（书后附彩插）

单击“Edit Color Map”按钮，在右侧“Edit Color Map”栏中单击“Choose preset”按钮，在弹出的渲染颜色框中选择所需的渲染颜色，单击“Apply”按钮，渲染颜色选择操作界面如图 10.36 所示。

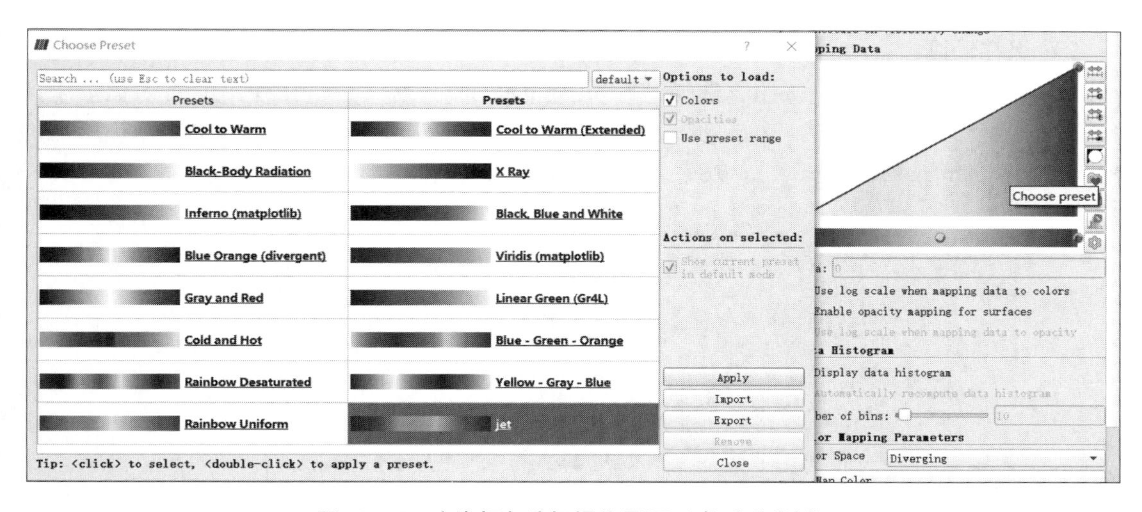

图 10.36　渲染颜色选择操作界面（书后附彩插）

修改渲染颜色后的液体渲染效果如图 10.37 所示。

8）2D/3D 视角切换

单击“Change Interaction Mode”按钮，可以进行 2D/3D 视角切换，2D 视角如图 10.38 所示。

图 10.37　液体渲染效果（书后附彩插）

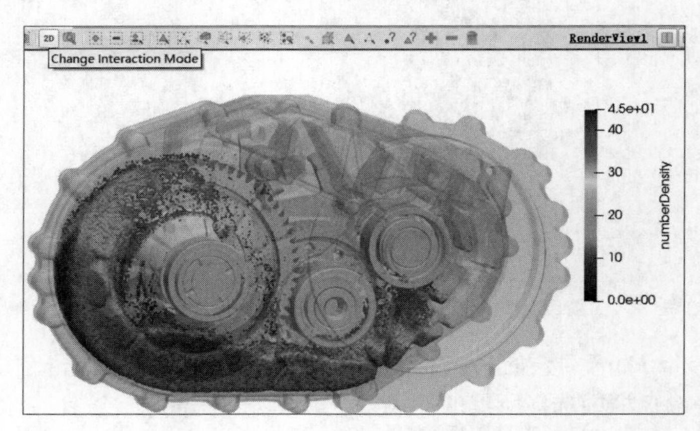

图 10.38　2D 视角（书后附彩插）

9）保存动画

第一步，单击“File”按钮，选择“Save Animation”。第二步，在弹出的对话框 2 中选择保存的路径、名称、格式。第三步，在弹出的“Save Animation Options”中，选择所需的图像分辨率“Image Resolution”、帧率“Frame Rate”，操作界面如图 10.39 所示。

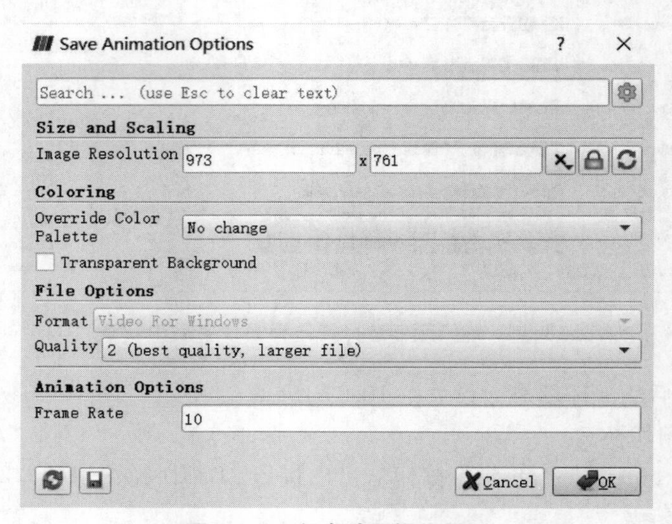

图 10.39　保存动画操作界面

10）保存加载模板

单击“File”下的“Save State”按钮，可以方便下次对计算结果后处理的更改，操作界面如图 10.40 所示。

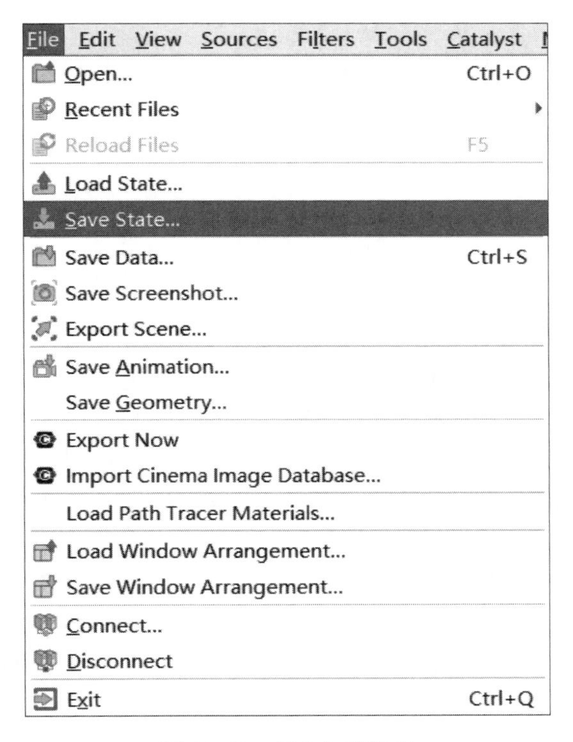

图 10.40　保存加载模板

10.4　本章小结

本章主要介绍了如何使用 shonDy 软件对减速器润滑流场进行计算。其中，涉及用 shonDy 软件对计算结果进行后处理，包括减速器润滑流场的压力和速度云图、搅油力矩和功率损失。除此之外，还用到 ParaView 软件对计算结果进行后处理，包括速度矢量云图、液体渲染以及动画保存等。

第 11 章 驱动电机冷却流场分析

11.1 驱动电机冷却概述

电机广泛地应用于新能源汽车、电气伺服传动以及家用电器等多个领域，具有高转速、高可靠性和运转效率高等特点。电机主要包括定子绕组、定子铁芯、转子绕组、转轴、转子铁芯以及轴承等部件，在高速工况下，定子和转子的铁耗与铜耗，轴承等部件的机械损耗会使电机产生大量的热，发热过量就会影响电机的安全性和可靠性。为了提升电机的冷却性能，油冷被应用于电机的冷却。油具有不导电、不导磁以及导热性好等特点，可以直接到达高发热点，与热源直接发生热交换，冷却效果更显著。

本算例根据电机的运转特点和结构特点，使用 shonDy 与 shonTA 对油冷电机进行流热耦合仿真分析。shonTA 将有限元法与热网络法深度耦合，可用于电机的三维热分析。

本教程的目的是展示使用 shonDy 与 shonTA 对油冷电机进行流热耦合仿真计算问题。

本算例主要展示怎么去解决如下问题。

（1）如何使用 MPS 粒子法软件 shonDy 计算驱动电机冷却流场。

（2）如何使用温度场计算软件 shonTA 计算驱动电机冷却温度场。

（3）如何使用 shonTA 对驱动电机冷却温度场计算结果后处理。

11.2 问题的描述

图 11.1 是一个新能源汽车所用油冷电机结构示意图。此电机的冷却方式是通过壳体上的输油管进油，一部分进入内部管路，并通过绕组端部上的出油孔进行绕组的喷油冷却。另

图 11.1 油冷电机结构示意图

一部分流入电机主腔，在离心力的作用下将冷却油甩起冷却腔体内其他部件。这种冷却方案的特点在于可以直接对电机各零部件进行冷却。

11.3　驱动电机冷却流场与温度场计算

11.3.1　驱动电机冷却流场计算

1. shonDy 前处理

1）启动 shonDy

启动 shonDy，选择菜单中“File”中的“New Case”打开项目新建对话框。如图 11.2 所示。

2）创建新项目

在项目新建对话框中输入项目名称以及路径，单击“OK”按钮创建新项目，如图 11.3 所示。

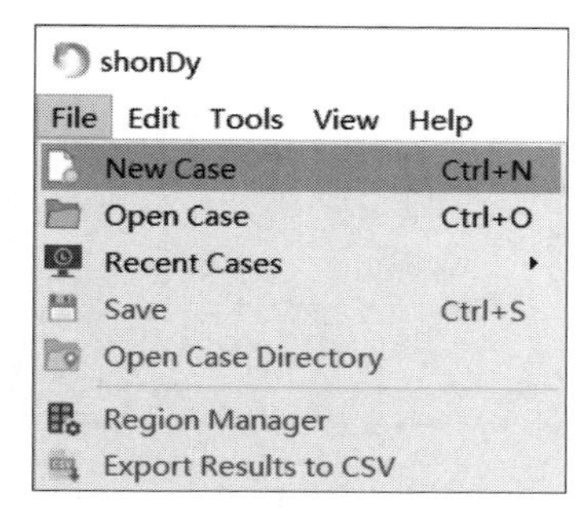

图 11.2　新建项目框图（1）

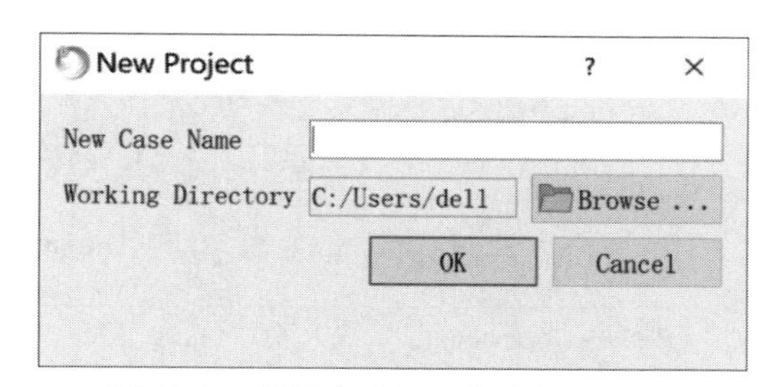

图 11.3　项目名称及工作路径图（1）

3）导入固体模型

单击菜单“File”中的“Region Manger”按钮打开几何模型导入界面，如图 11.4 所示。

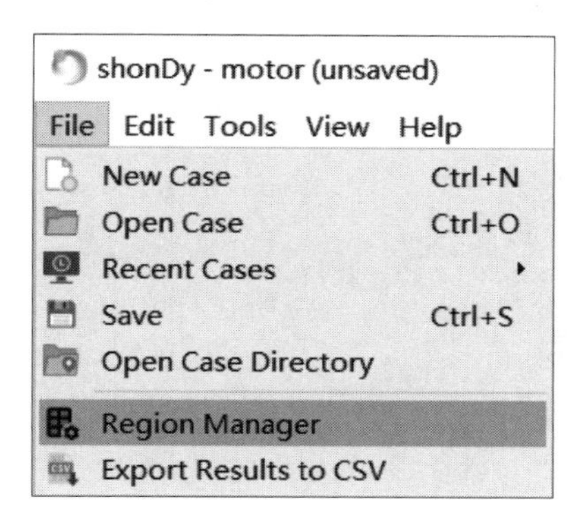

图 11.4　固体模型导入界面（1）

单击“Import Geometry”按钮，批量选择需要导入的 INP 几何文件，如图 11.5 所示。

依次单击“Add To Region”按钮将几何模型导入软件，导入的几何模型如图 11.6 所示。

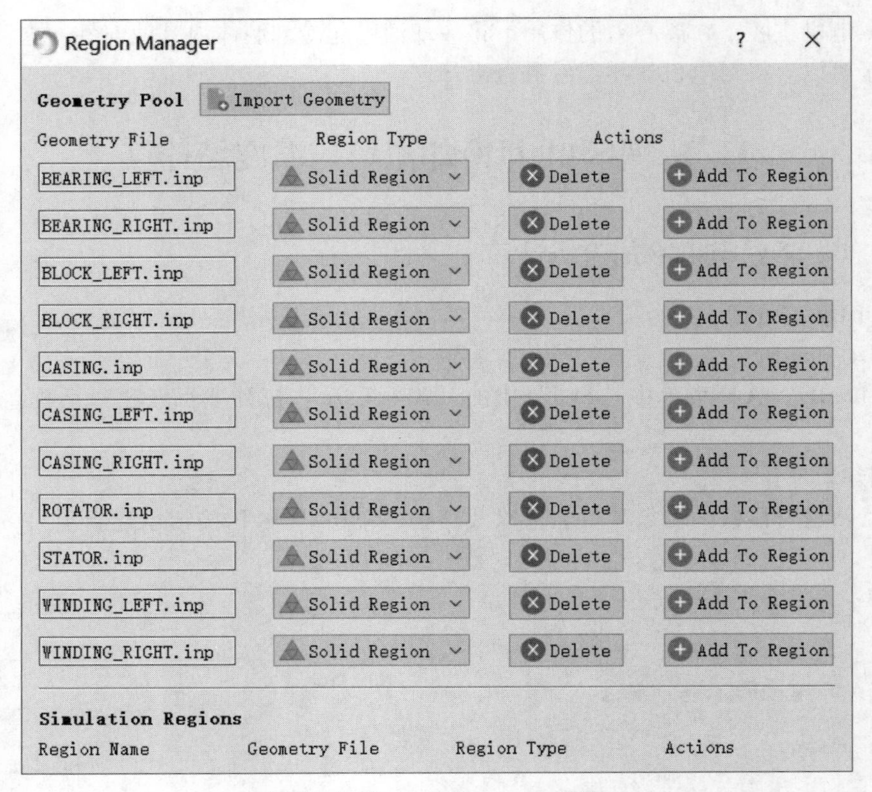

图 11.5　Import Geometry 界面

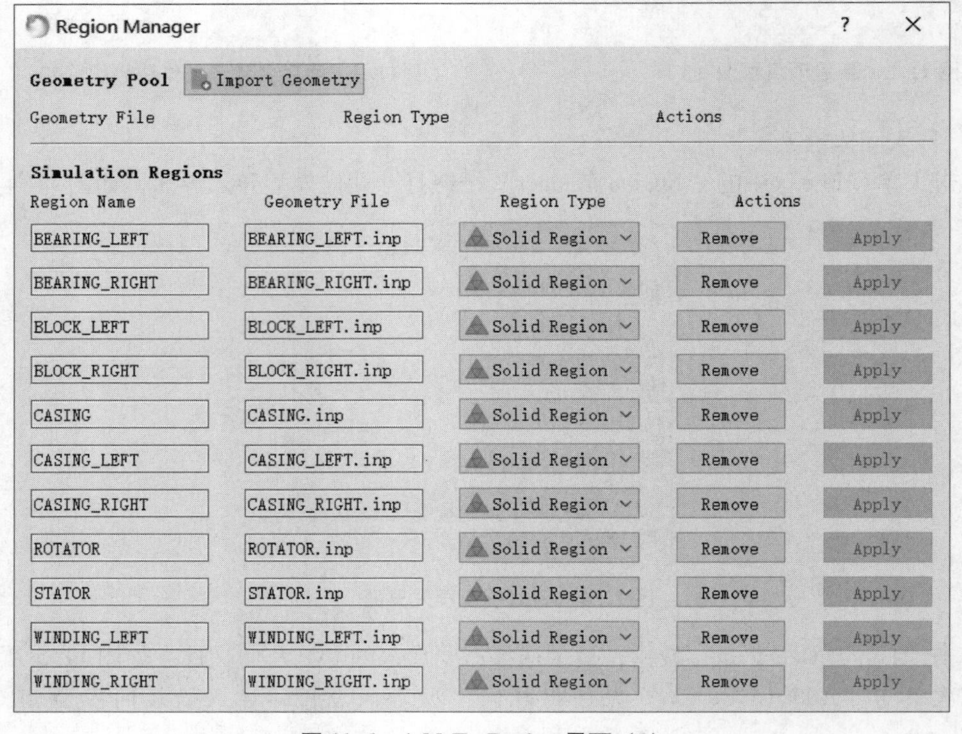

图 11.6　Add To Region 界面（1）

4）定义需要输出对流换热系数的面组

单击“Run Simulation”按钮，在“Physical Setting”窗口下勾选“Use Velocity Limiter”，并填写 10。勾选“Use Heat Transfer”，激活换热计算。勾选“Use Turbulence Model”，激活湍流模型。勾选“Use Wall Repulsive Model”，激活壁面修正模型（作用：当粒子靠近壁面时，产生一个斥力，避免粒子穿透现象）。设定粒子半径为 0.35 mm，重力为（－9.81，0，0）。操作界面如图 11.7 所示。

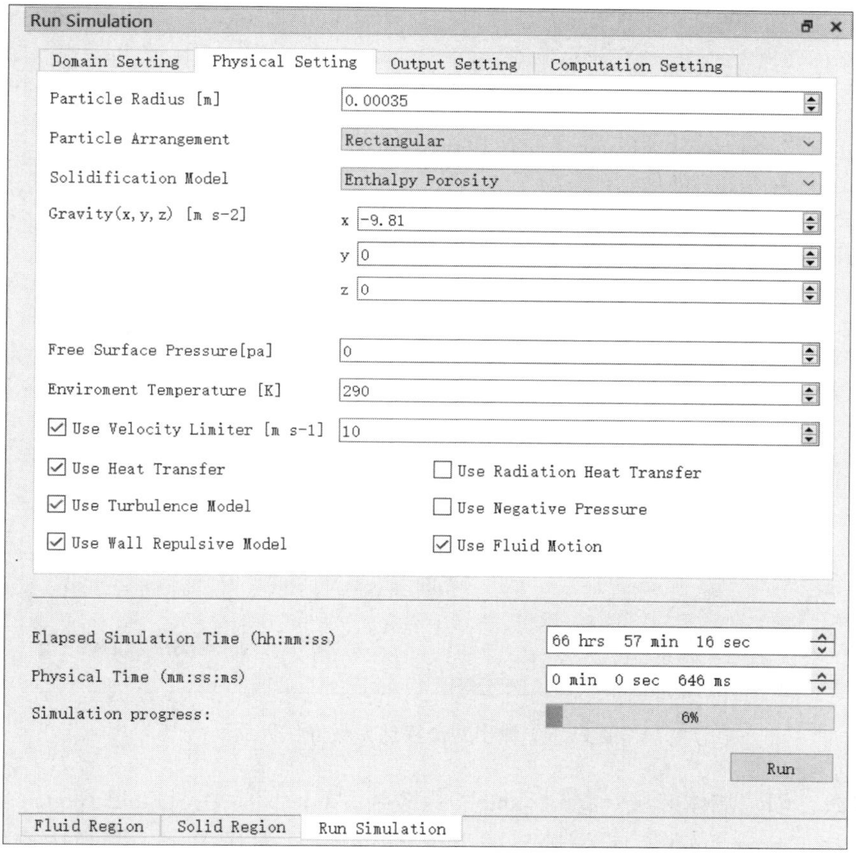

图 11.7　激活换热计算操作界面

5）定义需要输出对流换热系数的分组

单击“Solid Region”按钮，在“Physical Properties”窗口下的“Physical Group To Add”下拉列表框中选择“Whole Surface”，然后单击“Add”按钮，在弹出的“Boundary Condition”窗口中选择“Het Flux Boundary Condition”，其中“Heatflux”值保持默认，“Characteristic Length”值为 0.003，“HTC Type”选择“External Flow”，最后单击“Apply”按钮。操作界面如图 11.8 所示。

其他 Solid Region 部件的设定都一样。

6）创建液体区域

对油冷电机喷淋仿真的入口和喷口的大小、位置以及方向进行设置。单击“Add Fluid

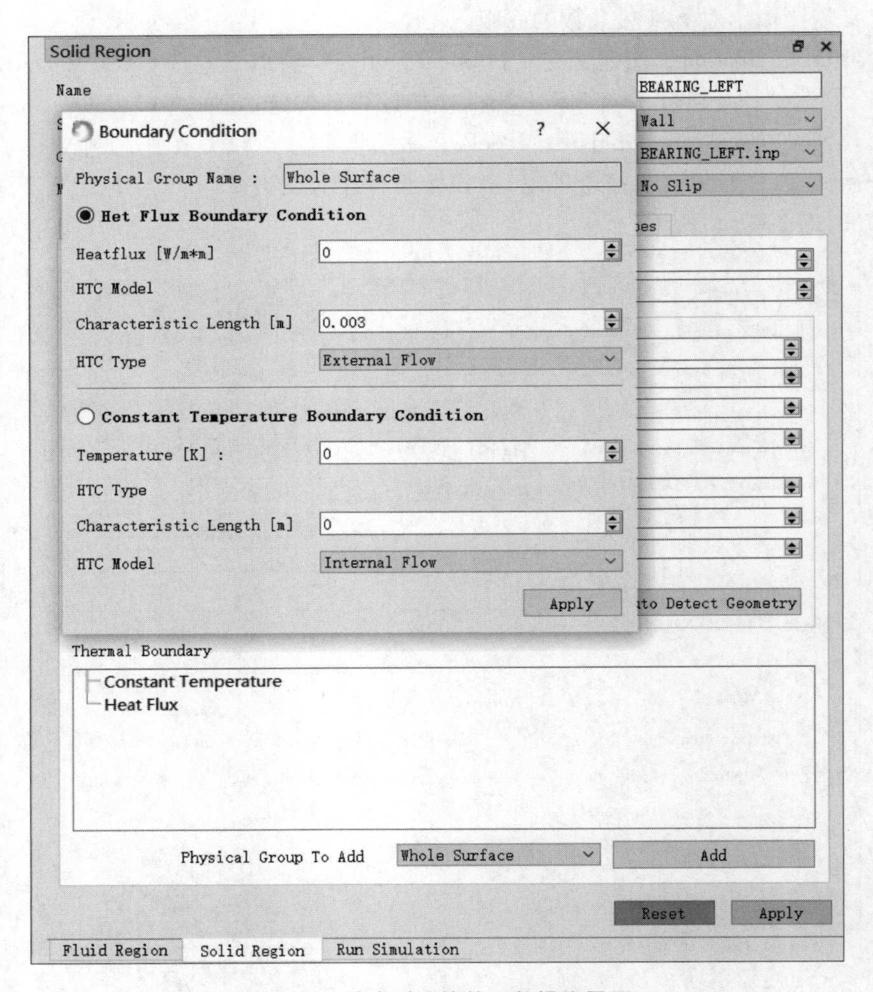

图 11.8 输出对流换热系数操作界面

Region”按钮，创建流体区域。将“Name”修改为“Inlet1”，在“Fluid Region Type”下拉列表框中选择“From Inlet”，设置喷口的半径“Radius”为 0.01 m，喷口中心为（0.125，0，0.08），喷口方向为（－1，0，0），“Inlet Velocity Data”选择“Constant Flow Rate”设置为 0.002 m^3/s。单击“Apply”按钮。操作步骤界面如图 11.9 所示。喷口 2 用相同步骤进行设置，“Inlet2”喷口半径为 0.01 m，“Center”为（0，0，－0.06），喷口方向为（0，0，1）。“Constant Flow Rate”设置为 0.000 3 m^3/s。然后设定壳体的透明化，选定所要修改 Solid Region 的部件，分别单击“CASING”“CASING_LEFT”“CASING_RIGHT”按钮，将“Opacity”调至所需的透明度。壳体透明化设置操作界面如图 11.10 所示。

7）流体材料属性

单击“Fluid Region”中的“Inlet1”按钮，在“Physical Properties”中对流体的物理属性进行定义，本算例保持默认，定义完成后单击“Apply”按钮。对“Inlet2”流体属性采用同样方法。操作界面如图 11.11 所示。

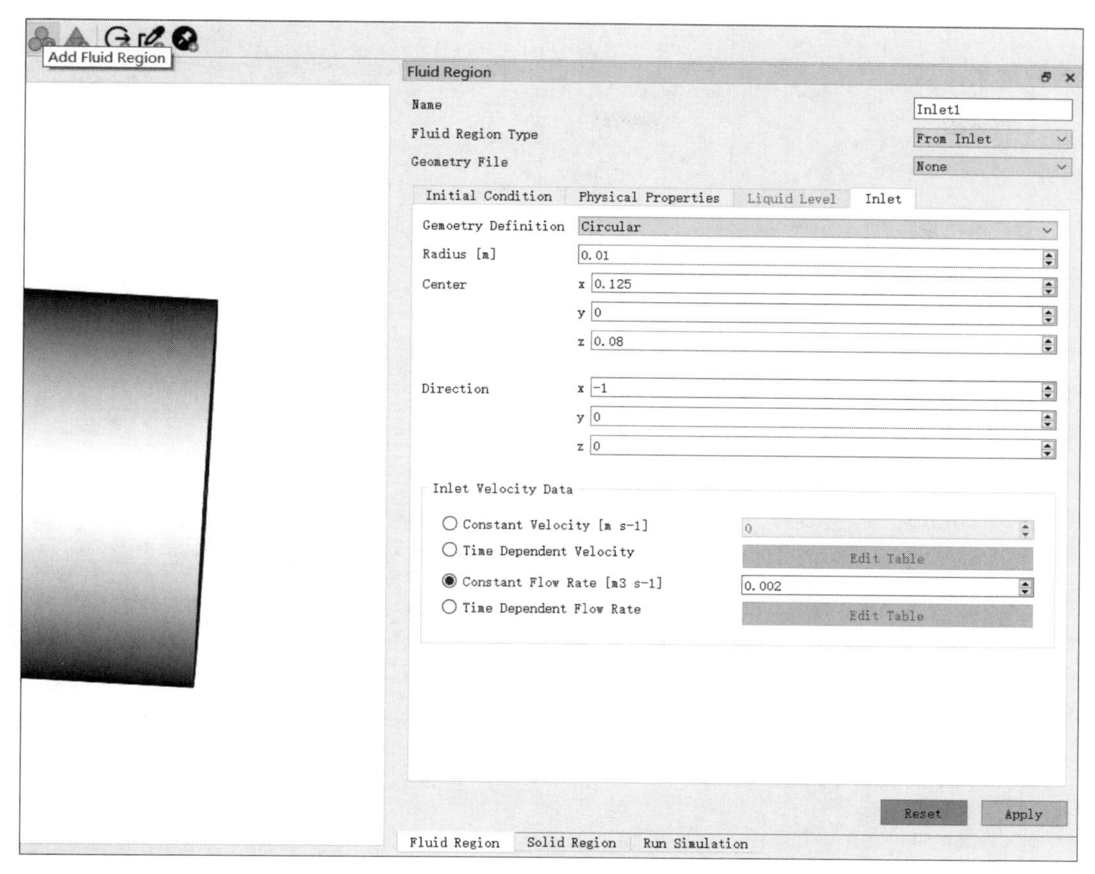

图 11.9　喷淋入口设置界面

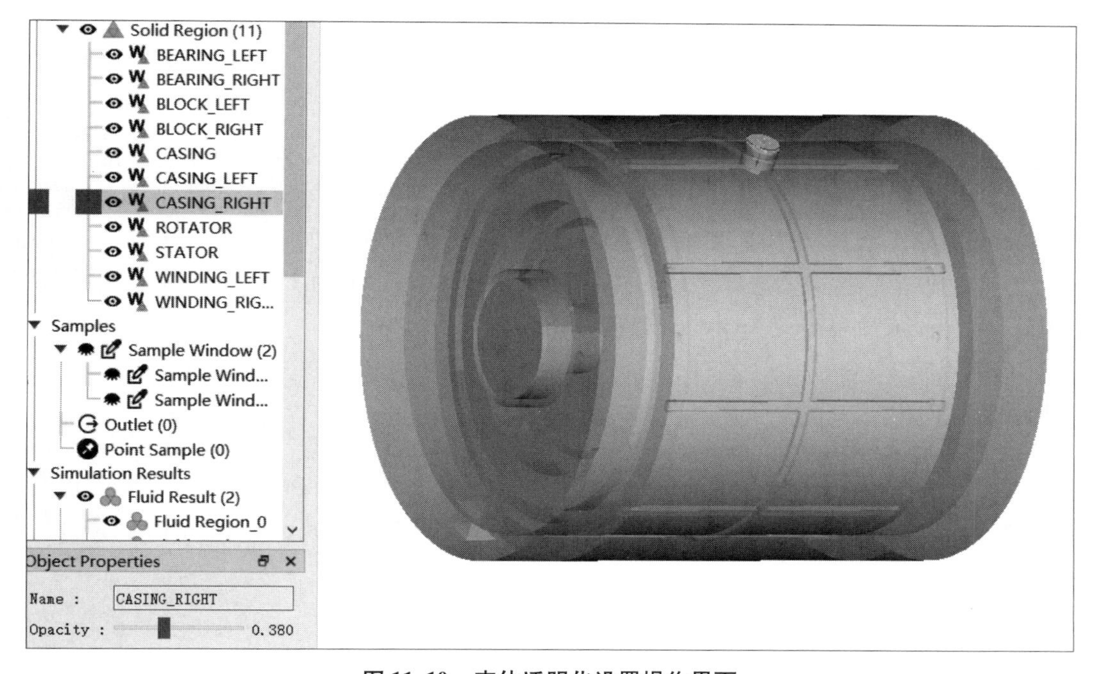

图 11.10　壳体透明化设置操作界面

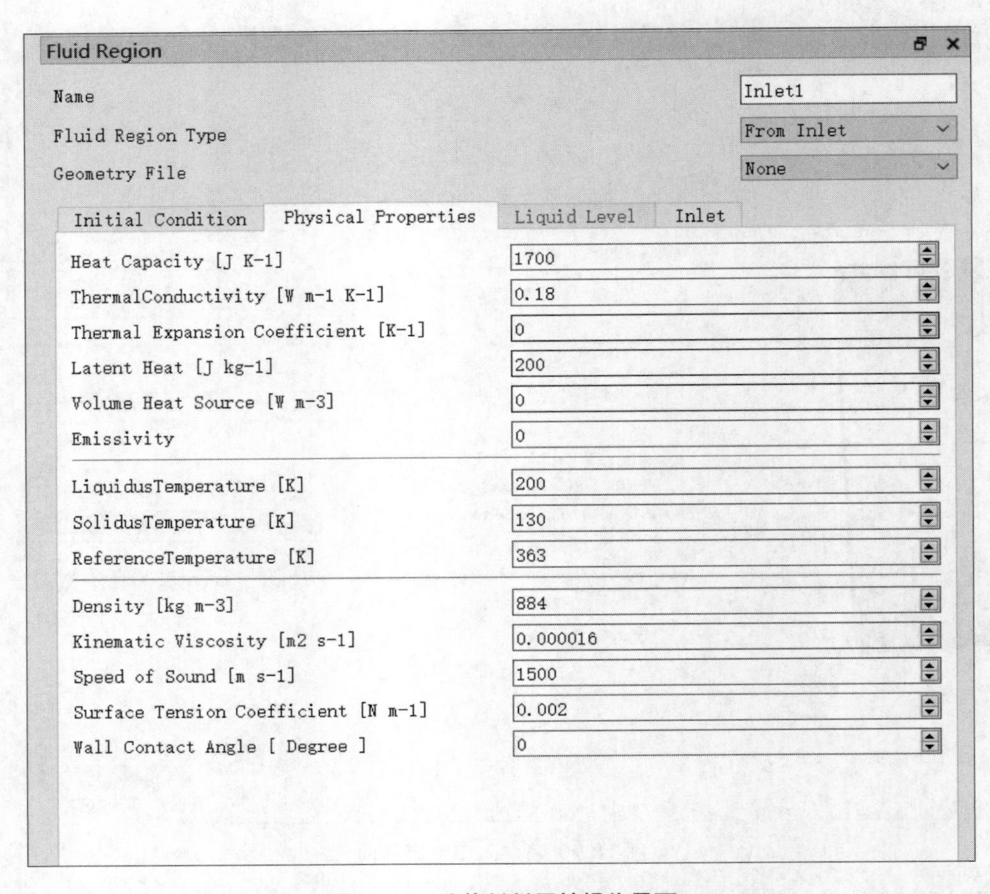

图 11.11　流体材料属性操作界面

8）定义运动

单击模型树节点“ROTATOR”，选择几何模型的类型，旋转体选择“Fixed Motion”。单击“Motion”按钮，单击“Center Of Mass”按钮，这时软件会自动定义旋转的中心点。定义旋转轴及方向，本算例定义 *Z* 轴为旋转轴，且旋转方向为顺时针，因此修改“Rotation Axis”为（0，0，1）。这里选择“Constant Angular Velocity”值为 1 000，“Unit”为默认的“RPM”。定义完成后单击“Apply”按钮，如图 11.12 所示。

2. 求解设置

1）计算域的设定

单击右下角的“Run Simulation”按钮，对求解参数进行设置，单击“Domain Setting”按钮勾选“Dimension”中 x、y、z 进行三维计算，单击“Auto Detect”按钮，可以发现出现一个长方体将计算模型框起来，这定义了计算的计算域，操作界面如图 11.13 所示。

2）粒子半径的设定

粒子半径已经在 11.3.1 节的 4）中定义了，这里不再赘述。

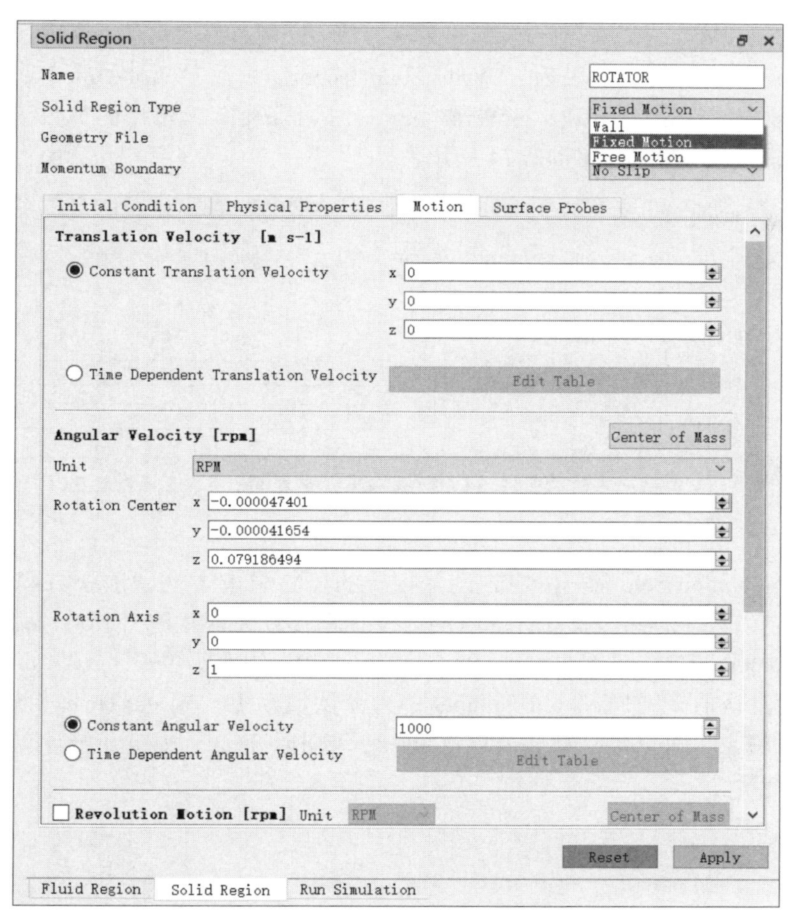

图 11.12　运动定义设置

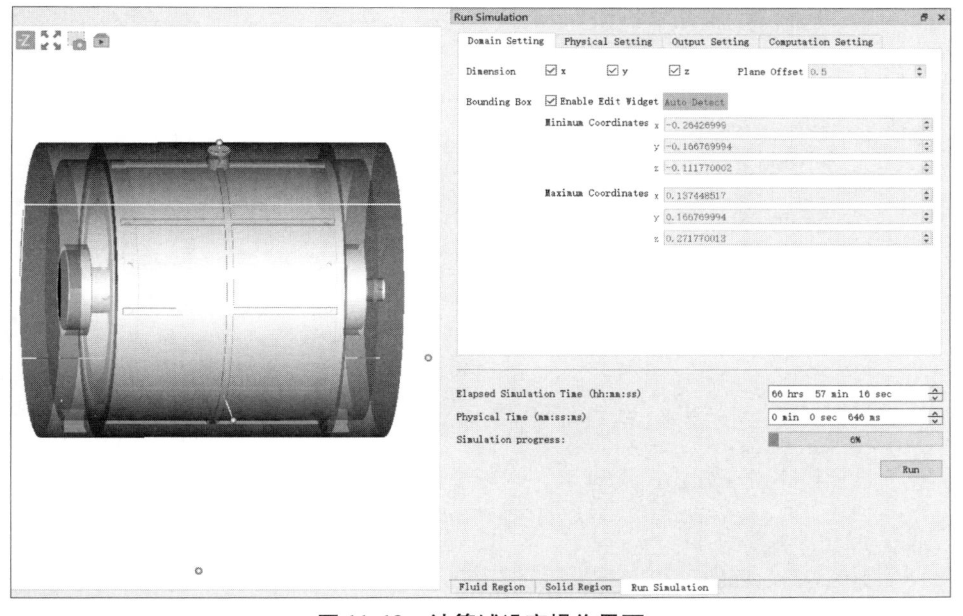

图 11.13　计算域设定操作界面

3）数据输出设定

勾选“Write Fluid Particles”和“Write Fluid IsoSurfaces”。“Write Interval for results”输出的为可视化数据，设定为0.01 s，“Write Interval for Samples”输出的为数字数据，设定为0.001 s。数据输出设定界面如图11.14所示。

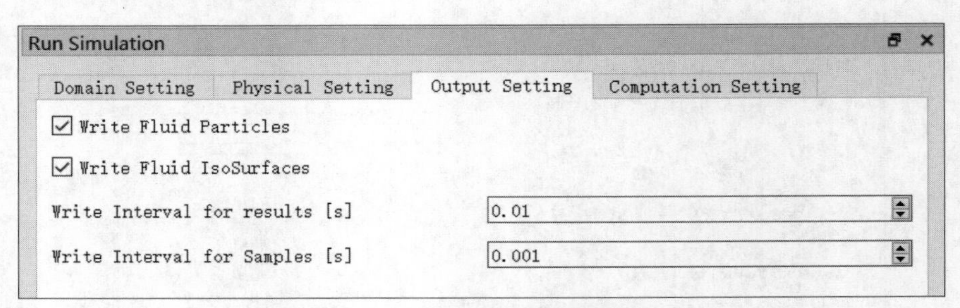

图11.14　数据输出设定界面

4）计算设定

单击“Computation Setting”按钮，设置相应的压力求解方法、泊松方程迭代次数、速度修正次数、克朗数、时间步长、计算时间以及计算核数。本算例“Pressure Equation Type”选择“Implicit Method”，“Maximum Pressure Iterations”值为999，“Number of Velocity Corrections”为默认值1，“Courant Number”为默认值0.1，“DeltaTime”为0.000 001 s，“EndTime”为10 s，“Number of Cores”值为12，单击“Run”按钮开始计算。计算设定界面如图11.15所示。

Run Simulation
Domain Setting | Physical Setting | Output Setting | Computation Setting
Pressure Equation Type: Implicit Method
Maximum Pressure Iterations: 999
Number of Velocity Corrections: 1
Courant Number: 0.1
DeltaTime [s]: 0.000001
EndTime [s]: 10
Restart Time: 0.000000
Number of Cores: 12
Elapsed Simulation Time (hh:mm:ss): 66 hrs 57 min 16 sec
Physical Time (mm:ss:ms): 0 min 0 sec 646 ms
Simulation progress: 6%
Run

图11.15　计算设定界面

3. 流场计算结果及后处理

1）速度场分布后处理

在 shonDy 软件中，单击“Reload Result Data”按钮，在“Time”下拉列表框中选择计算的最后时间。在“Simulation Regions”中将“Fluid Regions”“Solid Regions”前面的眼睛按钮关闭，将“Samples”前面的眼睛按钮也关闭。打开“Simulation Results”中的“Fluid Result”“Solid Result”前面的眼睛按钮。调整“Solid Result”中各部件的透明度，使其可以看到内部的流场。单击“Fluid Region_0”按钮，在“Property”下拉列表框中选择“Velocity”，单击“Fluid Region_1”按钮，在“Property”下拉列表框中选择“Velocity”。可以在“Scene Viewer”窗口中看到内部速度场的分布。速度场分布后处理操作界面如图 11.16 所示。

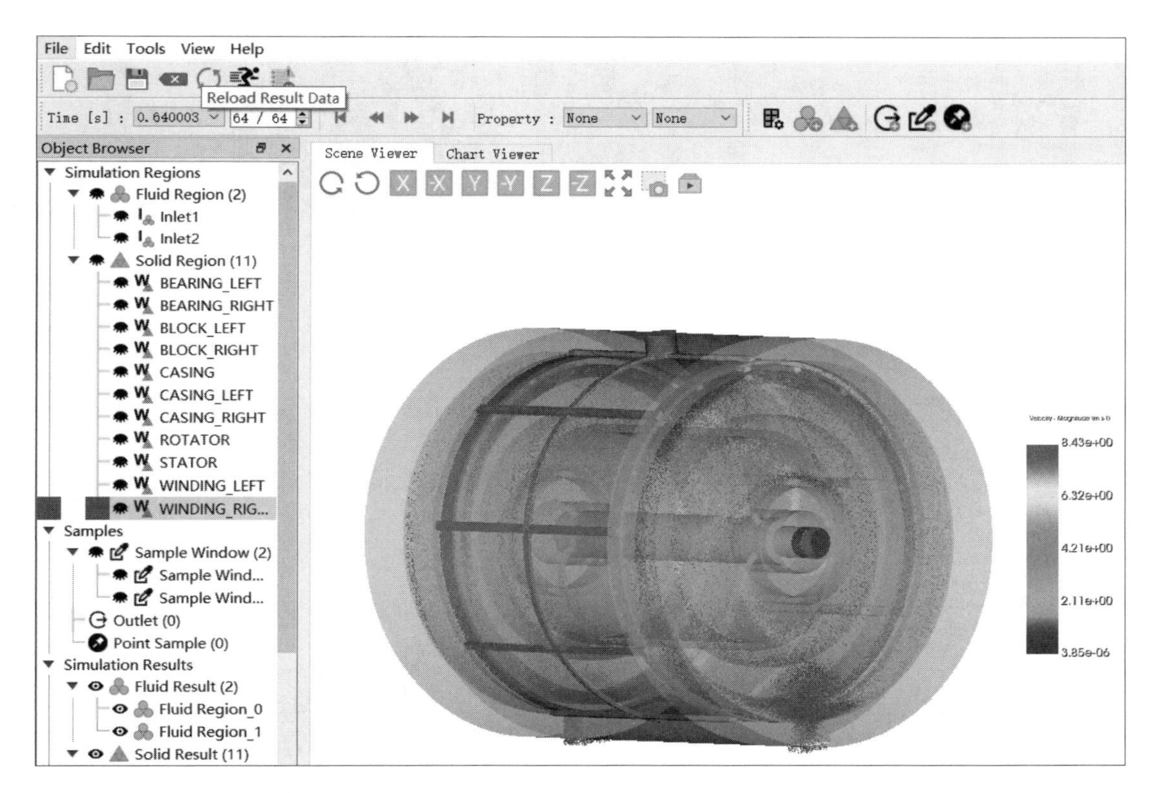

图 11.16　速度场分布后处理操作界面（书后附彩插）

2）压力场分布后处理

压力场分布后处理的操作步骤与速度场一样，只需在“Fluid Region_0”和“Fluid Region_1”中将“Property”选择为“Pressure”。压力场分布后处理结果如图 11.17 所示。

3）粒子数密度分布后处理

同样操作步骤，粒子数密度分布后处理结果如图 11.18 所示。

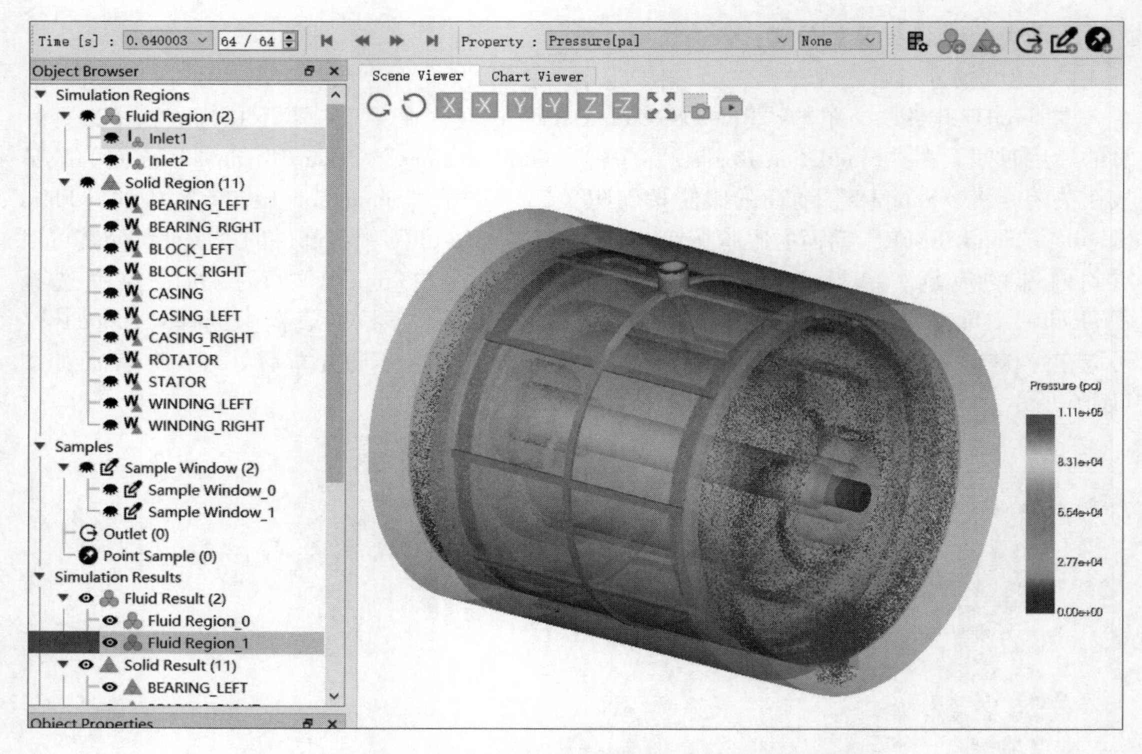

图 11.17　压力场分布后处理结果（书后附彩插）

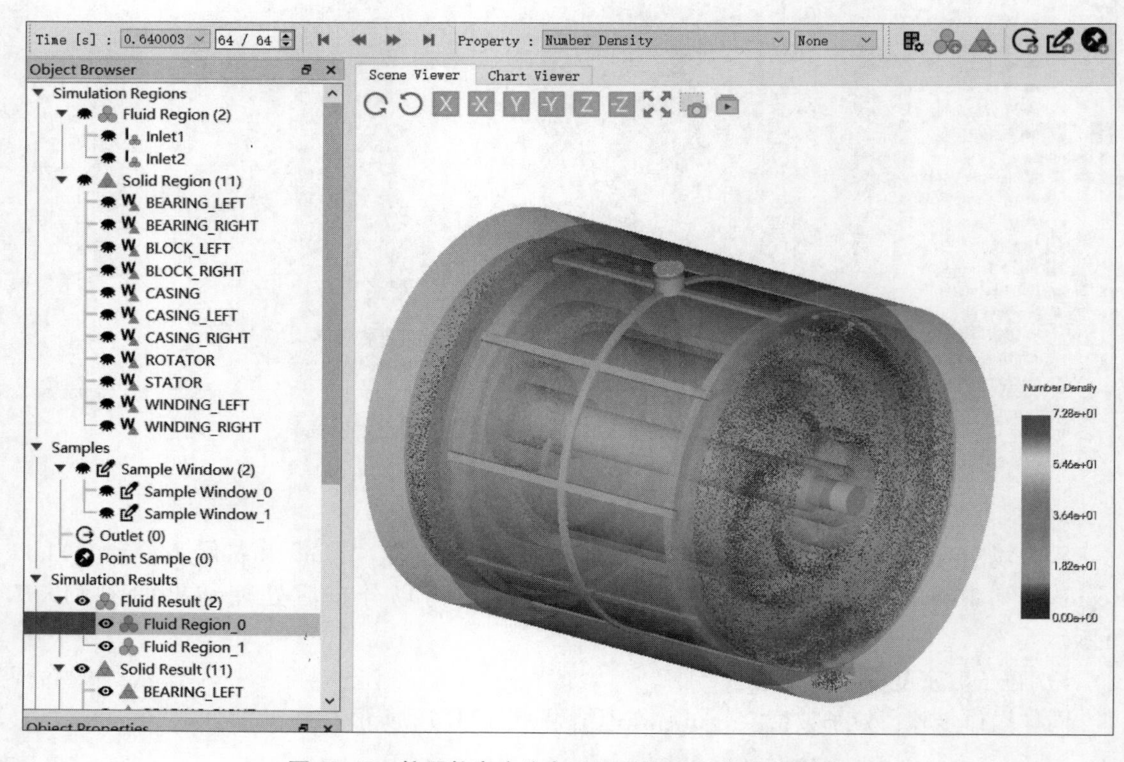

图 11.18　粒子数密度分布后处理结果（书后附彩插）

11.3.2　驱动电机冷却温度场计算

1. shonTA 前处理

1）启动 shonTA

选择菜单中“File”中的“New Case”，打开项目新建对话框，如图 11.19 所示。

2）创建新项目

在项目新建对话框中输入项目名称以及路径，单击“OK”按钮创建新项目。如图 11.20 所示。

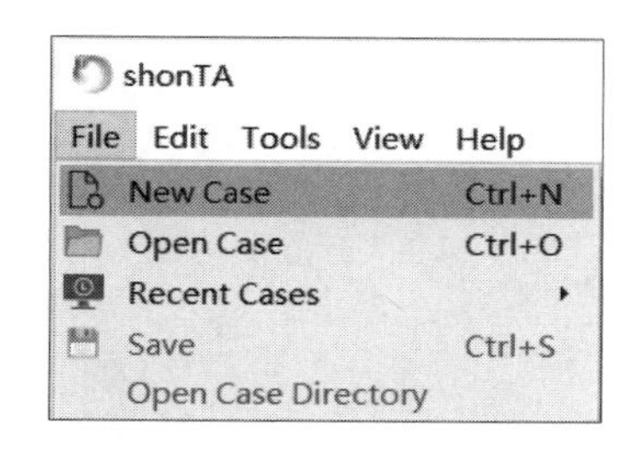

图 11.19　新建项目框图（2）

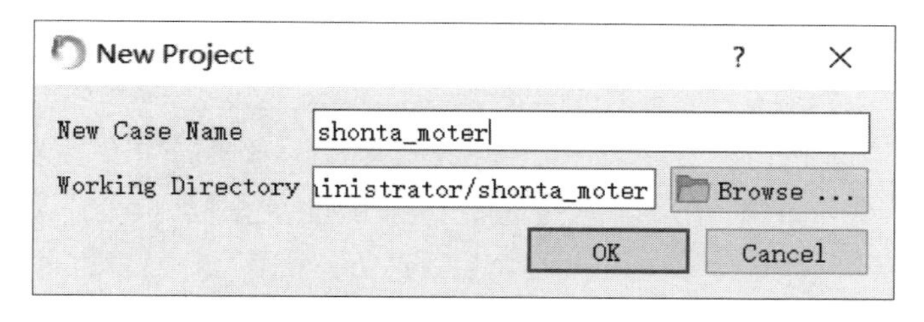

图 11.20　项目名称及工作路径图（2）

3）导入固体模型

单击菜单“File”中的“Region Manger”按钮，打开几何模型导入界面，固体模型导入界面如图 11.21 所示。

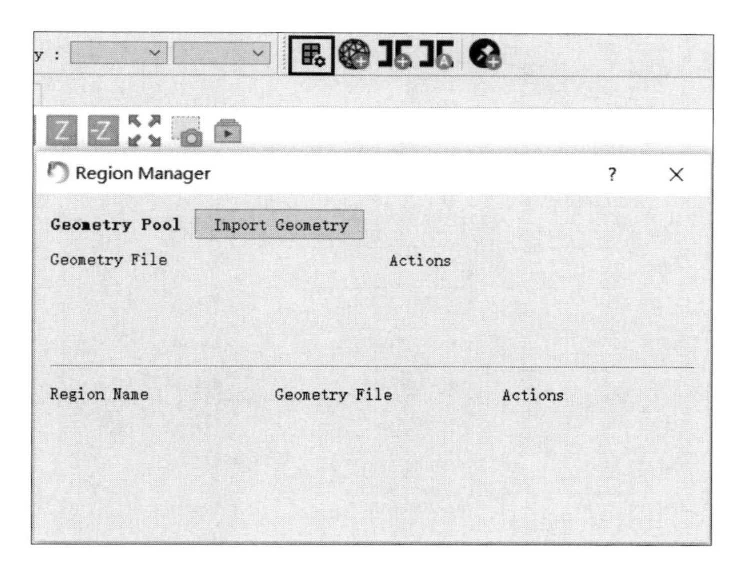

图 11.21　固体模型导入界面（2）

单击“Add To Region”按钮，将几何模型导入软件，“Add To Region”界面如图 11.22 所示，导入的几何模型如图 11.23 所示。

4）定义材料

单击模型树下的“Body Regions”按钮，对各个部件分别定义材料属性。单击

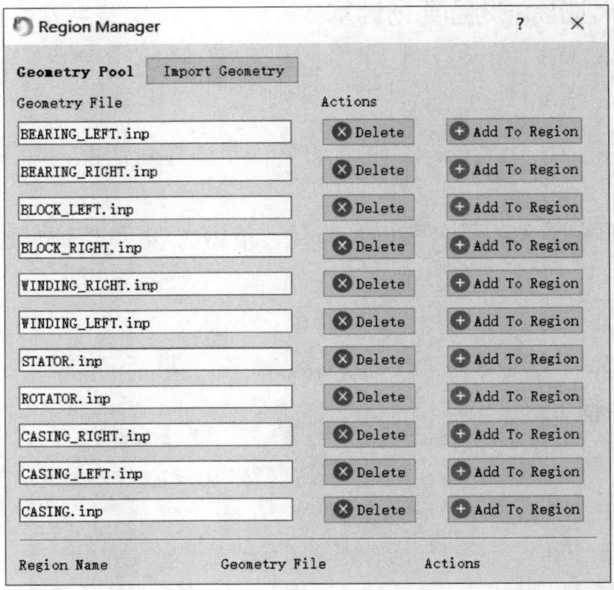

Region Manager

Geometry Pool　Import Geometry

Geometry File	Actions	
BEARING_LEFT.inp	Delete	Add To Region
BEARING_RIGHT.inp	Delete	Add To Region
BLOCK_LEFT.inp	Delete	Add To Region
BLOCK_RIGHT.inp	Delete	Add To Region
WINDING_RIGHT.inp	Delete	Add To Region
WINDING_LEFT.inp	Delete	Add To Region
STATOR.inp	Delete	Add To Region
ROTATOR.inp	Delete	Add To Region
CASING_RIGHT.inp	Delete	Add To Region
CASING_LEFT.inp	Delete	Add To Region
CASING.inp	Delete	Add To Region

Region Name　Geometry File　Actions

图 11.22　Add To Region 界面（2）

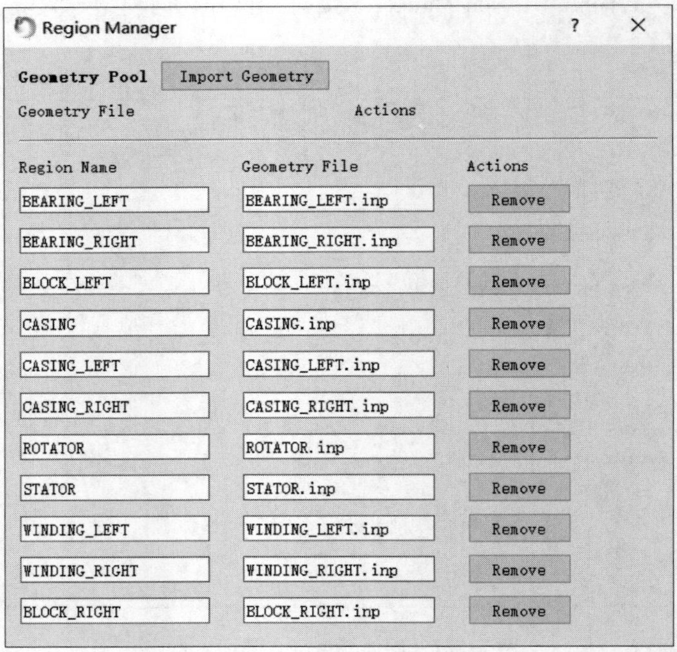

Region Manager

Geometry Pool　Import Geometry

Geometry File　Actions

Region Name	Geometry File	Actions
BEARING_LEFT	BEARING_LEFT.inp	Remove
BEARING_RIGHT	BEARING_RIGHT.inp	Remove
BLOCK_LEFT	BLOCK_LEFT.inp	Remove
CASING	CASING.inp	Remove
CASING_LEFT	CASING_LEFT.inp	Remove
CASING_RIGHT	CASING_RIGHT.inp	Remove
ROTATOR	ROTATOR.inp	Remove
STATOR	STATOR.inp	Remove
WINDING_LEFT	WINDING_LEFT.inp	Remove
WINDING_RIGHT	WINDING_RIGHT.inp	Remove
BLOCK_RIGHT	BLOCK_RIGHT.inp	Remove

图 11.23　添加完模型界面

“BEARING_LEFT”按钮，在“Mesh Region”区域单击“Import Properties From Library”按钮，在弹出的对话框中选择“steel”，单击“Apply”按钮。也可以自定义密度（density）、比热容（heatCapacity）、导热系数（thermalConductivity）。定义材料属性界面如图 11.24

所示。

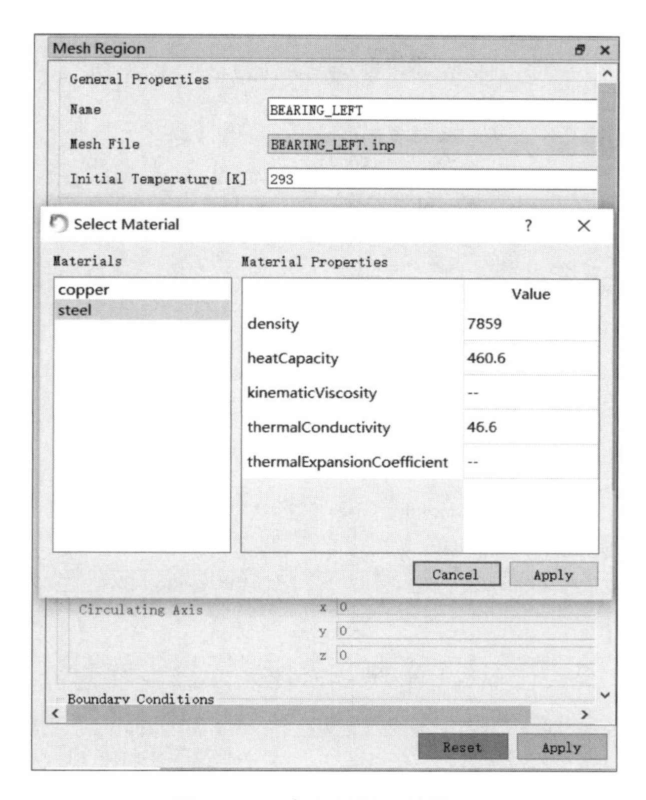

图 11.24　定义材料属性界面

依次分别定义其他部件的材料属性，其中“BEARING_LEFT”“BEARING_RIGHT”“BLOCK_LEFT”“BLOCK_RIGHT”“CASING”“CASING_LEFT”“CASING_RIGHT”“ROTATOR”“STATOR”的材料属性为 steel。“WINDING_LEFT”和“WINDING_RIGHT”的材料属性为 copper，密度为 8 960 kg/m^3，比热容为 390 J/(kgK)，导热系数为 400 W/(mK)。

5）定义热源

均匀地在轴承上施加体热源，单击模型树下的“BEARING_LEFT”按钮，在“Mesh Region”区域下拉找到“Volumetric Conditions”中的“Heat Source”。单击“Add”按钮，在弹出的对话框中输入“Heat Power”为 50 W，最后单击“Apply”按钮。定义热源的操作界面如图 11.25 所示。用同样方式对“BEARING_RIGHT”定义 50 W 体热源，对“WINDING_LEFT”“WINGING_RIGHT”定义 750 W 体热源。

在元件与油液接触的壁面上，施加 shonDy 计算得到的对流换热系数结果。单击模型树下的“BLOCK_LEFT”按钮，在“Mesh Region”区域下拉找到“Boundary Conditions”中的“Convective”，注意在“Physical Group To Add”中选择在画网格时定义的与油液有接触的面，这里选择“BLOCKLEFT - HTC”，单击“Add”按钮，在弹出的对话框中，单击“Convective”按钮，选择“From File”，单击“Choose Files”按钮，在 shonDy 计算结果的 vtk 文件夹中找到计算最后结果的 . vtu 文件，单击“OK”按钮，最后单击“Apply”按钮。

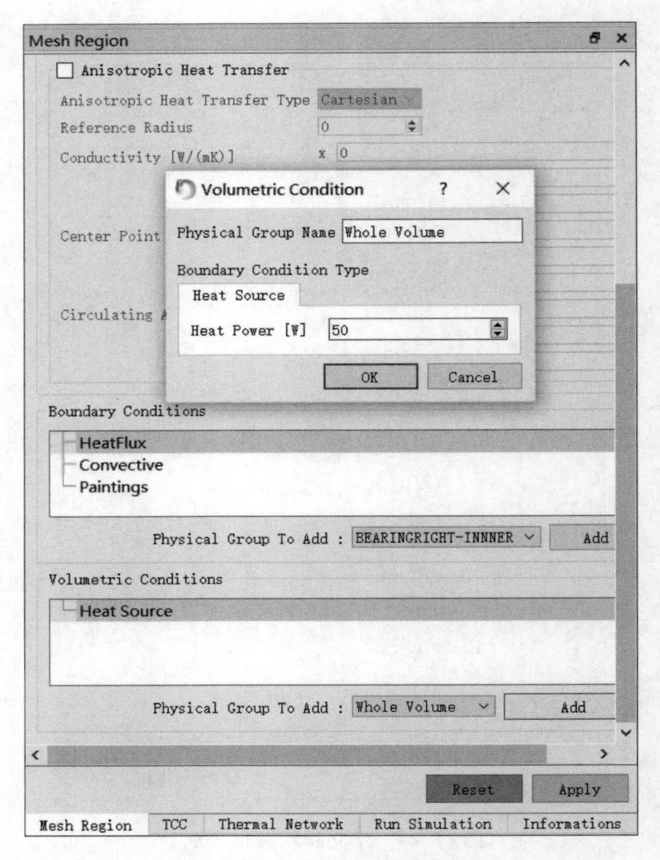

图 11.25　定义热源的操作界面

定义对流换热系数操作界面如图 11.26 所示。其他部件的对流换热系数定义操作步骤一样，在“BEARING_RIGHT”中“Physical Group To Add”选择“BEARINGRIGHT - HTC”，在“BLOCK_LEFT”中“Physical Group To Add”选择“BLOCKLEFT - HTC”，在“BLOCK_RIGHT”中“Physical Group To Add”选择“BLOCKRIGHT - HTC”，在“CASING”中“Physical Group To Add”选择“CASING - INNER”，在“CASING_LEFT”中“Physical Group To Add”选择“CASINGLEFT - HTC”，在“CASING_RIGHT”中“Physical Group To Add”选择“CASINGRIGHT - HTC”，在“ROTATOR”中“Physical Group To Add”选择“ROTATOR - OUTER”，在“STATOR”中“Physical Group To Add”选择“STATOR - MIDDLE”，在“WINDING_LEFT”中“Physical Group To Add”选择“WINDINGLEFT - HTC”，在“WINDING_RIGHT”中“Physical Group To Add”选择“WINDINGRIGHT - HTC”。

6）定义接触热阻

单击“Add TCC”按钮，在“TCC”窗口下“Contact Body”中选择“BEARING_LEFT”，在“Contact Surface Group”中选择“BEARINGRIGHT - INNER”，在“Target Body”中选择“ROTATOR”，在响应的“Contact Surface Group”中选择“ROTATOR - RIGHTBEARING”。“User Defined Conductance”“Influence Radius”值保持默认，单击

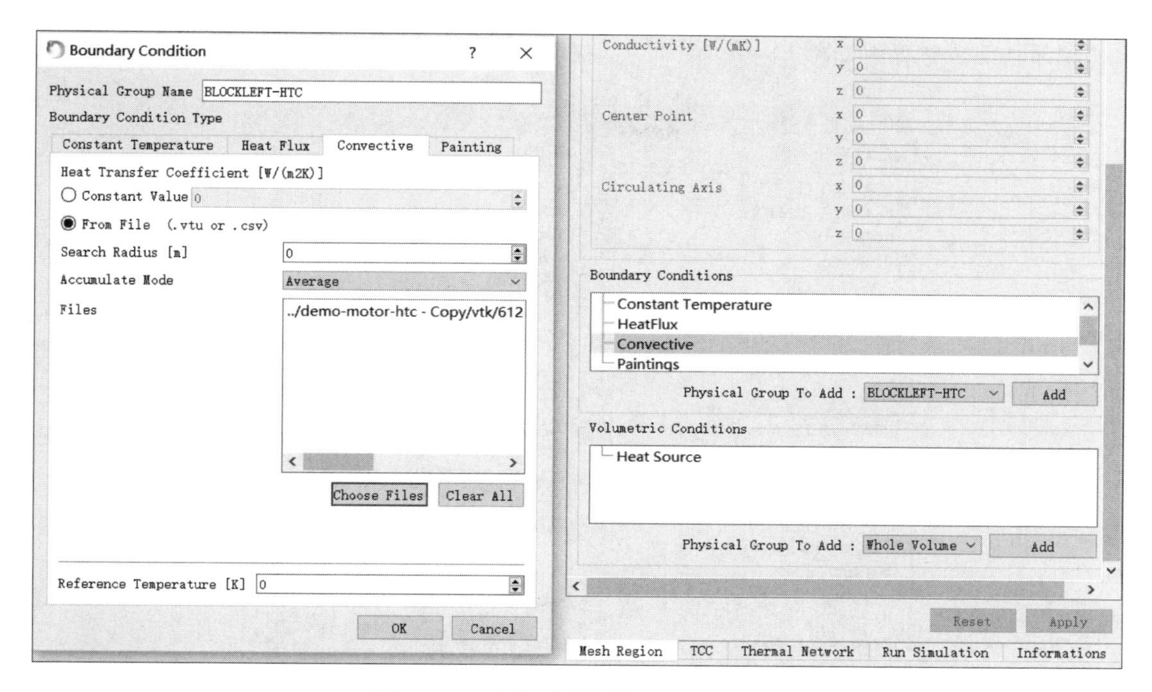

图 11.26　定义对流换热系数操作界面

“Apply” 按钮。定义接触热阻界面如图 11.27 所示。

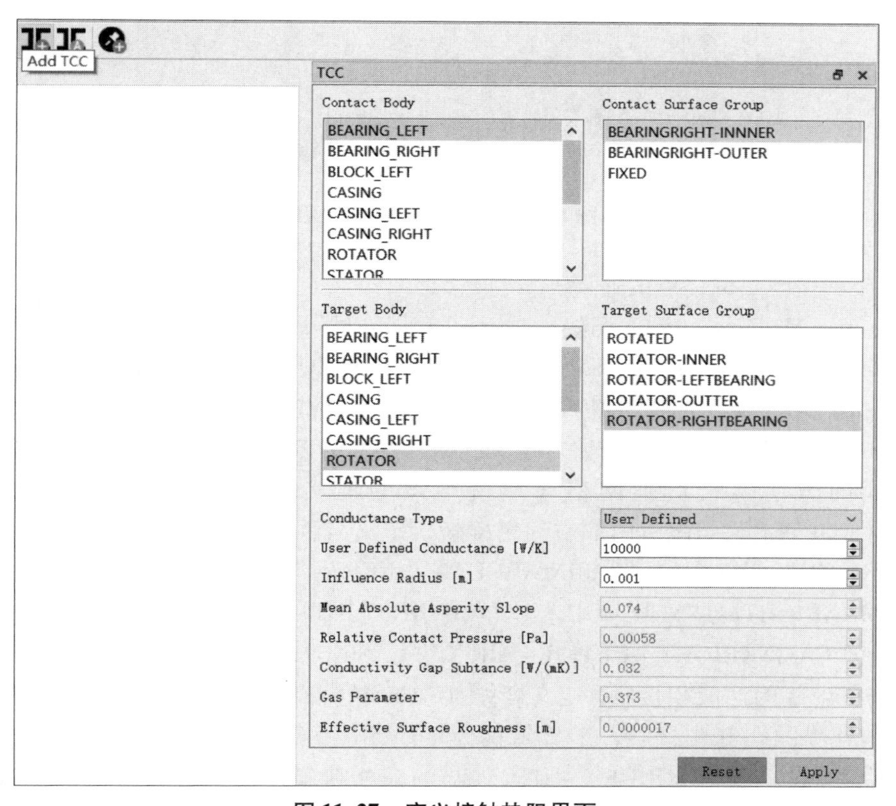

图 11.27　定义接触热阻界面

定义其他接触热阻如图 11.28 所示。

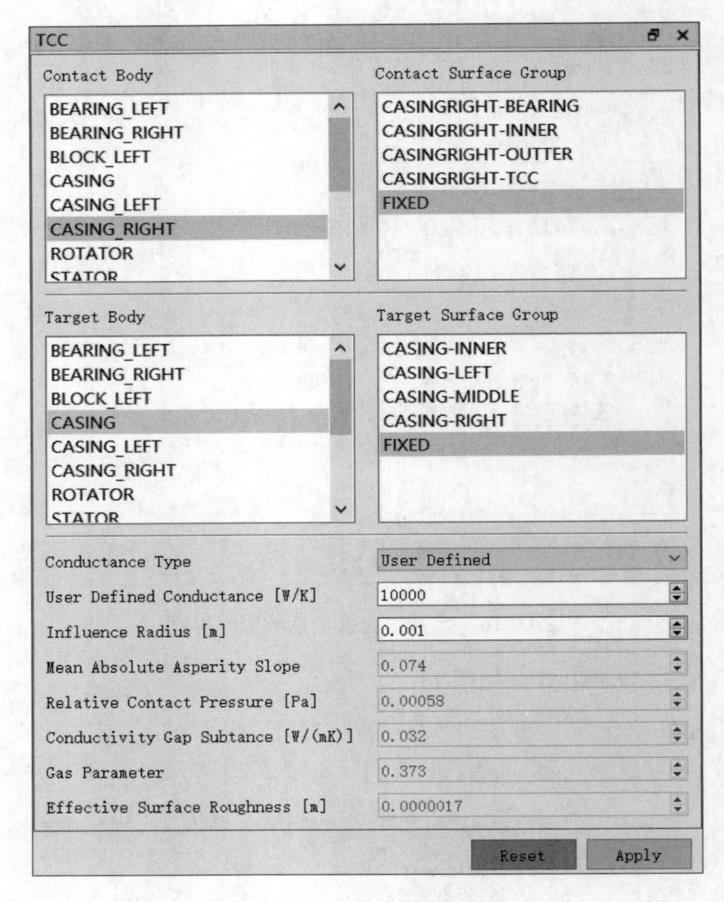

图 11.28　定义其他接触热阻

7）定义网格与热网络点的连接

在“System Modules”窗口下选择“boundaryToFEM”，单击“Add”按钮。在“Selected System Module”的“Meshed Region”中，选择“ROTATOR”，在“Selected System Module”的“Surface Group”中，选择“ROTAROR – INNER”。将“Name”修改为“ROTAROR – INNER – OIL”，单击“Apply”按钮。定义网格与热网络点的连接如图 11.29 所示。

用相同的方法定义其他网格与热网络点的连接，其中“ROTATOR”元件中的“ROTATOR – OUTER”与电机内部空气相接触，定义名称为“ROTATOR – OUTER – AIR”。“CASING_RIGTH”元件中的“CASINGRIGHT – INNER”与电机内部的油液相接触，定义名称为“CASINGRIGHT – INNER – OIL”，“CASINGRIGHT – OUTER”与外界的空气相接触，定义名称为“CASINGRIGHT – OUTER – AIR”。“CASING_LEFT”元件中的“CASINGLEFT – HTC”与电机内部的油液相接触，定义名称为“CASINGLEFT – HTC – OIL”，“CASINGLEFT – OUTER”与外界的空气相接触，定义名称为“CASINGLEFT – OUTER – AIR”。“BLOCK_RIGHT”元件中的“BLOCKRIGHT – HTC”与油液相接触，定义名称为“BLOCKRIGHT – HTC – OIL”。“BLOCK_LEFT”元件中的“BLOCKLEFT – HTC”与油液相接触，定义名称为

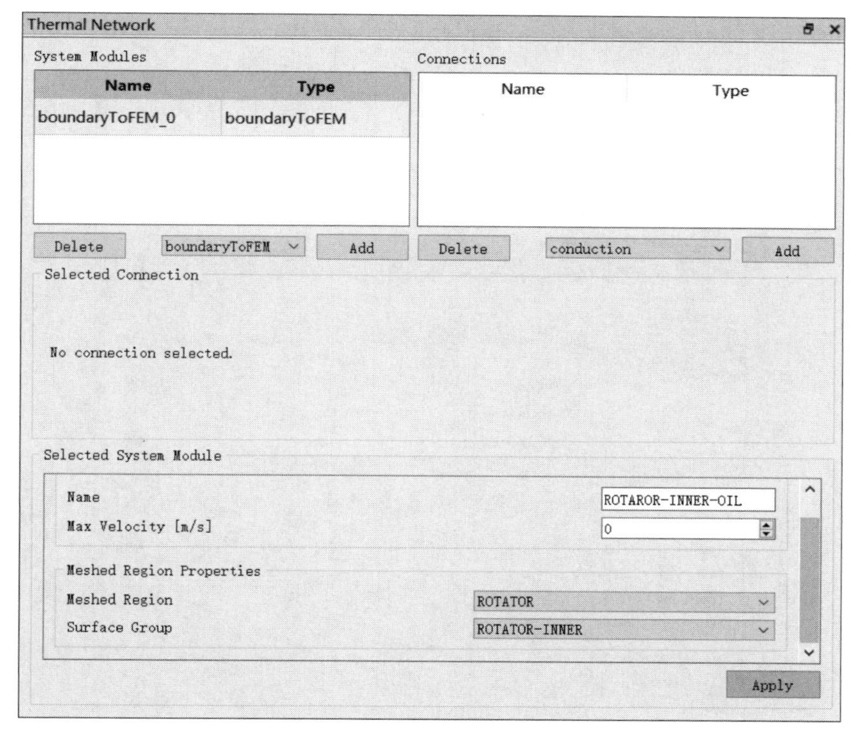

图 11.29　定义网格与热网络点的连接

“BLOCKLEFT - HT - OIL”。“STATOR”元件中的“STATOR - LEFT”“STATOR - RIGHT”与油液相接触，分别定义名称为“STATOR - LEFT - OIL”“STATOR - RIGHT - OIL”，“STATOR - INNER”与电机内的空气相接触，定义名称为“STATOR - INNER - AIR”。“WINGING _ LEFT”元件中的“WINDINGLEFT - HTC”与油液相接触，定义名称为“WINDINGLEFT - HTC - OIL”。“WINGING_RIGHT”元件中的“WINDINGRIGHT - HTC”与油液相接触，定义名称为“WINDINGRIGHT - HTC - OIL”。“CASING”元件中的“CASING - INNER”与油液相接触，定义名称为“CASING - INNER - OIL”，“CASING - MIDDLE”与外界空气相接触，定义名称为“CASING - MIDDLE - OIL”。

8）定义润滑油和空气的热网络点

创建外界空气的热网络点，在“System Modules”窗口下选择“boundaryNode”，单击“Add”按钮。在“Selected System Module”的下拉列表框中，单击“Import Properties From Library”按钮，在弹出的对话框中选择“air”，单击“Apply”按钮，在“general properties”中定义“Max Velocity”(最大风速）为 10 m/s，将“Name”改为“Outside _ air”，单击“Apply”按钮。外界空气的热网络点的操作界面如图 11.30 所示。

创建内部油液的热网络点，在“System Modules”窗口下选择“controlVolume”，单击“Add”按钮。在“Selected System Module”的下拉列表框中，单击“Import Properties From Library”按钮，在弹出的对话框中选择“water”，单击“Apply”按钮，在“General Properties”中定义“Max Velocity”（油液速度）为 10 m/s，“Volume”电机残余油量设置为 0.000 5 m^3。将“Name”改为“Internal_oil”，单击“Apply”按钮。内部油液的热网络点的操作界面如图 11.31 所示。

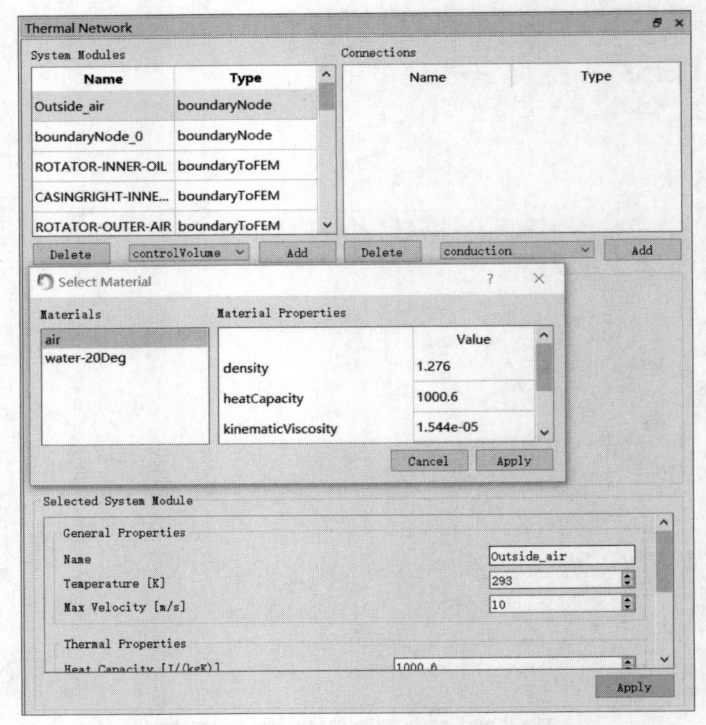

图 11.30　外界空气的热网络点的操作界面

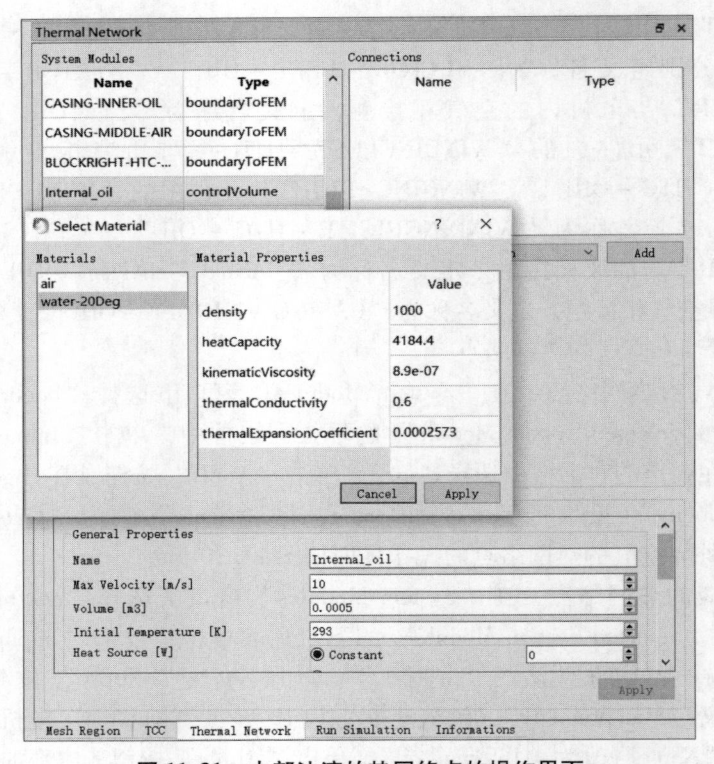

图 11.31　内部油液的热网络点的操作界面

创建内部空气的热网络点，在“System Modules”窗口下选择“controlVolume”，单击“Add”按钮。在“Selected System Module”的下拉列表框中，单击“Import Properties From Library”按钮，在弹出的对话框中选择“air”，单击“Apply”按钮，在“general properties”中定义“Max Velocity”（油液速度）为 10 m/s，“Volume”电机残余油量设置为 0.009 5 m^3。将“Name”改为“Internal_air”，单击“Apply”按钮。内部空气的热网络点的操作界面如图 11.32 所示。

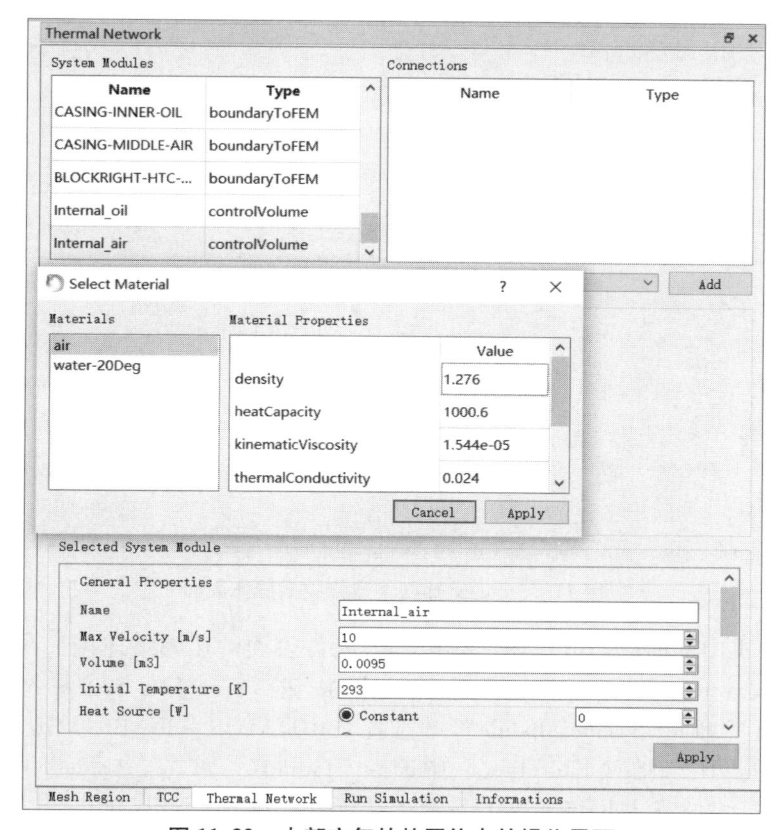

图 11.32　内部空气的热网络点的操作界面

9）定义热网络连接关系

首先定义外界空气与电机外表面的元件热网络连接，在“Connections”窗口下选择“convectionFlatPlate”，单击“Add”按钮。在“Left System Module”中选择“Outside_air”，在“Right System Module”中选择“ROTATOR－OUTER－AIR”。将“Name”修改为“Outside_air1”，在“Fluid type”中选择“Gas”，单击“Apply”按钮。定义热网络连接关系操作界面如图 11.33 所示。

用同样的操作方法，对外界的空气与其他元件定义热网络关系，定义外界空气与“CASINGLEFT－OUTER”热网络连接如下，“Left System Module”选择“Outside_air”，“Right System Module”选择“CASINGLEFT－OUTER－AIR”，将“name”命名为“Outside_air2”。定义外界空气与“CASING－MIDDLE”热网络连接如下：“Left System Module”选择“Outside_air”，“Right System Module”选择“CASING－MIDDLE－AIR”，将“name”命名为“Outside_air3”。

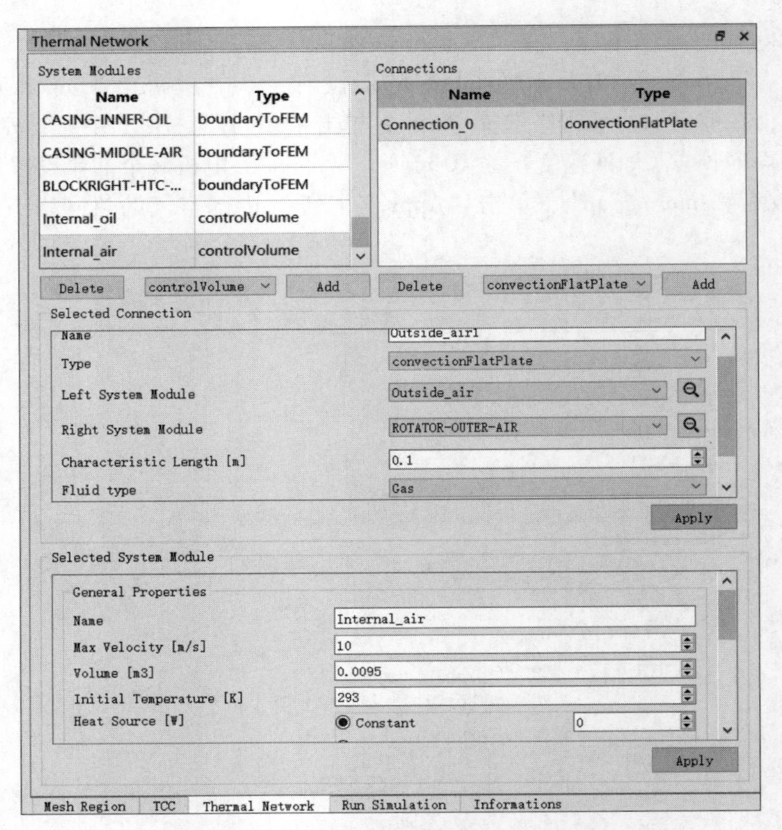

图 11.33　定义热网络连接关系操作界面

其次定义电机内部油液与电机内部接触油液元件表面的热网络连接，在“Connections”窗口下选择“convectionFlatPlate”，单击“Add”按钮。在“Left System Module”中选择“Iternal_oil”，在“Right System Module”中选择“ROTATOR－INNER－OIL”。将“Name”修改为“Internal_oil1”，在“Fluid type”中选择“Liquid”，单击“Apply”按钮。定义内部油液与电机内部元件表面热网络连接关系操作界面如图 11.34 所示。定义其他电机内部元件表面与接触油液的热网络连接，在“Left System Module”中选择“Iternal_oil”，在“Right System Module”中选择“ROTATOR－INNER－OIL”，将“Name”修改为“Internal_oil2”；在“Left System Module”中选择“Iternal_oil”，在“Right System Module”中选择“CASINGLEFT－HTC－OIL”，将“Name”修改为“Internal_oil3”；在“Left System Module”中选择“Iternal_oil”，在“Right System Module”中选择“BLOKLEFT－HTC－OIL”，将“Name”修改为“Internal_oil4”；在“Left System Module”中选择“Iternal_oil”，在“Right System Module”中选择“STATOR－LEFT－OIL”，将“Name”修改为“Internal_oil5”；在“Left System Module”中选择“Iternal_oil”，在“Right System Module”中选择“STATOR－RIGHT－OIL”，将“Name”修改为“Internal_oil6”；在“Left System Module”中选择“Iternal_oil”，在“Right System Module”中选择“WINGDINGLEFT－HTC－OIL”，将“Name”修改为“Internal_oil7”；在“Left System Module”中选择“Iternal_oil”，在“Right System Module”中选择“WINGDINGRIGHT－HTC－OIL”，将“Name”修改为“Internal_oil8”；在“Left System Module”中选择“Iternal_oil”，在“Right System Module”中选择

“CASING - INNER - OIL”，将“Name”修改为“Internal_oil9”；在“Left System Module”中选择“Iternal_oil”，在“Right System Module”中选择“BLOCKRIGHT - HTC - OIL”，将“Name”修改为“Internal_oil10”。

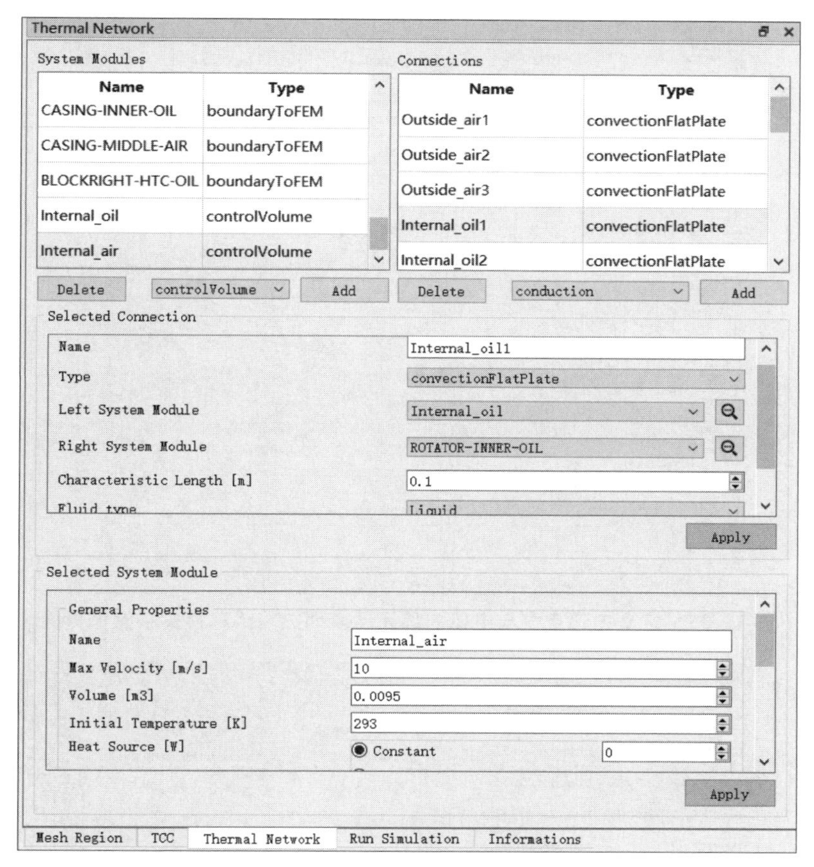

图 11.34　定义内部油液与电机内部元件表面热网络连接关系操作界面

最后定义电机内部空气与电机内部接触空气元件表面的热网络连接，在“Connections”窗口下选择“convectionDisk”，单击“Add”按钮。在“Left System Module”中选择“Iternal_air”，在“Right System Module”中选择“STATOR - INNER - AIR”。将“Name”修改为“Internal_air1”，在“Characteristic Length”值中输入 0.003，单击“Apply”按钮。定义内部空气与电机内部元件表面热网络连接关系操作界面如图 11.35 所示。除此之外，在“Left System Module”中选择“Iternal_air”，在“Right System Module”中选择“STATOR - INNER - AIR”。将“Name”修改为“Internal_air2”，在“Characteristic Length”值中输入 0.003，单击“Apply”按钮。

内部油液与空气会有对流换热关系，需要建立内部油液与空气热网络连接，在“Connections”窗口中选择“conduction”，单击“Add”按钮。在“Left System Module”中选择“Iternal_oil”，在“Right System Module”中选择“Internal_air”。将“Name”修改为“conduction”，单击“Apply”按钮。电机内部空气与油液的热网络连接操作界面如图 11.36 所示。

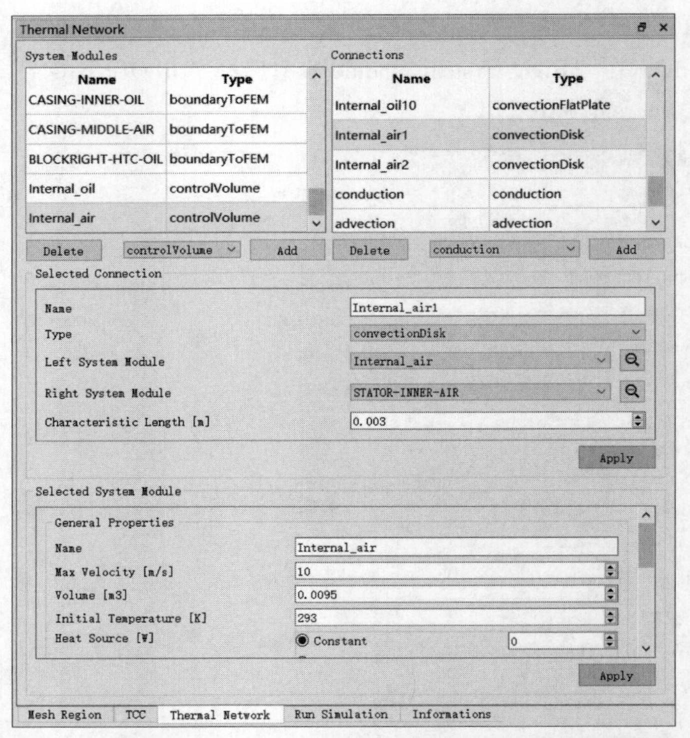

图 11.35　定义内部空气与电机内部元件表面热网络连接关系操作界面

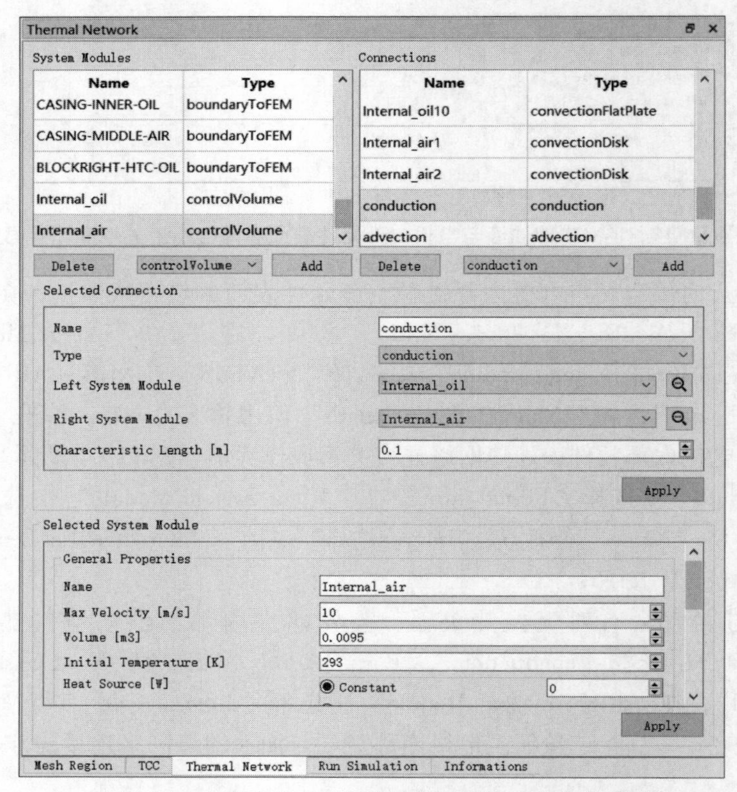

图 11.36　电机内部空气与油液的热网络连接操作界面

为电机建立一个恒温流量入口，在“System Modules”窗口下选择“boundaryNode”，单击“Add”按钮，在“Selected System Modules”窗口下将“Temperature”修改为 373 K，在下拉列表框中单击“Import Properties From library”按钮，在弹出的对话框中选择“water”，单击“Apply”按钮。为电机创建一个恒温的油液入口操作界面如图 11.37 所示。

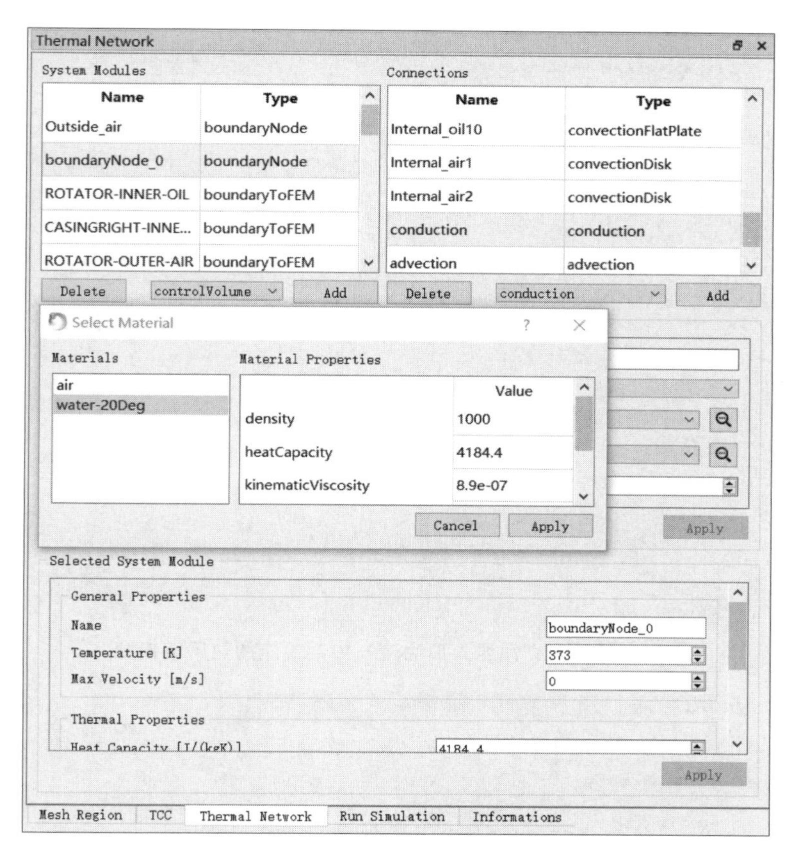

图 11.37　创建一个恒温的油液入口操作界面

建立恒温入口油液与内部油液的热网络连接，在“Connections”窗口下选择“advection”，单击“Add”按钮，在“Left System Module”中选择“boundaryNode_0”，在“Right System Module”中选择“Internal_air”，将“Mass Flow Rate”值设定为 0.033，将“Name”命名为“advection”，单击“Apply”按钮。建立恒温入口油液与内部油液的热网络连接如图 11.38 所示。

2. 求解设置

单击“Run Simulation”按钮，修改时间步长“DeltaTime”“EndTime”“Write Internal”“Number of Cores”。最后单击“Run”按钮。求解设置操作界面如图 11.39 所示。

3. 流场计算结果及后处理

1）温度场分布后处理

在 shonTA 软件中，单击“Reload Result Data”按钮，在“Time”下拉列表框中选择计算的最后时间。在“Model”中将“Body Regions”前面的眼睛按钮关闭。打开“Simulation

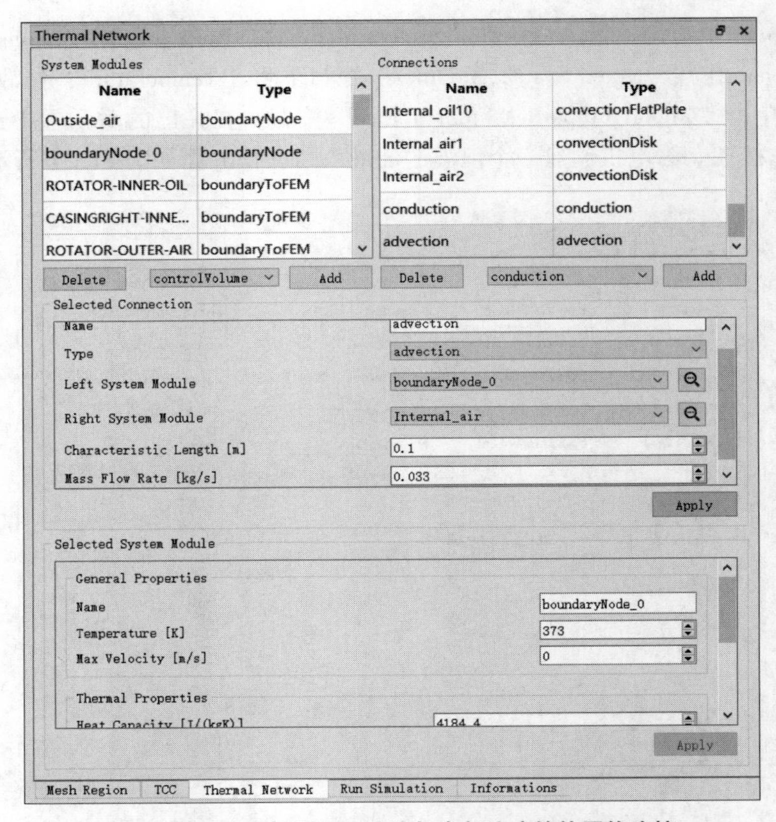

图 11.38 建立恒温入口油液与内部油液的热网络连接

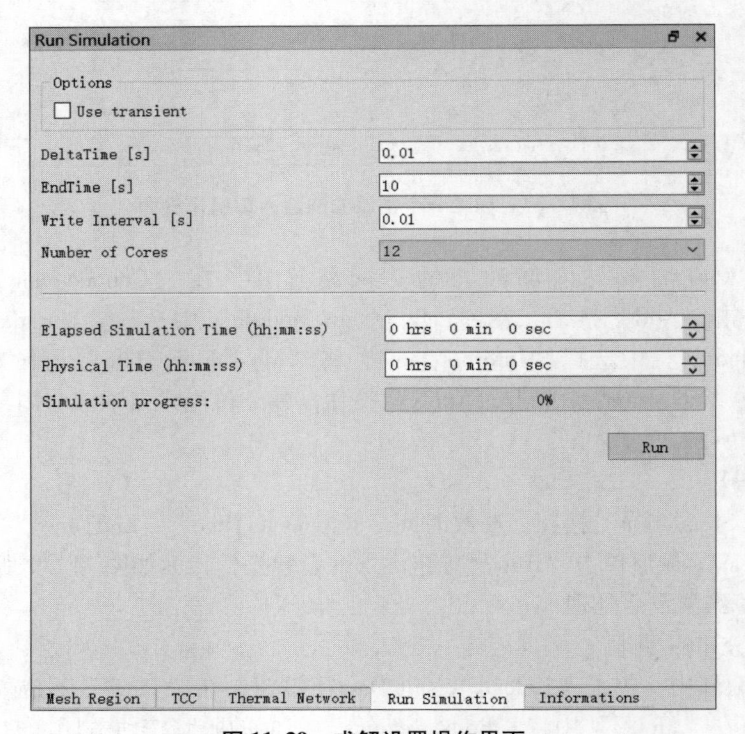

图 11.39 求解设置操作界面

Result”中的“Body Results”前面的眼睛按钮，将“CASING”“CASING_LEFT”“CASING_RIGHT”前面的眼睛按钮关闭。将“Body Results”下的每个元件在“Property”下拉列表框中选择“Temperature”。可以在“Scene Viewer”窗口中看到电机的温度场的分布。温度场分布后处理操作界面如图 11.40 所示。

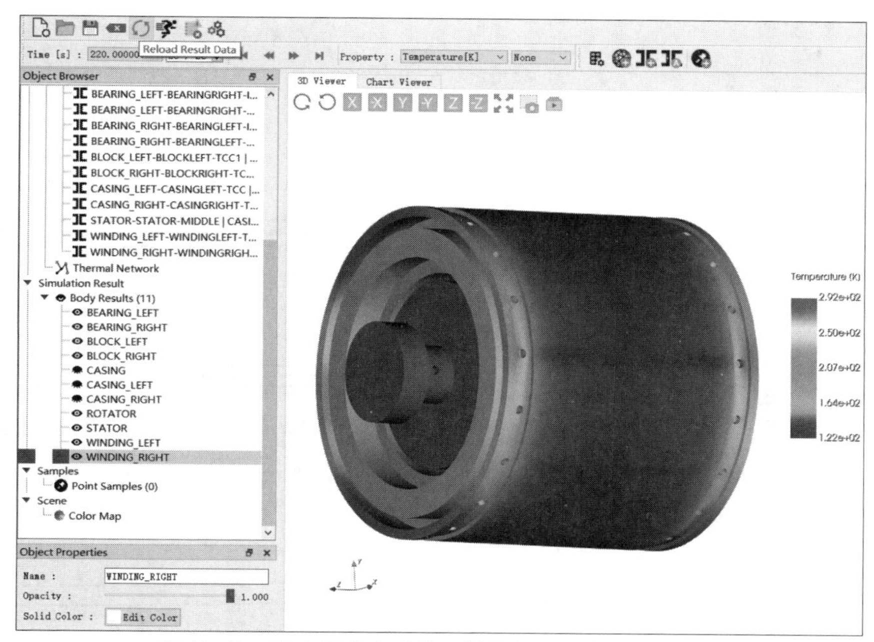

图 11.40　温度场分布后处理操作界面（书后附彩插）

2）HTC 分布后处理

与温度场分布后处理操作步骤相同，将每个元件的“Property”选择 HTC 即可。HTC 分布结果如图 11.41 所示。

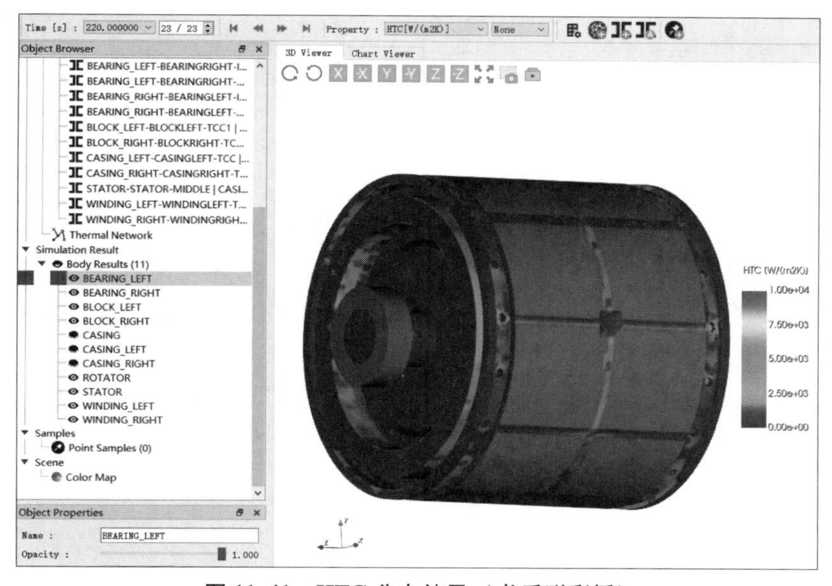

图 11.41　HTC 分布结果（书后附彩插）

3）各部件温度变化曲线

单击“Chart Viewer”按钮，在“Select Data to Plot”中选中“Body Regions”，在“X Axis Variables”中选择“Time”，在“Y Axis Variables”中选择“Temperature”，单击“Plot”按钮。在“Line Chart”中可以看到每个部件的变化曲线。各部件温度变化曲线操作界面如图 11.42 所示。

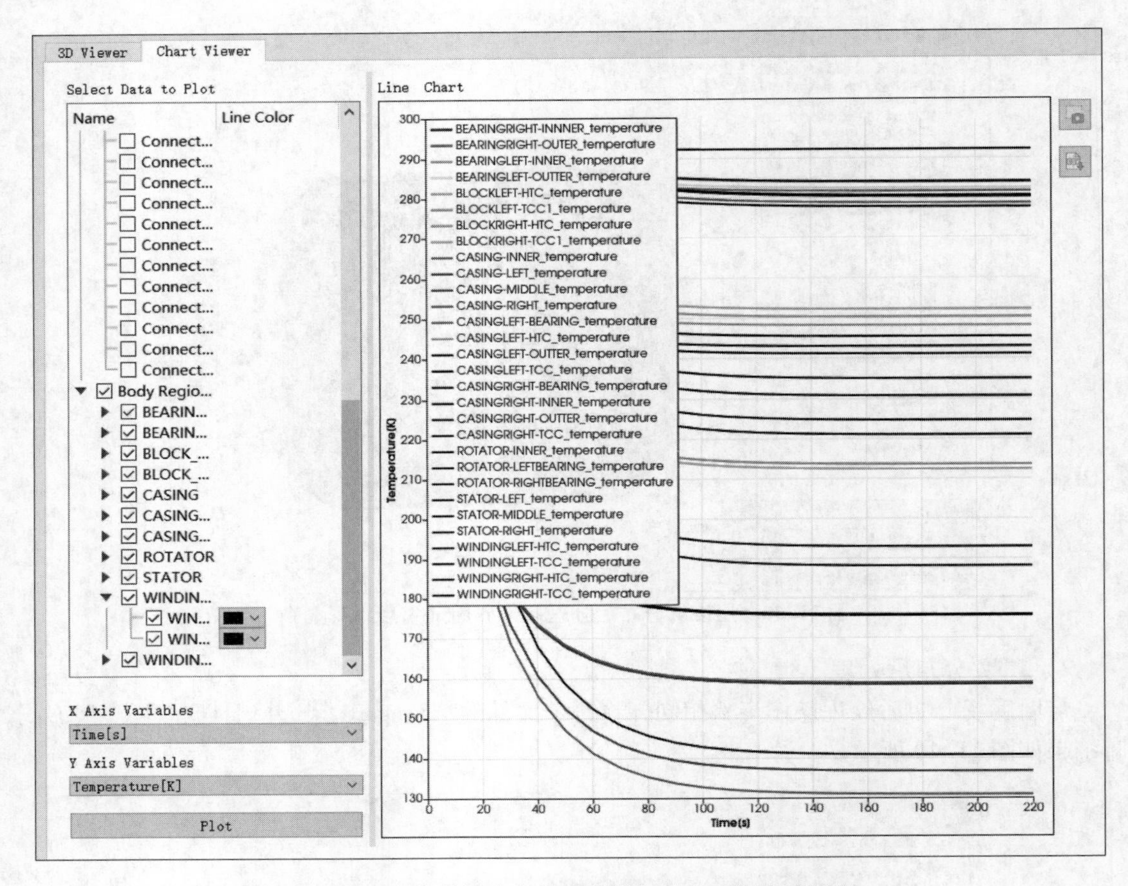

图 11.42　各部件温度变化曲线操作界面（书后附彩插）

11.4　本章小结

本章主要介绍了如何将 shonDy 软件计算的 HTC 系数加载到 shonTA 对油冷电机进行流场和温度场计算。其中，涉及用 shonDy 软件对计算结果进行后处理，包括减速器润滑流场的压力和速度云图。重要的是如何对油冷电机进行温度场的求解计算设置，包括定义热源、导入 shonDy 计算的 HTC、接触热阻、热网络连接关系、温度场的计算结果后处理等。

第 12 章

前处理—抽取流场域

12.1 前处理—抽取流场域概述

当进行 CFD 有限元仿真分析时，往往需要对流场域模型进行网格划分操作，对于一些简单的算例，我们可以直接利用专业 CAD 软件建立流场域模型。但针对具有复杂结构的算例（如轴承、齿轮泵、变速器与发动机润滑油路等）进行 CFD 仿真分析时，很难直接构建真实的流场域模型，这就需要在已建立 CAD 模型的基础上抽取计算所需的流场域。抽取流场域作为 CFD 仿真重要的前处理操作之一，熟练掌握操作技巧可大大减少仿真任务的工作量，且关系着计算模型的精准度和仿真结果的准确度，本章将针对不同的模型介绍不同的抽取流场域方法供读者参考。

12.2 抽取流场域的方法

12.2.1 利用 CAD 建模软件抽取流场（SolidWorks）

本小节介绍如何使用 SolidWorks 中的布尔运算操作抽取 6210 轴承腔内的流场域，如图 12.1 所示，其三维模型相对于实物已做部分简化，如忽略倒角、删除防尘盖和保持架、增大滚子与内外圈之间间隙等。

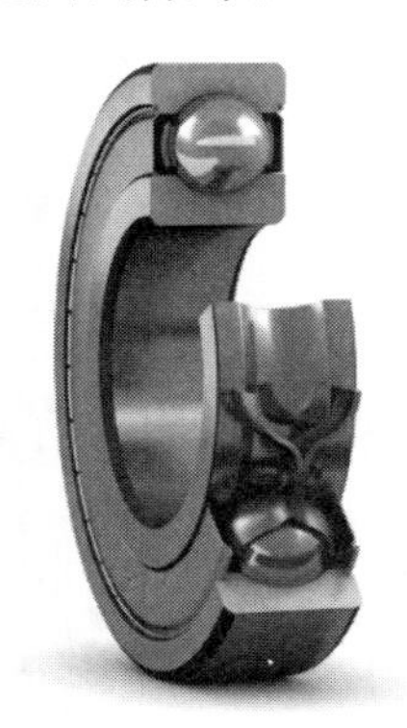
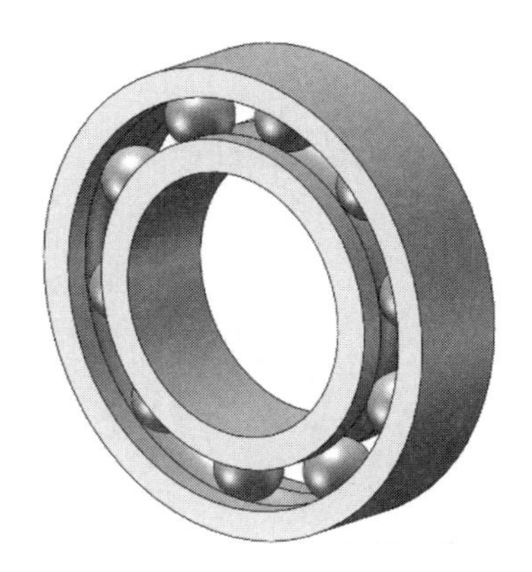

图 12.1 6210 轴承及三维模型

1. 将装配体重新以 .sldprt 格式保存

将已经按确定关系组合的装配体保存为单个零件。

2. 新建与轴承同尺寸的实心体

新建与要抽取流场域模型同尺寸的实心体，并保存，如图 12.2 所示。

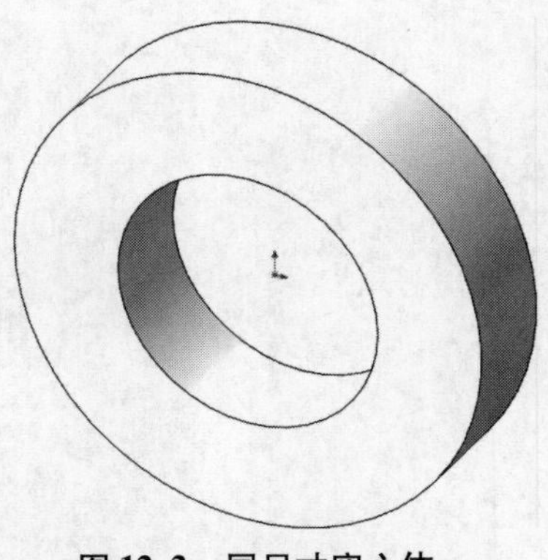

图 12.2 同尺寸实心体

3. 将实心体与轴承模型重合

重新打开已保存的轴承 . sldprt 文件，顺次单击插入→零件，并将新创建的实心体与轴承模型重合装配。

4. 利用布尔运算抽取流场域

将轴承模型与实体做相减的布尔运算，插入→特征→组合→删减，完成后另存为 CFD 软件可识别的文件格式（. igs、. x_t）即可，如图 12.3 所示。

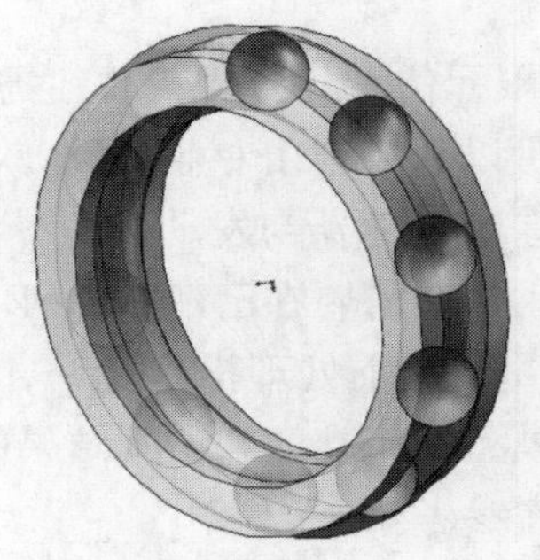

图 12.3 抽取后的轴承腔内部流场域

12.2.2 利用 DM 抽取流场域（Fill/By Caps 方法）

在 CAD 软件中提取的计算域导入 CAE 前处理软件中常常会发生几何征丢失的情况，对于复杂的几何体会更加严重，这时也可以利用 CFD 前处理软件抽取流场域。

1. 建立流场域所有出口面

若几何模型内部流场比较复杂，可使用 ANSYS 15.0 版本自带 DM 模块中的 Fill/By Caps 方法，首先要建立流场的出口面，使出口面与实体模型形成封闭的空间。

打开 DM 模块，如图 12.4 所示，导入实体模型“Import External Geometry File→Generate”。

利用边建立轴承左右两侧的出口面，“Concept”→“Surface From Edges”→“Generate”，如图 12.5 所示。

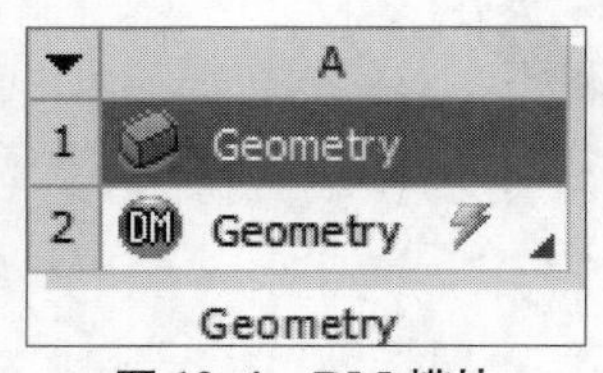

图 12.4 DM 模块

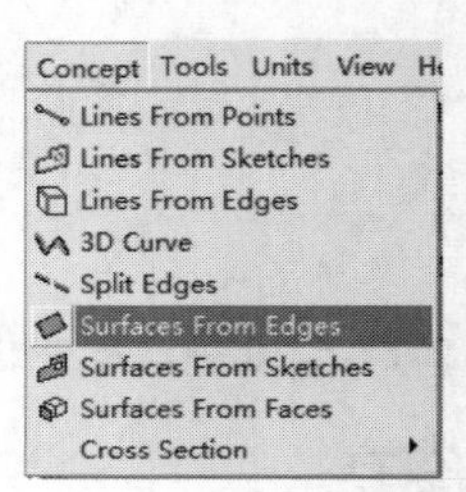

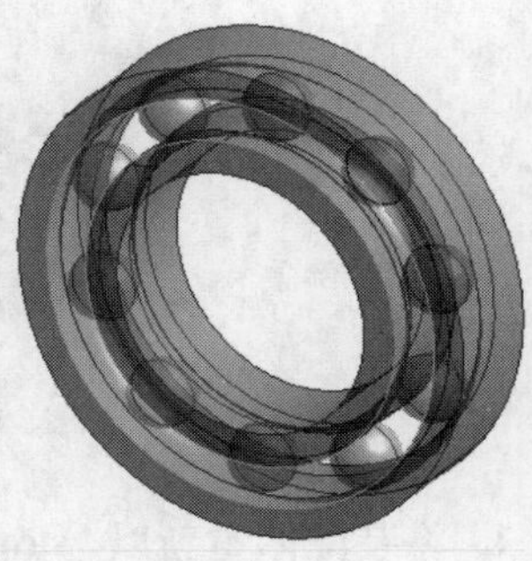

图 12.5 建立出口面

2. 处理出口面

发现完成上步操作后未生成圆环状出口面，而是生成了两个同心圆面，此时需再做一次布尔操作，与 SW 类似，顺次单击“Create”→“Boolean”→“Subtract”→“Generate”按钮即可，如图 12.6 所示。

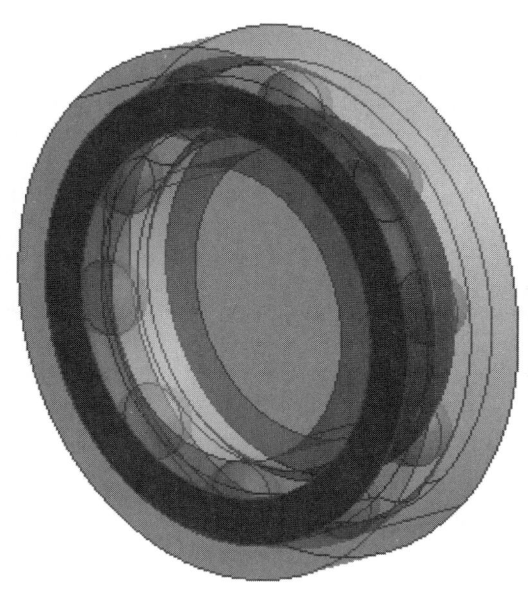

图 12.6　处理后两侧圆环状出口面

提示：此步骤非必要，视情况而定。

3. 抽取流场域

顺次单击“Tools”→“Fill”→“By Caps”→“Target Bodies”→“All Bodies”→“Generate”按钮，如图 12.7 所示。

Details of Fill8	
Fill	Fill8
Extraction Type	By Caps
Target Bodies	All Bodies
Preserve Capping Bodies	No
Preserve Solids	Yes

图 12.7　Fill/By Caps 操作

完成后 Suppress 或删掉其他 Solid，另存为自己需要的文件格式即可，如图 12.8 所示。

12.2.3　利用 DM 抽取流场域（Fill/By Cavity 方法）

如图 12.9 所示，实体模型中有一段弯曲的管道，在无管道路径函数的前提下直接创建流场域模型很难操作，此时可使用 Fill/By Cavity 方法。

提示：这种方法应该是最简单的，但是局限性很强，只适合处理流场域表面较为简单的模型。

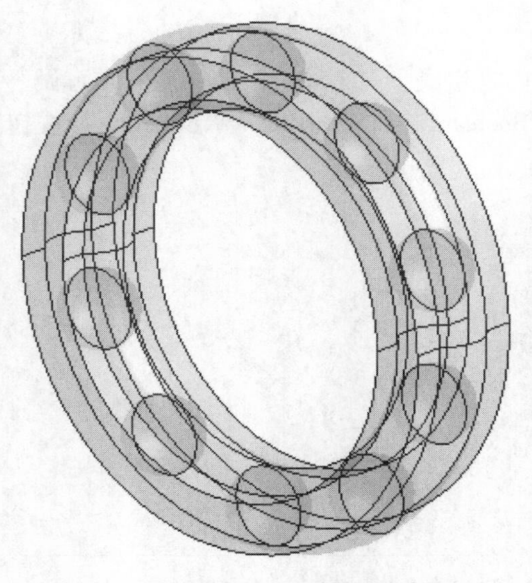

图 12.8　利用 Fill/By Caps 抽取的流场域

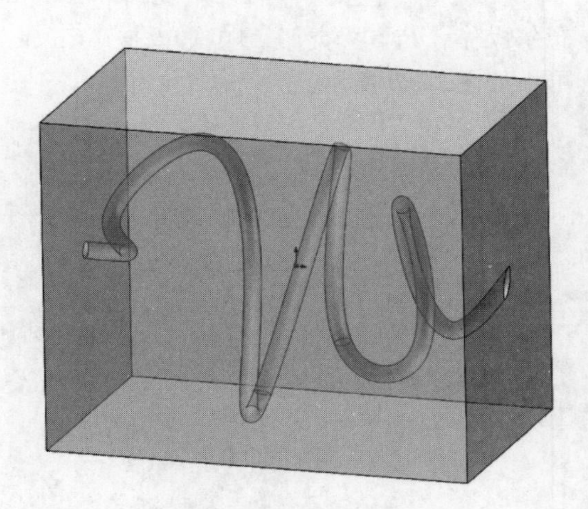

图 12.9　实体模型

选取实体模型的所有内表面后顺次单击 “Tools”→“Fill”→“By Cavity”→“Faces”→“Generate” 按钮即可，如图 12.10 所示。

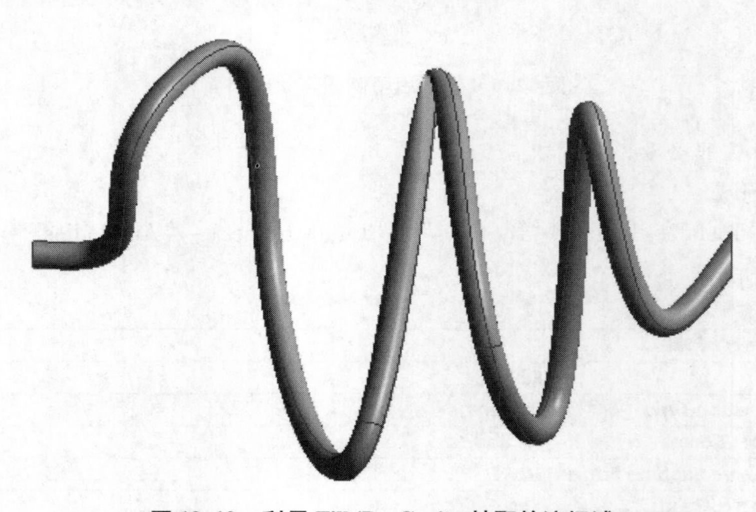

图 12.10　利用 Fill/By Cavity 抽取的流场域

提示：所选取的表面必须在同一实体上，所以这种方法不适用于轴承流场的抽取。

12.2.4　利用 SpaceClaim（SCDM）抽取流场域（一）

图 12.11 所示实体模型内部是一个具有旋转曲面的空腔，可通过 ANSYS 19.2 版本自带的 SpaceClaim（SCDM）模块抽取流场域。

1. 选择抽取方法

在上方菜单栏处顺次单击 “Prepare”→“Volume Extract” 按钮后，选择图 12.12 所示图标。

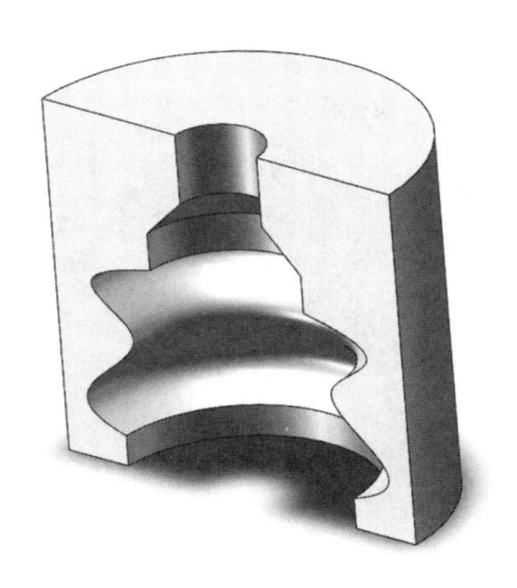

图 12.11　实体模型

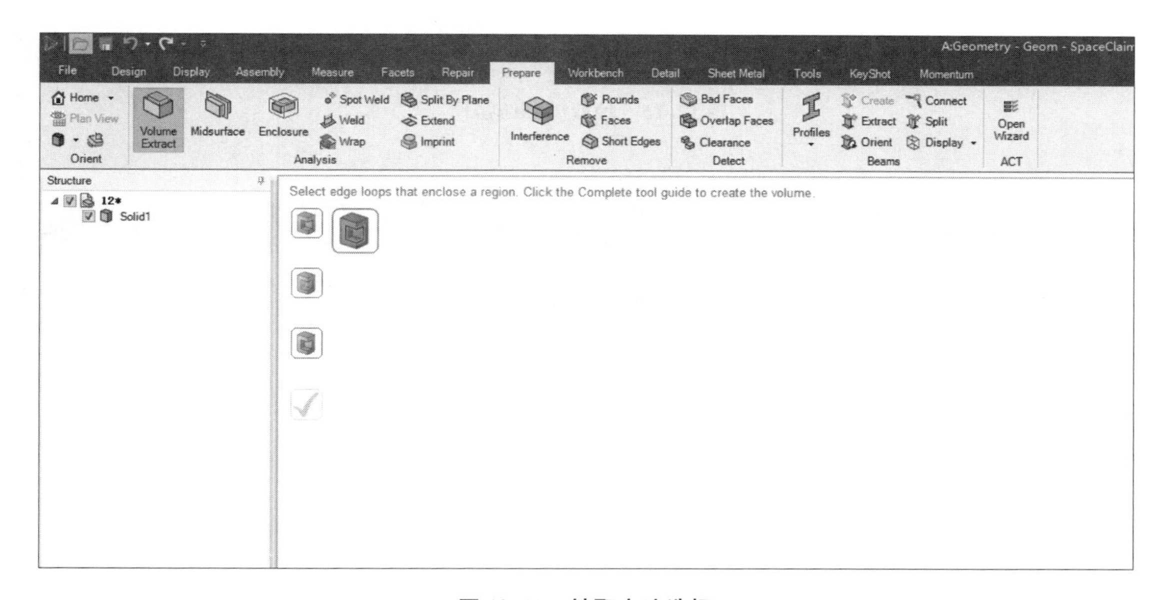

图 12.12　抽取方法选择

2. 抽取流场域

选择所抽取流场域的上下面边界后单击左侧的√图标，然后删除原有的实体，另存为所需要的文件格式即可，如图 12.13 所示。

12.2.5　利用 SpaceClaim（SCDM）抽取流场域（二）

1. 选择抽取方法

打开 SCDM 模块，顺次单击“File”→“Open”按钮，导入实体模型后，在上方菜单栏处单击“Prepare”→“Volume Extract”按钮，选择图 12.14 所示图标。

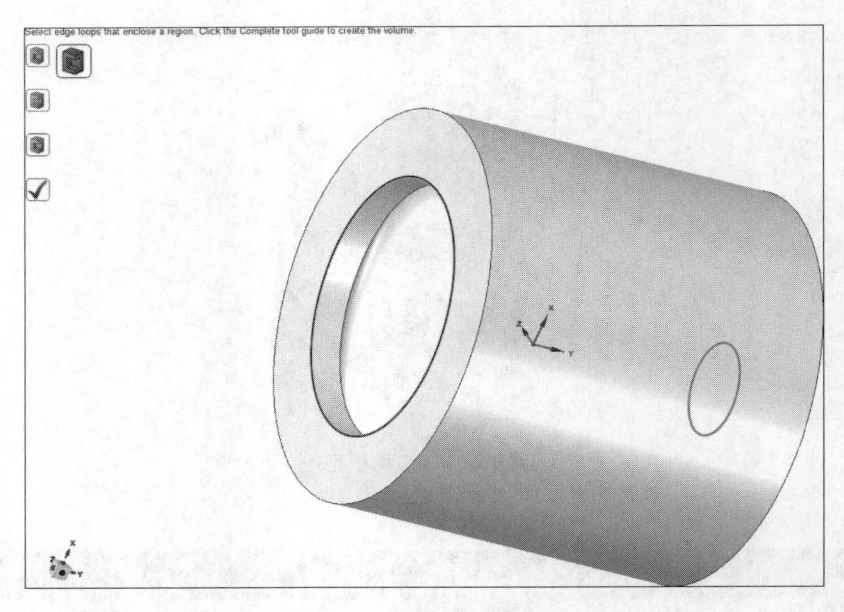

图 12.13　抽取流场域操作

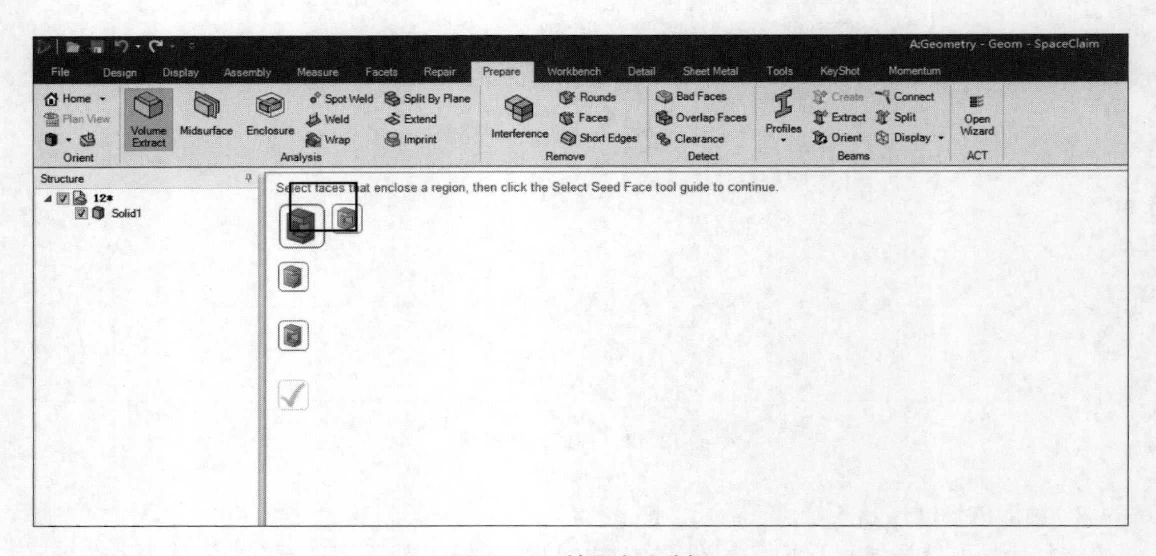

图 12.14　抽取方法选择

2. 抽取流场域

选择实体的上下面后，再选取图 12.15 所示图标，选择所抽取流场域的任意外表面，然后单击左侧的√图标就可生成流场域，最后删除原有的实体另存为所需要的文件格式即可。

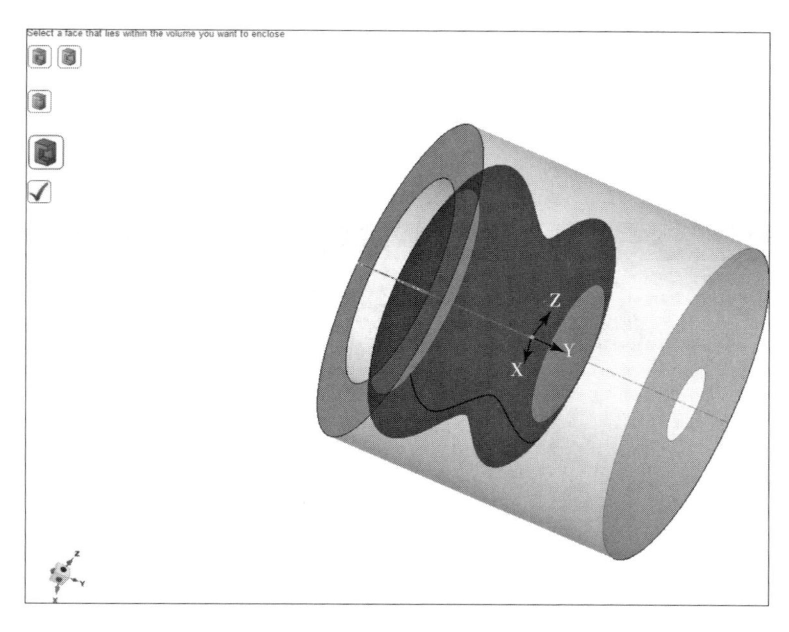

图 12.15　抽取流场域操作

12.2.6　利用 SpaceClaim（SCDM）抽取流场域（三）

1. 选取边界面

首先选取流场域的所有边界面，然后右击“Detach”按钮，如图 12.16 所示。

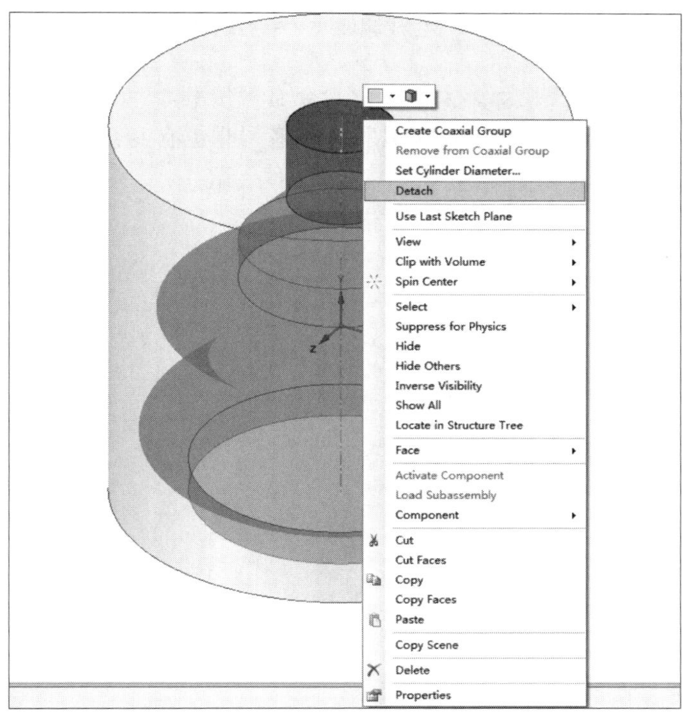

图 12.16　选取边界面操作

2. “修补”生成流场域

生成流场边界面后在左侧模型树隐藏实体模型，然后在上方菜单栏处单击“Repair”→“Missing Faces”按钮对流场上表面进行修补并固体化，最后删除原有的实体保存为所需要的文件格式即可，如图 12.17 所示。

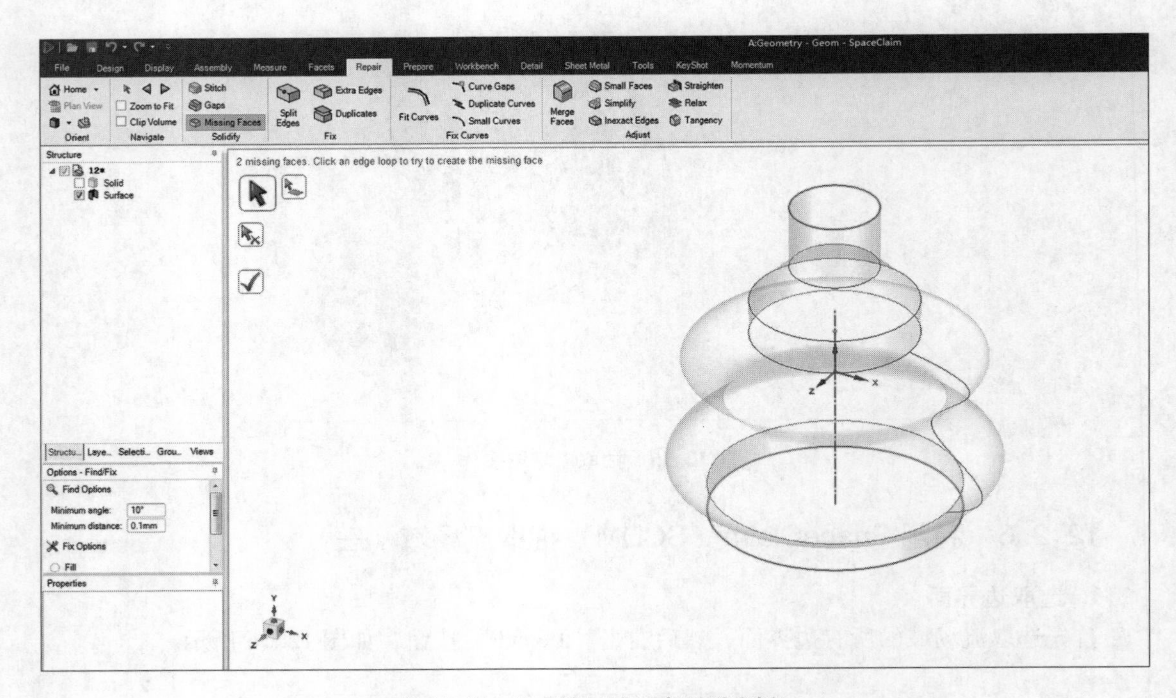

图 12.17　生成流场域（书后附彩插）

提示：缺失的面边界线会变红，左键选中后会自动修补。

抽取流场域的方法远不止本章介绍的几种，读者可根据自身需求选取不同的方法，本章仅供参考。

参考文献

[1] 梁全，苏齐莹．液压系统 AMESim 计算机仿真指南［M］．北京：机械工业出版社，2014.

[2] 郝楠楠，王爱红，高有山，等．基于 AMESim 的汽车起重机起升机构的能耗分析［J］．液压气动与密封，2015（5）：15－18.

[3] 蒋俊，张建，冯贻江，等．丘陵山地拖拉机电液悬挂系统的设计与仿真分析［J］．浙江师范大学学报（自然科学版），2019，42（1）：31－35.

[4] 冯开林，陈康宁，邹广德，等．先进液压控制技术在工程机械的应用研究［J］．工程机械，2002（5）：48－50.

[5] 肖秋芳．基于 AMESim 的单作用叶片泵压力及流量脉动的研究［J］．科技通报，2019（5）：171－174.

[6] MANCÒ S，NERVEGNA N，RUNDO M，et al. Modelling and simulation of variable displacement vane pumps for IC engine lubrication［C］//SAE 2004 World Congress & Exhibition，2004.

[7] 缪爱华．液压比例控制与伺服控制的比较［J］．机电设备，1989（1）：45－51.

[8] 韩林森．CVT 液压控制系统建模与仿真［D］．成都：西华大学，2012.

[9] 杨阳，秦大同，杨亚联，等．车辆 CVT 液压系统功率匹配控制与仿真［J］．中国机械工程，2006（4）：426－431.

[10] 刘震．车辆液压主动悬挂系统建模与控制［D］．长沙：国防科学技术大学，2007.

[11] 晋碧瑄，翟涌，张涛．大功率 AT 电液换档控制回路 AMESim 建模分析［J］．液压与气动，2016（2）：85－89.

[12] 黄开启．大客车液压助力主动转向系统控制研究［D］．广州：华南理工大学，2016.

[13] 谢增亮，郑明军，吴文江，等．轨道除雪车行驶驱动液压系统仿真研究［J］．机床与液压，2019，47（23）：93，130－133.

[14] 王刚刚．基于 AMESim－Simulink 的防抱死制动系统联合仿真研究［J］．机械制造与自动化，2016，45（1）：95－97，119.

[15] 杨武双．基于 AMESim 的车辆防抱死制动系统的仿真研究［D］．长沙：湖南大学，2008.

[16] 谢宇航，王保华．基于 AMESim 的工程车辆液压传动系统建模与仿真［J］．长春大学学报，2018，28（6）：15－19.

[17] 杨非，雷金柱．基于 AMESim 的工程车辆液压悬架系统仿真［J］．液压气动与密封，2008（2）：31－34.

[18] 李春风. 基于 AMEsim 的随车起重机液压系统仿真优化 [D]. 上海：上海师范大学，2016.
[19] 姜皓. 静液压传动式车辆驱动系统的研究 [D]. 北京：北京理工大学，2016.
[20] 王倩. 静液压传动式专用车辆的驱动速度控制研究 [D]. 成都：西华大学，2018.
[21] 孙伟，郑啸洲. 履带车辆液压机械无级传动的方案设计及特性分析 [J]. 现代机械，2017 (4)：46 – 50.
[22] 谢继鹏. 某特种车辆静液传动系统设计与仿真研究 [D]. 南京：南京理工大学，2013.
[23] 石培吉，施国标，林逸，等. 转阀式液压助力转向系统建模与仿真分析 [J]. 机床与液压，2009，37 (2)：28，37 – 38.
[24] 贺辉. 重型卡车轮毂马达液压驱动系统建模与控制策略研究 [D]. 长春：吉林大学，2014.
[25] 李博，吕彩琴，居玉辉，等. 越野车辆液压驱动系统建模与仿真 [J]. 机床与液压，2016，44 (4)：62 – 66.
[26] 杨阳，汪小平，秦大同，等. 速比变化过程中 CVT 液压系统动态性能仿真 [J]. 重庆大学学报，2010，33 (4)：9 – 13.
[27] 吴巧瑞，王化明. 一种无网格方法——移动粒子半隐式方法 MPS [M]. 上海：上海交通大学出版社，2018.
[28] 王福军. 计算流体动力学分析：CFD 软件原理与应用 [M]. 北京：清华大学出版社，2004.
[29] ANDERSON J D. 计算流体力学入门 [M]. 姚朝晖，周强，译. 北京：清华大学出版社，2010.
[30] 吴望一. 流体力学 [M]. 北京：北京大学出版社，2004.
[31] 李鹏飞，徐敏义，王飞飞. 精通 CFD 工程仿真与案例实战 [M]. 北京：人民邮电出版社，2011.
[32] 胡坤，李振北. ANSYS ICEM CFD 工程实例详解 [M]. 北京：人民邮电出版社，2014.
[33] 陈家瑞. 汽车构造：上册 [M]. 北京：机械工业出版社，2005.

彩　插

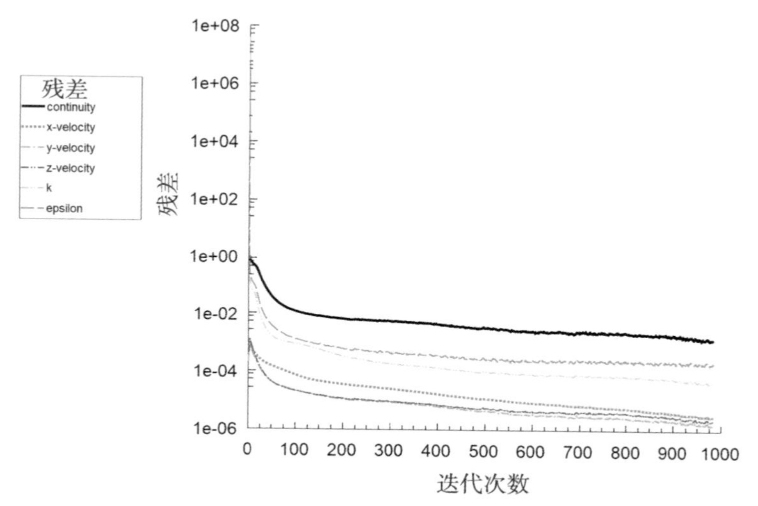

图 7.23　迭代残差变化

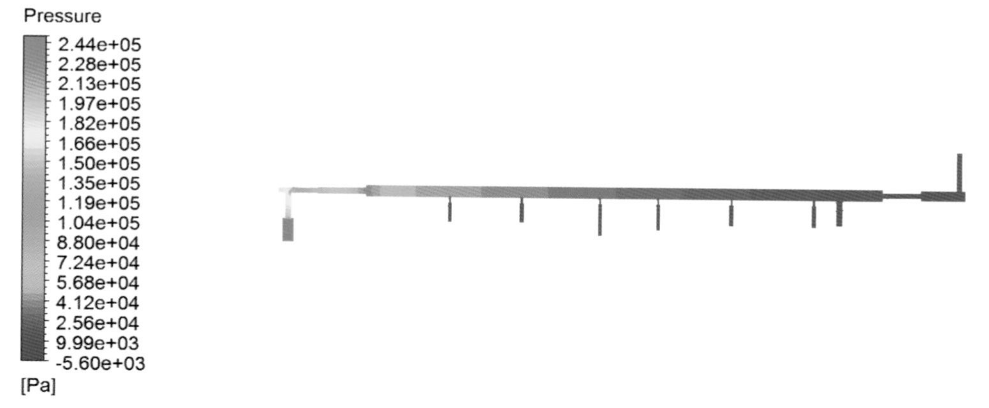

图 7.29　压力分布云图

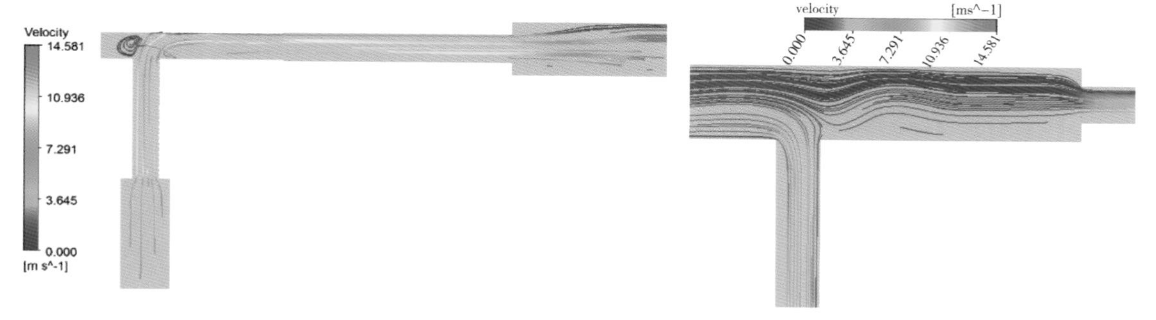

图 7.30　局部速度流线图

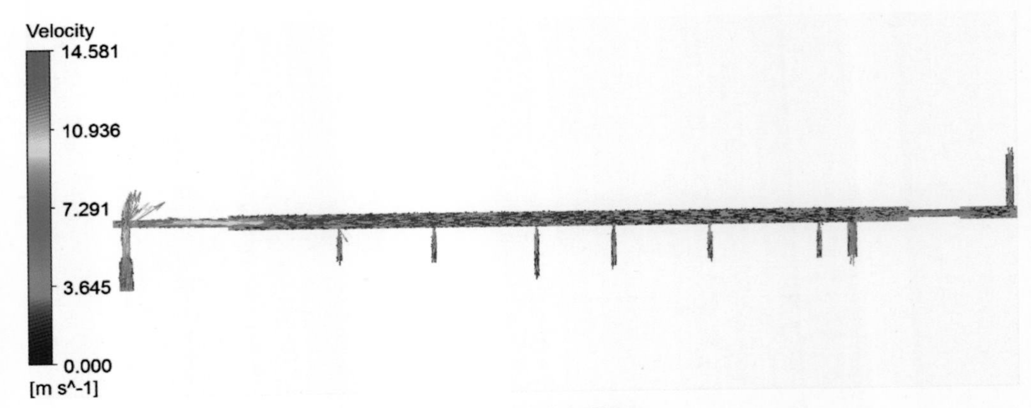

图 7.31　流速矢量图

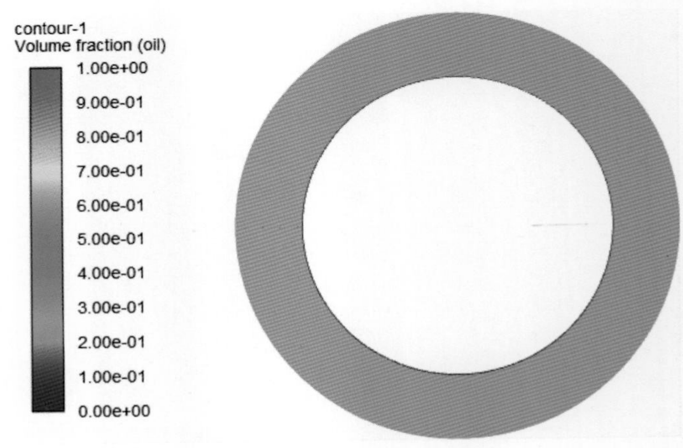

图 8.32　初始化后云图

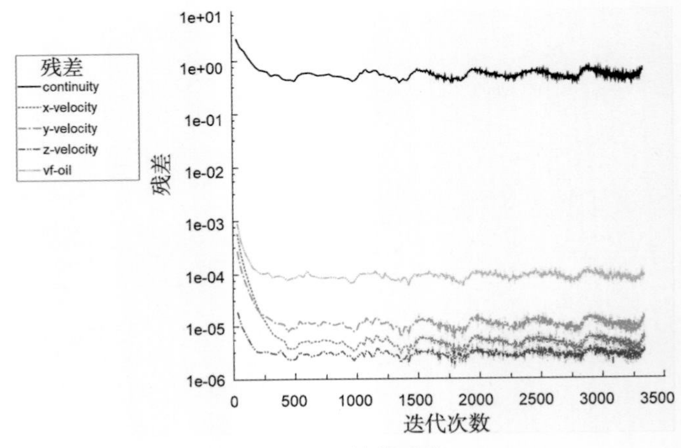

图 8.33　计算残差

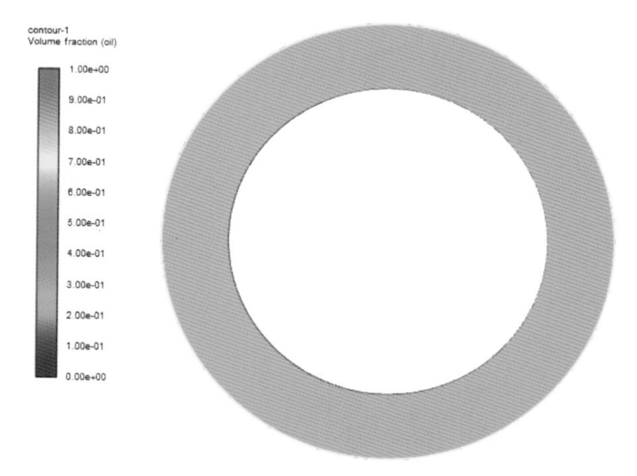

图 **8. 37** 全液相流云图

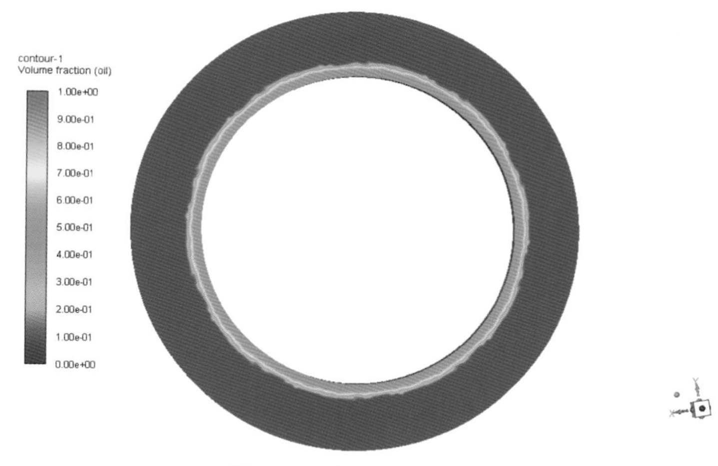

图 **8. 38** 气液分层流云图

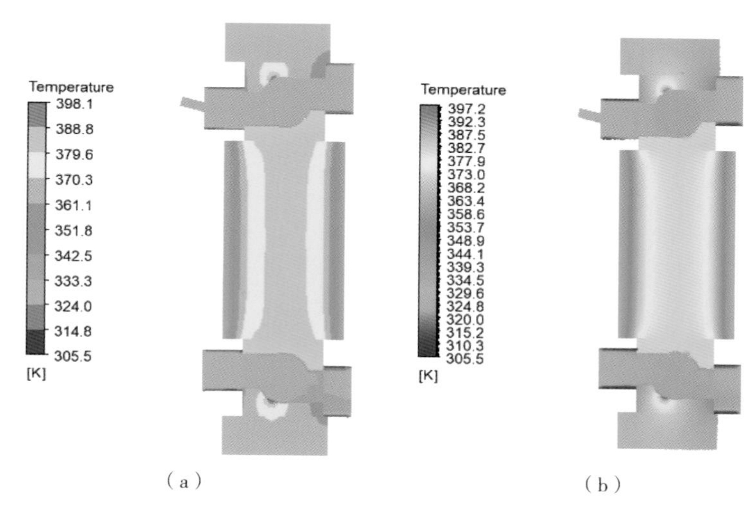

图 **9. 25** 轴承流固耦合传热区域温度场切片

(a) 过渡较大的温度场切片；(b) 过渡平滑的温度场切片

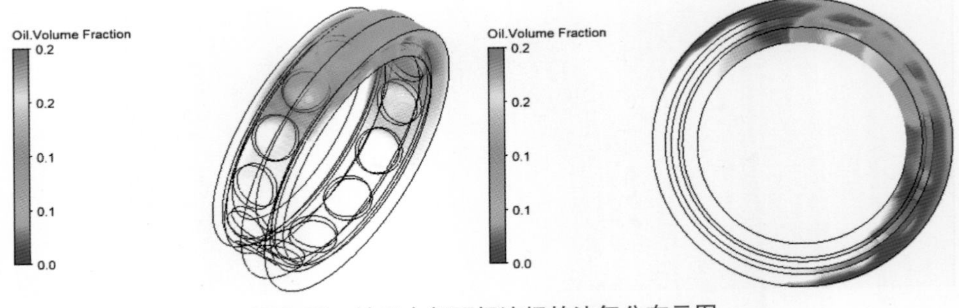

图 9.27　轴承内部两相流场的油气分布云图

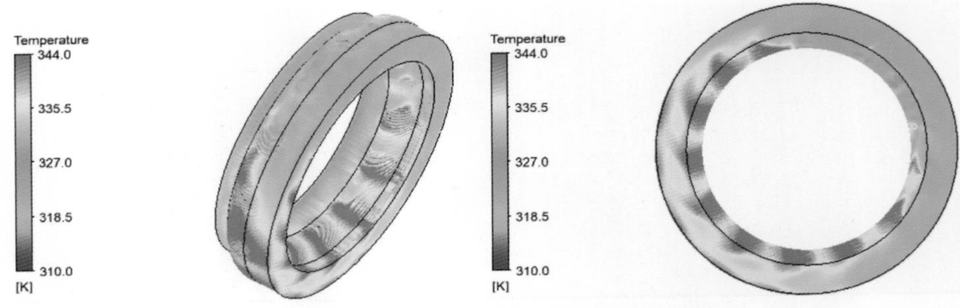

图 9.28　轴承内部两相流场的温度分布云图

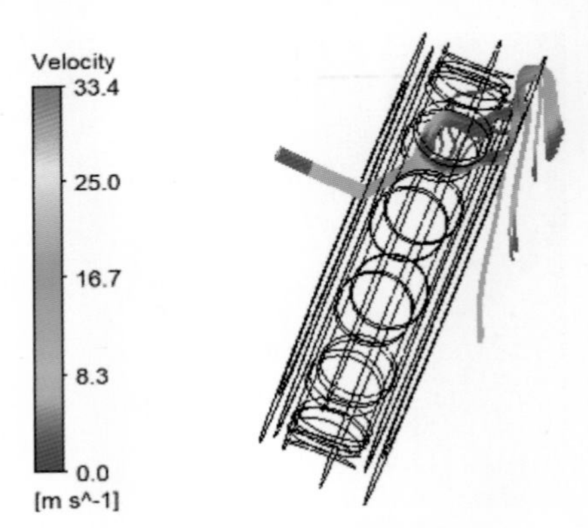

图 9.30　轴承内部流线图

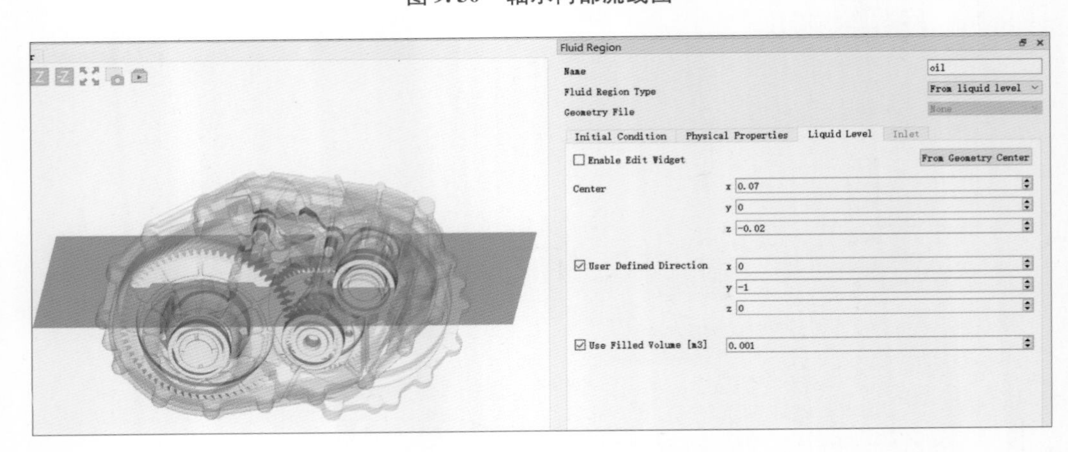

图 10.10　液位点及体积设定界面

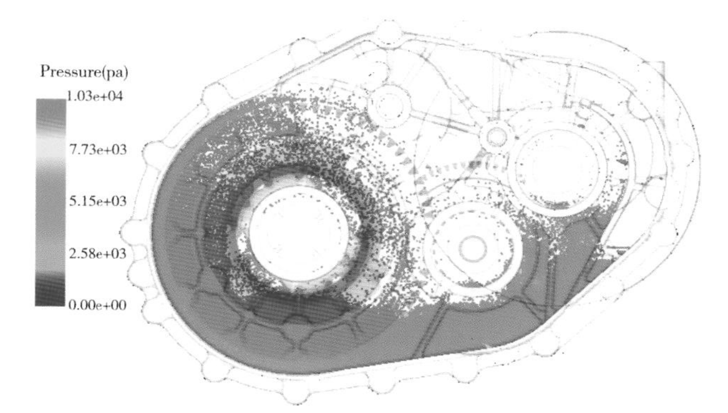

图 10.21　压力云图

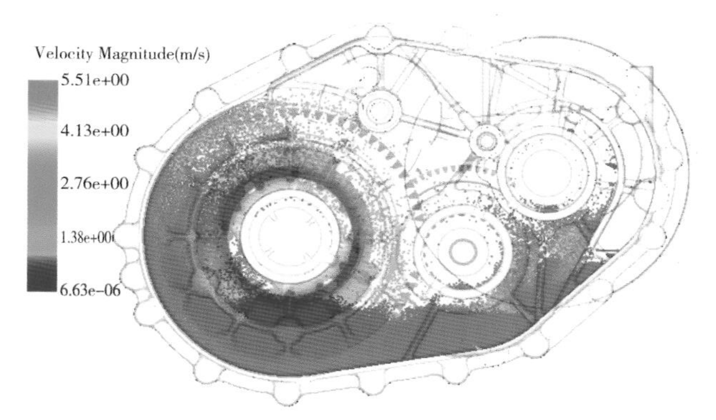

图 10.22　速度云图

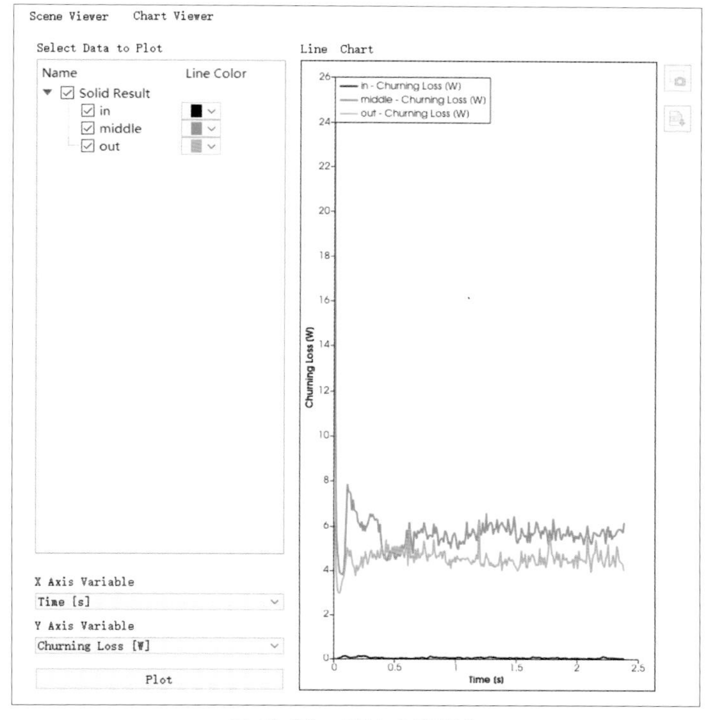

图 10.23　搅油功率损失

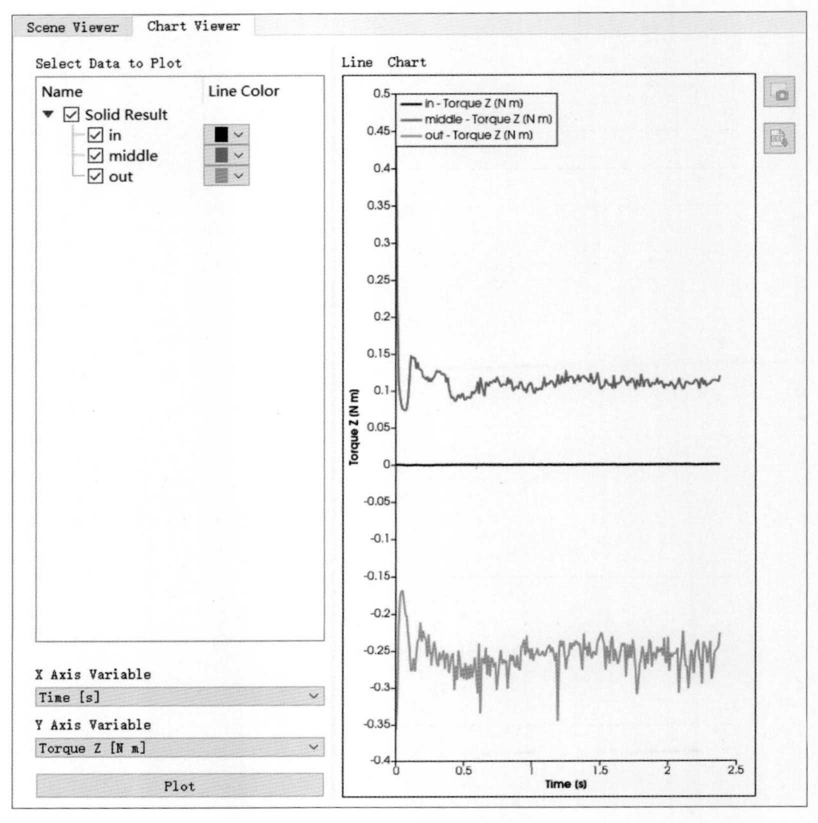

图 10.24　搅油力矩

图 10.26　显示流体结果

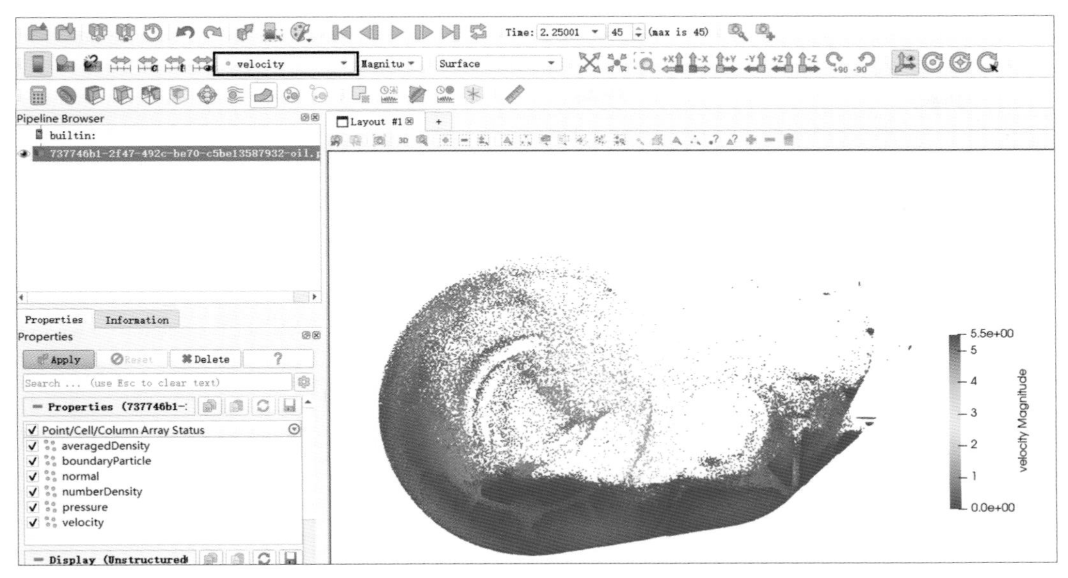

图 10.27　过滤粒子操作界面

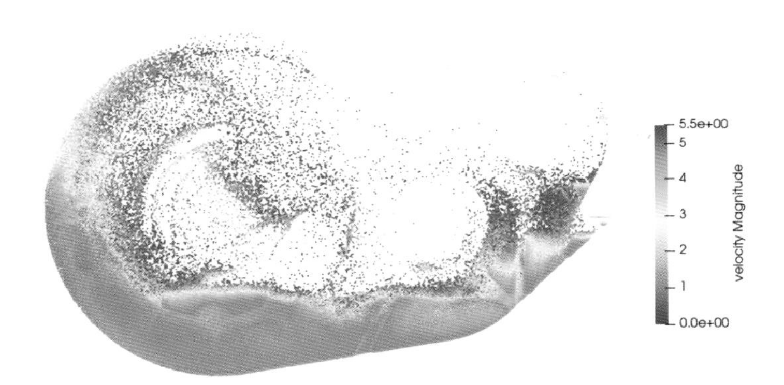

图 10.28　查看粒子数操作界面

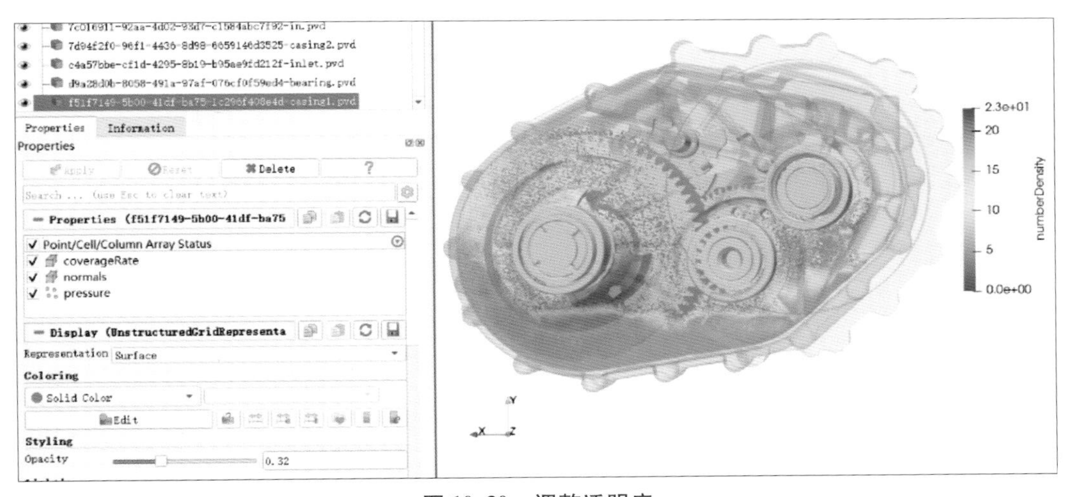

图 10.30　调整透明度

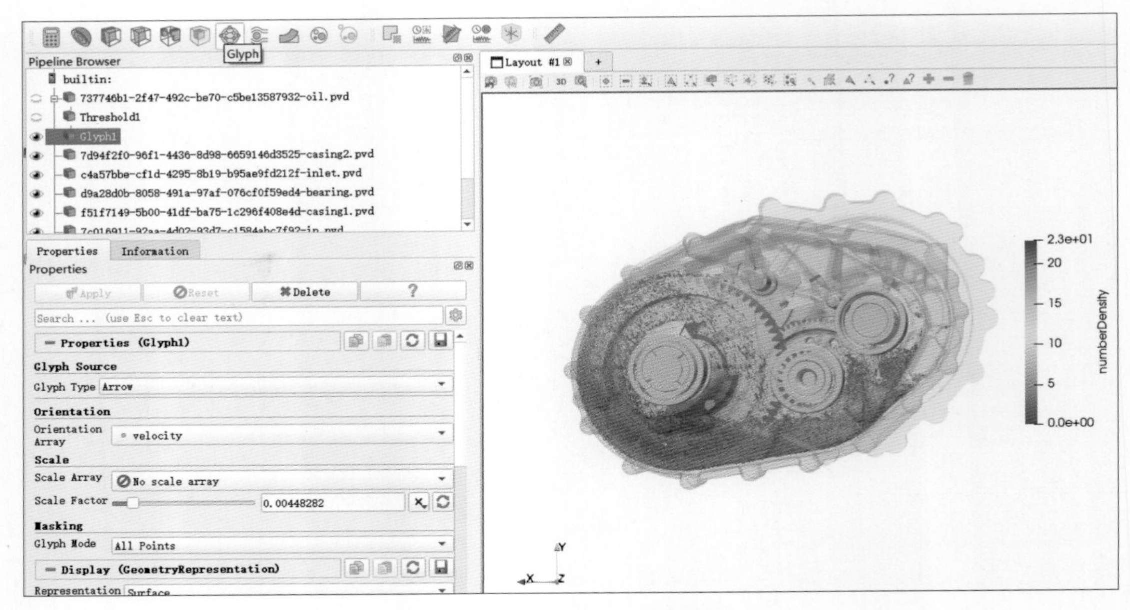

图 10.31　速度矢量渲染结果

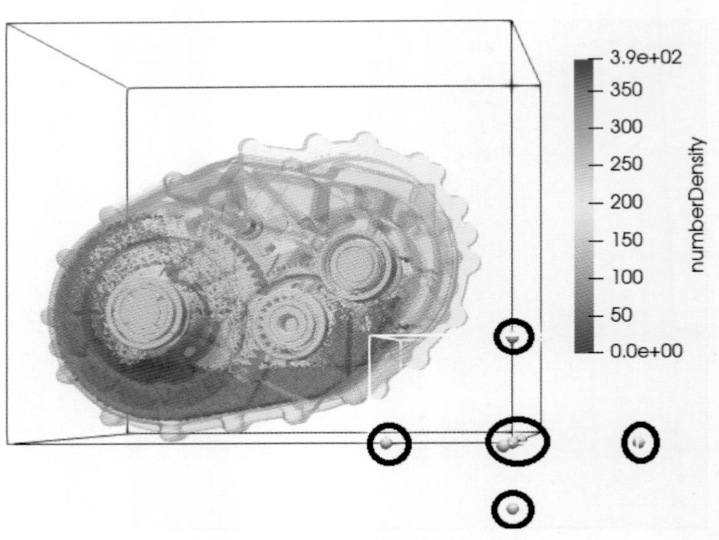

图 10.33　扩大液体渲染区域

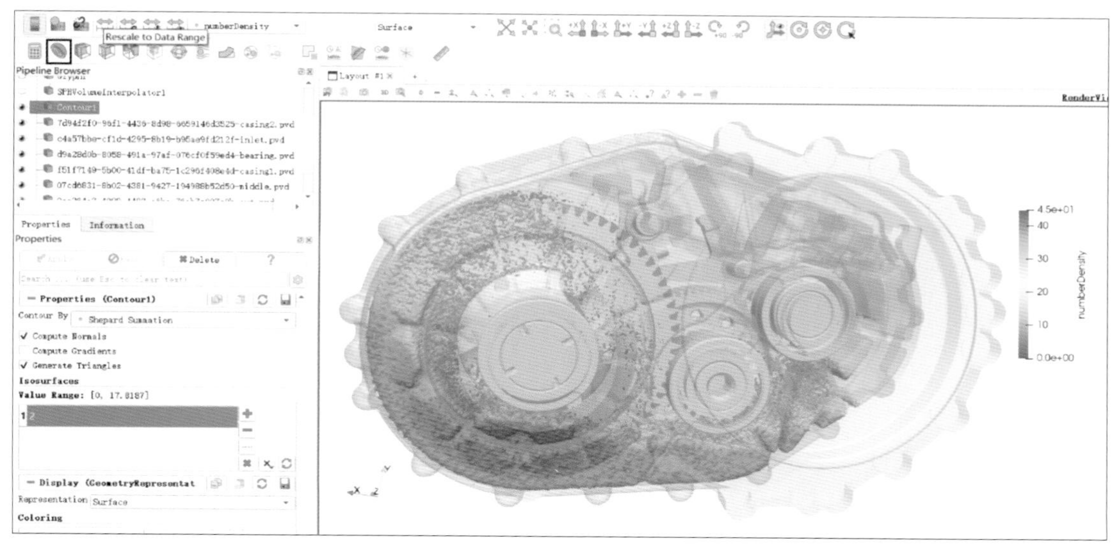

图 10.35　渲染效果操作界面

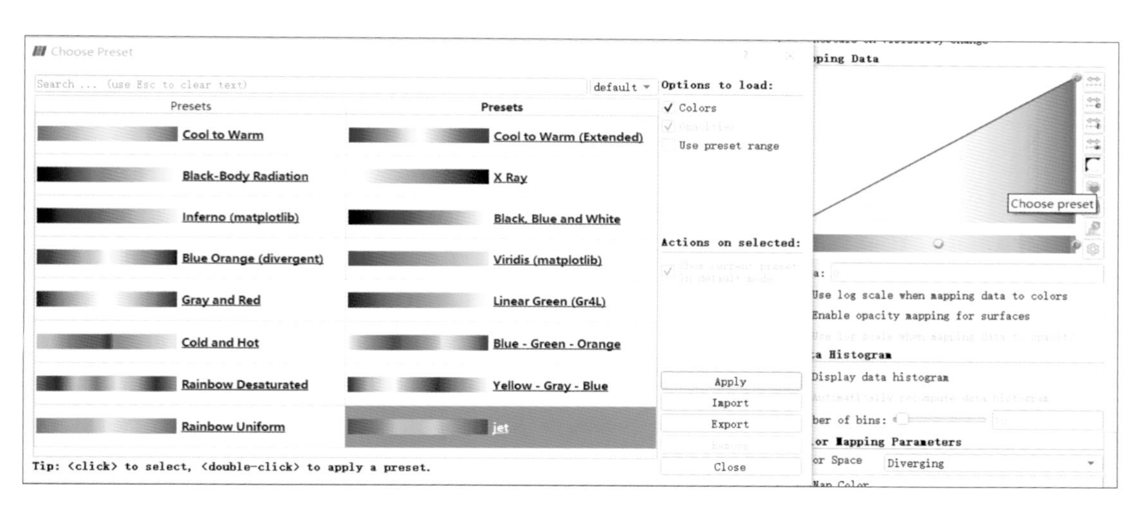

图 10.36　渲染颜色选择操作界面

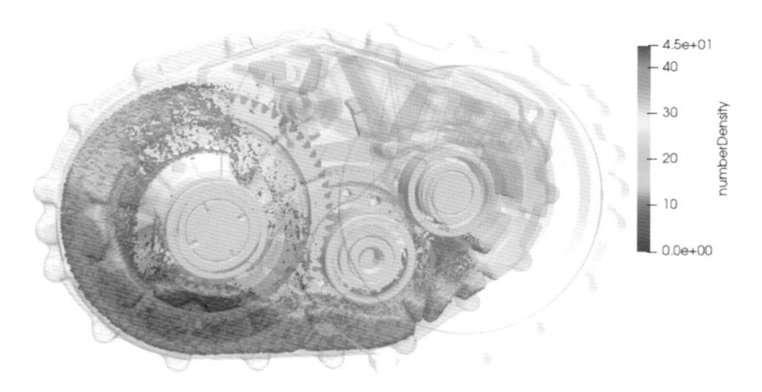

图 10.37　液体渲染效果

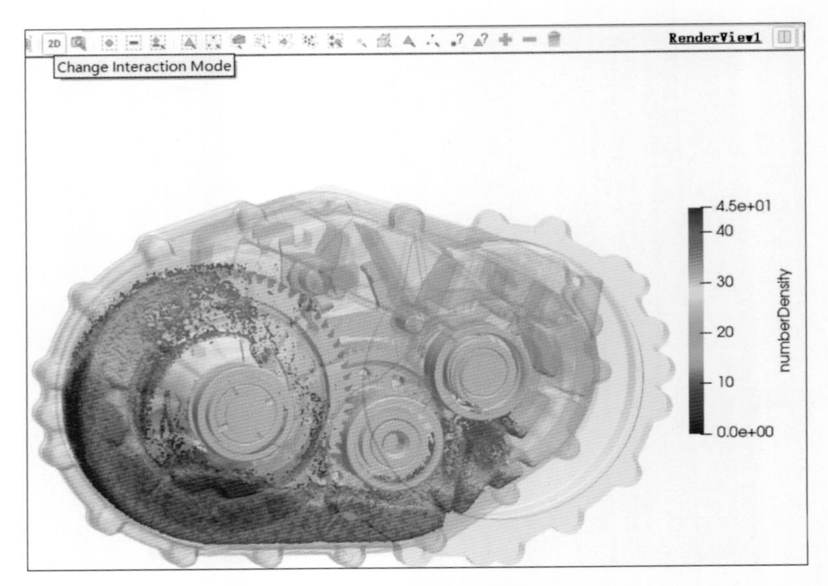

图 10.38　2D 视角

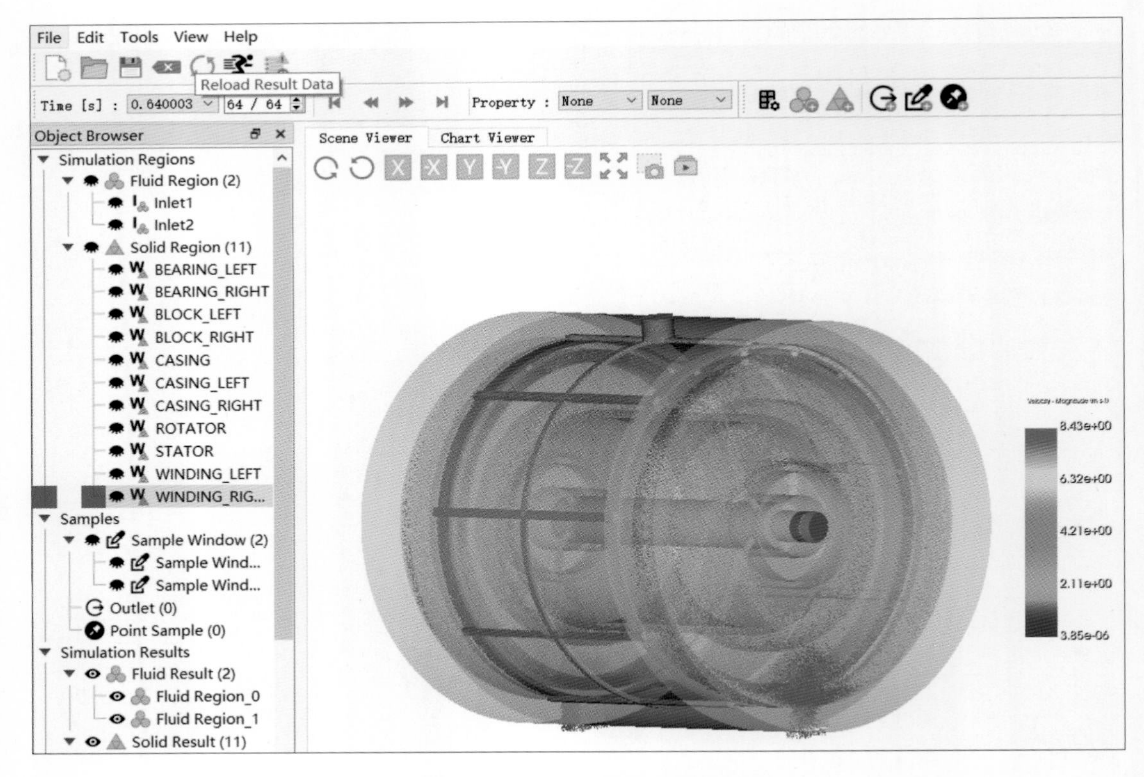

图 11.16　速度场分布后处理操作界面

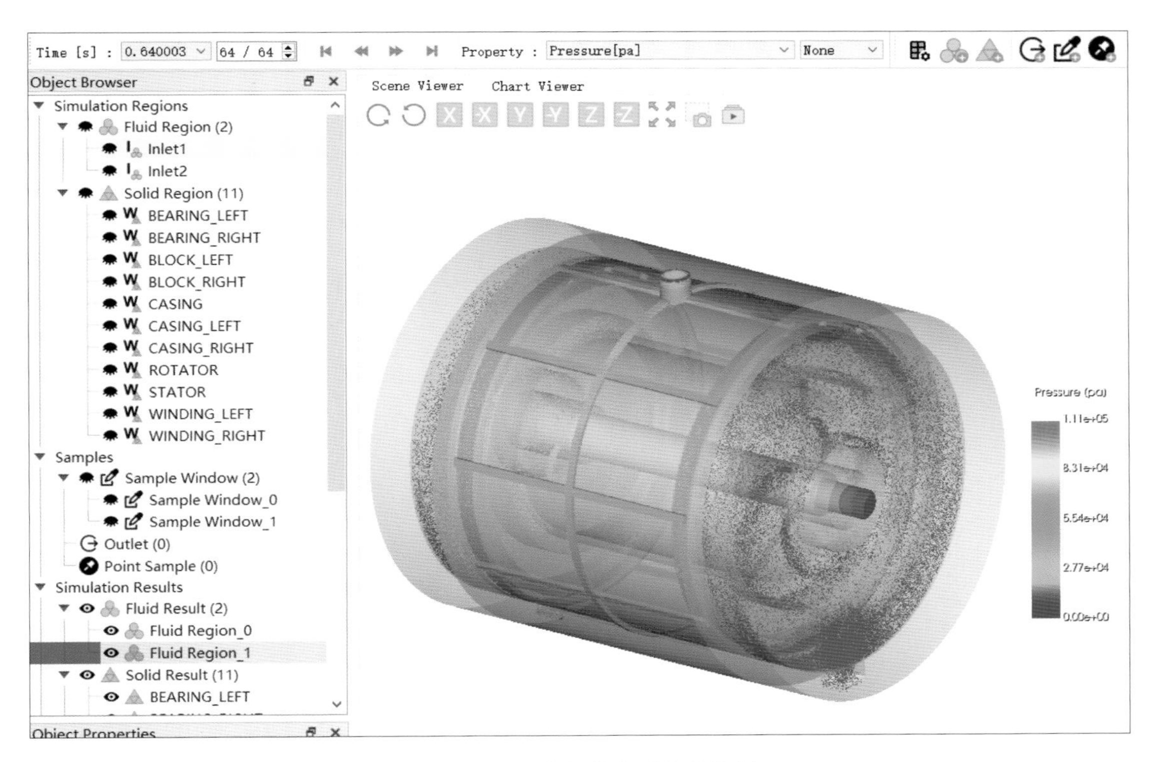

图 11.17　压力场分布后处理结果

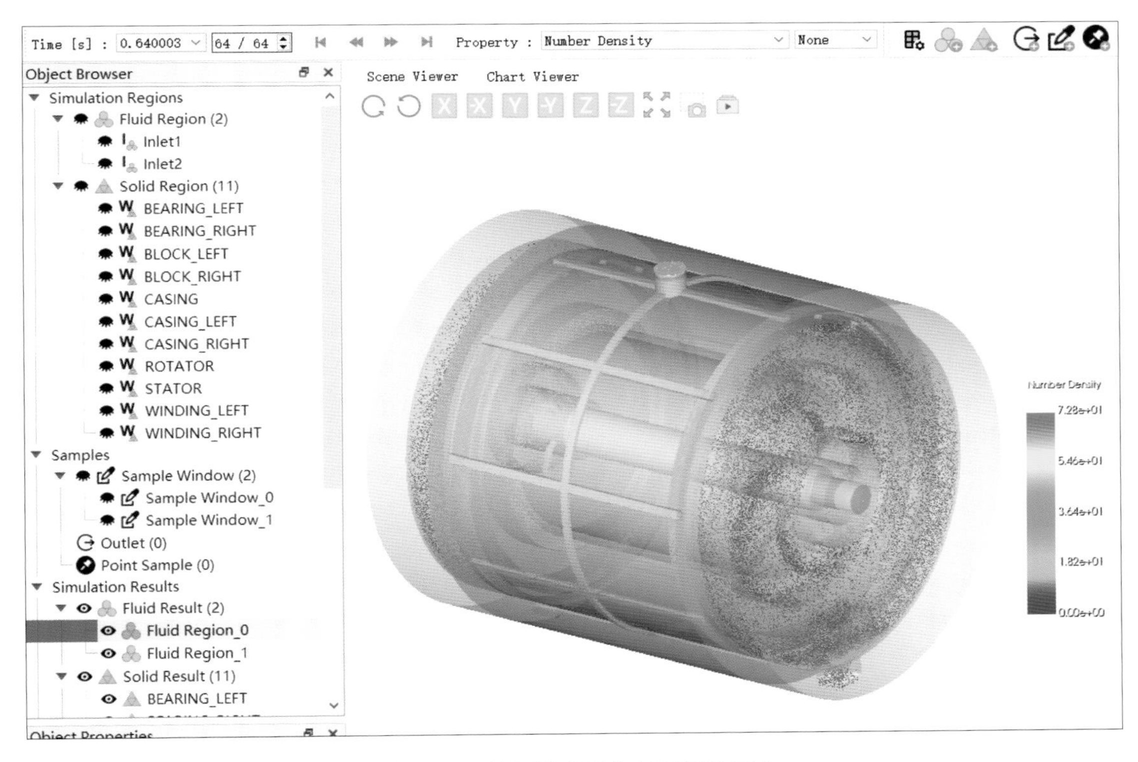

图 11.18　粒子数密度分布后处理结果

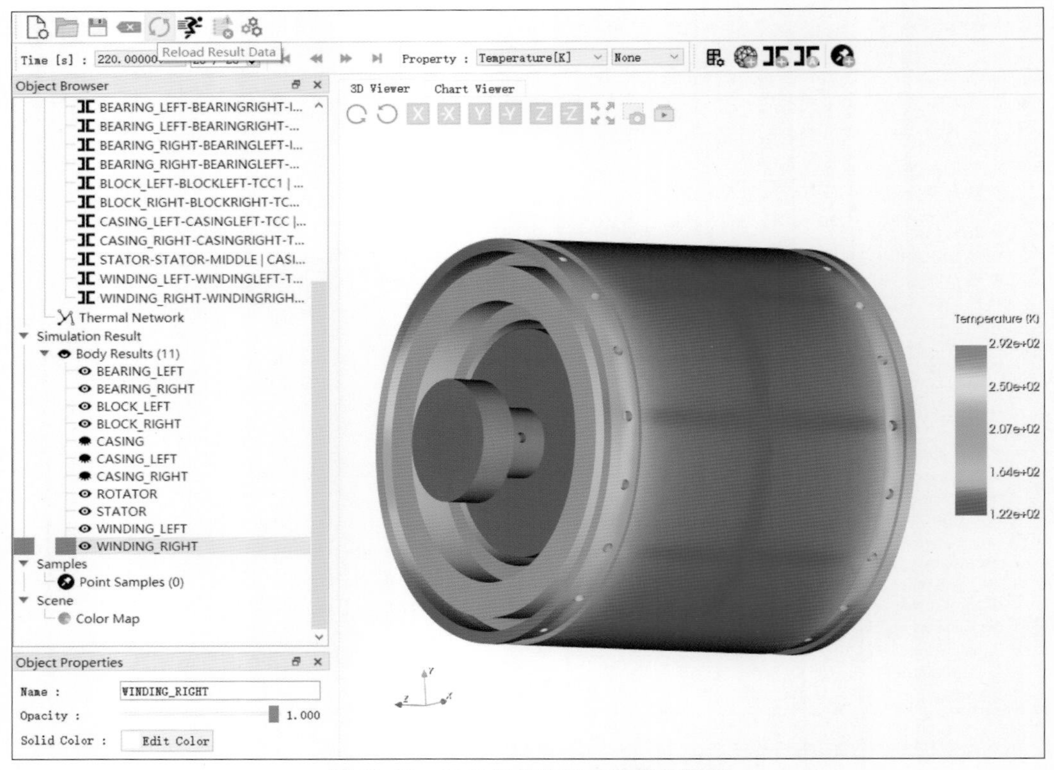

图 11.40　温度场分布后处理操作界面

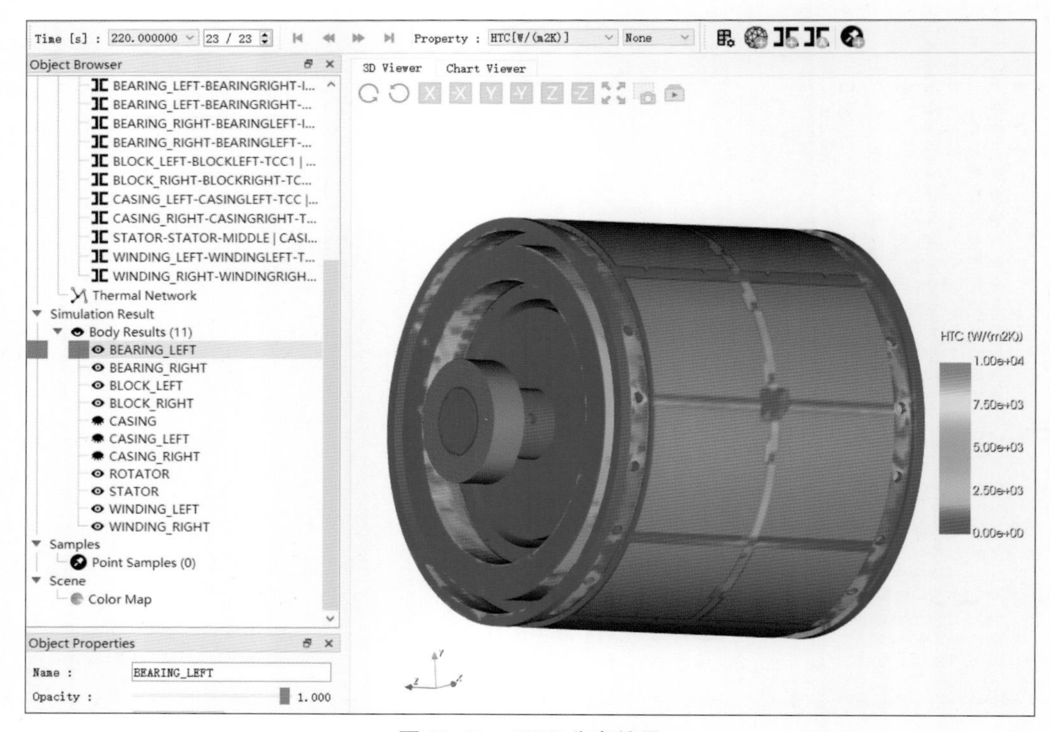

图 11.41　HTC 分布结果

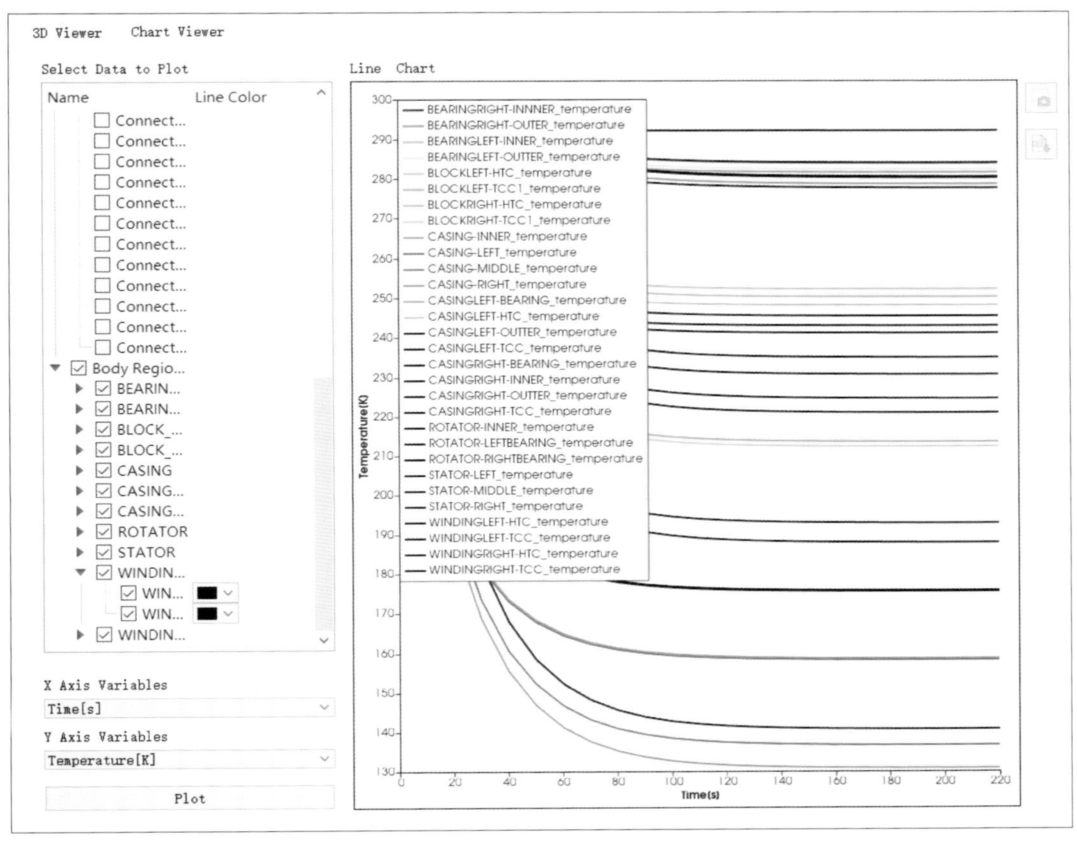

图 11.42 各部件温度变化曲线操作界面

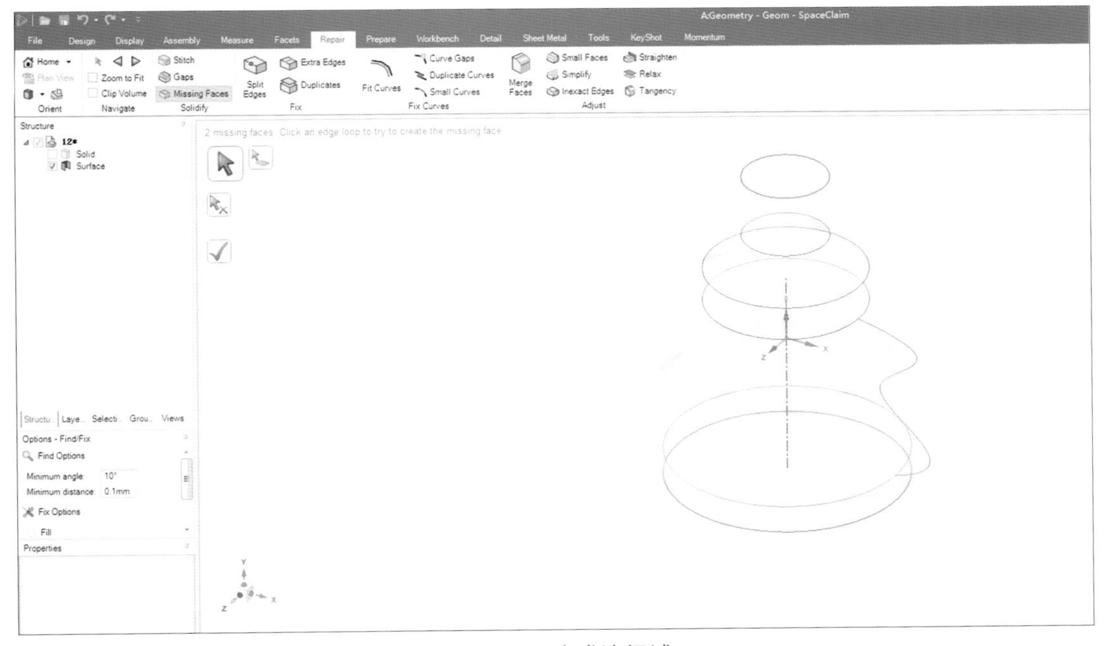

图 12.17 生成流场域